智能制造专业群“十三五”规划教材

工业机器人

机械系统

主　编　孙炳孝　杨　帅　张小红

副主编　郭　琼

上海交通大學出版社

SHANGHAI JIAO TONG UNIVERSITY PRESS

内容提要

本书主要介绍了工业机器人的组成、结构、常用传动方式，并对工业机器人机械结构设计流程、方法以及常用零部件的选用进行了说明。书中系统介绍了一般工业机器人机械系统的机构形式、传动方法、联接元件、极限配合以及工业机器人机械结构的设计方法。

本书适合从事工业机器人本体设计、安装与维护人员以及职业院校制造相关专业学生。

图书在版编目(CIP)数据

工业机器人机械系统／孙炳孝，杨帅，张小红主编.
—上海：上海交通大学出版社，2018（2022重印）
ISBN 978-7-313-20322-9

Ⅰ.①工… Ⅱ.①孙… ②杨… ③张… Ⅲ.①工业机器人—机械系统 Ⅳ.①TP242.2

中国版本图书馆CIP数据核字(2018)第240009号

工业机器人机械系统

主　　编：孙炳孝　杨　帅　张小红
出版发行：上海交通大学出版社　　地　　址：上海市番禺路951号
邮政编码：200030　　电　　话：021-64071208
印　　制：上海景条印刷有限公司　　经　　销：全国新华书店
开　　本：787 mm×1092 mm　1/16　　印　　张：14
字　　数：325千字
版　　次：2018年11月第1版　　印　　次：2022年7月第3次印刷
书　　号：ISBN 978-7-313-20322-9
定　　价：42.00元

智能制造专业群“十三五”规划教材编委会名单

前言

preface

目前，工业机器人技术已成为衡量一个国家制造水平和科技水平的重要标志。随着工业机器人技术在我国的应用，该领域的技术型人才需求逐年增多。我国工业机器人专业刚刚兴起，企业中很多工程技术人员都要从其他专业转型，需要经过二次培训和学习。同时近年来职业教育领域申报工业机器人专业的院校也在逐年增加，而工业机器人机械系统作为机器人三大主要系统之一，是从事工业机器人行业的技术人员必须掌握的基本知识和技能。

本书总体设计方面吸收了工业机器人专业的新发展和新应用，结合岗位对知识、能力的最新要求，注重工业机器人的组成、结构、常用传动方式以及机械结构设计流程、方法和选用的培养。全书分八大模块，由淮安信息职业技术学院孙炳孝、杨帅、张小红担任主编，得到了ABB、上海新时达、北京华航唯实等企业的支持与帮助。具体编写分工如下：模块1、模块5由张小红编写，模块2、模块3、模块4、模块7由孙炳孝编写，模块6、模块8由杨帅编写。

由于编者水平和时间有限，书中存在的误漏之处，恳请读者批评指正。

目录 contents

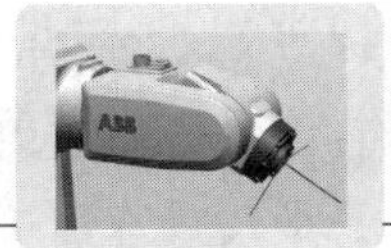

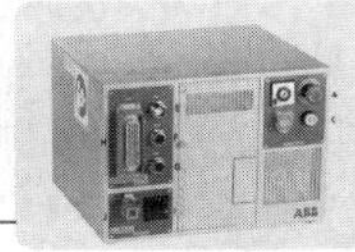

模块 1 工业机器人机械结构基础

在现代工业的发展过程中，机器人融合了机械、电子、运动、动力、控制、传感检测、计算技术等多门学科，成为现代科技发展极为重要的组成部分。国际标准化组织对工业机器人的定义为：工业机器人是一种仿生的、具有自动控制能力的、可重复编程的多功能、多自由度的操作机械。所以说，工业机器人是一种典型的机电一体化设备，是为了提高劳动生产率而创造出来的机器。

1.1 常用术语

（1）机器。机器是各组成部分具有确定相对运动的、可代替人做有用的机械功或实现能量转换的人为实物组合。如图 1-1 所示的 KUKA 机器人是一种机器，其作用就是将电能转化为机械能。

（2）零件。零件是机器中的基本制造单元。在如图 1-2 所示的工业机器人下臂结构中，组成工业机器人的齿轮、螺栓、减速器、输入轴等都是零件。零件可以分为通用零件和专用零件。通用零件是各类机器人中广泛使用的零件，如齿轮、螺栓、轴等，专用零件是仅出现

图 1-1 KUKA 工业机器人

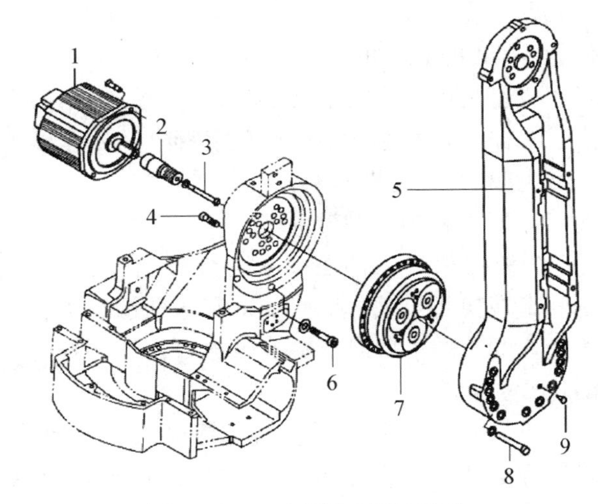

图 1-2 工业机器人下臂结构

在某类机器中的零件，如内燃机的曲轴、活塞，汽轮机的叶片等。一套协同工作以完成共同任务的零件组合常称为部件，如工业机器人的 RV 减速器和谐波减速器。

(3) 构件。构件是机器的运动单元体，包括运动速度为零的单元体。构件可以是单一的零件，也可以由组合在一起的几个刚性零件组成。齿轮既是零件又是构件；而下臂体则是有下臂壳体、螺栓及螺母几个零件组成，这些零件形成一个整体而进行运动，所以称为构件。

(4) 机构。机构是实现某种特定运动的构件组合。如工业机器人减速器中齿轮、轴等组成的齿轮机构。从研究运动和受力情况来看，机器与机构并无区别，习惯上也会用“机械”一词作为机器和机构的总称。

(5) 运动副。在机构中各个构件之间必须有确定的相对运动，因此，构件的连接既要使两个构件直接接触，又能产生一定的相对运动，这种直接接触的活动连接称为运动副。

(6) 现代机械。现代机械是“由计算机信息网络协调与控制的，用于完成包括机械力、运动和能量流等动力学任务的机械和(或)机电部件相互联系的系统”。这是 1984 年美国机械工程师协会对现代机械的描述。

随着科学技术的飞速发展，伺服驱动技术、检测传感技术、自动控制技术、信息处理技术以及精密机械技术、系统总体技术等在机械中的使用，形成了一个崭新的现代制造业。

与传统的机械相比，现代机械已经成为以机械技术为基础，以电子技术为核心的高新技术综合系统，在产品的工作原理、结构和设计方法等方面都发生了深刻的变化。其中工业机器人就是现代机械的典型代表。

1.2 工业机器人机械结构概述

机器人的机械系统由机座、臂部、腕部、手部或末端执行器组成，如图 1-3 所示。机器人为了完成工作任务，必须配置操作执行机构。这个操作执行机构相当于人的手部，有时也称为手爪或末端执行器。而连接手部和手臂的部分相当于人的手腕，称为腕部，作用是改变末端执行器的空间方向和将载荷传递到臂部。

臂部连接机身和腕部，主要作用是改变手部的空间位置，满足机器人的作业空间，并将各种载荷传递到机身。机座是机器人的基础部分，它起着支撑作用，对于固定式机器人，直接固定在地面基础上；对于移动式机器人，则安装在行走机构上。

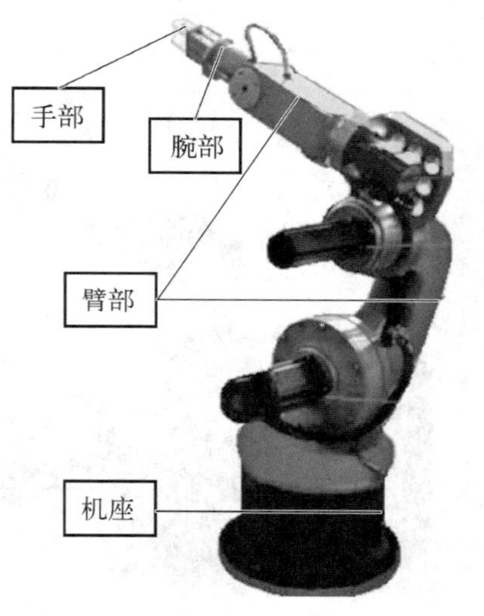

图 1-3 工业机器人的机械系统组成

1.2.1 机器人的臂部

臂部是机器人的主要执行部件，它的作用是支撑腕部和末端执行器，并带腕部和手部进行运动。手臂是为了让机器人的手爪或末端执行器可以达到任务所要达到的位置。

机器人的手臂主要包括臂杆以及与其伸缩、屈伸或自转等运动有关的传动装置、导向定位装置、支承连接和位置检测元件等。此外，还有与之连接的支承等有关的构件、配管配线。根据臂部的运动和布局、驱动方式、传动和导向装置的不同，可分为动伸缩臂、屈伸臂及其他专用的机械传动臂。

机器人要完成空间的运动，至少需要三个自由度的运动，即垂直移动、径向移动和回转运动。

（1）垂直运动。垂直运动是指机器人手臂的上下运动。这种运动通常采用液压缸机构或通过调整机器人机身在垂直方向上的安装位置来实现。

（2）径向移动。径向移动是指手臂的伸缩运动。机器人手臂的伸缩使其手臂的工作范围发生变化。

（3）回转运动。回转运动是指机器人绕铅垂轴的转动。这种运动决定了机器人的手臂所能达到的角度位置。

1.2.2　工业机器人臂部的形式

1）横梁式

机身设计成横梁式，用于悬挂手臂部件，通常分为单臂悬挂式和双臂悬挂式两种，如图1－4所示。这类机器人的运动形式大多为移动式。它具有占地面积小、能有效利用空间、动作简单直观等优点。

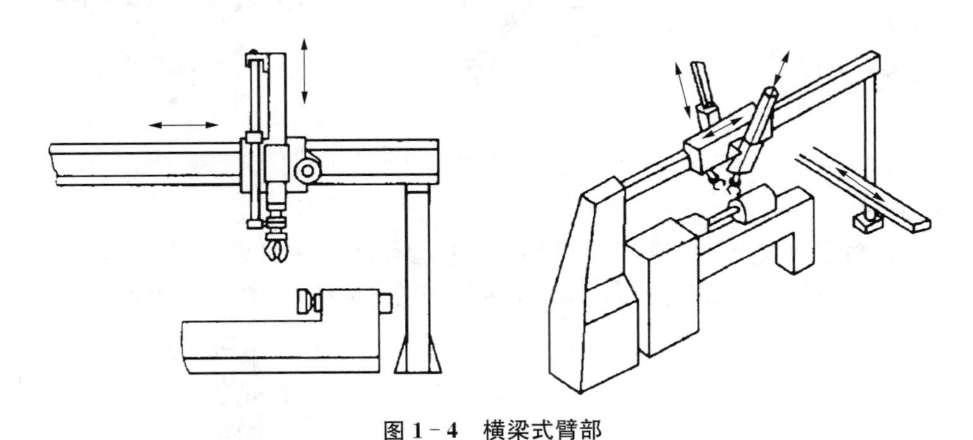

图1－4　横梁式臂部

横梁可以是固定的，也可以是行走的，一般横梁安装在厂房原有建筑的柱梁或有关设备上，也可从地面上架设。

2）立柱式

立柱式机器人多采用回转型、俯仰型或屈伸型的运动形式，是一种常见的配置形式。常分为单臂式和双臂式两种，如图1－5所示。一般臂部都可在水平面内回转，具有占地面小而工作范围大的特点。

立柱可固定安装在空地上，也可以固定在床身上。立柱式结构简单，服务于主机承担上、下料或转运等工作。

3）机座式

这种机器人可以是独立的、自成系统的完整装置，可以随意安放和搬动，也可以沿地面上的专用轨道移动，以扩大其活动范围，如图1－6所示。

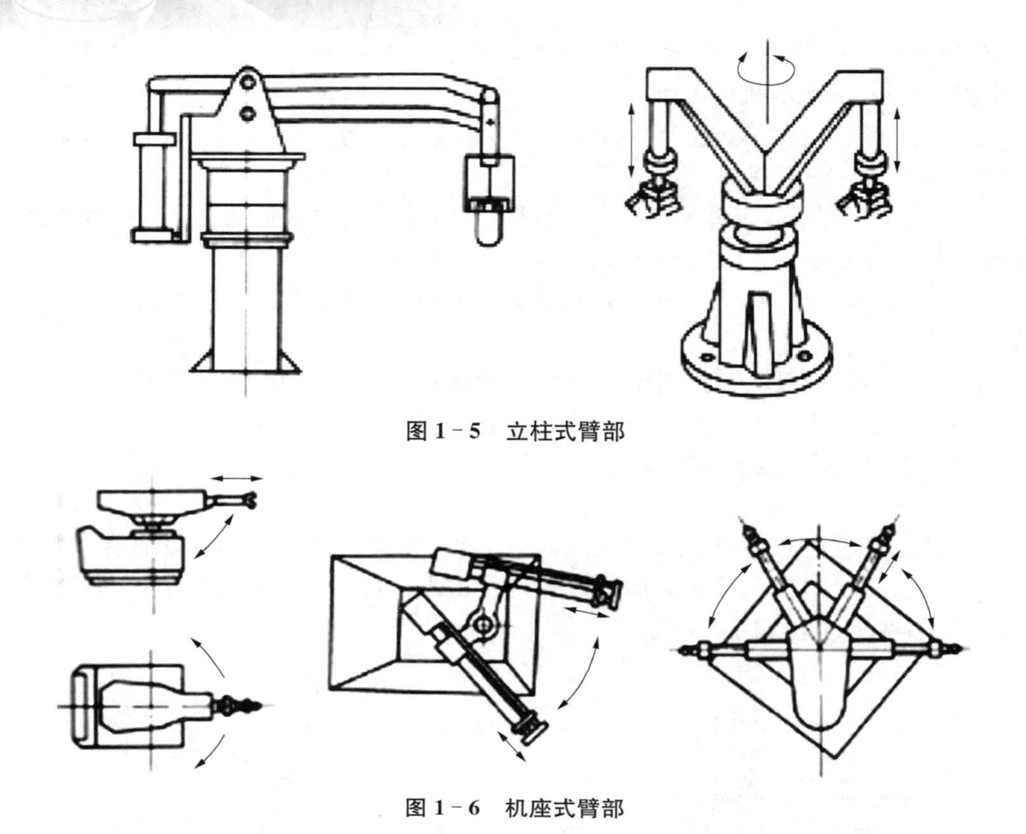

图 1-5　立柱式臂部

图 1-6　机座式臂部

4）屈伸式

机器人的臂部由大小臂组成，大小臂间有相对运动，称为屈伸臂。屈伸臂与机身间关系到机器人的运动轨迹，可以实现平面运动，也可以作空间运动，如图 1-7 所示。

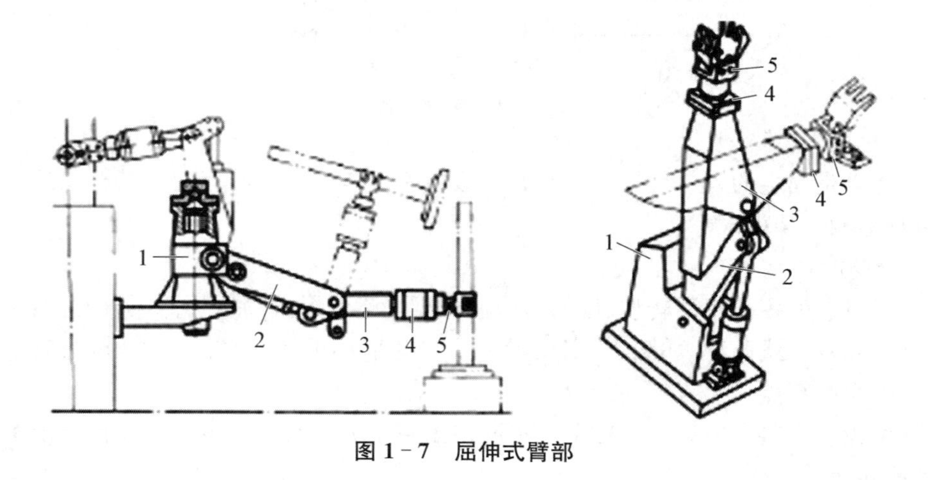

图 1-7　屈伸式臂部

1.2.3　机器人腕部

腕部是臂部与手部的连接部件，起支撑手部和改变手部姿态的作用。为了使手部能处于空间任意方向，要求腕部能实现对空间三个坐标轴 X、Y、Z 的转动，即具有偏转（yaw）、俯仰(pitch)和回转(roll)三个自由度。

如图 1-8 所示,三个回转方向：臂转、手转和腕摆。工业机器人一般具有 6 个自由度才能使手部(末端执行器)达到目标位置和处于期望的姿态使手部能处于空间任意方向,要求腕部能实现对空间 3 个坐标轴 X、Y、Z 的旋转运动。

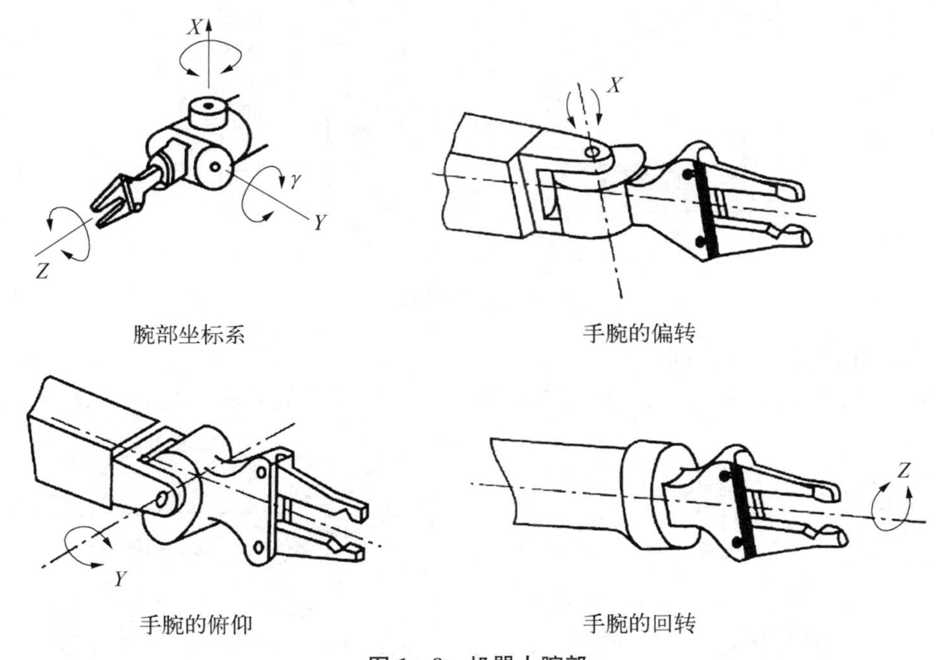

图 1-8　机器人腕部

1) 工业机器人腕部的旋转

腕部旋转(见图 1-9)是指腕部绕小臂轴线的转动,又称为臂转。有些机器人限制其腕部转动角小于 360°,另一些机器人则仅仅受到控制电缆缠绕圈数的限制,腕部可以转几圈。按腕部转动特点的不同,用于腕部关节的转动又可细分为滚转和弯转两种。

弯转是指两个零件的几何回转中心和其相对转动轴线垂直的关节运动。由于受到结构限制,其相对转动角度一般小于 360°。弯转通常用 B 来标记,如图 1-9 所示。

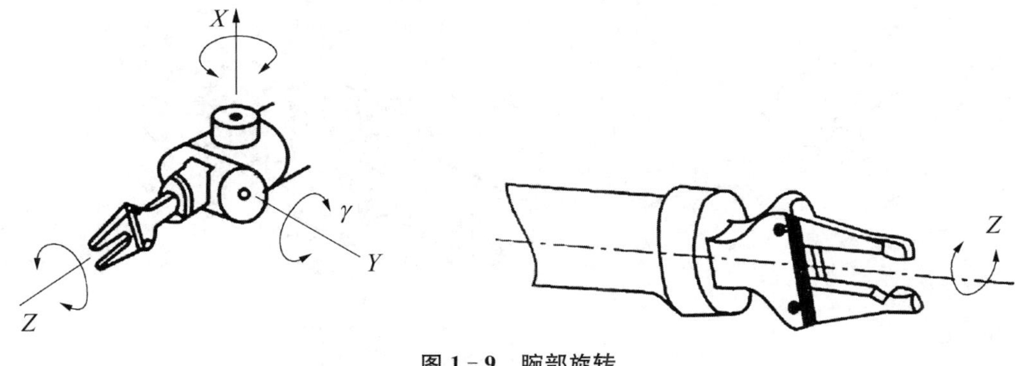

图 1-9　腕部旋转

滚转是指组成关节的两个零件自身的几何回转中心和相对运动的回转轴线重合，因而实现 360°。无障碍旋转的关节运动，通常用 R 来标记，如图 1 - 10 所示。

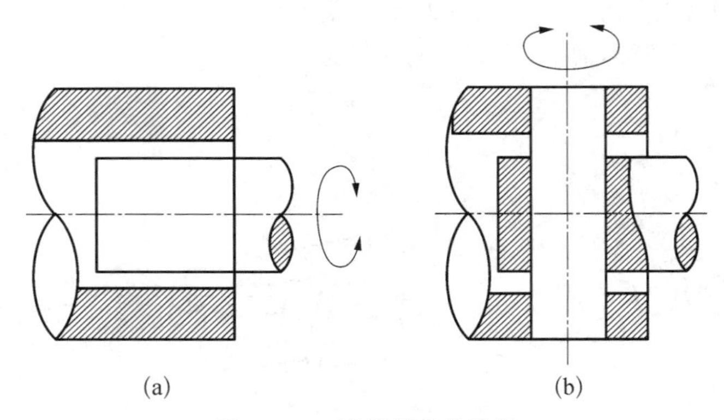

图 1 - 10　腕部关节的滚转

2）工业机器人腕部的弯曲

腕部弯曲是指腕部的上下摆动，这种运动称为俯仰，又称为手转，如图 1 - 11 所示。

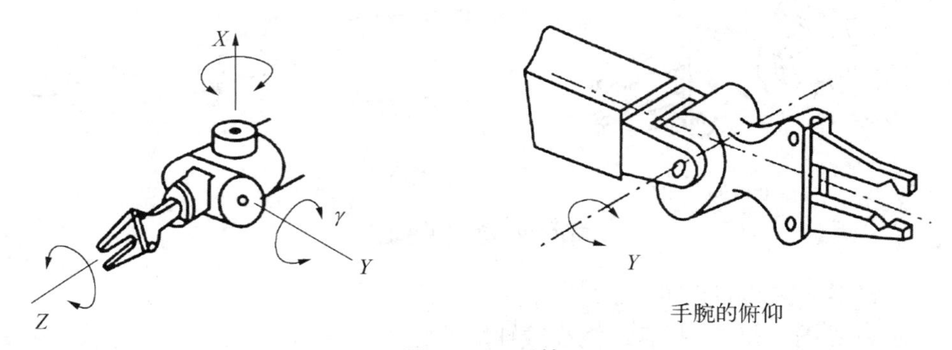

图 1 - 11　手转

3）工业机器人腕部的侧摆

腕部侧摆指机器人腕部的水平摆动，又称为腕摆，如图 1 - 12 所示。腕部的旋转和俯仰两种运动结合起来可以视为侧摆运动，通常机器人的侧摆运动由一个单独的关节提供。

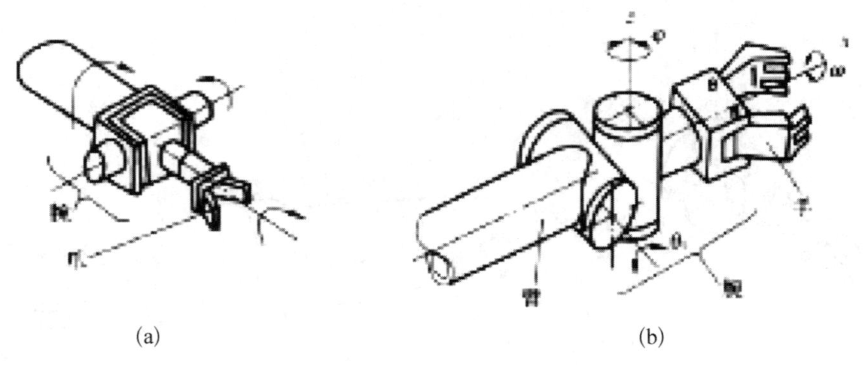

图 1 - 12　腕摆

1.2.4 工业机器人的手部

机器人的手部是指安装于机器人手臂末端，直接作用于工作对象的装置，又称为末端执行器。工业机器人所要完成的各种操作，最终都必须通过手部得以实现。

工业机器人的手部主要包括机械手部和特殊手部。机械手部是目前应用最广的手部形式，可见于多种的生产线机器人中。它主要是利用开闭的机械机构，来实现特定物体的抓取。其主要的组成部分是手指，利用手指的相对运动就可抓取物体。手指一般常采用刚性的，抓取面按物体外形包络线形成凹陷或 V 形槽。多数的机械手部只有两个手指，有时也使用像三爪卡盘式的三指结构，另外还有利用连杆机构使手指形状随手指开闭动作发生一定变化的手部。机械手部对于特定对象可保证完成规定作业，但能适应的作业种类有限。在要求能操作大型、易碎或柔软物体的作业中，采用刚性手指的机械手是无法抓取对象的。同时，机械手部一般来说重量、体积较大，给使用带来局限。在这种情况下，需采用适合所要求作业的特殊装置即特殊手部。同时，根据不同作业要求，准备若干个特殊手部，将它们替换安装，即可以使机器人成为通用性很强的机械，从而机器人的优越性更能得以体现。

1.3 几种典型的工业机器人结构

工业机器人的种类很多，其功能、特征、驱动方式、应用场合等参数不尽相同。本节主要介绍几种典型的不同结构特征的工业机器人。

1.3.1 直角坐标机器人

直角坐标机器人是指在工业应用中，能够实现自动控制的、可重复编程的、在空间上具有相互垂直关系的三个独立自由度的多用途机器人，其结构如图 1-13 所示。

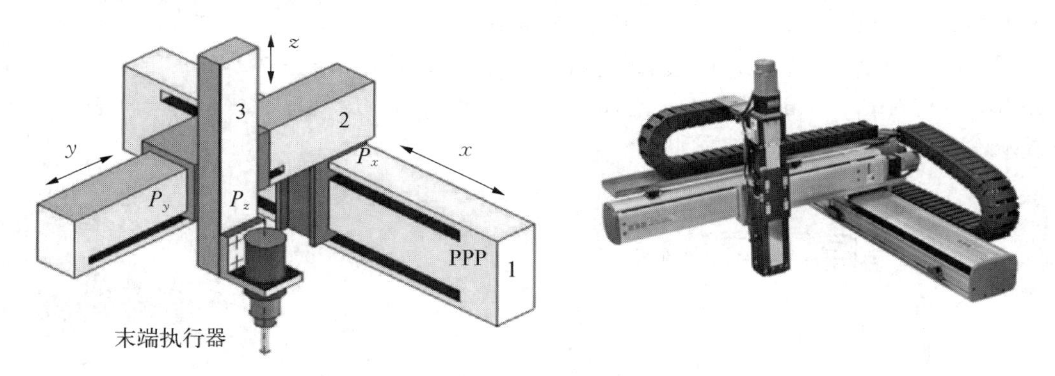

图 1-13 直角坐标机器人

机器人在空间坐标系中有三个相互垂直的移动关节 X、Y、Z，每个关节都可以在独立的方向移动。特点是直线运动、其控制简单。缺点是灵活性较差，自身占据空间较大。

直角坐标机器人可以非常方便地用于各种自动化生产线中，可以完成诸如焊接、搬运、上下料、包装、码垛、检测、探伤、分类、装配、贴标、喷码、打码、喷涂、目标跟随、排爆等一系列工作。

1.3.2 柱面坐标机器人

柱面坐标机器人是指轴能够形成圆柱坐标系的机器人，如图 1-14 所示。其结构主要由一个旋转机座形成的转动关节和垂直、水平移动的两个移动关节构成。柱面坐标机器人末端执行器的姿态由(Z、r、θ)决定。

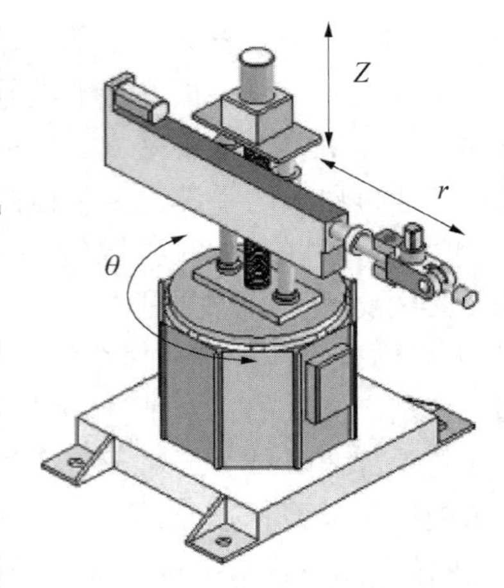

图 1-14　柱面坐标机器人

柱面坐标机器人具有空间结构小、工作范围大、末端执行器速度高、控制简单、运动灵活等优点。缺点在于工作时,必须有沿 r 轴线前后方向的移动空间,空间利用率低。

目前,圆柱坐标机器人主要用于重物的装卸、搬用等工作作业。著名的 Versatran 机器人就是一种典型的柱面坐标机器人。

1.3.3　极坐标机器人

极坐标机器人(见图 1-15)一般由两个回转关节和一个移动关节构成,其轴线按极坐标配置,R 为移动坐标,β 是手臂在铅垂面内的摆动角,θ 是绕手臂支撑底座垂直的转动角。这种机器人运动所形成的轨迹表面是半球面,所以又称为球坐标型机器人。

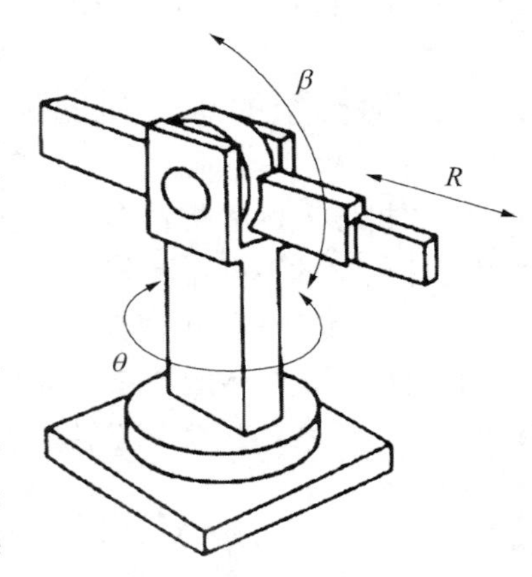

图 1-15　极坐标机器人

坐标机器人同样占用空间小,操作灵活且范围大,但运动学模型较复杂,难以控制。

1.3.4　多关节型机器人

关节机器人,也称关节手臂机器人或关节机械手臂,是当今工业领域中应用最为广泛的一种机器人。多关节型机器人按照关节的构型又可分为垂直多关节型机器人和水平多关节型机器人,如图 1-16 所示,其中水平多关节机器人,也称为选择顺应性装配机器手臂(slective copmliance assembly robot arm, SCARA),是一种应用于装配作业的机器人手臂。

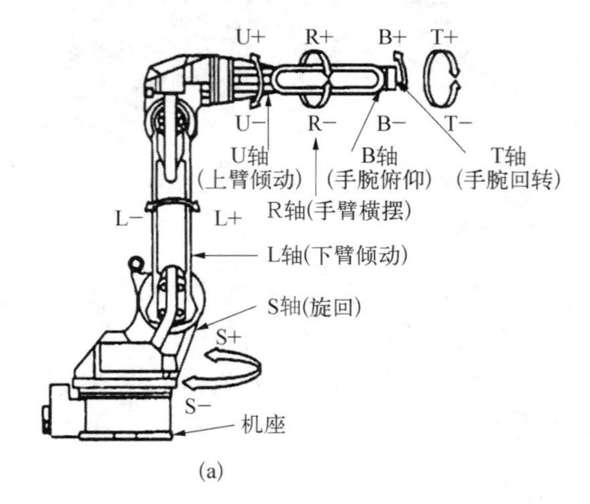

(a)

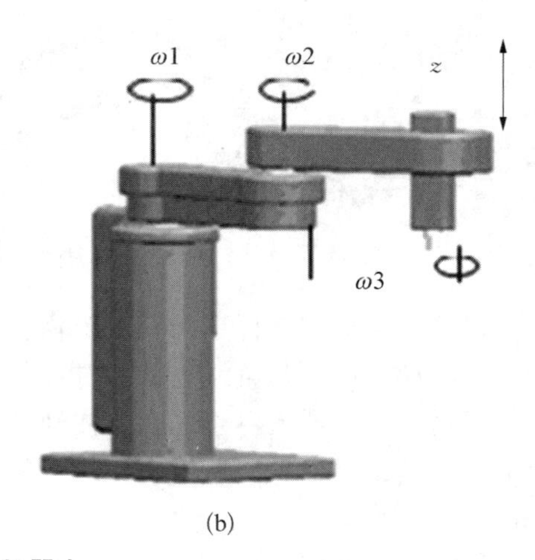

(b)

图 1-16　多关节型机器人

(a) 垂直多关节型机器人;(b) 水平多关节型机器人

多关节机器人同样占用空间小，操作灵活且范围大，但运动学模型较复杂，难以控制。机器人由多个旋转和摆动关节组成，其结构紧凑、工作空间大、动作接近人类，工作时能绕过机座周围的一些障碍物，对装配、喷涂、焊接等多种作业都有良好的适应性，且适合电机驱动，关节密封、防尘比较容易。

目前，瑞士ABB、德国KUKA、日本安川、国内的一些公司都在推出这类产品。

1.3.5　并联机器人

并联机器人是近年来发展起来的一种由固定机座和具有若干自由度的末端执行器以不少于两条独立运动链连接形成的新型机器人，如图1-17所示。

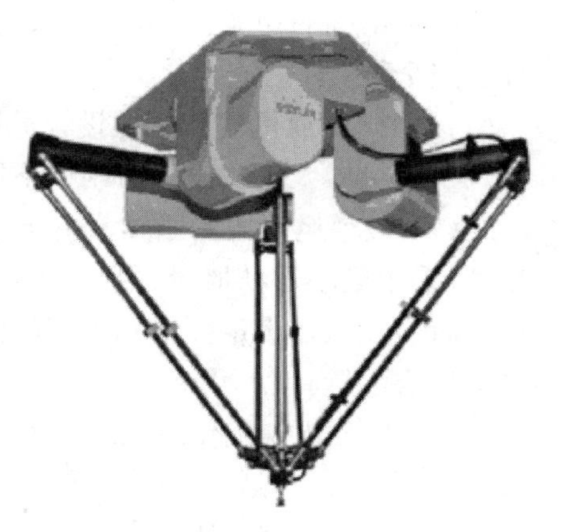

图1-17　并联机器人

并联机器人具有以下特点：

(1) 无累积误差，精度较高。

(2) 驱动装置可置于定平台上或接近定平台的位置，运动部分重量轻，速度高，动态响应好。

(3) 结构紧凑，刚度高，承载能力大。

(4) 具有较好的各向同性。

(5) 工作空间较小。

1.3.6　AGV

AGV(automated guided vehicle，自动导引运输车)，是指装备有电磁或光学等自动导引装置，能够沿规定的导引路径行驶，具有安全保护以及各种移载功能的运输车。当前最常见的应用如AGV搬运机器人或AGV小车，主要功能集中在自动物流搬运，AGV搬运机器人是通过特殊地标导航自动将物品运输至指定地点，最常见的引导方式为磁条引导、激光引导、磁钉导航、惯性导航，如图1-18所示。

图1-18　AGV

1.4　工业机器人机械设计原则及指标

工业机器人机械设计的最终目的是为市场提供优质高效、价廉物美的产品，使其在市场竞争中取得优势，赢得用户，取得良好的经济效益。

产品的质量和经济效益取决于设计、制造和管理的综合水平，而产品设计则是关键。没有高质量的设计，就不可能有高质量的产品，没有经济观念的设计者，绝不可能设计出性价比高的产品。据统计，约有 50%的产品质量事故是由设计不当造成的；产品的成本 60%～70%取决于设计。因此，在工业机器人机械设计中，特别强调和重视从系统的观点出发，合理地确定系统的功能；注意新技术、新工艺及新材料等的采用；努力提高产品的可靠性、经济性及安全性。

1.4.1 工业机器人机械设计原则

工业机器人机械设计原则如下所述。

（1）最小运动惯量原则。由于操作机运动部件多，运动状态经常改变，必然产生冲击和振动，采用最小运动惯量原则，可增加操作机运动平稳性，提高操作机动力学特性。为此，在设计时应注意在满足强度和刚度的前提下，尽量减小运动部件的质量，并注意运动部件对转轴的质心配置。

（2）尺度规划优化原则。当设计要求满足一定工作空间要求时，通过尺度优化以选定最小的臂杆尺寸，这将有利于操作机刚度的提高，使运动惯量进一步降低。

（3）高强度材料选用原则。由于操作机从手腕、小臂、大臂到机座是依次作为负载起作用的，选用高强度材料以减轻零部件的质量是十分必要的。

（4）刚度设计的原则。操作机设计中，刚度是比强度更重要的问题，要使刚度最大，必须恰当地选择杆件剖面形状和尺寸，提高支撑刚度和接触刚度，合理地安排作用在臂杆上的力和力矩，尽量减少杆件的弯曲变形。

（5）可靠性原则。机器人操作机因机构复杂、环节较多，可靠性问题显得尤为重要。一般来说，元器件的可靠性应高于部件的可靠性，而部件的可靠性应高于整机的可靠性。可以通过概率设计方法设计出可靠度满足要求的零件或结构，也可以通过系统可靠性综合方法评定操作机系统的可靠性。

（6）工艺性原则。机器人操作机是一种高精度、高集成度的自动机械系统，良好的加工和装配工艺性是设计时要体现的重要原则之一。仅有合理的结构设计而无良好的工艺性，必然导致操作机性能的降低和成本的提高。

1.4.2 技术指标

1）自由度

自由度是反映工业机器人机械本体的通用性和适应性的一项重要指标。所谓自由度，是指机器人所具有的独立坐标轴的数目(不包括末端执行器的自由度)，是用来确定手部相对于基座的位置和姿态的独立参变数的数目，它等于工业机器人机械本体独立驱动的关节数目。机器人的每一个自由度原则上都需要有一个伺服轴驱动其运动，因此，在产品说明书中，通常以控制轴数进行表示。

自由度越多，执行器的动作就越灵活，通用性也就越好，但其机械结构和控制也就越复杂。因此对于作业要求基本不变的批量作业机器人来说，运动速度、可靠性是其最重要的技术指标，其自由度可在满足作业要求的前提下，适当减少；而对于多品种、小批量作业的机器人，通用性、灵活性指标显得更加重要，这样的机器人就需要较多的自由度，机器人的自由度要根据其用途设计，一般在 3～6 个之间。如果机器人要在三维空间任意改变姿态，实现对执行器位置的完全控制就需要具备 6 个自由度，如图 1－19 所示。如果机器人的自由度超过 6 个，多余的自由度称为冗余自由度，冗余自由度一般用来回避障碍物。

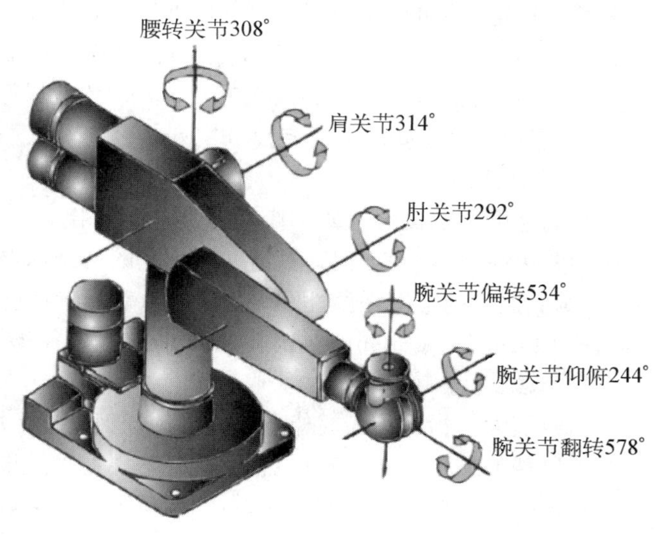

图 1－19　PUMA562 工业机器人

从运动学原理上说，绝大多数机器人的本体都是由若干关节和连杆组成的运动链。机器人的每一个关节都可使执行器产生 1 个或几个运动，但是由于结构设计和控制方面的原因，一个关节真正能够产生驱动力的运动往往只有一个，这一自由度称为主动自由度；其他不能产生驱动力的运动称为被动自由度。

2）重复定位精度

工业机器人精度是指定位精度和重复定位精度。定位精度是指机器人末端执行器的实际位置与目标位置之间的偏差，由机械误差、控制算法与系统分辨率等部分组成。典型的工业机器人定位精度一般在±0.02～±5 mm 范围。重复定位精度是指在同一环境、同一条件、同一目标动作、同一命令之下，机器人连续重复运动若干次时，其位置的分散情况，是关于精度的统计数据。因重复定位精度不受工作载荷变化的影响，故通常用重复定位精度这一指标作为衡量示教——再现工业机器人水平的重要指标。

3）工作范围

工作范围又称作业空间，是衡量机器人作业能力的重要指标，工作范围越大，机器人的作业区域也就越大。通常所说的工业机器人的工作范围是指机器人在未安装末端执行器时，其参考点（手腕基准点）能到达的空间。图 1－20 为直角坐标工业机器人的工作范围。

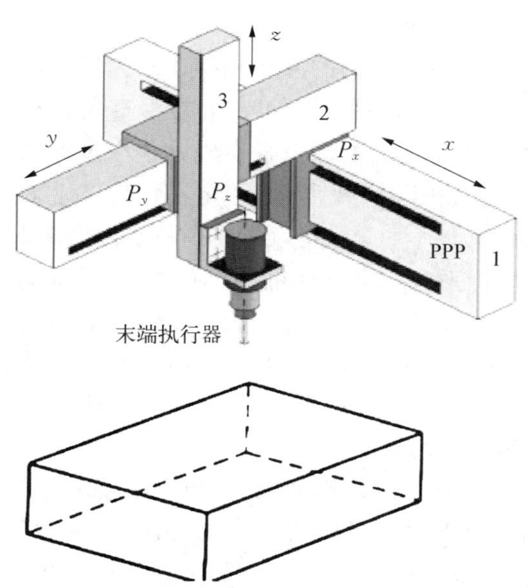

图 1－20　直角坐标工业机器人工作范围

工作范围的大小不仅与机器人各连杆的尺寸有关，而且与机器人的总体结构形式有关。应当剔除机器人在运动过程中可能产生碰撞的干涉区域，还要考虑安装了末端执行器之后可能产生的碰撞，因此，实际工作范围还应剔除执行器与机器人碰撞的干涉区域。

工业机器人的工作范围还可能存在奇异点。所谓奇异点是由于结构的约束，导致关节失去某些特定方向的自由度的点，奇异点通常存在于作业空间的边缘，如奇异点连成一片，则成为“空穴”。机器人运动到奇异点附近时，由于自由度的逐渐丧失，关节的姿态需要急剧变化，这将导致驱动系统承受很大的负载而产生过载。因此，对于存在奇异点的机器人来说，其工作范围还需要剔除奇异点和空穴。

4）运动速度

运动速度影响机器人的工作效率和运动周期，它与机器人所提取的重力和位置精度均有密切的关系。运动速度高，机器人所承受的动载荷增大，必将承受着加减速时较大的惯性力，影响机器人的工作平稳性和位置精度。就目前的技术水平而言，通用机器人的最大直线运动速度大多在 1 000 mm/s 以下，最大回转速度一般不超过 120°/s。

5）承载能力

承载能力是指机器人在作业范围内的任何位置上所能承受的最大质量。承载能力不仅取决于负载的质量，而且与机器人运行的速度和加速度的大小和方向有关。

在进行工业机器人机械本体设计时，应充分考虑以上技术指标，使所设计工业机器人符合上述技术指标要求。

1.5 工业机器人运动学原理

研究工业机器人机构运动学的目的是建立工业机器人各运动构件与手部在空间的位置之间的关系，建立工业机器人手臂运动的数学模型，为控制工业机器人的运动提供分析的方法和手段，为仿真研究手臂的运动特性和设计控制器实现预定的功能提供依据。

1.5.1 坐标变换原理与变换矩阵

工业机器人的执行机构属于空间机构，因而可以采用空间坐标变换基本原理及坐标变换矩阵解析方法来建立描述各构件（坐标系）之间的相对位置和姿态的矩阵方程。

空间机构的位置分析，就是研究刚体（构件）在三维空间进行的旋转和移动。我们可以在机构的每一构件上建立一个右手直角坐标系，把构件运动后的新位置看成是这一坐标系的变换。如图 1－21 所示，固定在构件 2 上的坐标系 $x_2-y_2-z_2$，可以看成是固定在构件 1 上的坐标系 $x_1-y_1-z_1$ 的原点 O_1 沿 z_1 轴移动距离 d_1 到达 O_1' 点，然后绕 z_1 轴旋转 θ_{12} 角，再沿 x_2 轴移动距离 h_2 到达 O_2，然后再绕 x_2 轴旋转 α_{12} 角，得到新坐标系 $x_2-y_2-z_2$，即构件 2 的位置和姿态。

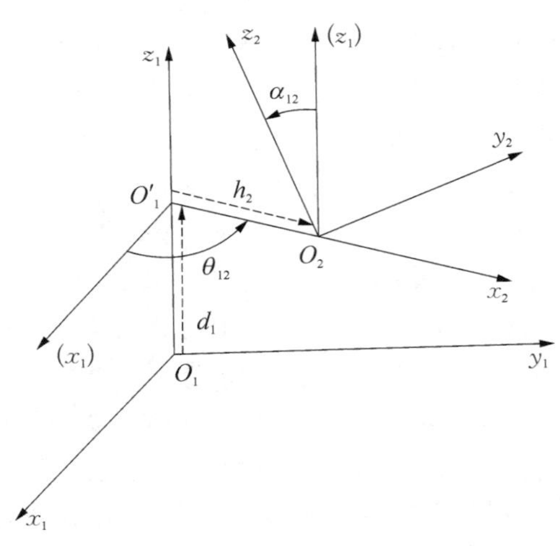

图 1－21 空间坐标变换

应用于由转动副、移动副和螺旋副组成的空间工业机器人机构研究中的齐次坐标变换矩阵是 D－H（Denavit－Harterberg）矩阵。D－H 矩阵是一个 4×4 矩阵。

$$\begin{bmatrix} A_{11} & A_{12} & A_{13} & P_x \\ A_{21} & A_{22} & A_{23} & P_y \\ A_{31} & A_{32} & A_{33} & P_z \\ 0 & 0 & 0 & 1 \end{bmatrix}$$

两坐标系间的旋转用 D－H 矩阵左上角的一个 3×3 旋转矩阵($\boldsymbol{R}$)来描述；右上角是一个 3×1 的列矩阵，称为位置矢量，表示两个坐标系间的平移。P_x、P_y、P_z 为两坐标系间平移矢量的三个分量。D－H 矩阵左下角中的 1×3 矩阵表示沿三根坐标轴的透视变换；右下角的 1×1 单一元素矩阵为使物体产生总体变换的比例因子。在 CAD 绘图中透视变换和比例因子是重要参数，但在工业机器人控制中，透视变换值总是取 0，而比例因子则总是取 1。

1）旋转矩阵

如图 1－22 所示，两个共原点的右手直角坐标系 x_i-y_i-z_i 和 x_j-y_j-z_j，可以视为 j 坐标系的坐标轴方向相对 i 坐标系绕 z_i 轴旋转了一个 θ 角得到的，因此可以写出下列关系式：

$$\begin{cases} x_i = x_j \cos\theta - y_j \sin\theta + 0 \times z_j \\ y_i = x_j \sin\theta + y_j \cos\theta + 0 \times z_j \\ z_i = 0 \times x_j + 0 \times y_j + 1 \times z_j \end{cases}$$

写成矩阵形式：

$$\begin{bmatrix} x_i \\ y_i \\ z_i \end{bmatrix} = \begin{bmatrix} \cos\theta & -\sin\theta & 0 \\ \sin\theta & \cos\theta & 0 \\ 0 & 0 & 1 \end{bmatrix} \begin{bmatrix} x_j \\ y_j \\ z_j \end{bmatrix}$$

写成矢量形式：

$$\boldsymbol{\gamma}_i = [\boldsymbol{R}_{ij}^{\theta}]\boldsymbol{\gamma}_j$$

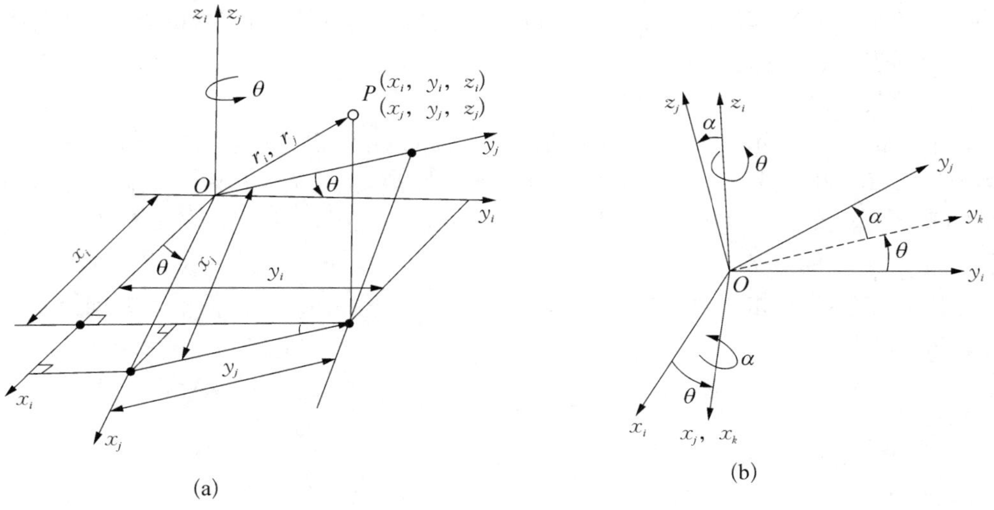

图 1－22　旋转矩阵求取

式中，$\boldsymbol{\gamma}_i$ 为矢量$\boldsymbol{OP}$ 在$x_i-y_i-z_i$ 坐标系中的坐标列阵；$\boldsymbol{\gamma}_j$ 为矢量$\boldsymbol{OP}$ 在$x_j-y_j-z_j$坐标系中的坐标列阵；$[\boldsymbol{R}_{ij}^{\theta}]$ 为坐标系 j 变换到坐标系 i 的旋转矩阵。

方阵 $[\boldsymbol{R}_{ij}^{\theta}]$ 就是 i 和 j 坐标系各自相应坐标轴夹角的余弦，如表 1－1 所示。

表 1－1　坐标变换关系表

	x_j	y_j	z_j
x_i	$\cos(x_i, x_j)$	$\cos(x_i, y_j)$	$\cos(x_i, z_j)$
x_i	$\cos(y_i, x_j)$	$\cos(y_i, y_j)$	$\cos(y_i, z_j)$
x_i	$\cos(z_i, x_j)$	$\cos(z_i, y_j)$	$\cos(z_i, z_j)$

利用表 1－1 可容易的写出 j 坐标系绕 i 坐标系的 x_i 轴（y_i）轴转过 α 角（β 角）后的旋转矩阵：

$$[\boldsymbol{R}_{ij}^{\alpha}]=\begin{bmatrix}1 & 0 & 0\\ 0 & \cos\alpha & -\sin\alpha\\ 0 & \sin\alpha & \cos\alpha\end{bmatrix}$$

$$[\boldsymbol{R}_{ij}^{\beta}]=\begin{bmatrix}\cos\beta & 0 & -\sin\beta\\ 0 & 1 & 0\\ \sin\beta & 0 & \cos\beta\end{bmatrix}$$

绕两根坐标轴旋转时，新坐标系 j 的位置可以看成旧坐标系 i 绕 z_i 轴转过 θ 角，达到 $x_k-y_k-z_i$，再绕 x_k 轴转 α 角得到，如图 1－22(b)所示。这种坐标系的连续旋转，可以用旋转矩阵的连乘表示，即

$$[\boldsymbol{R}_{ij}^{\alpha,\theta}]=\begin{bmatrix}\cos\theta & -\sin\theta & 0\\ \sin\theta & \cos\theta & 0\\ 0 & 0 & 1\end{bmatrix}\begin{bmatrix}1 & 0 & 0\\ 0 & \cos\alpha & -\sin\alpha\\ 0 & \sin\alpha & \cos\alpha\end{bmatrix}=\begin{bmatrix}\cos\theta & -\sin\theta\cos\alpha & \sin\theta\sin\alpha\\ \sin\theta & \cos\theta\cos\alpha & -\cos\theta\sin\alpha\\ 0 & \sin\alpha & \cos\alpha\end{bmatrix}$$

由此可见，方向余弦矩阵的依次连乘可完成坐标系的连续变换，用同样的方法，可以得出绕其他坐标轴两次旋转的旋转矩阵。

2）位置矢量

位置矢量中 $\boldsymbol{P}_x$ 表示沿x_i轴从z_{i-1}轴量至z_i轴的距离，记为 h_i，并规定与 x_i 轴正向一致的距离为正。$\boldsymbol{P}_y$ 表示沿 y_i轴从 z_{i-1}轴量至 z_i轴的距离，记为 l_i，并规定与 y_i轴正向一致的距离为正。$\boldsymbol{P}_z$ 表示沿 z_i轴从 x_{i-1}轴量至 x_i轴的距离，记为 d_i，并规定与 z_i轴正向一致的距离为正。

由上述讨论可知，相邻两坐标系 $x_i-y_i-z_i$和$x_{i-1}-y_{i-1}-z_{i-1}$之间的不共同原点的坐标变换矩阵方程为

$$\begin{bmatrix}x_{i-1}\\ y_{i-1}\\ z_{i-1}\\ 1\end{bmatrix}=[\boldsymbol{M}_{i-1,i}]\begin{bmatrix}x_i\\ y_i\\ z_i\\ 1\end{bmatrix}$$

式中，$[\boldsymbol{M}_{i-1,i}]$ 是由 h_i、d_t、α_t、θ_t 四个参数所确定的相邻坐标系的齐次坐标变换矩阵，

$$[\boldsymbol{M}_{i-1,i}]=\begin{bmatrix} c\theta_i & -s\theta_i c\alpha_i & s\theta_i s\alpha_i & h_i c\theta_i \\ s\theta_i & c\theta_i c\alpha_i & -c\theta_i s\alpha_i & h_i s\theta_i \\ 0 & s\alpha_i & c\alpha_i & d_i \\ 0 & 0 & 0 & 1 \end{bmatrix} \tag{1-1}$$

其中，$s\theta_i=\sin\theta_i$；$s\alpha_i=\sin\alpha_i$；$c\theta_i=\cos\theta_i$；$c\alpha_i=\cos\alpha_i$。

1.5.2　运动学方程的建立

工业机器人本体的运动学方程，是描述工业机器人本体上每一活动杆件在空间相对绝对坐标系或相对机座坐标系的位置方程。

工作过程中，工业机器人的位置是变化的。其位置可用从机座坐标系 x_0- y_0- z_0的坐标原点出发，指向机械接口坐标系 x_m- y_m- z_m的坐标原点 O_m的矢量 $\boldsymbol{P}$ 来表示，如图 1 - 23 所示。

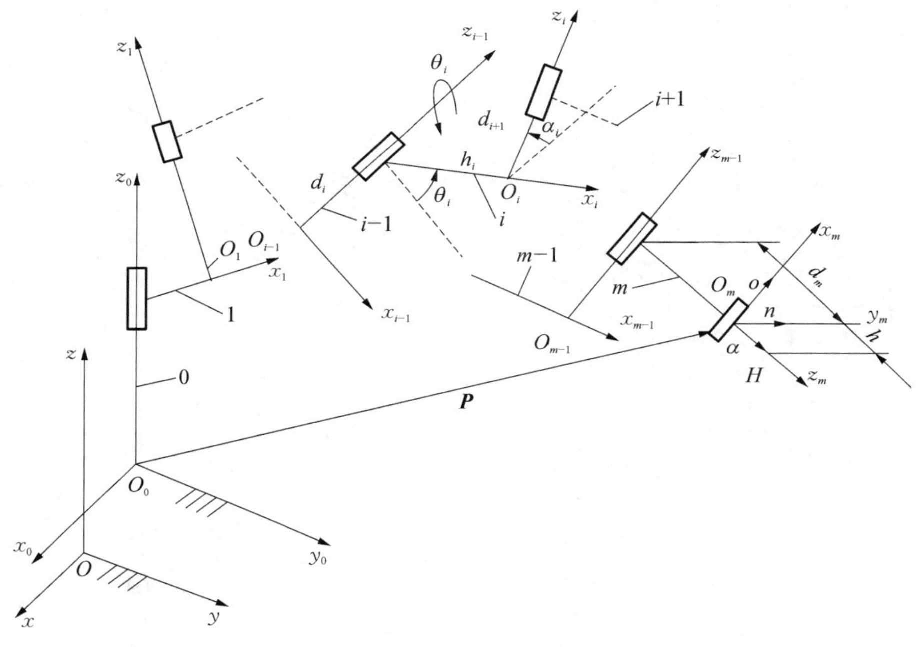

图 1 - 23　手部的位置与姿态

而手部相对于机座坐标系的姿态可用机械接口坐标系的三个坐标轴 x_m、y_m、z_m来描述。若以 n、O、a 分别表示 x_m、y_m、z_m三个坐标轴的单位矢量，且在机座坐标系中的方向余弦分别为 $\boldsymbol{n}=(n_x, n_y, n_z)^{\mathrm{T}}$，$\boldsymbol{O}=(o_x, o_y, o_z)^{\mathrm{T}}$，$\boldsymbol{a}=(a_x, a_y, a_z)^{\mathrm{T}}$，则机械接口坐标系相对于机座坐标系的位置可用矩阵 $[\boldsymbol{M}_m]$ 描述：

$$[\boldsymbol{M}_m]=\begin{bmatrix} n_x & o_x & a_x & p_x \\ n_y & o_y & a_y & p_y \\ n_z & o_z & a_z & p_z \\ 0 & 0 & 0 & 1 \end{bmatrix}$$

由式(1－1)可以写出任一相邻两坐标系的齐次坐标变换矩阵，由于通过齐次坐标变换矩阵的连乘可进行坐标系的连续变换，因而任一坐标系 x_i－y_i－z_i 相对于机座坐标系的位置可表示为

$$[\boldsymbol{M}_{0i}]=[\boldsymbol{M}_{01}][\boldsymbol{M}_{12}]\cdots[\boldsymbol{M}_{i-1,\,i}]$$

式中，$[\boldsymbol{M}_{0i}]$ 为坐标系 x_i－y_i－z_i 与机座坐标系 x_0－y_0－z_0 之间的齐次坐标变换矩阵。

对于具有 m 个自由度的工业机器人，其手部相对于机座坐标系的位置矩阵为

$$[\boldsymbol{M}_m]=\begin{bmatrix} n_x & o_x & a_x & p_x \\ n_y & o_y & a_y & p_y \\ n_z & o_z & a_z & p_z \\ 0 & 0 & 0 & 1 \end{bmatrix}=[\boldsymbol{M}_{01}][\boldsymbol{M}_{12}]\cdots[\boldsymbol{M}_{m-1,\,m}] \tag{1-2}$$

例　列出 PUMA－560 型工业机器人的运动学方程。机器人机械本体(操作机)的轴和机构运动如图 1－24 所示。

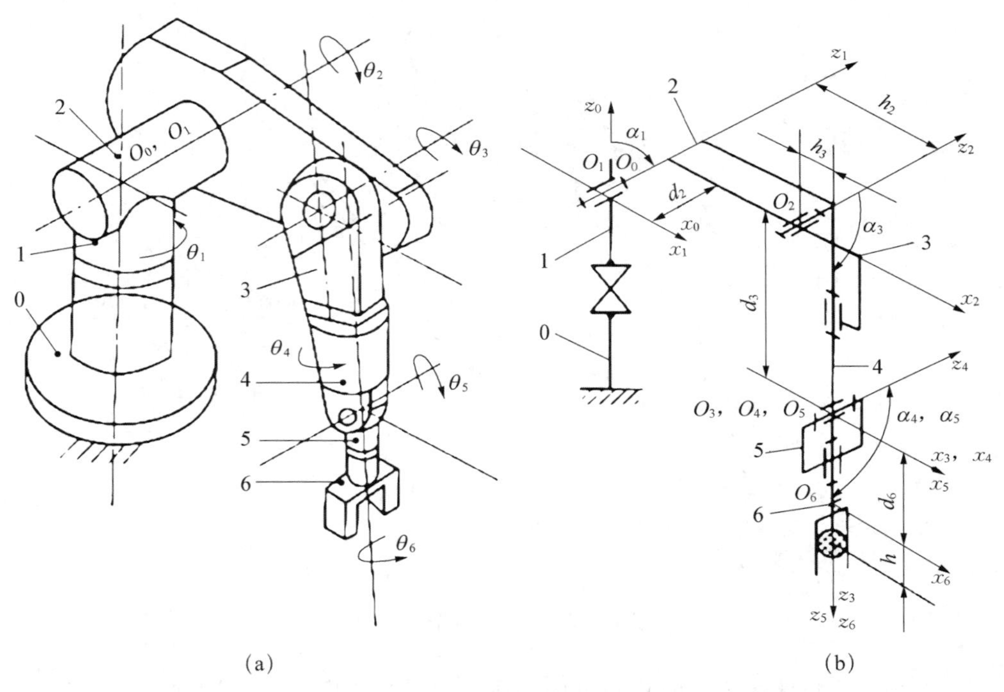

图 1－24　PUMA－560 型工业机器人

解：(1) 建立各构件的 D－H 坐标系。

设工业机器人的机械本体由机座 0 及六个活动构件组成，具有六个旋转关节。机座坐标系 x_0－y_0－z_0 因连在机座 0 上，为简化计算，将其原点 O_0 平移；使 O_1、O_0 重合。按右手坐标系规则建立的各活动杆坐标系如图 1－24(b)所示。

(2) 确定各杆件的结构参数和运动变量。

各关节的运动变量都是绕 z_i 轴的转角，分别用 θ_1、θ_2、θ_3、θ_4、θ_5、θ_6 表示。将机构的各结构参数和运动变量列于表 1－2 中。

表 1-2　各结构参数和运动变量

构件编号	θ_i	α_i	h_i	d_i
0—1	θ_1	$-90°$	0	0
1—2	θ_2	$0°$	h_2	d_2
2—3	θ_3	$-90°$	h_3	d_3
3—4	θ_4	$90°$	0	
4—5	θ_5	$-90°$	0	0
5—6	θ_6	$0°$	0	d_6

注：θ_1、θ_2、θ_3、θ_4、θ_5、θ_6是运动变量，其余为结构参数。

(3) 写出各相邻两杆件坐标系间的位置矩阵$[\boldsymbol{M}_{i-1,i}]$。

根据式(1-1)和表 1-2 可得

$$[\boldsymbol{M}_{01}]=\begin{bmatrix} c\theta_1 & 0 & -s\theta_1 & 0 \\ s\theta_1 & 0 & c\theta_1 & 0 \\ 0 & -1 & 0 & 0 \\ 0 & 0 & 0 & 1 \end{bmatrix} \qquad [\boldsymbol{M}_{12}]=\begin{bmatrix} c\theta_2 & -s\theta_2 & 0 & h_2c\theta_2 \\ s\theta_2 & c\theta_2 & 0 & h_2s\theta_2 \\ 0 & 0 & 1 & d_2 \\ 0 & 0 & 0 & 1 \end{bmatrix}$$

$$[\boldsymbol{M}_{23}]=\begin{bmatrix} c\theta_3 & 0 & -s\theta_3 & h_3c\theta_3 \\ s\theta_3 & 0 & c\theta_3 & h_3s\theta_3 \\ 0 & -1 & 0 & d_3 \\ 0 & 0 & 0 & 1 \end{bmatrix} \qquad [\boldsymbol{M}_{34}]=\begin{bmatrix} c\theta_4 & 0 & -s\theta_4 & 0 \\ s\theta_4 & 0 & c\theta_4 & 0 \\ 0 & -1 & 0 & 0 \\ 0 & 0 & 0 & -1 \end{bmatrix}$$

$$[\boldsymbol{M}_{45}]=\begin{bmatrix} c\theta_5 & 0 & -s\theta_5 & 0 \\ s\theta_5 & 0 & c\theta_5 & 0 \\ 0 & -1 & 0 & 0 \\ 0 & 0 & 0 & 1 \end{bmatrix} \qquad [\boldsymbol{M}_{56}]=\begin{bmatrix} c\theta_6 & 0 & -s\theta_6 & 0 \\ s\theta_6 & 0 & c\theta_6 & 0 \\ 0 & -1 & 0 & d_6 \\ 0 & 0 & 0 & -1 \end{bmatrix}$$

(4) 建立机械接口坐标系的位置矩阵$[\boldsymbol{M}_{06}]$。

由式(1-2)得

$$[\boldsymbol{M}_{06}]=[\boldsymbol{M}_{01}][\boldsymbol{M}_{12}][\boldsymbol{M}_{23}][\boldsymbol{M}_{34}][\boldsymbol{M}_{45}][\boldsymbol{M}_{56}]=\begin{bmatrix} n_x & o_x & a_x & p_x \\ n_y & o_y & a_y & p_y \\ n_z & o_z & a_z & p_z \\ 0 & 0 & 0 & 1 \end{bmatrix}$$

这就是 PUMA-560 型工业机器人机械本体的位置运动学矩阵方程。

1.6　工业机器人机械传动分类

机械传动系统是工业机器人重要的组成部分，其作用是传递运动和力，工业机器人常用的机械传动类型有齿轮-轮系传动、带传动、丝杠螺母传动和链传动。

1.6.1 齿轮及轮系传动

齿轮传动是依靠主动轮的轮齿与从动轮的轮齿啮合来传递运动和动力的。是现代机械中应用最广泛的机械传动形式之一。而轮系是用一系列相互啮合的齿轮将主动轴和从动轴连接起来的多齿轮传动装置。其中减速器就是该传动方式最典型的代表，应用在机器人领域的减速器主要为谐波减速器（见图 1－25）和 RV 减速器（见图 1－26）。

图 1－25　谐波减速器

图 1－26　RV 减速器

在工业机器人中，减速器是连接机器人动力源和执行机构的中间装置，是保证工业机器人实现到达目标位置精确度的核心部件。通过合理的选用减速器，可精确地将机器人动力源转速降到工业机器人各部位所需要的速度。在关节型机器人中，由于 RV 减速器具有更高的刚度和回转精度，一般将 RV 减速器放置在机座、大臂、肩部等重负载的位置，而将谐波减速器放置在小臂、腕部或手部等轻负载的位置。

1.6.2 带传动

带传动机构主要由主动轮、从动轮和张紧在两轮上的传动带组成，当原动机驱动主动轮时，借助带轮和带间的摩擦或啮合、传递运动和动力。在工业机器人中应用较多的为同步带传动，如图 1－27 所示，同步带传动是综合了普通带传动和链轮链条传动优点的一种新型传动，它在带的工作面及带轮外周上均制有啮合齿，通过带齿与轮齿做啮合传动。为保证带和

带轮
同步带

图 1－27　同步带传动

带轮做无滑动的同步传动，齿形带采用了承载后无弹性变形的高强力材料，无弹性滑动，以保证节距不变。同步带优点有：传动比准确、传动效率高、节能效果好；能吸振、噪声低、不需要润滑；传动平稳，能高速传动、传动比可达 10，结构紧凑、维护方便等。其主要缺点是安装精度要求高、中心距要求严格，同时具有一定的蠕变性。同步带带轮齿形有梯形齿形和圆弧齿形。

1.6.3　丝杠螺母传动

丝杠螺母机构又称螺旋传动机构。它主要用来将旋转运动变换为直线运动或将直线运动变换为旋转运动。有以传递能量为主的(如螺旋压力机、千斤顶等)；也有以传递运动为主的(如机床工作台的进给丝杠)；还有调整零件之间相对位置的螺旋传动机构等。在工业机器人领用应用较多的为滚珠丝杠，如图 1-28 所示，它是一种以滚珠作为滚动体的螺旋式传动元件，其虽然结构复杂、制造成本高，但它最大的优点是摩擦阻力矩小、传动效率高(92%～98%)，运动平稳性好，灵活度高。通过预紧，能消除间隙、提高传动刚度；进给精度和重复定位精度高；使用寿命长；而且同步性好，使用可靠、润滑简单。

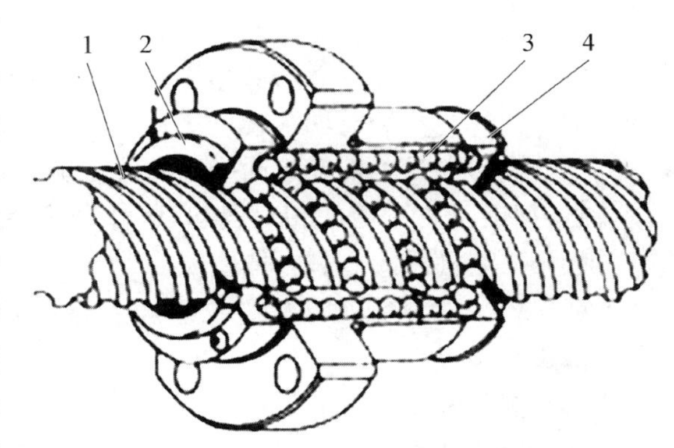

图 1-28　滚珠丝杠

1—丝杠；2—端盖；3—滚珠；4—螺母

滚珠丝杠传动返行程不能自锁，因此在用于垂直方向传动时，须附加自锁机构或制动装置。在选用滚珠丝杠要考虑几项指标：① 滚珠丝杠的精度等级；② 滚珠丝杠的传动间隙允许值和预加载荷的期望值；③ 载荷条件(静、动载荷)以及载荷允许值；④ 滚珠丝杠的工作寿命；⑤ 滚珠丝杠的临界转速；⑥ 滚珠丝杠的刚度。

1.6.4　链传动

链传动主要由主动链轮、从动链轮和链条组成(见图 1-29)，是依靠链轮轮齿与链条链节之间的啮合来传递运动和动力的。

链传动与带传动相比较，同样条件下，结构较紧凑，无滑动，效率高，对轴的压力下能够在高温、低速及恶劣环境下工作，与齿轮传动相比其中心距大、制造和安装精度低，但其缺点也很明显，瞬时传动比不是常数，传动平稳性差，工作时有冲击、振动和噪声，无过载保护等。链传动可用在机器人腕传动上，为了减轻机器人末端的重量，一般都将腕关节驱动电机安装在小臂后端或大臂关节处。由于电机距离被传动的腕关节较远，故采用精密套筒滚子链来传动。

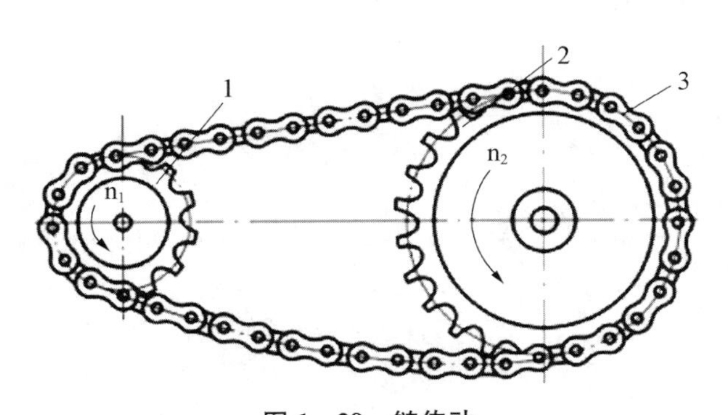

图 1-29　链传动

1—主动链轮；2—从动链轮；3—链条

习题

1. 填空题

(1) ________是各组成部分具有确定相对运动的、可代替人做有用的机械功或实现能量转换的人为实物组合。

(2) ________是机器中的基本制造单元。

(3) ________是机器的运动单元体，包括运动速度为零的单元体。

(4) ________是实现某种特定运动的构件组合。

(5) 机构中各个构件之间必须有确定的相对运动，因此，构件的连接既要使两个构件直接接触，又能产生一定的相对运动，这种直接接触的活动连接称为________。

(6) 工业机器人机械本体主要由________、________、________、________组成。

(7) ________是机器人的主要执行部件，它的作用是支撑腕部和末端执行器，并带腕部和手部进行运动。

(8) 工业机器人臂部的形式有________、________、________、________。

(9) 腕部是________与________的连接部件，起支撑手部和改变手部姿态的作用。

(10) 机器人的手部是指安装于机器人手臂末端，直接作用于工作对象的装置，又称为________。

2. 简答题

(1) 工业机器人按其结构形式主要分为哪几类？

(2) 工业机器人主要的技术指标有哪些？

(3) 工业机器人机械传动分类？

(4) 研究工业机器人机构运动学的目的是什么？

(5) 简述工业机器人腕部自由度形式。

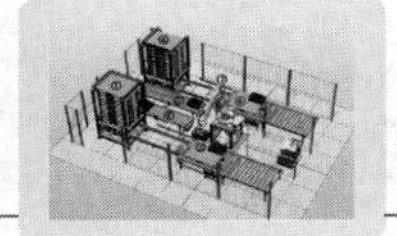
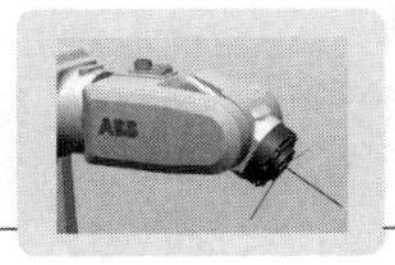
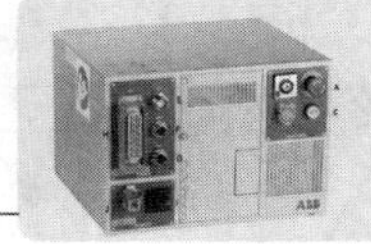

模块 2 极限配合与技术测量

工业机器人的机械本体由若干个零部件装配而成，每一个零件都存在尺寸误差以及各种几何形状误差。各几何要素之间又存在相互位置误差。要提高工业机器人的质量，就要对尺寸、形状和位置规定恰当的公差。对零件表面也要限定它的粗糙度。同时当机器人需要维护保养时，应更换相应的零配件，因此需要零配件具有互换性，即同一批零件，不经挑选和辅助加工，任取一个即可顺利地安装到机器人上，并满足机器人的性能要求。而要保证零件具有互换性，就需要确定零件合理的配合要求和尺寸公差大小。

2.1 极限配合的基本术语

2.1.1 尺寸基本术语(GB/T 1800)

尺寸： 以特定单位表示长度值的数字。

基本尺寸： 它是设计给定的尺寸，一般要求符合标准的尺寸系列。符号：孔 D，轴 d。

实际尺寸： 通过测量所得的尺寸。包含测量误差，且同一表面不同部位的实际尺寸往往也不相同，如图 2-1 所示。孔用 D_a 表示，轴用 d_a 表示。由于测量误差的存在，所以实际尺寸不一定是被测尺寸的真值。

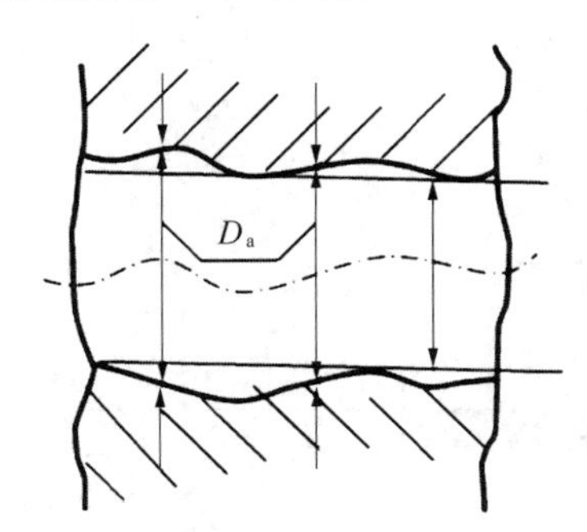

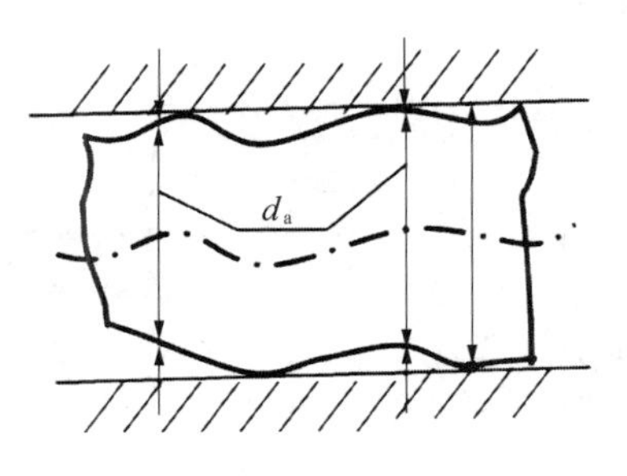

图 2-1 实际尺寸

极限尺寸： 允许尺寸变化的两个极限值。两者中较大的称为最大极限尺寸，较小的称为最小极限尺寸，如图 2-2 所示；孔和轴的最大、最小极限尺寸分别用 D_{max}、d_{max} 和 D_{min}、d_{min} 表示。

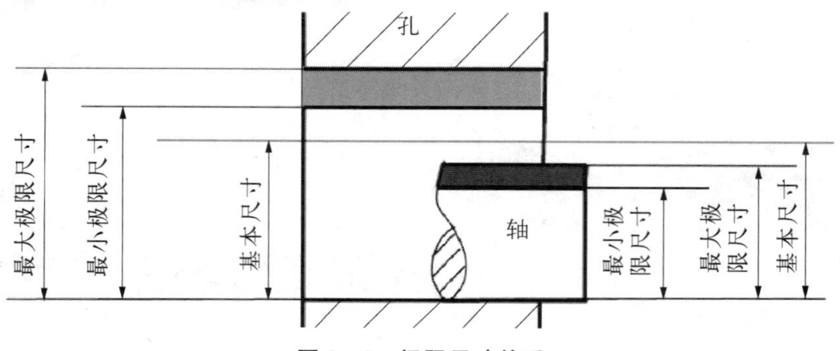

图 2-2 极限尺寸关系

合格零件的实际尺寸：$D_{max} \geqslant D_a \geqslant D_{min}$；$d_{max} \geqslant d_a \geqslant d_{min}$

2.1.2 公差与偏差的术语和定义

1) 尺寸偏差(偏差)

偏差：指某一尺寸减其基本尺寸所得的代数差。偏差可以为正值、负值或零。

实际偏差：指实际尺寸减其基本尺寸的代数差。符号：孔为 E_a，$E_a=D_a-D$；轴为 e_a，$e_a=d_a-d$。

上偏差：指最大极限尺寸减其基本尺寸所得的代数差，即上偏差＝最大极限尺寸－基本尺寸；符号：孔为 E_S，轴为 e_s。

下偏差：指最小极限尺寸减其基本尺寸所得的代数差，即下偏差＝最小极限尺寸－基本尺寸；符号：孔为 E_I，轴为 e_i。

当零件满足 $E_I < E_a < E_S$，$e_i < e_a < e_s$ 时才合格。

2) 尺寸公差(公差)

公差是允许尺寸的变动量，等于最大极限尺寸与最小极限尺寸的代数差的绝对值；也等于上偏差与下偏差的代数差的绝对值，孔、轴的公差分别用 T_D 和 T_d 表示。

偏差与公差的关系如图 2-3 所示。其基本公式如下。

对于孔：$E_S=D_{max}-D$；$E_I=D_{min}-D$；$T_D=|D_{max}-D_{min}|=|E_S-E_I|$

对于轴：$e_s=d_{max}-d$；$e_i=d_{min}-d$；$T_d=|d_{max}-d_{min}|=|e_s-e_i|$

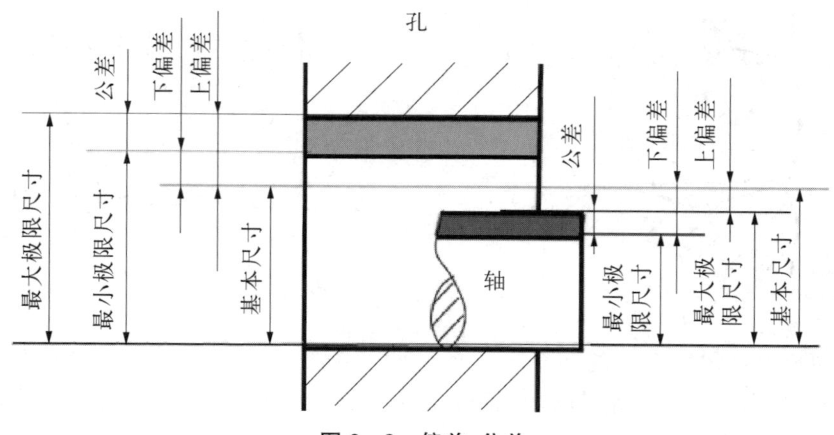

图 2-3 偏差、公差

3）零线与公差带

零线： 指确定偏差的一条基准直线。通常以零线表示基本尺寸。

公差带： 指由代表上、下偏差或最大极限尺寸和最小极限尺寸的两条直线所确定的区域。公差带有两个基本参数，即公差带大小与位置。大小由标准公差确定，位置由基本偏差确定。

公差带图： 以基本尺寸为零线（零偏差线），用适当的比例画出两极限偏差，以表示尺寸允许变动的界限及范围，称为公差带图（尺寸公差带图），如图 2－4 所示。

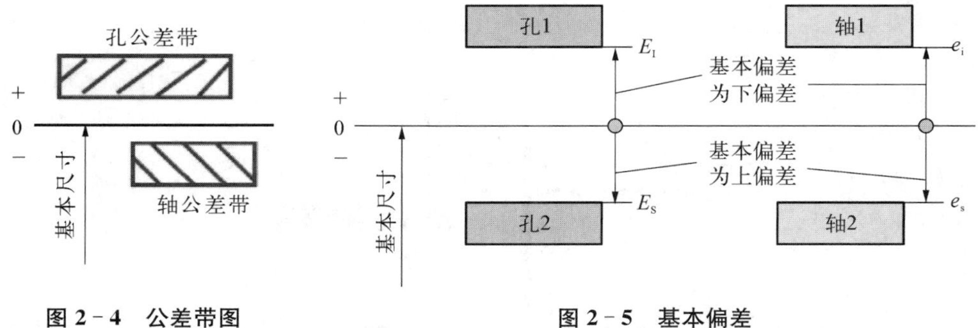

图 2－4　公差带图　　　　**图 2－5　基本偏差**

4）基本偏差与标准公差

基本偏差： 用以确定公差带相对于零线位置的上偏差或下偏差。一般为靠近零线的那个极限偏差。当公差带在零线的上方时，基本偏差为下偏差，反之则为上偏差，如图 2－5 所示。

标准公差： 标准极限与配合制中所规定的任一公差。标准公差分为 20 个等级，即 IT01、IT0、IT1～IT18。IT 表示公差，数字表示公差等级，从 IT01 至 IT18 依次降低。

2.1.3　有关配合的术语和定义

1）间隙和过盈

间隙： 指孔的尺寸减去相配合的轴的尺寸之差为正的数，用 X 表示。

过盈： 指孔的尺寸减去相配合的轴的尺寸之差为负的数，用 Y 表示。

2）配合

基本尺寸相同的、相互结合的孔和轴公差带之间的关系，称为配合。对一批零件而言，配合反映了机器上相互结合的零件间的松紧程度。根据使用的要求不同，孔和轴之间的配合有松有紧，因而国标规定配合分三类：间隙配合、过盈配合和过渡配合。

间隙配合： 孔的公差带在轴公差带上方，即具有间隙的配合，包括 $X_{min}=0$ 的配合，如图 2－6 所示。对一批零件而言，所有孔的尺寸大于等于轴的尺寸。

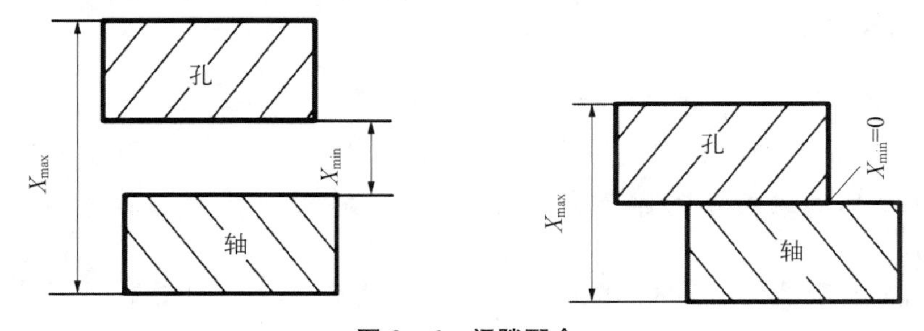

图 2－6　间隙配合

孔的最大极限尺寸减去轴的最小极限尺寸所得的代数差，称为最大间隙，用 X_{max} 表示，孔的最小极限尺寸减去轴的最大极限尺寸所得的代数差，称为最小间隙，用 X_{min} 表示，如图 2-7 所示，它们具有以下特征参数。

$$X_{max}=D_{max}-d_{min}=E_S-e_i$$
$$X_{min}=D_{min}-d_{max}=E_I-e_s$$

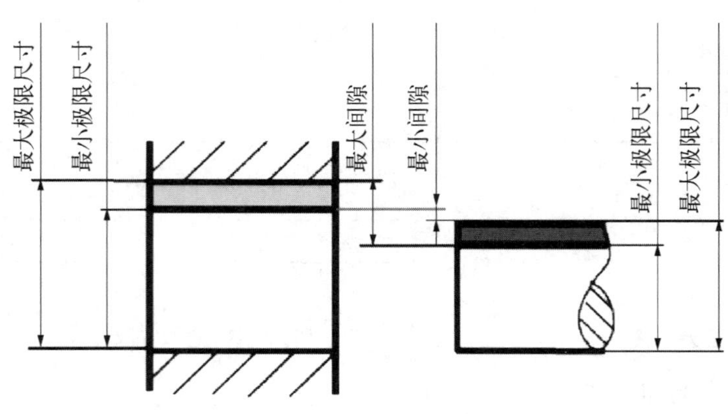

图 2-7　间隙配合极限情况

过盈配合： 孔的公差带在轴的公差带之下，即具有过盈的配合，如图 2-8 所示。对一批零件而言，所有轴的尺寸大于等于孔的尺寸。

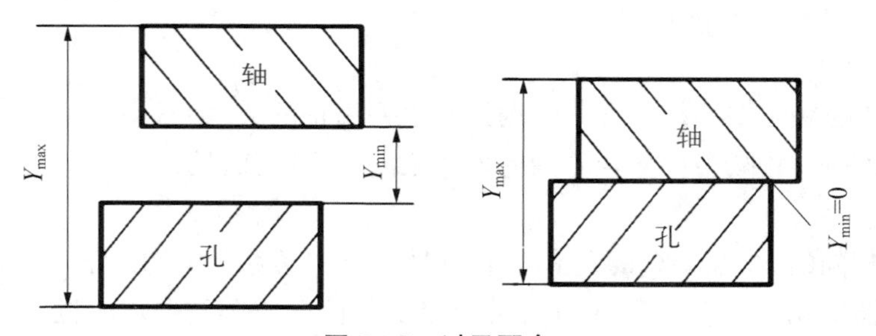

图 2-8　过盈配合

孔的最小极限尺寸减去轴的最大极限尺寸所得的代数差，称为最大过盈，用 Y_{max} 表示，孔的最大极限尺寸减去轴的最小极限尺寸所得的代数差，称为最小过盈，用 Y_{min} 表示，如图 2-9 所示，它们具有以下特征参数。

$$Y_{min}=D_{max}-d_{min}=E_S-e_i$$
$$Y_{max}=D_{min}-d_{max}=E_I-e_s$$

过渡配合： 孔的公差带与轴的公差带相互交叠，可能具有间隙或过盈的配合，如图 2-10 所示。

过渡配合的极限情况是最大间隙（X_{max}）与最大过盈（Y_{max}），如图 2-11 所示，它们具有如下特征参数。

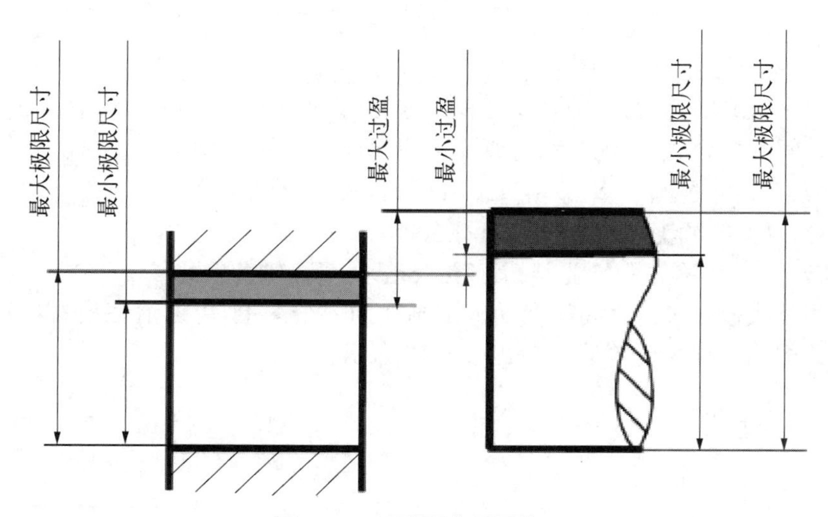

图 2-9　过盈配合极限情况

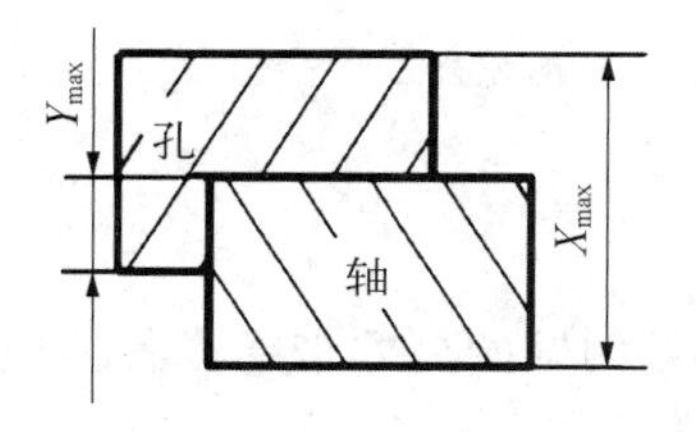

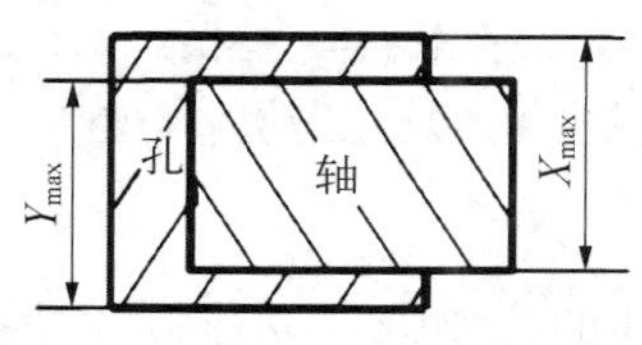

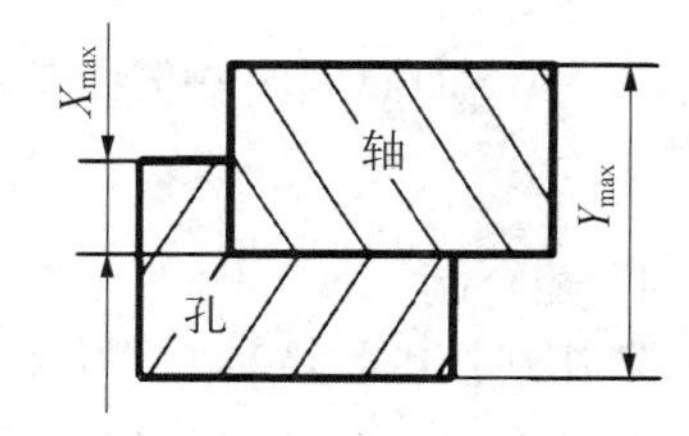

图 2-10　过渡配合

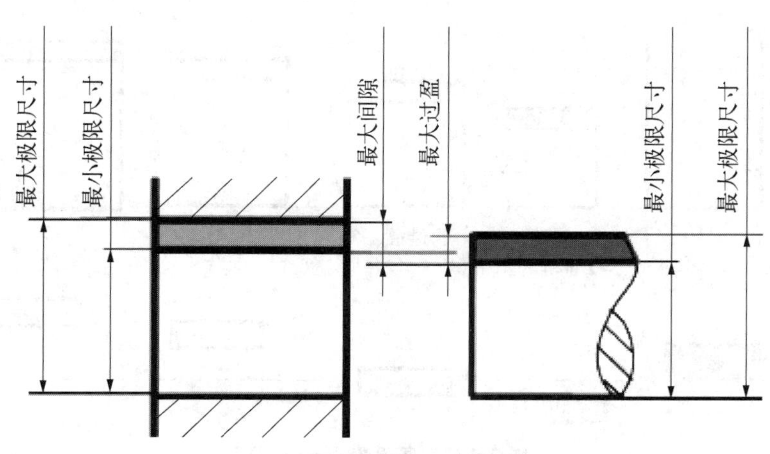

图 2-11　过渡配合极限情况

$$X_{max}=D_{max}-d_{min}=E_S-e_i$$
$$Y_{max}=D_{min}-d_{max}=E_I-e_s$$

3）配合公差与配合公差带图

配合公差是组成配合的孔、轴公差之和。它是允许间隙或过盈的变动量，是一个没有符号的绝对值。间隙配合、过盈配合和过渡配合的配合公差可表示为

间隙配合：$T_f=|X_{max}-X_{min}|=T_D$(孔公差)$+T_d$(轴公差)

过盈配合：$T_f=|Y_{min}-Y_{max}|=T_D$(孔公差)$+T_d$(轴公差)

过渡配合：$T_f=|X_{max}-Y_{max}|=T_D$(孔公差)$+T_d$(轴公差)

将极限间隙或极限过盈之间的变动范围画在同一个图上，可以清楚地看出这对配合的松紧情况。此图称为配合公差带图，如图 2-12 所示。

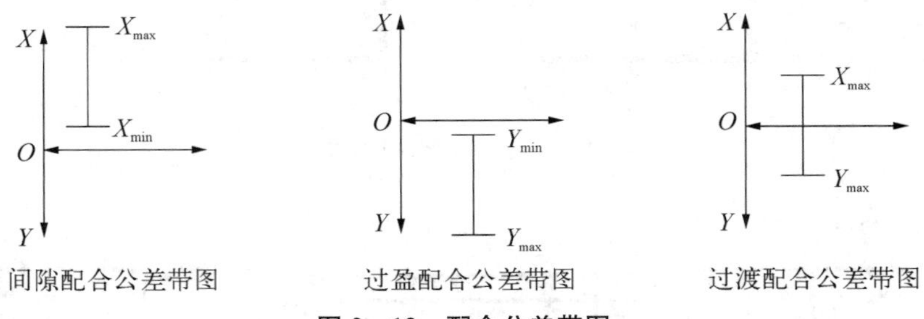

图 2-12　配合公差带图

4）配合制

基孔制：基本偏差为一定的孔的公差带，与不同基本偏差的轴的公差带形成各种配合的一种制度，基准孔的基本偏差代号为"H"。即孔的基本偏差保持一定(孔的下偏差为 0)，改变轴的基本偏差，形成不同的配合如图 2-13 所示。

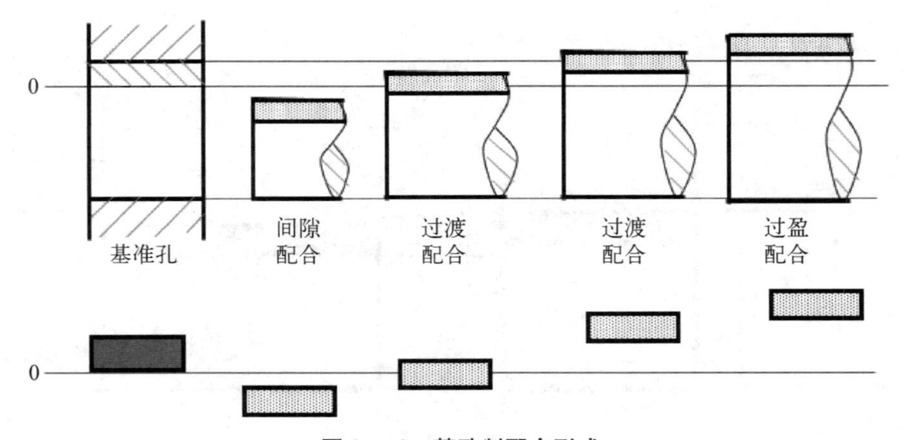

图 2-13　基孔制配合形式

基轴制：基本偏差为一定的轴的公差带，与不同基本偏差的孔的公差带形成各种配合的一种制度，基准轴的基本偏差代号为"h"。即轴的基本偏差保持一定(轴的上偏差为 0)，改变孔的基本偏差，形成不同的配合(见图 2-14)。

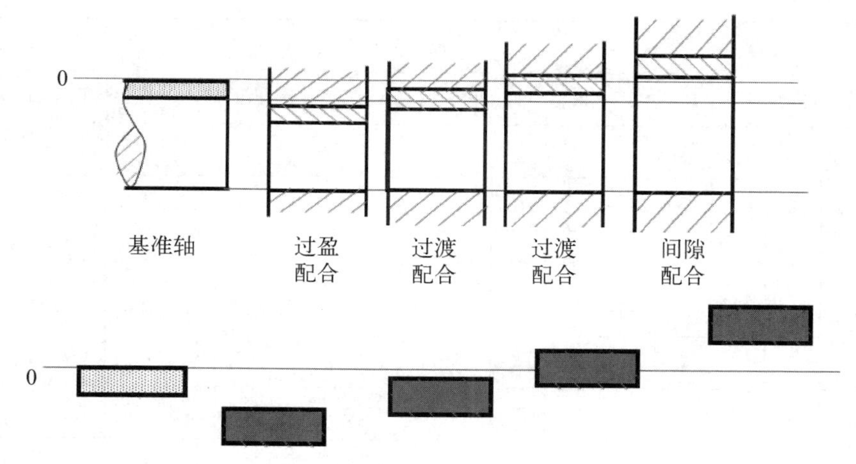

图 2-14　基轴制配合形式

2.2　极限与配合的国家标准

2.2.1　标准公差系列

标准公差: 国家标准规定的用以确定公差带大小的任一公差值,国家标准制定出的一系列标准公差数值,包括标准公差等级和标准公差数值。

1) 标准公差系列

在基本尺寸至 500 mm 内规定了 IT01～IT18 共 20 个标准公差等级,精度从 IT01～IT18 依次降低,如图 2-15 所示;其标准公差数值如表 2-1 所示。

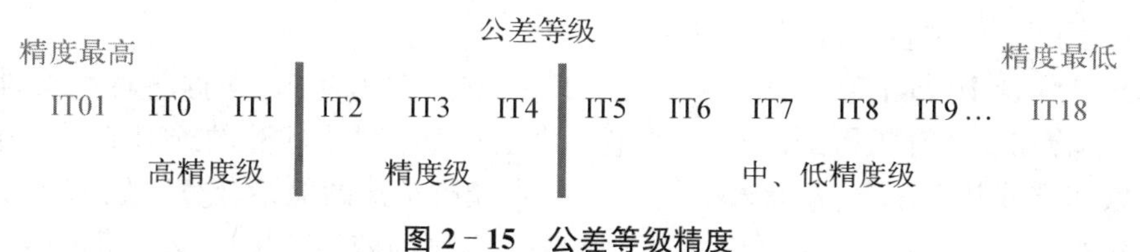

图 2-15　公差等级精度

表 2-1　标准公差数值

基本尺寸/mm		标准公差等级																	
		IT1	IT2	IT3	IT4	IT5	IT6	IT7	IT8	IT9	IT10	IT11	IT12	IT13	IT14	IT15	IT16	IT17	IT18
大于	至	μm											mm						
—	3	0.8	1.2	2	3	4	6	10	14	25	40	60	0.1	0.14	0.25	0.4	0.6	1	1.4
3	6	1	1.5	2.5	4	5	8	12	18	30	48	75	0.12	0.18	0.3	0.48	0.75	1.2	1.8
6	10	1	1.5	2.5	4	6	9	15	22	36	58	90	0.15	0.22	0.36	0.58	0.9	1.5	2.2

（续表）

基本尺寸/mm		标准公差等级																	
		IT1	IT2	IT3	IT4	IT5	IT6	IT7	IT8	IT9	IT10	IT11	IT12	IT13	IT14	IT15	IT16	IT17	IT18
大于	至	μm											mm						
10	18	1.2	2	3	5	8	11	18	27	43	70	110	0.18	0.27	0.43	0.7	1.1	1.8	2.7
18	30	1.5	2.5	4	6	9	13	21	33	52	84	130	0.21	0.33	0.52	0.84	1.3	2.1	3.3
30	50	1.5	2.5	4	7	11	16	25	39	62	100	160	0.25	0.39	0.62	1	1.6	2.5	3.9
50	80	2	3	5	8	13	19	30	46	74	120	190	0.3	0.46	0.74	1.2	1.9	3	4.6
80	120	2.5	4	6	10	15	22	35	54	87	140	220	0.35	0.54	0.87	1.4	2.2	3.5	5.4
120	180	3.5	5	8	12	18	25	40	63	100	160	250	0.4	0.63	1	1.6	2.5	4	6.3
180	250	4.5	7	10	14	20	29	46	72	115	185	290	0.46	0.72	1.15	1.85	2.9	4.6	7.2
250	315	6	8	12	16	23	32	52	81	130	210	320	0.52	0.81	1.3	2.1	3.2	5.2	8.1
315	400	7	9	13	18	25	36	57	89	140	230	360	0.57	0.89	1.4	2.3	3.6	5.7	8.9
400	500	8	10	15	20	27	40	63	97	155	250	400	0.63	0.97	1.55	2.5	4	6.3	9.7

2）基本偏差系列

本标准规定，基本偏差代号有 28 个。大写表示孔，小写表示轴。I(i)、L(l)、O(o)、Q(q)、W(w)五个代号不用。图 2－16 为基本偏差系列。由图可见，对于孔 A～H 以下偏差 EI 为基本偏差，J～ZC(JS 除外)以上偏差 ES 为基本偏差；对于轴，a～h 以上偏差 es 为基本偏差，j～zc(js 除外)以下偏差 ei 为基本偏差，由于 JS、js 的公差带是对称分布的，故它们的基本偏差可以是上偏差，也可以是下偏差。

在基孔制配合中，轴的基本偏差数值是以基孔制配合为基础，根据各种配合性质，经过理论计算、实验和统计分析得到。a～h 的绝对值正好等于最小间隙的绝对值。其中 a、b、c 三种用于大间隙或热动配合，故最小间隙采用与直径成正比的关系计算。如 $160\ \mathrm{mm} < D \leqslant 500\ \mathrm{mm}$，b 的 $es = 1.8D$。d、e、f 三种考虑到保证良好的液体摩擦以及表面粗糙度的影响，因而最小间隙略小于直径的平方根。如 f 的 $es = 5.5D^{0.41}$。g 主要用于滑动、定心或半液体摩擦，间隙要小，故直径的指数更小些。g 的 $es = 2.5D^{0.34}$。中间插入的 cd、ef、fg 三种是取它们前后两个基本偏差的绝对值的几何平均值来计算。j、k、m、n 用于过渡配合，它们的基本偏差值由经验和统计方法确定。p～zc 用于过盈配合。它们的基本偏差数值计算是从保证配合的最小过盈来考虑的。

公差带中的另一个偏差是在基本偏差基础上增加或减少一个标准公差值。如 60H6 的基本偏差是“0”，另一个偏差就是 $0 + IT6 = 0.019$。

在基轴制中，孔的基本偏差数值是由轴的基本偏差换算而得。一种是通用规则，即 $EI = -es$，$ES = -ei$($A \sim H$)，另一种是特殊规则，即 $ES = -ei + \Delta$，式中 $\Delta = IT_n - IT_{n-1}$ 为了避免算错，为了查表方便，现将轴和孔的极限偏差数值列于表 2－2 和表 2－3。

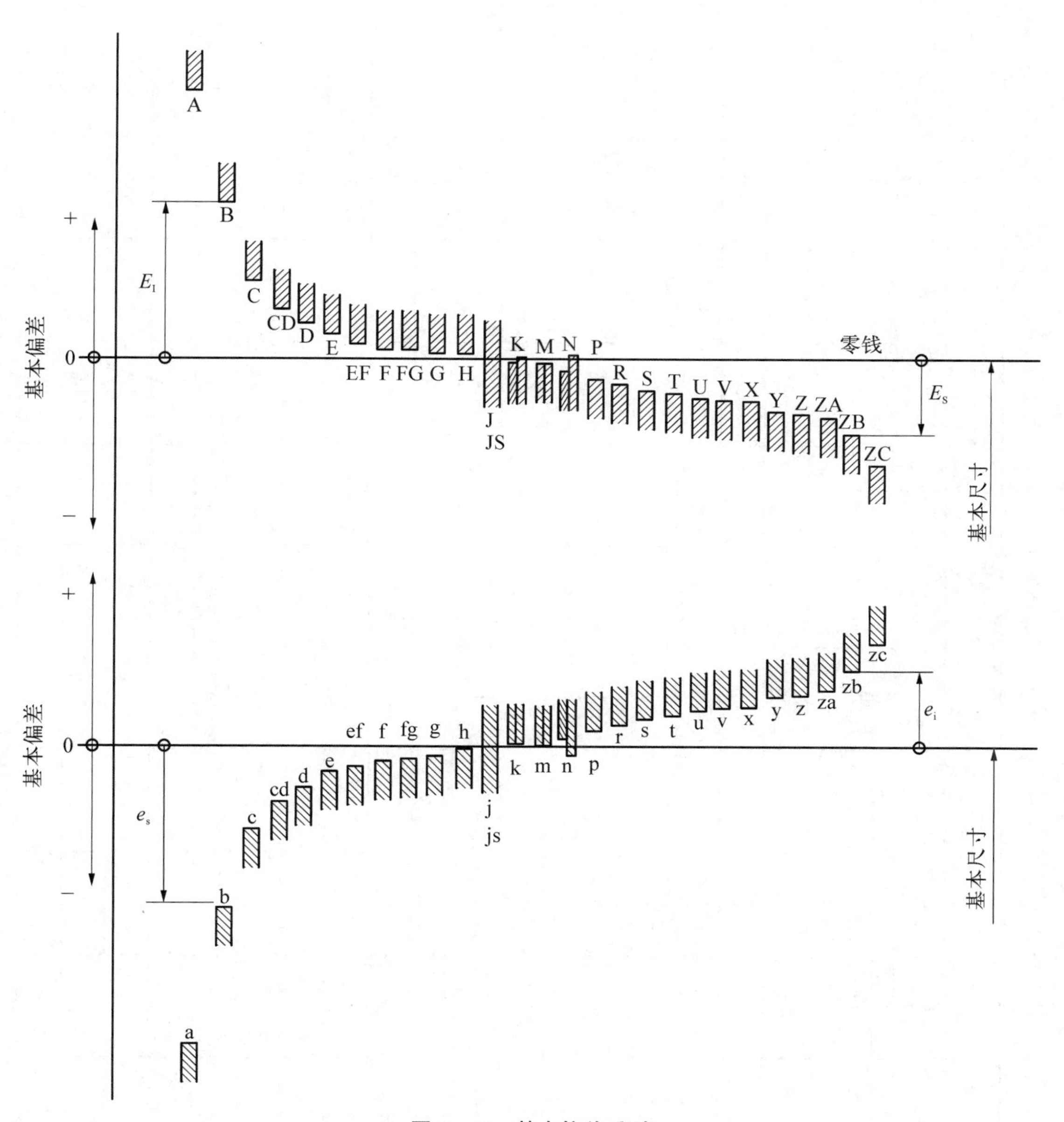
A
B
+
E_I
C
CD
D
E
基本偏差
0
EF F FG G H
K M N P
J
JS
R S T U V X Y Z ZA
ZB
ZC
零线
E_s
基本尺寸
−
+
基本偏差
0
ef f fg g h
e
d
cd
c
e_s
b
k m n p
j
js
r s t u v x y z za zb
zc
e_i
基本尺寸
−
a

图 2-16　基本偏差系列

表 2－2　轴的极限差值

单位：μm

基本尺寸/mm		基本偏差数值(上极限偏差 es)											
		所有标准公差等级											
大于	至	a	b	c	cd	d	e	ef	f	fg	g	h	js
—	3	－270	－140	－60	－34	－20	－14	－10	－6	－4	－2	0	偏差$=\pm\frac{IT_n}{2}$，式中 IT_n 是 IT 值数
3	6	－270	－140	－70	－46	－30	－20	－14	－10	－6	－4	0	
6	10	－280	－150	－80	－56	－40	－25	－18	－13	－8	－5	0	
10	14	－290	－150	－95		－50	－32		－16		－6	0	
14	18												
18	24	－300	－160	－110		－65	－40		－20		－7	0	
24	30												
30	40	－310	－170	－120		－80	－50		－25		－9	0	
40	50	－320	－180	－130									
50	65	－340	－190	－140		－100	－60		－30		－10	0	
65	80	－360	－200	－150									
80	100	－380	－220	－170		－120	－72		－36		－12	0	
100	120	－410	－240	－180									
120	140	－460	－260	－200		－145	－85		－43		－14	0	
140	160	－520	－280	－210									
160	180	－580	－310	－230									
180	200	－660	－340	－240		－170	－100		－50		－15	0	
200	225	－740	－380	－260									
225	250	－820	－420	－280									
250	280	－920	－480	－300		－190	－110		－56		－17	0	
280	315	－1 050	－540	－330									
315	355	－1 200	－600	－360		－210	－125		－62		－18	0	
355	400	－1 350	－680	－400									
400	450	－1 500	－760	－440		－230	－135		－68		－20	0	
450	500	－1 650	－840	－480									
500	560					－260	－145		－76		－22	0	
560	630												
630	710					－290	－160		－80		－24	0	
710	800												
800	900					－320	－170		－86		－26	0	
900	1 000												
1 000	1 120					－350	－195		－98		－28	0	
1 120	1 250												
1 250	1 400					－390	－220		－110		－30	0	
1 400	1 600												
1 600	1 800					－430	－240		－120		－32	0	
1 800	2 000												
2 000	2 240					－480	－260		－130		－34	0	
2 240	2 500												
2 500	2 800					－520	－290		－145		－38	0	
2 800	3 150												

（续）

基本尺寸/mm		基本偏差数值（下极限偏差 ei）																		
		IT5 和 IT6	IT7	IT8	IT4～IT7	≤IT3 >IT7	所有标准公差等级													
大于	至	j			k		m	n	p	r	s	t	u	v	x	y	z	za	zb	zc
—	3	−2	−4	−6	0	0	+2	+4	+6	+10	+14		+18		+20		+26	+32	+40	+60
3	6	−2	−4		+1	0	+4	+8	+12	+15	+19		+23		+28		+35	+42	+50	+80
6	10	−2	−5		+1	0	+6	+10	+15	+19	+23		+28		+34		+42	+52	+67	+97
10	14	−3	−6		+1	0	+7	+12	+18	+23	+28		+33		+40		+50	+64	+90	+130
14	18													+39	+45		+60	+77	+108	+150
18	24	−4	−8		+2	0	+8	+15	+22	+28	+35		+41	+47	+54	+63	+73	+98	+136	+188
24	30											+41	+48	+55	+64	+75	+88	+118	+160	+218
30	40	−5	−10		+2	0	+9	+17	+26	+34	+43	+48	+60	+68	+80	+94	+112	+148	+200	+274
40	50											+54	+70	+81	+97	+114	+136	+180	+242	+325
50	65	−7	−12		+2	0	+11	+20	+32	+41	+53	+66	+87	+102	+122	+144	+172	+226	+300	+405
65	80									+43	+59	+75	+102	+120	+146	+174	+210	+274	+360	+480
80	100	−9	−15		+3	0	+13	+23	+37	+51	+71	+91	+124	+146	+178	+214	+258	+335	+445	+585
100	120									+54	+79	+104	+144	+172	+210	+254	+310	+400	+525	+690
120	140	−11	−18		+3	0	+15	+27	+43	+63	+92	+122	+170	+202	+248	+300	+365	+470	+620	+800
140	160									+65	+100	+134	+190	+228	+280	+340	+415	+535	+700	+900
160	180									+68	+108	+146	+210	+252	+310	+380	+465	+600	+780	+1 000
180	200	−13	−21		+4	0	+17	+31	+50	+77	+122	+166	+236	+284	+350	+425	+520	+670	+880	+1 150
200	225									+80	+130	+180	+258	+310	+385	+470	+575	+740	+960	+1 250
225	250									+84	+140	+196	+284	+340	+425	+520	+640	+820	+1 050	+1 350
250	280	−16	−26		+4	0	+20	+34	+56	+94	+158	+218	+315	+385	+475	+580	+710	+920	+1 200	+1 550
180	315									+98	+170	+240	+350	+425	+525	+650	+790	+1 000	+1 300	+1 700
315	355	−18	−28		+4	0	+21	+37	+62	+108	+190	+268	+390	+475	+590	+730	+900	+1 150	+1 500	+1 900
355	400									+114	+208	+294	+435	+530	+660	+820	+1 000	+1 300	+1 650	+2 100
400	450	−20	−32		+5	0	+23	+40	+68	+126	+232	+330	+490	+595	+740	+920	+1 100	+1 450	+1 850	+2 400
450	500									+132	+252	+360	+540	+660	+820	+1 000	+1 250	+1 600	+2 100	+2 600
500	560				0	0	+26	+44	+78	+150	+280	+400	+600							
560	630									+155	+310	+450	+660							
630	710				0	0	+30	+50	+88	+175	+340	+500	+740							
710	800									+185	+380	+560	+840							
800	900				0	0	+34	+56	+100	+210	+430	+620	+940							
900	1 000									+220	+470	+680	+1 050							
1 000	1 120				0	0	+40	+66	+120	+250	+520	+780	+1 150							
1 120	1 250									+260	+580	+840	+1 300							
1 250	1 400				0	0	+48	+78	+140	+300	+640	+960	+1 450							
1 400	1 600									+330	+720	+1 050	+1 600							
1 600	1 800				0	0	+58	+92	+170	+370	+820	+1 200	+1 850							
1 800	2 000									+400	+920	+1 350	+2 000							
2 000	2 240				0	0	+68	+110	+195	+440	+1 000	+1 500	+2 300							
2 240	2 500									+460	+1 100	+1 650	+2 500							
2 500	2 800				0	0	+76	+135	+240	+550	+1 250	+1 900	+2 900							
2 800	3 150									+580	+1 400	+2 100	+3 200							

注：基本尺寸小于或等于 1 mm 时，基本偏差 a 和 b 均不采用。公差带 js7～js11，若 IT_n 值数是奇数，则取偏差 $=\pm\frac{IT_n-1}{2}$。

表 2-3　孔的极限差值

单位：μm

公称尺寸/mm		基本偏差数值																					
		下极限偏差 EI												上极限偏差 ES									
		所有标准公差等级												IT6	IT7	IT8	≤IT8	>IT8	≤IT8	>IT8	≤IT8	>IT8	≤IT7
大于	至	A	B	C	CD	D	E	EF	F	FG	G	H	JS	J			K		M		N		P 至 ZC
—	3	+270	+140	+60	+34	+20	+14	+10	+6	+4	+2	0	偏差=$\pm\frac{IT_n}{2}$，式中 IT_n 是 IT 值数	+2	+4	+6	0	0	−2	−2	−4	−4	在大于 IT7 的相应数值上增加一个 Δ 值
3	6	+270	+140	+70	+46	+30	+20	+14	+10	+6	+4	0		+5	+6	+10	−1+Δ		−4+Δ	−4	−8+Δ	0	
6	10	+280	+150	+80	+56	+40	+25	+18	+13	+8	+5	0		+5	+8	+12	−1+Δ		−6+Δ	−6	−10+Δ	0	
10	14	+290	+150	+95		+50	+32		+16		+6	0		+6	+10	+15	−1+Δ		−7+Δ	−7	−12+Δ	0	
14	18																						
18	24	+300	+160	+110		+65	+40		+20		+7	0		+8	+12	+20	−2+Δ		−8+Δ	−8	−15+Δ	0	
24	30																						
30	40	+310	+170	+120		+80	+50		+25		+9	0		+10	+14	+24	−2+Δ		−9+Δ	−9	−17+Δ	0	
40	50	+320	+180	+130																			
50	65	+340	+190	+140		+100	+60		+30		+10	0		+13	+18	+28	−2+Δ		−11+Δ	−11	−20+Δ	0	
65	80	+360	+200	+150																			
80	100	+380	+220	+170		+120	+72		+36		+12	0		+16	+22	+34	−3+Δ		−13+Δ	−13	−23+Δ	0	
100	120	+410	+240	+180																			
120	140	+460	+260	+200		+145	+85		+43		+14	0		+18	+26	+41	−3+Δ		−15+Δ	−15	−27+Δ	0	
140	160	+520	+280	+210																			
160	180	+580	+310	+230																			
180	200	+660	+340	+240		+170	+100		+50		+15	0		+22	+30	+47	−4+Δ		−17+Δ	−17	−31+Δ	0	
200	225	+740	+380	+260																			
225	250	+820	+420	+280																			
250	280	+920	+480	+300		+190	+110		+56		+17	0		+25	+36	+55	−4+Δ		−20+Δ	−20	−34+Δ	0	
280	315	+1 050	+540	+330																			
315	355	+1 200	+600	+360		+210	+125		+62		+18	0		+29	+39	+60	−4+Δ		−21+Δ	−21	−37+Δ	0	
355	400	+1 350	+680	+400																			
400	450	+1 500	+760	+440		+230	+135		+68		+20	0		+33	+43	+66	−5+Δ		−23+Δ	−23	−40+Δ	0	
450	500	+1 650	+840	+480																			
500	560					+260	+145		+76		+22	0					0		−26		−44		
560	630																						
630	710					+290	+160		+80		+24	0					0		−30		−50		
710	800																						
800	900					+320	+170		+86		+26	0					0		−34		−56		
900	1 000																						
1 000	1 120					+350	+195		+98		+28	0					0		−40		−66		
1 120	1 250																						
1 250	1 400					+390	+220		+110		+30	0					0		−48		−78		
1 400	1 600																						
1 600	1 800					+430	+240		+120		+32	0					0		−58		−92		
1 800	2 000																						
2 000	2 240					+480	+260		+130		+34	0					0		−68		−110		
2 240	2 500																						
2 500	2 800					+520	+290		+145		+38	0					0		−76		−135		
2 800	3 150																						

（续）

公称尺寸/mm		基本偏差数值												Δ值					
		上极限偏差 ES																	
大于	至	标准公差等级大于 IT7												标准公差等级					
		P	R	S	T	U	V	X	Y	Z	ZA	ZB	ZC	IT3	IT4	IT5	IT6	IT7	IT8
—	3	−6	−10	−14		−18		−20		−26	−32	−40	−60	0	0	0	0	0	0
3	6	−12	−15	−19		−23		−28		−35	−42	−50	−80	1	1.5	1	3	4	6
6	10	−15	−19	−23		−28		−34		−42	−52	−67	−97	1	1.5	2	3	6	7
10	14	−18	−23	−28		−33		−40		−50	−64	−90	−130	1	2	3	3	7	9
14	18						−39	−45		−60	−77	−108	−150						
18	24	−22	−28	−35		−41	−47	−54	−63	−73	−98	−136	−188	1.5	2	3	4	8	12
24	30				−41	−48	−55	−64	−75	−88	−118	−160	−218						
30	40	−26	−34	−43	−48	−60	−68	−80	−94	−112	−148	−200	−274	1.5	3	4	5	9	14
40	50				−54	−70	−81	−97	−114	−136	−180	−242	−325						
50	65	−32	−41	−53	−66	−87	−102	−122	−144	−172	−226	−300	−405	2	3	5	6	11	16
65	80		−43	−59	−75	−102	−120	−146	−174	−210	−274	−360	−480						
80	100	−37	−51	−71	−91	−124	−146	−178	−214	−258	−335	−445	−585	2	4	5	7	13	19
100	120		−54	−79	−104	−144	−172	−210	−254	−310	−400	−525	−690						
120	140	−43	−63	−92	−122	−170	−202	−248	−300	−365	−470	−620	−800	3	4	6	7	15	23
140	160		−65	−100	−134	−190	−228	−280	−340	−415	−535	−700	−900						
160	180		−68	−108	−146	−210	−252	−310	−380	−465	−600	−780	−1 000						
180	200	−50	−77	−122	−166	−236	−284	−350	−425	−520	−670	−880	−1 150	3	4	6	9	17	26
200	225		−80	−130	−180	−258	−310	−385	−470	−575	−740	−960	−1 250						
225	250		−84	−140	−196	−284	−340	−425	−520	−640	−820	−1 050	−1 350						
250	280	−56	−94	−158	−218	−315	−385	−475	−580	−710	−920	−1 200	−1 550	4	4	7	9	20	29
280	315		−98	−170	−240	−350	−425	−525	−650	−790	−1 000	−1 300	−1 700						
315	355	−62	−108	−190	−268	−390	−475	−590	−730	−900	−1 150	−1 500	−1 900	4	5	7	11	21	32
355	400		−114	−208	−294	−435	−530	−660	−820	−1 000	−1 300	−1 650	−2 100						
400	450	−68	−126	−232	−330	−490	−595	−740	−920	−1 100	−1 450	−1 850	−2 400	5	5	7	13	23	34
450	500		−132	−252	−360	−540	−660	−820	−1 000	−1 250	−1 600	−2 100	−2 600						
500	560	−78	−150	−280	−400	−600													
560	630		−155	−310	−450	−660													
630	710	−88	−175	−340	−500	−740													
710	800		−185	−380	−560	−840													
800	900	−100	−210	−430	−620	−940													
900	1 000		−220	−470	−680	−1 050													
1 000	1 120	−120	−250	−520	−780	−1 150													
1 120	1 250		−260	−580	−840	−1 300													
1 250	1 400	−140	−300	−640	−960	−1 450													
1 400	1 600		−330	−720	−1 050	−1 600													
1 600	1 800	−170	−370	−820	−1 200	−1 850													
1 800	2 000		−400	−920	−1 350	−2 000													
2 000	2 240	−195	−440	−1 000	−1 500	−2 300													
2 240	2 500		−460	−1 100	−1 650	−2 500													
2 500	2 800	−240	−550	−1 250	−1 900	−2 900													
2 800	3 150		−580	−1 400	−2 100	−3 200													

注 1：公称尺寸小于或等于 1 mm 时，基本偏差 A 和 B 及大于 IT8 的 N 均不采用。公差带 JS7 至 JS11，若 IT_n 值数是奇数，则取偏差 $=\pm\frac{IT_{n-1}}{2}$。

注 2：对小于或等于 IT8 的 K、M、N 和小于或等于 IT7 的 P 至 ZC，所需 Δ 值从表内右侧选取。例如：18 mm～30 mm 段的 K7，$\Delta = 8\ \mu m$，所以 $ES = -2 + 8 = +6\ \mu m$；18 mm～30 mm 段的 S6，$\Delta = 4\ \mu m$，所以 $ES = -35 + 4 = -31\ \mu m$。特殊情况：250 mm～315 mm 段的 M6，$ES = -9\ \mu m$（代替 $-11\ \mu m$）。

例 2.1 查表确定 30H8/f7 和 30F8/h7 配合中孔、轴的极限偏差。

解：(1) 查表确定 30H8/f7 配合中孔、轴的极限偏差(基孔制)。

基本尺寸 30 属于大于 18 mm 至 30 mm 尺寸段，由表 2-1 得 IT7 = 21 μm，IT8 = 33 μm。

基准孔 H8 的下偏差 EI = 0，其 ES 为

$$ES = EI + IT8 = 0 + 33 = +33\ \mu m$$

即

$$30H8 = 30_{0}^{+0.033}$$

轴 f7 的极限偏差，查表 2-2 得，上偏差 es = -20 μm，其 ei 为

$$ei = es - IT7 = -20 - 21 = -41\ \mu m$$

即

$$30f7 = 30_{-0.041}^{-0.020}$$

(2) 查表确定 30F8/h7 配合中孔、轴的极限偏差(基轴制)。

孔 F8 的极限偏差，查对应的 f 的 es = -20 μm，F 属于(A～H)使用通用规则，即孔 F8 的下偏差 EI = -es = +20 μm，上偏差 ES = EI + IT8 = 20 + 33 = +53 μm，即

$$30F7 = 30_{+0.020}^{+0.053}$$

基准轴 h7 的上偏差 es = 0，ei = es - IT7 = 0 - 21 = -21 μm，即

$$30h7 = 30_{-0.021}^{0}$$

例 2.2 查表确定 25H7/p6 和 25P7/h6 配合中孔、轴的极限偏差，并计算两对配合的极限过盈。

解：(1) 查表确定 25H7/p6 配合中孔、轴的极限偏差(基孔制)。

基本尺寸 25 属于大于 18 mm 至 30 mm 尺寸段，由表 2-1 得 IT6 = 13 μm，IT7 = 21 μm。

基准孔 H7 的下偏差 EI = 0，其 ES 为

$$ES = EI + IT7 = 0 + 21 = +21\ \mu m$$

即

$$25H7 = 25_{0}^{+0.021}$$

轴 p6 的极限偏差，查表 2-2 得，下偏差 ei = +22 μm，其 es 为

$$es = ei + IT6 = 22 + 13 = +35\ \mu m$$

即

$$25p6 = 25_{+0.022}^{+0.035}$$

(2) 查表确定 25P7/h6 配合中孔、轴的极限偏差(基轴制)。

孔 P7 的极限偏差，查对应 p 的 ei = +22 μm，P 适用于特殊规则，即孔 P7 的上偏差 $ES = -ei + \Delta = -22 + (IT7 - IT6) = -14\ \mu m$，下偏差 $EI = ES - IT7 = -14 - 21 = -35\ \mu m$，即

$$25P7 = 25_{-0.035}^{-0.014}$$

基准轴 h6 的上偏差 es＝0，ei＝es－IT6＝0－13＝－13 μm，即

$$25h6 = 25^{0}_{-0.013}$$

(3) 25H7/p6 配合的极限过盈为

$$Y_{min} = ES - ei = +21 - 22 = -1\ \mu m$$
$$Y_{max} = EI - es = 0 - 35 = -35\ \mu m$$

25P7/h6 配合的极限过盈为

$$Y_{min} = ES - ei = -14 - (-13) = -1\ \mu m$$
$$Y_{max} = EI - es = -35 - 0 = -35\ \mu m$$

由上述计算可以看出，25H7/p6 和 25P7/h6 两对配合的最小过盈和最大过盈均相等，即两配合相同。

3) 公差与配合在图样中的标注

(1) 零件图中的标注形式。

如图 2－17 所示，标注基本尺寸及上、下偏差值(常用方法)，数值直观，适应单件或小批量生产。零件尺寸使用通用的量具进行测量。必须标注出偏差数值。

如图 2－18 所示，既标注公差带代号又标注上、下偏差，既明确配合精度又有公差数值。

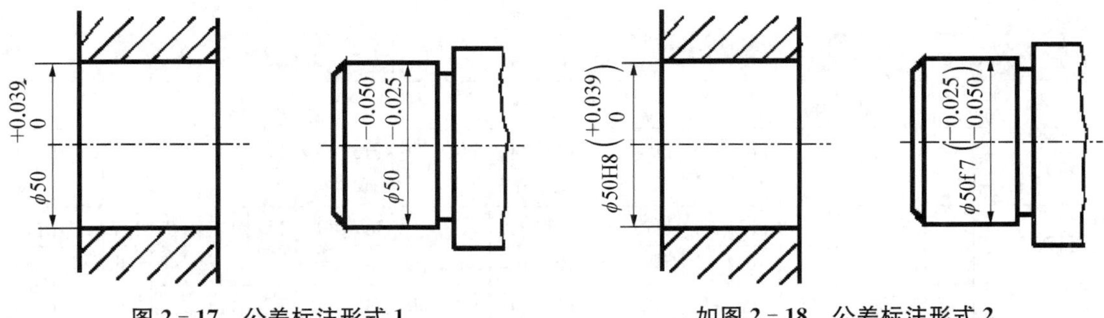

图 2－17　公差标注形式 1　　　　如图 2－18　公差标注形式 2

如图 2－19 所示，标注公差带代号，此标注法能和专用量具检验零件尺寸统一起来，适应大批量生产。零件图上不必标注尺寸偏差数值。

(2) 在装配图中配合尺寸的标注。

基孔制的标注形式：基本尺寸 $\dfrac{\text{基准孔的基本偏差代号(H)}\quad\text{公差等级代号}}{\text{配合轴基本偏差代号}\quad\text{公差等级代号}}$，如图 2－20 所示，表示基本尺寸为 ϕ50，基孔制，8 级基准孔与公差等级为 7 级、基本偏差代号为 f 的轴的间隙配合，标注形式也可写成：ϕ50H8/f7。

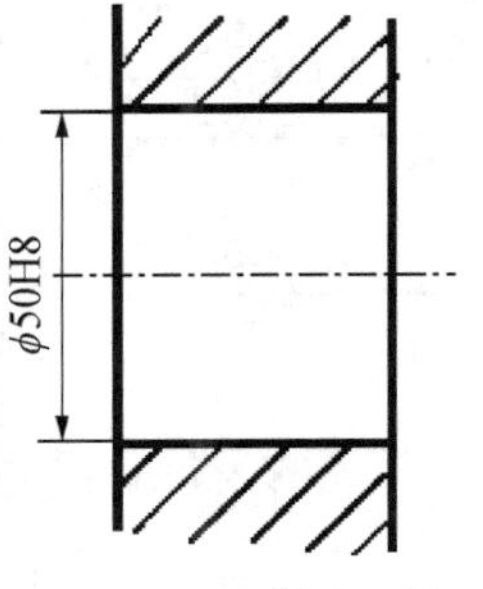

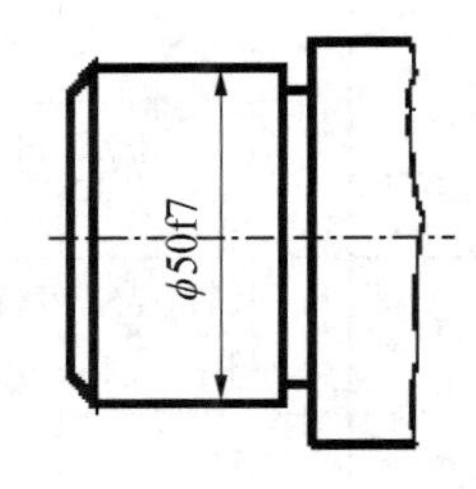

图 2－19　公差标注形式 3

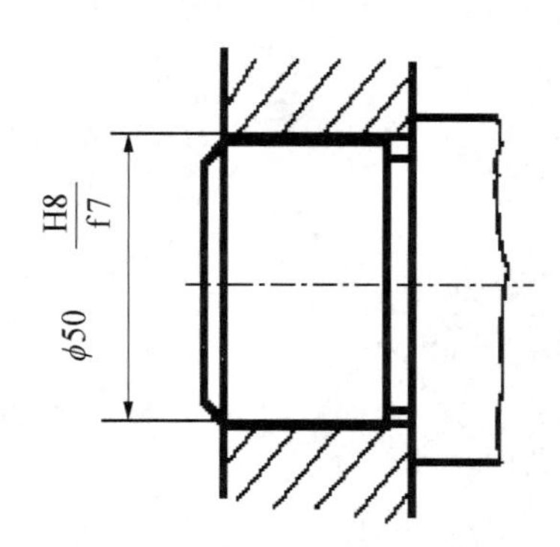

图 2-20　基孔制配合标注形式

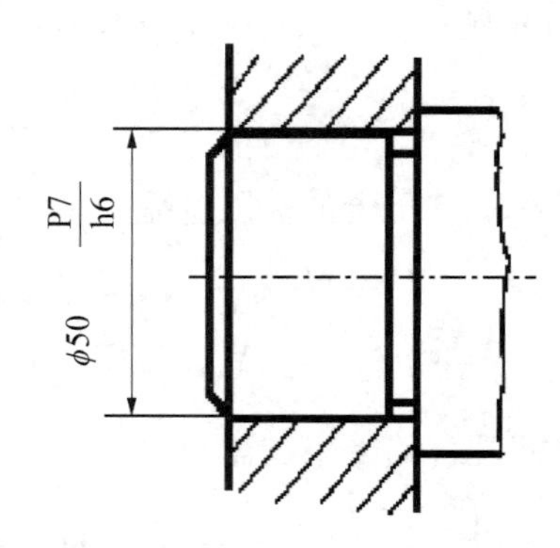

图 2-21　基轴制的标注形式

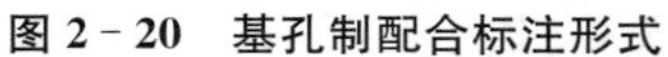

基轴制的标注形式：基本尺寸 $\dfrac{\text{配合孔的基本偏差代号}\quad\text{公差等级代号}}{\text{基准轴基本偏差代号(h)}\quad\text{公差等级代号}}$，如图 2-21 所示，表示基本尺寸为 φ50，基轴制，6 级基准轴与公差等级为 7 级，基本偏差代号为 P 的孔的过盈配合，标注形式也可写成：φ50P7/h6。

4）优先、常用配合

国家标准根据机械工业产品生产使用的需要，制订优先及常用配合，应尽量选用优先配合和常用配合，如表 2-4 和表 2-5 所示。

表 2-4　基孔制优先、常用配合

基准孔	轴																				
	a	b	c	d	e	f	g	h	js	k	m	n	p	r	s	t	u	v	x	y	z
	间隙配合								过渡配合			过盈配合									
H6						H6/f5	H6/g5	H6/h5	H6/js5	H6/k5	H6/m5	H6/n5	H6/p5	H6/r5	H6/s5	H6/t5					
H7						H7/f6	H7/g6	H7/h6	H7/js6	H7/k6	H7/m6	H7/n6	H7/p6	H7/r6	H7/s6	H7/t6	H7/u6	H7/v6	H7/x6	H7/y6	H7/z6
H8					H8/e7	H8/f7	H8/g7	H8/h8	H8/js7	H8/k7	H8/m7	H8/n7	H8/p7	H8/r7	H8/s7	H8/t7	H8/u7				
			H8/c8	H8/d8	H8/e8	H8/f8		H8/h8													
H9			H9/c9	H9/d9	H9/e9	H9/f9		H9/h9													
H10			H10/c10	H10/d10				H10/h10													
H11		H11/b11	H11/c11	H11/d11				H11/h11													
H12		H12/b12						H12/h12	阴影为优先配合。其中常用：59 种　优先：13 种												

表 2－5　基轴制优先、常用配合

基准轴	孔																				
	A	B	C	D	E	F	G	H	JS	K	M	N	P	R	S	T	U	V	X	Y	Z
	间隙配合								过渡配合			过盈配合									
h5						$\frac{F6}{h5}$	$\frac{G6}{h5}$	$\frac{H6}{h5}$	$\frac{JS6}{h5}$	$\frac{K6}{h5}$	$\frac{M6}{h5}$	$\frac{N6}{h5}$	$\frac{P6}{h5}$	$\frac{R6}{h5}$	$\frac{S6}{h5}$	$\frac{T6}{h5}$					
h6						$\frac{F7}{h6}$	$\frac{G7}{h6}$	$\frac{H7}{h6}$	$\frac{JS7}{h6}$	$\frac{K7}{h6}$	$\frac{M7}{h6}$	$\frac{N7}{h6}$	$\frac{P7}{h6}$	$\frac{R7}{h6}$	$\frac{S7}{h6}$	$\frac{T7}{h6}$	$\frac{U7}{h6}$				
h7					$\frac{E8}{h7}$	$\frac{F8}{h7}$		$\frac{H8}{h7}$	$\frac{JS8}{h7}$	$\frac{K8}{h7}$	$\frac{M8}{h7}$	$\frac{N8}{h7}$									
h8					$\frac{E8}{h8}$	$\frac{F8}{h8}$		$\frac{H8}{h8}$													
h9				$\frac{D9}{h9}$	$\frac{E9}{h9}$	$\frac{F9}{h9}$		$\frac{H9}{h9}$													
h10				$\frac{D10}{h10}$				$\frac{H10}{h10}$													
h11	$\frac{A11}{h11}$	$\frac{B11}{h11}$	$\frac{C11}{h11}$	$\frac{D11}{h11}$				$\frac{H11}{h11}$													
h12		$\frac{B12}{h12}$						$\frac{H12}{h12}$	阴影字为优先配合。其中常用：47 种 优先：13 种												

2.2.2　配合的选用

为了解决零件在机器内的相互关系，保证各个零件按预定任务协调工作，必须正确选用配合，并能使制造经济合理。公差等级和基准制确定后，配合的选择主要是确定非基准件的基本偏差代号。选用时，应首先采用优先公差带及优先配合；其次采用常用公差带及常用配合；再次采用一般用途公差带。必要时，可按标准公差和基本偏差组成所需孔、轴公差带及配合。

按照计算法选择配合，虽然由于把条件理想化和简单化，结果不完全符合现实，但它比较科学，有指导意义，计算虽较麻烦，但随着计算机辅助设计技术的发展，这种方法也将逐步完善，并不断地扩大应用范围。

对于特别重要的配合，需要进行专门试验，以求获得最佳工作性能的间隙或过盈，其结果比较准确，但所需费用比较大且周期较长，故较少采用。

生产中最常用的办法，是参照经过实践应用并取得好效果的典型实例，通过比较分析，按类比法选定配合。

1）使用要求和工作条件

对孔、轴配合的使用要求，一般有三种情况：装配后有相对运动的，应选用间隙配合；装配后需传递载荷的，应选用过盈配合；装配后有定位精度要求，或需要拆卸的，应选用过渡配合或小间隙或小过盈的配合。

（1）对间隙配合，间隙的大小与运动速度，运动精度，载荷大小及特性，润滑方式，润滑油黏度，工作温度，轴承结构及孔、轴材料特性，有关零件的几何精度等许多因素有关。

（2）对过渡配合，主要考虑定位导向的要求及调整、装拆的频繁程度，同时对承受载荷的过渡配合，还要考虑载荷性质和大小，以及是否使用辅助紧固件等因素。

(3) 对过盈配合,首先要考虑承受载荷的性质和大小,结合件的材料强度,以及装配方法等。

2) 各类配合的特性与应用

当公差等级确定后,选择配合的关键是确定轴或孔的基本偏差代号,各类配合的特性与应用,可由基本偏差的应用反映出来。基本尺寸在 500 mm 以内的基孔制常用和优先配合的特征及应用列在表 2-6 中,供参考。基孔制配合的应用举例如表 2-7 所示。

表 2-6 尺寸至 500 mm 基孔制常用和优先配合的特征及应用

配合类别	配合特征	配合代号	应用
间隙配合	特大间隙	H11/a11 H11/b11 12/b12	用于高温或工作时要求大间隙的配合
	很大间隙	(H11/c11)H11/d11	用于工作条件较差、受力变形或为了便于装配而需要大间隙的配合和高温工作的配合
	较大间隙	H9/c9 H10/c10 H8/d8 (H9/d9) H10/d10 H8/e7 H8/e8 H9/e9	用于高速重载的滑动轴承或大直径的滑动轴承,也可用于大跨距或多支点支撑的配合
	一般间隙	H6/f5 H7/f6 (H8/f7) H8/f8 H9/f9	用于一般转速的动配合。当温度影响不大时,广泛应用于普通润滑的支承处
	较小间隙	(H7/g6) H8/g7	用于精密滑动零件或缓慢间歇回转的零件的配合部位
	很小间隙和零间隙	H6/g5 H6/h5 (H7/h6) (H8/h7) H8/h8 (H9/h9) H10/h10 (H11/h11) H12/h12	用于不同精度要求的一般定位件的配合及缓慢移动和摆动零件的配合
过渡配合	绝大部分有微小间隙	H6/js5 H7/js6 H8/js7	用于易装拆的定位配合或加紧固件后可传递一定静载荷的配合
	大部分有微小间隙	H6/k5 (H7/k6) H8/k7	用于稍有振动的定位配合。加紧固件可传递一定载荷,装拆方便可用木槌敲入
	大部分有微小过盈	H6/m5 H7/m6 H8/m7	用于定位精度较高且能抗震的定位配合。加键可传递较大载荷。可用铜锤敲入或小压力压入
	绝大部分有微小过盈	(H7/n6) H8/n7	用于精确定位或紧密组合件的配合。加键能传递大力矩或冲击性载荷。只在大修时拆卸
	绝大部分有较小过盈	H8/p7	加键后能传递很大力矩,且承受振动和冲击的配合、装配后不再拆卸
过盈配合	轻型	H6/n5 H6/p5 (H7/p6) H6/r5 H7/r6 H8/r7	用于精确的定位配合。一般不能靠过盈传递力矩。要传递力矩尚需加紧固件
	中型	H6/s5 (H7/s6) H8/s7 H6/t5 H7/t6 H8/t7	不需加紧固件就可传递较小力矩和轴向力。加紧固件后可承受较大载荷或动载荷的配合
	重型	(H7/u6)H8/u7 H&/v6	不需加紧固件就可传递和承受大的力矩和动载荷的配合。要求零件材料有高强度
	特重型	H7/x6 H7/y6 H7/z6	能传递和承受很大力矩和动载荷的配合,需经试验后方可应用

注:(1) 括号内的配合为优先配合。
(2) 国家标准规定的 44 种基轴制配合的应用与本表中的同名配合相同。

表 2-7　基孔制配合的特性及其应用举例

间隙配合				
基本偏差	H/a，H/b，H/c	H/d，H/e，H/f	H/g	H/h
特性及应用说明	可以得到很大的间隙。适用于高温下工作的间隙配合及工作条件较差、受力变形大，或为了便于装配的缓慢、松弛的大间隙配合	可以得到较大的间隙。适用于松的间隙配合和一般的转动配合	可以得到的间隙很小，制造成本高，除很轻负荷的精密装置外，不推荐用于转动的配合	广泛用于无相对转动与作为一般定位配合的零件。若没有温度变形的影响也用于精密的滑动配合
应用举例	柴油机气门导杆与衬套的配合 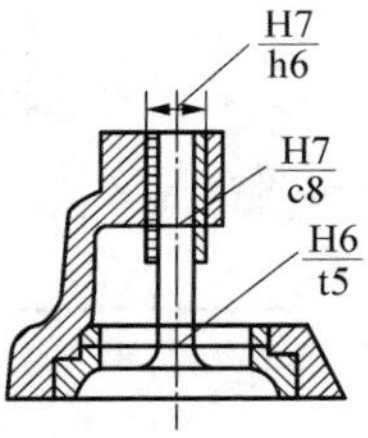	高精度齿轮衬套与轴承套配合 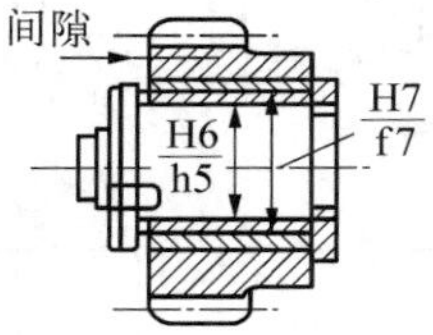	钻夹具中钻套和衬套的配合：钻头与钻套之间的配合为 G7 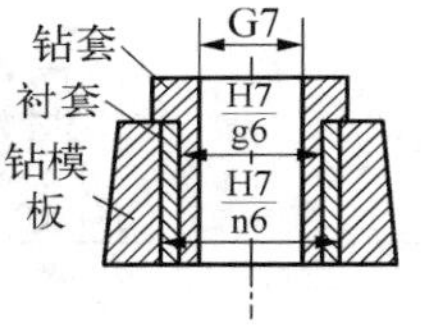	尾座套筒与尾座体之间的配合 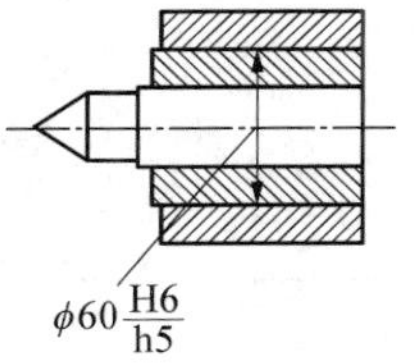

过渡配合				
基本偏差	H/js	H/k	H/m	H/n
特性及应用说明	偏差完全对称，平均间隙较小，而且略有过盈的配合，一般用于易装卸的精密零件的定位配合	平均间隙接近零的配合。用于稍有过盈的定位配合	平均过盈较小的配合。组成的配合定位好，用于不允许游动的精密定位	平均过盈比 m 稍大，很少得到间隙。用于定位要求较高且不常拆的配合
应用举例	与滚动轴承内、外圈的配合 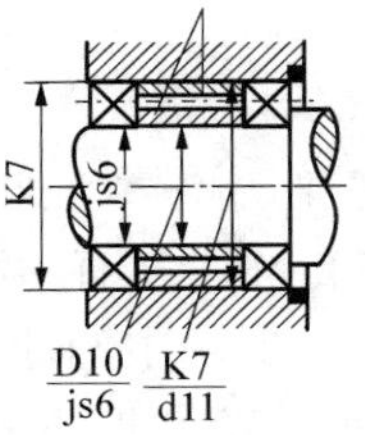	与滚动轴承内、外圈的配合 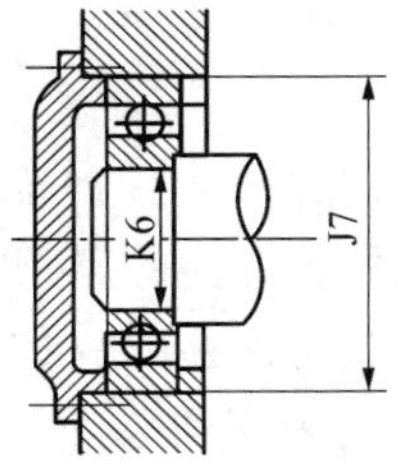	齿轮与轴的配合 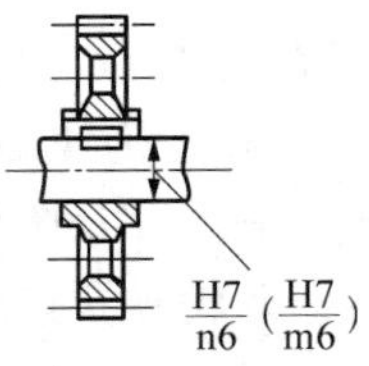	爪形离合器的配合 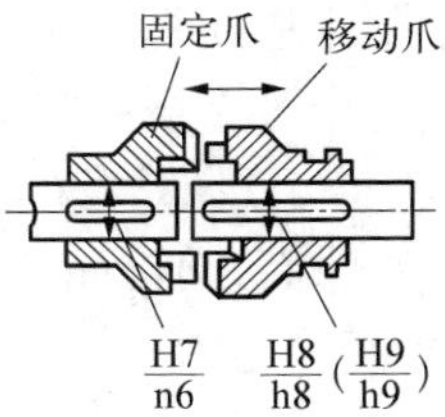

（续表）

过盈配合				
基本偏差	H/p	H/r	H/s	H/t，u，v，x，y，z
特性及应用说明	对钢、铁或铜、钢组件装配时是标准压入配合。对非铁类零件为轻的压入配合	对铁类零件是中等打入配合，对非铁类零件为轻打入配合。必要时可以拆卸	用于钢和铁制零件的永久性和半永久性装配，可产生相当大的结合力。尺寸较大时，为了避免损坏配合表面，需用热胀法或冷缩法装配	过盈配合依次增大，一般不采用
应用举例	对开轴瓦与轴承座孔的配合 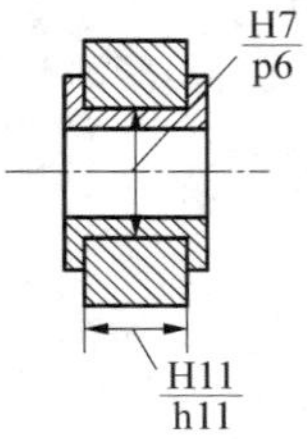 H7/p6 H11/h11	蜗轮与轴的配合 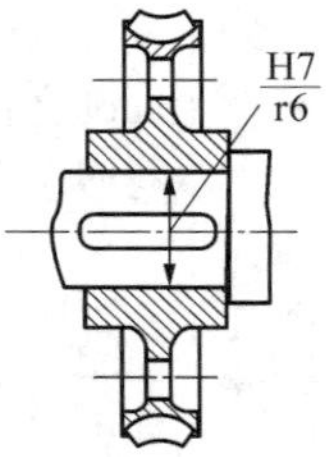 H7/r6	曲柄销与曲拐的配合 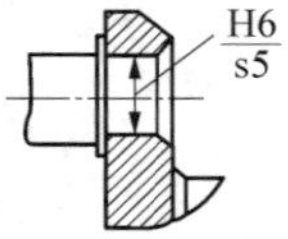 H6/s5	联轴器与轴的配合 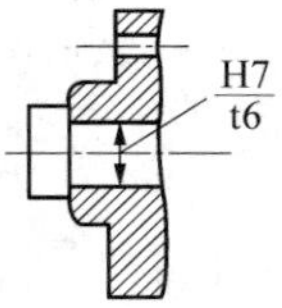 H7/t6

2.3 形状与位置公差

2.3.1 概述

零件在加工过程中不仅存在尺寸误差，而且还会产生形状和位置误差，简称形位误差。形位误差对机械产品工作性能的影响不容忽视。如圆柱形零件的圆度、圆柱度误差会使配合间隙不均，使磨损加剧，或各部分过盈不一致，影响连接强度；机床导轨的直线度误差会使移动部件运动精度降低，影响加工质量；齿轮箱上各轴承孔的位置误差，将影响齿轮传动的齿面接触精度和齿侧间隙；轴承盖上各螺钉孔的位置不正确，则会影响其自由装配等。因此，为保证机械产品的质量和零件的互换性，必须对形位误差加以控制，规定形状和位置公差。

1）形位公差的研究对象——几何要素

几何要素（简称要素）是指构成零件几何特征的点、线和面。如图 2-22(a)所示零件的球面、圆锥面、圆柱面、平面、轴线、素线和球心等。

几何要素可按不同特征分类。

（1）轮廓要素与中心要素。构成零件轮廓的点、线或面称为轮廓要素。如图 2-22(a)中的球面、圆锥面、圆柱面、平面以及圆柱面和圆锥面的素线。与轮廓要素有对称关系的点、线、面称为中心要素。它是随轮廓要素的存在而存在的。如图 2-22(a)中的球心、轴线等。

（2）实际要素与理想要素。零件上实际存在的要素称为实际要素。通常用测量得到的要素来代替实际要素。由于测量误差的存在，它并非是该要素的真实状态。具有几何学意义的要素称为理想要素。它们是不存在任何误差的纯几何的点、线、面。可以说是点无大小,线无粗细,面无厚薄。

(3) 被测要素与基准要素。给出了形状或(和)位置公差要求的要素称为被测要素,也就是需要研究和测量的要素。如图 2-22(b)中 d_1 表面及其轴线分别提出了圆柱度和垂直度公差要求,所以它们是被测要素。用来确定被测要素理想方向或(和)位置的要素称为基准要素。在图 2-22(b)中 d_1 轴线相对于 d_2 端面有垂直度要求。因此 d_2 左端面即是基准要素。

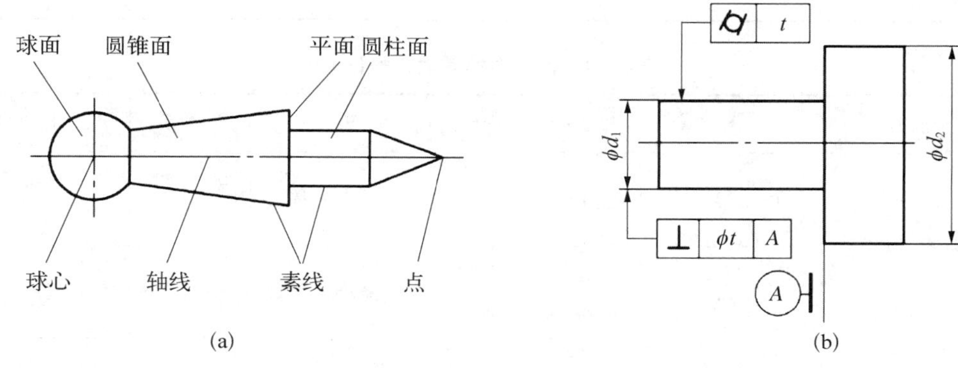

如图 2-22　几何要素

(4) 单一要素与关联要素。单一要素是指仅对其本身给出形状公差要求的要素。与其他要素无功能关系。关联要素是指与基准要素有功能关系、并给出位置公差要求的要素。在图 2-22(b)中 d_1 轴线就是一个关联要素,要求它与端面保持垂直关系。

2) 形位公差的特征项目及其符号

按国家标准《形状和位置公差、通则、定义、符号和图样表示方法》规定,形位公差特征项目共有 14 个,各项目的名称及符号如表 2-8 所示。标注中的其他符号如表 2-9 和表 2-10 所示。

表 2-8　形状和位置公差特征项目的名称及符号

公　差		特征项目	符　　号	有无基准要求
形　状	形　状	直线度	—	无
		平面度	▱	无
		圆　度	○	无
		圆柱度	⌭	无
形状或位置	轮　廓	线轮廓度	⌒	有或无
		面轮廓度	⌓	有或无
位　置	定　向	平行度	//	有
		垂直度	⊥	有
		倾斜度	∠	有

（续表）

公差		特征项目	符号	有无基准要求
位置	定位	位置度	⌖	有或无
		同轴(同心)度	◎	有
		对称度	⌯	有
	跳动	圆跳动	↗	有
		全跳动	⌰	有

表 2-9 标注中的其他符号(一)

说明		符号	说明	符号
被测要素的标注	直接		最大实体要求	Ⓜ
	用字母	A	最小实体要求	Ⓛ
基准要素的标注		Ⓐ	可逆要求	Ⓡ
基准目标		ϕ1 / A	包容要求	Ⓔ
理论正确尺寸		50	延伸公差带	Ⓟ

表 2-10 标注中的其他符号(二)

含义	符号	举例	含义	符号	举例
只许中间向材料内凹下	(−)	▱ | t(−)	只许误差从左至右减小	(▷)	⌭ | t(▷)
只许中间向材料外凸起	(+)	— | t(+)	只许误差从右至左减小	(◁)	⌭ | t(◁)

在技术图样中，形位公差采用符号标注。形位公差的标注包括：公差框格、被测要素指引线、公差特征符号、形位公差值及其有关符号、基准符号和相关要求符号等。

3）形位公差的公差带

形位公差带是用来限制被测要素变动的区域。它是一个几何图形，只要被测要素完全落在给定的公差带内，就表示该要素的形状和位置误差符合要求。

形位公差带具有形状、大小、方向和位置四要素。公差带的形状由被测要素的理想形状和给定的公差特征项目所确定。常见的形位公差带的形状如图 2-23 所示。公差带的大小是由公差值 t 确定的，指的是公差带的宽度或直径。形位公差带的方向和位置有两种情况：

公差带的方向或位置可以随实际被测要素的变动而变动，没有对其他要素保持一定几何关系的要求，这时公差带的方向或位置是浮动的；若形位公差带的方向或位置必须和基准要素保持一定的几何关系，则被认为是固定的。所以，位置公差（标有基准）的公差带的方向和位置一般是固定的。形状公差（未标基准）的公差带的方向和位置一般是浮动的。

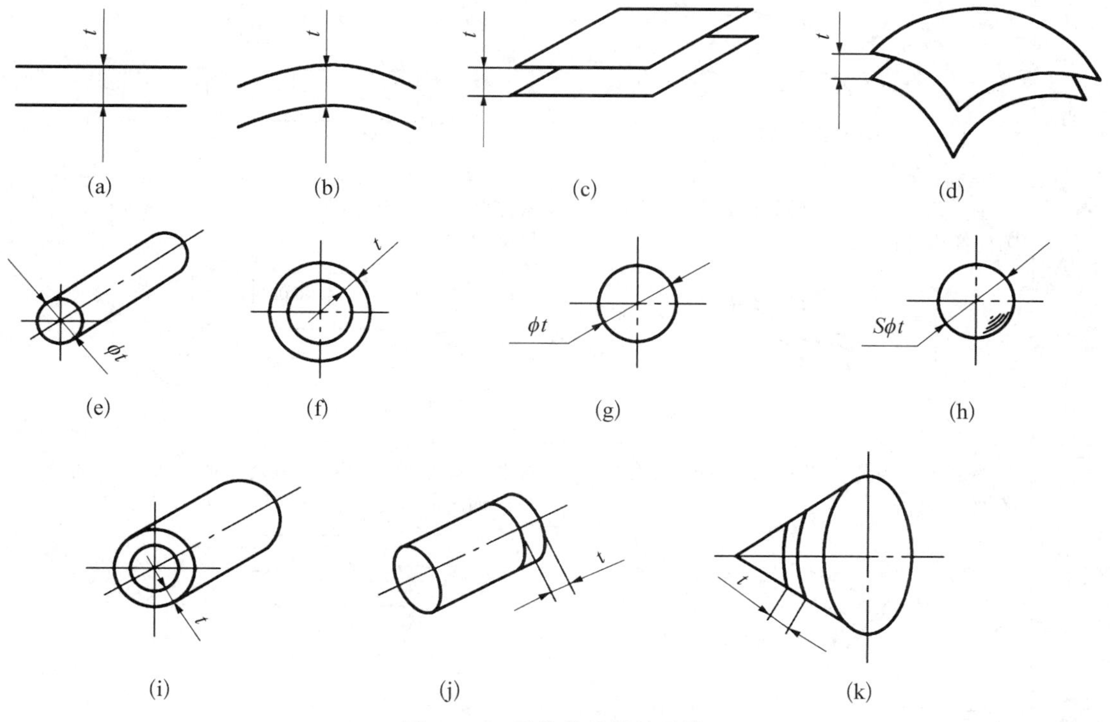

图 2－23　形位公差带的形状

(a) 两平行直线；(b) 两等距曲线；(c) 两平行平面；(d) 两等距曲面；(e) 圆柱面；(f) 两同心圆；(g) 一个圆；(h) 一个球；(i) 两同轴圆柱面；(j) 一段圆柱面；(k) 一段圆锥面

2.3.2　形状公差与误差

1）形状公差与公差带

形状公差是指单一实际要素的形状所允许的变动全量。形状公差带是限制实际被测要素变动的一个区域。典型的形状公差带如表 2－11 所示。

表 2－11　形状公差带定义、标注和解释

特征	公　差　带　定　义	标　注　和　解　释
直线度	在给定平面内，公差带是距离为公差值 t 的两平行直线之间的区域	被测圆柱面与任一轴向截面的交线（平面线）必须位于在该平面内距离为 0.1 mm 的两平行直线之间

（续表）

特征	公差带定义	标注和解释
直线度	在给定方向上，公差带是距离为公差值 t 的两平行平面之间的区域 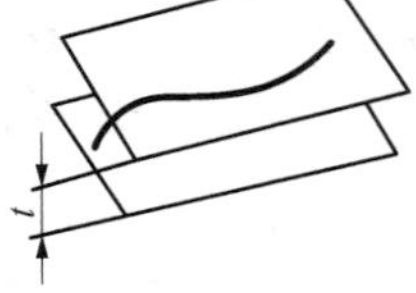 t	被测表面的各条素线必须位于距离为 0.1 mm 的两平行平面之间 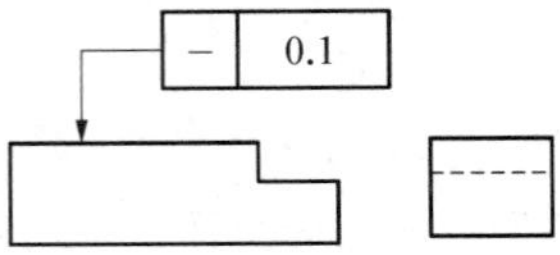 – 0.1
	如在公差值前加注，则公差带是直径为 t 的圆柱面内的区域 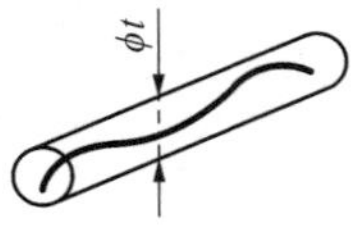 ϕt	被测圆柱体的轴线必须位于直径为 0.08 mm 的圆柱面内 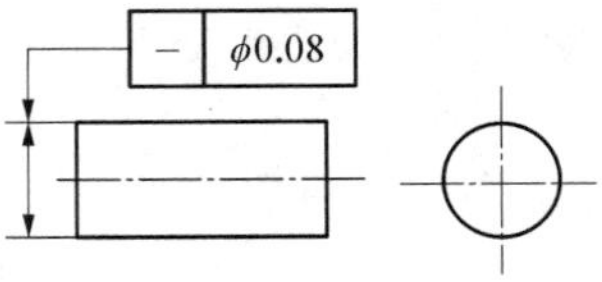 – ϕ0.08
平面度	公差是距离为公差值 t 的两平行平面之间的区域  t	被测表面必须位于距离为公差值 0.06 mm 的两平行平面之间 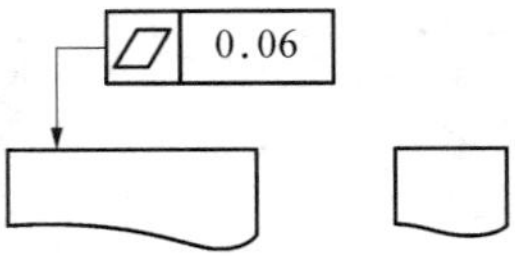 ▱ 0.06
圆度	公差带是在同一正截面上，半径差为公差值 t 的两同心圆之间的区域 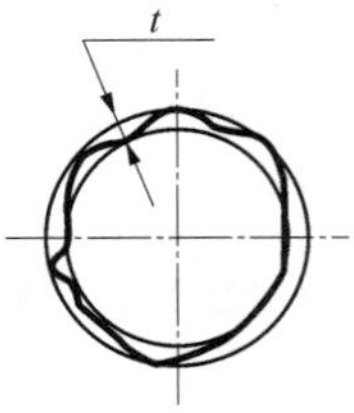 t	被测圆柱面任一正截面的圆周必须位于半径差为公差值 0.02 mm 的两同心圆之间 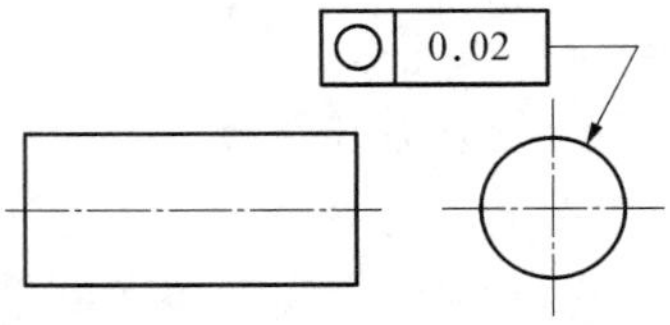 ○ 0.02
圆柱度	公差带是半径差为公差值 t 的两同轴圆柱面之间的区域 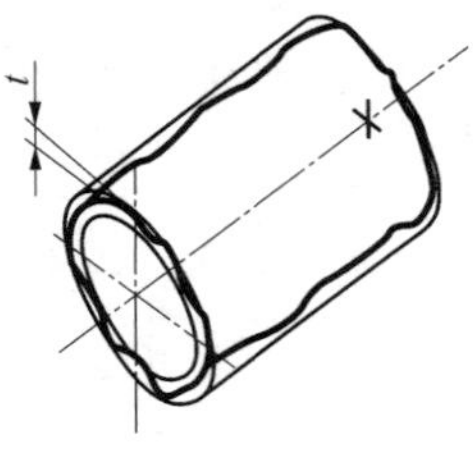 t	被测圆柱面必须位于半径差为公差值 0.05 mm 的两同轴圆柱面之间 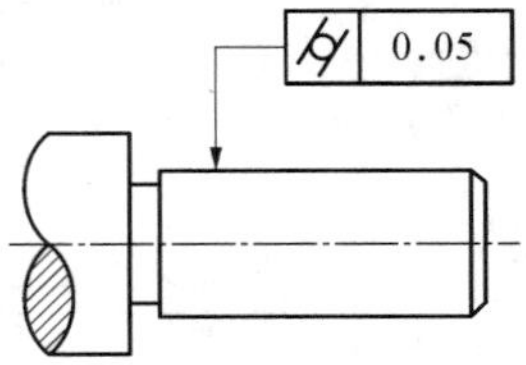 ⌭ 0.05

2）轮廓度公差与公差带

轮廓度公差分为线轮廓度和面轮廓度两种。轮廓度无基准要求时为形状公差，有基准要求时为位置公差。轮廓度公差带的定义和标注如表 2－12 所示。无基准要求时，其公差带的形状只由理论正确尺寸（带方框的尺寸）确定，其位置是浮动的；有基准要求时，其公差带的形状和位置由理论正确尺寸和基准确定，公差带的位置是固定的。

表 2－12　轮廓度公差带定义、标注和解释

特征	公差带定义	标注和解释
线轮廓度	公差带是包络一系列直径为公差值 t 的圆的两包络线之间的区域，诸圆的圆心位于具有理论正确几何形状的轮廓线上 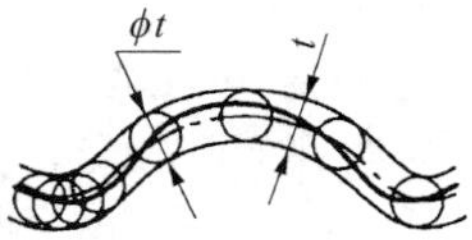 ϕt　t	在平行于图样所示投影面的截面上，被测轮廓线必须位于包络一系列直径为公差值 0.04 mm，且圆心位于具有理论正确几何形状的轮廓线上的两包络线之间 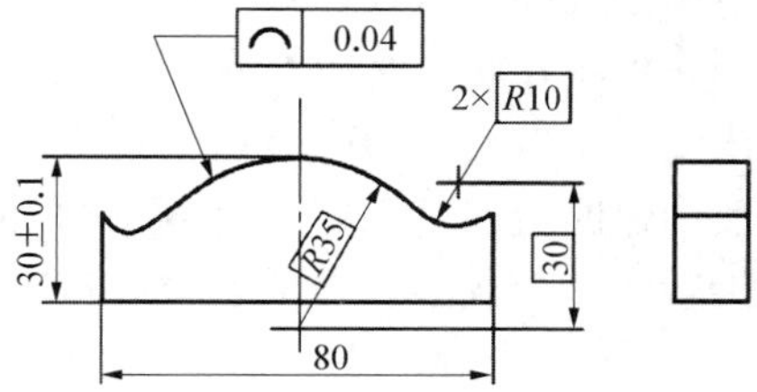 0.04　2×R10　30±0.1　R35　30　80 (a) 无基准要求 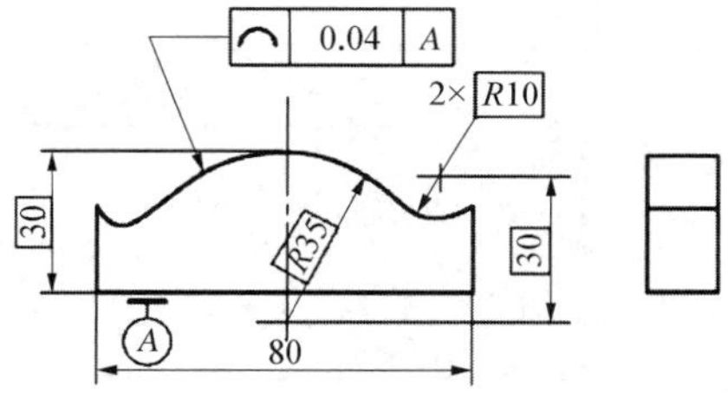 0.04　A　2×R10　30　R35　30　A　80 (b) 有基准要求
面轮廓度	公差带是包络一系列直径为公差值 t 的球的两包络面之间的区域，诸球的球心位于具有理论正确几何形状的曲面上 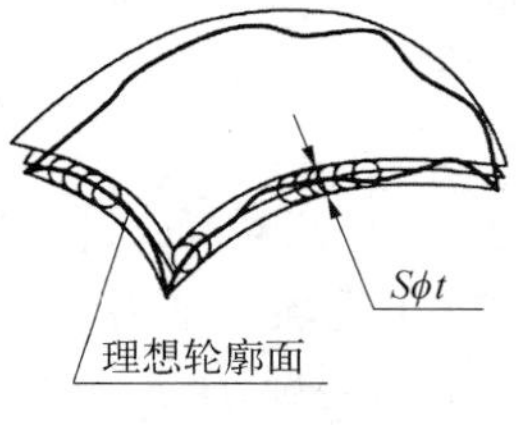 $S\phi t$ 理想轮廓面	被测轮廓面必须位于包络一系列球的两包络面之间，诸球的直径为公差值 0.02 mm，且球心位于具有理论正确几何形状的曲面上 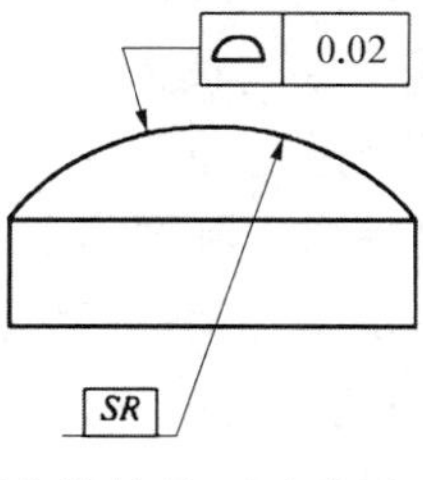 0.02　SR （此图为无基准要求的情况，也包括有基准要求的情况）

形状公差带的特点是不涉及基准，其方向和位置随实际要素不同而浮动。

3）形状误差及其评定

形状误差是被测实际要素的形状对其理想要素的变动量。形状误差值不大于相应的公差值，则被认为是合格的。

被测实际要素与其理想要素进行比较时，理想要素相对于实际要素的位置不同，评定的形状误差值也不同。为了使评定结果唯一，国家标准规定，最小条件是评定形状误差的基本准则。所谓最小条件是：被测实际要素对其理想要素的最大变动量为最小。

形状误差值可用最小包容区域（简称最小区域）的宽度或直径表示。最小区域是指包容被测实际要素的最小宽度 f 或直径 f 的区域。最小包容区域的形状与其相应的公差带的形状相同。以给定平面内的直线度为例来说明。如图 2-24 所示，与被测要素比较，理想要素为直线，其位置可能有多种情况，如图中的Ⅰ、Ⅱ、Ⅲ位置等，相应的包容区域的宽度为 f_1、f_2、f_3（$f_1 < f_2 < f_3$）。根据最小条件的要求，Ⅰ位置时两平行直线之间的包容区域宽度最小，故取 f_1 为直线度误差。这种评定形状误差的方法称为最小区域法。

最小区域是根据被测实际要素与包容区域的接触状态来判别的。什么样的接触状态才算符合最小条件呢？根据实际分析和理论证明，得出了各项形状误差符合最小条件的判断准则。例如评定在给定平面内的直线度误差，实际直线与两包容的理想直线至少应有高、低、高（或低、高、低）三点接触，这个包容区域就是最小包容区域，如图 2-24 中 S 所示区域；评定圆度误差时，包容区域为两同心圆之间的区域，实际圆应至少有内、外交叉的四点与两包容圆接触。这个包容区域就是最小包容区域，如图 2-25 所示。

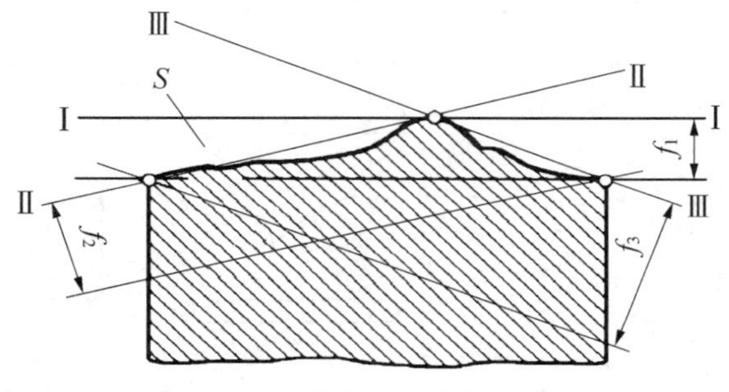

图 2-24　直线度误差的最小包容区

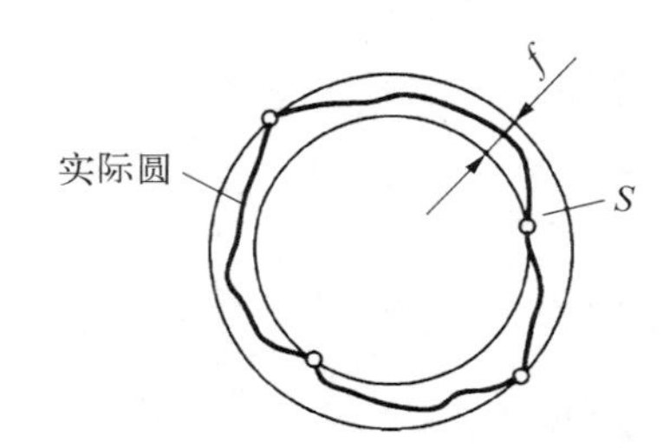

图 2-25　圆度误差的最小包容区域

用最小区域法评定形状误差有时比较困难，在实际工作中也允许采用其他的评定方法，得出的形状误差值比用最小区域法评定的误差值稍大，只要误差值不大于图样上给出的公差值，就一定能满足要求，否则就应按最小区域法评定后进行合格性判断。

2.3.3　位置公差与误差

1）定向公差与公差带

定向公差是关联实际要素对其具有确定方向的理想要素的允许变动量。理想要素的方向由基准及理论正确尺寸（角度）确定。当理论正确角度为 0°时，称为平行度公差；在 90°时，称为垂直度公差；为其他任意角度时，称为倾斜度公差。这三项公差都有面对面、线对线、面对线和线对面几种情况。表 2-13 列出了部分定向公差的公差带定义、标注示例和解释。

定向公差带具有如下特点：

（1）定向公差带相对于基准有确定的方向；而其位置往往是浮动的。

（2）定向公差带具有综合控制被测要素的方向和形状的功能。在保证使用要求的前提下，对被测要素给出定向公差后，通常不再对该要素提出形状公差要求。需要对被测要素的形状有进一步的要求时，可再给出形状公差，且形状公差值应小于定向公差值。

表 2 - 13　定向公差带定义、标注和解释

特　征		公　差　带　定　义	标　注　和　解　释
平行度	面对面	公差带是距离为公差值 t，且平行于基准面的两平行平面之间的区域 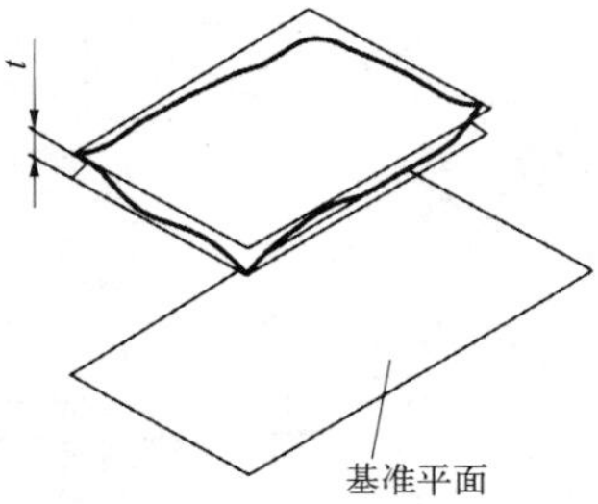	被测表面必须位于距离为公差值 0.05 mm，且平行于基准表面 A（基准平面）的两平行平面之间 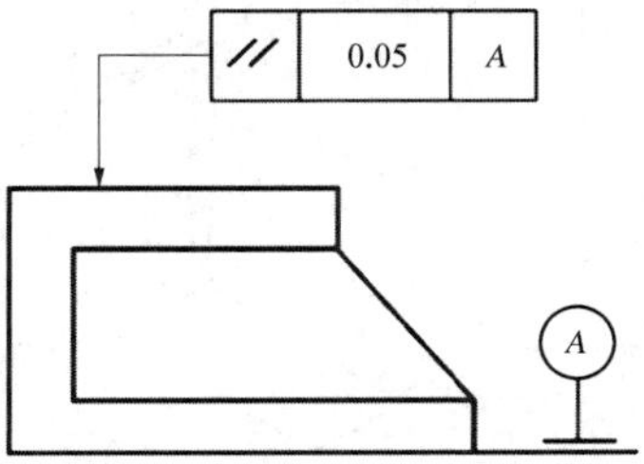
	线对面	公差带是距离为公差值 t，且平行于基准平面的两平行平面之间的区域 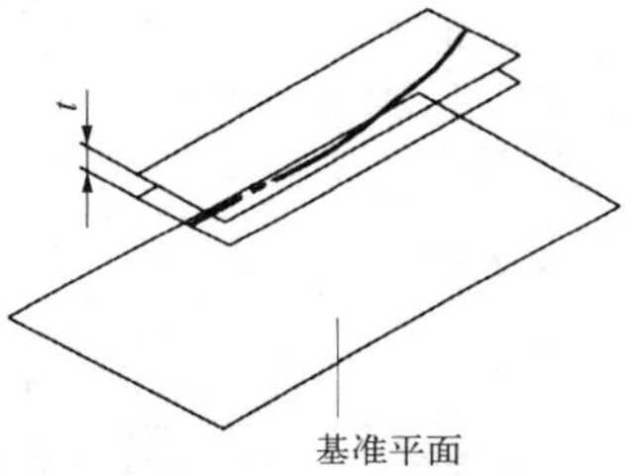	被测轴线必须位于距离为公差值 0.03 mm 且平行于基准表面 A（基准平面）的两平行平面之间 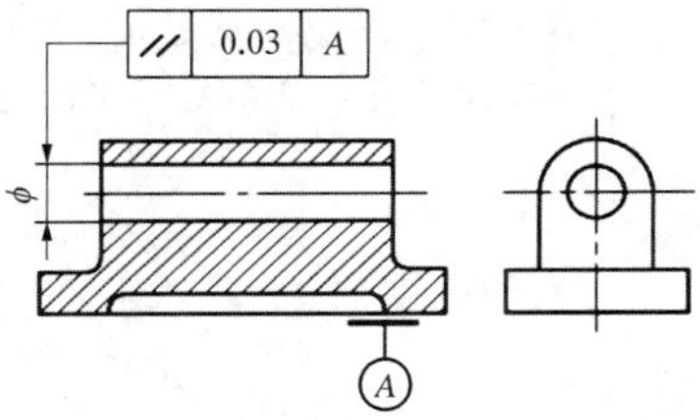
	面对线	公差带是距离为公差值 t，且平行于基准轴线的两平行平面之间的区域 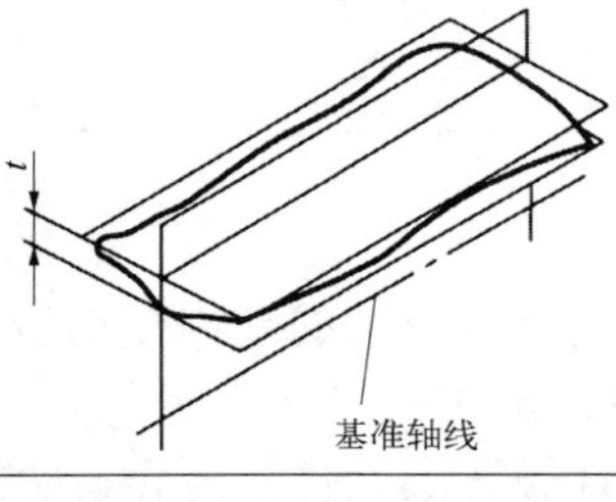	被测表面必须位于距离为公差值 0.05 mm 且平行于基准线 A（基准轴线）的两平行平面之间 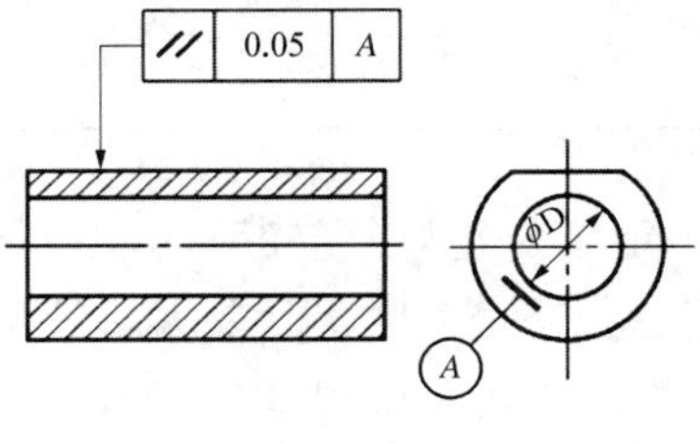
	线对线	公差带是距离为公差值 t，且平行于基准线，并位于给定方向上的两平行平面之间的区域 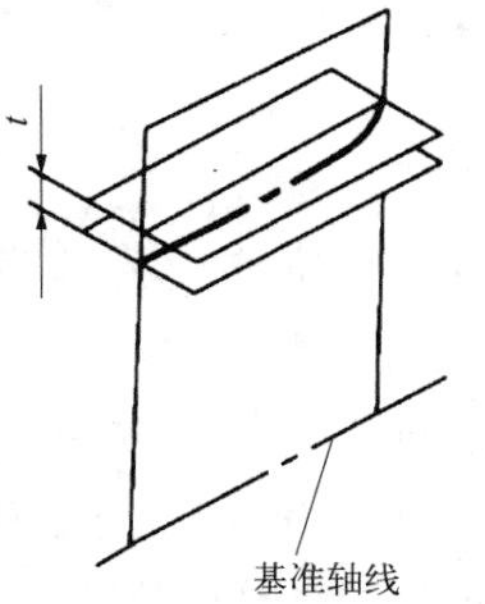	被测轴线必须位于距离为公差值 0.1 mm 给定方向上平行于基准轴线的两平行平面之间 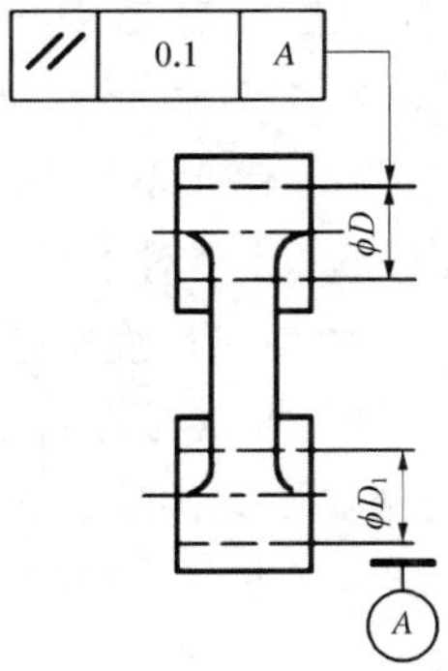

（续表）

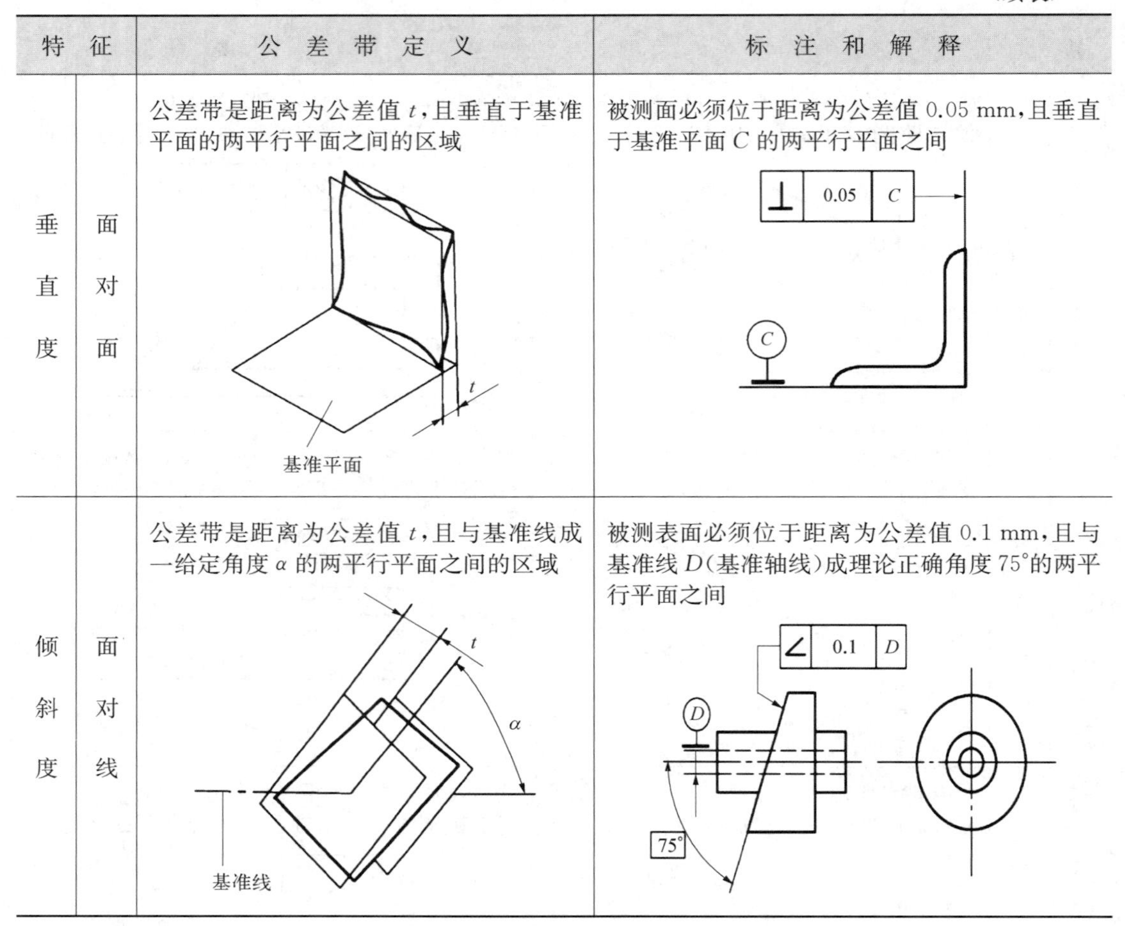

特征		公差带定义	标注和解释
垂直度	面对面	公差带是距离为公差值 t，且垂直于基准平面的两平行平面之间的区域	被测面必须位于距离为公差值 0.05 mm，且垂直于基准平面 C 的两平行平面之间
倾斜度	面对线	公差带是距离为公差值 t，且与基准线成一给定角度 α 的两平行平面之间的区域	被测表面必须位于距离为公差值 0.1 mm，且与基准线 D（基准轴线）成理论正确角度 75°的两平行平面之间

2）定位公差与公差带

定位公差是关联实际要素对其具有确定位置的理想要素的允许变动量。理想要素的位置由基准及理论正确尺寸（长度或角度）确定。当理论正确尺寸为零，且基准要素和被测要素均为轴线时，称为同轴度公差（若基准要素和被测要素的轴线足够短，或均为中心点时，称为同心度公差）；当理论正确尺寸为零，基准要素或（和）被测要素为其他中心要素（中心平面）时，称为对称度公差；在其他情况下均称为位置度公差。表 2－14 列出了部分定位公差的公差带定义、标注和解释示例。

定位公差带具有如下特点：

（1）定位公差带相对于基准具有确定的位置。其中，位置度公差带的位置由理论正确尺寸确定，同轴度和对称度的理论正确尺寸为零，图上可省略不注。

（2）定位公差带具有综合控制被测要素位置、方向和形状的功能。在满足使用要求的前提下，对被测要素给出定位公差后，通常对该要素不再给出定向公差和形状公差。如果需要对方向和形状有进一步要求时，则可另行给出定向或（和）形状公差，但其数值应小于定位公差值。

表 2-14　定位公差带定义、标注和解释

特征		公差带定义	标注和解释
同轴度	轴线的同轴度	公差带是直径为公差值 t 的圆柱面内区域，该圆柱面的轴线与基准轴线同轴 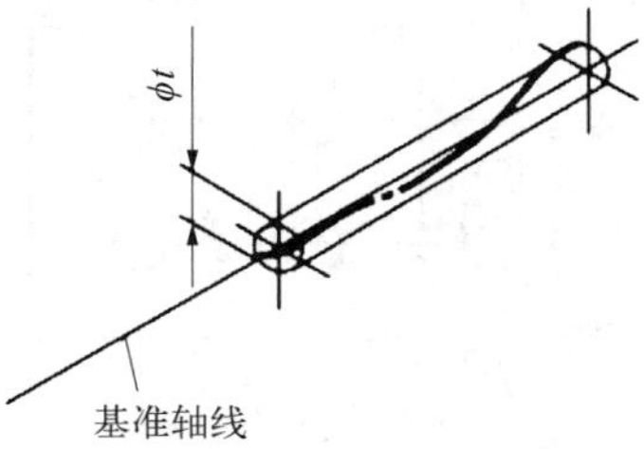	大圆柱的轴线必须位于直径为公差值 0.1 mm，且与公共基准轴线 $A-B$ 同轴的圆柱面内 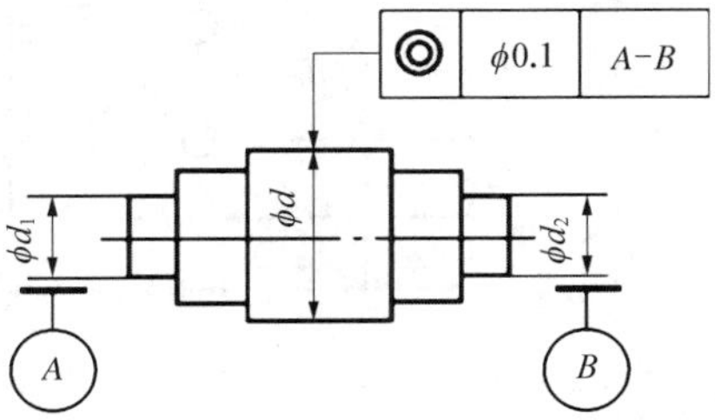
对称度	中心平面的对称度	公差带是距离为公差值 t，且相对基准的中心平面对称配置的两平行平面之间的区域 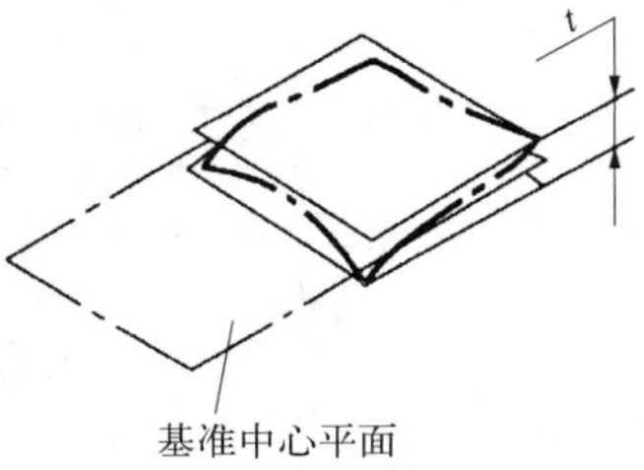	被测中心平面必须位于距离为公差值 0.08 mm，且相对基准中心平面 A 对称配置的两平行平面之间 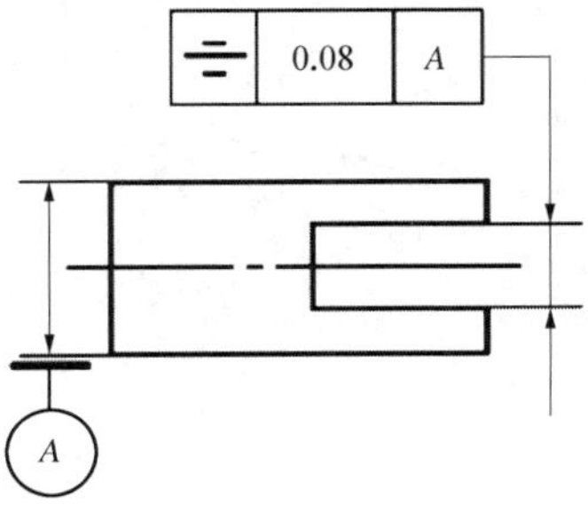
位置度	点的位置度	若公差值前加注 S，公差带是直径为公差值 t 的球内的区域，球公差带的中心点的位置由相对于基准 A 和 B 的理论正确尺寸确定 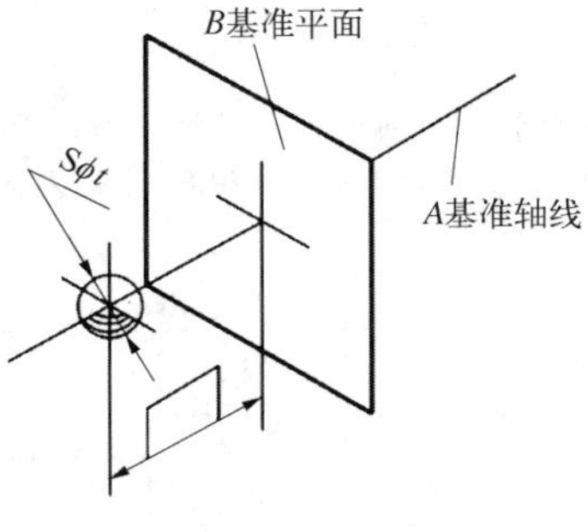	被测球的球心必须位于直径为公差值 0.08 mm 的球内，该球的球心位于相对基准 A 和 B 所确定的理想位置上 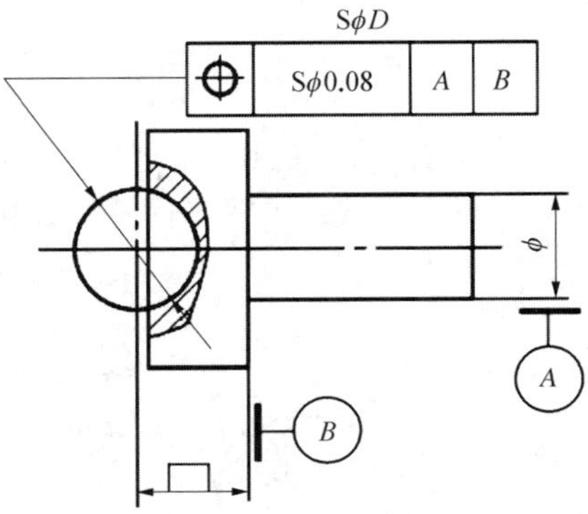
	线的位置度	如在公差值前加注，则公差带是直径为 t 的圆柱面内的区域，公差带的轴线的位置由相对于三基面体系的理论正确尺寸确定	每个被测轴线必须位于直径为公差值 0.1 mm，且以相对于 A、B、C 基准表面（基准平面）所确定的理想位置为轴线的圆柱内

（续表）

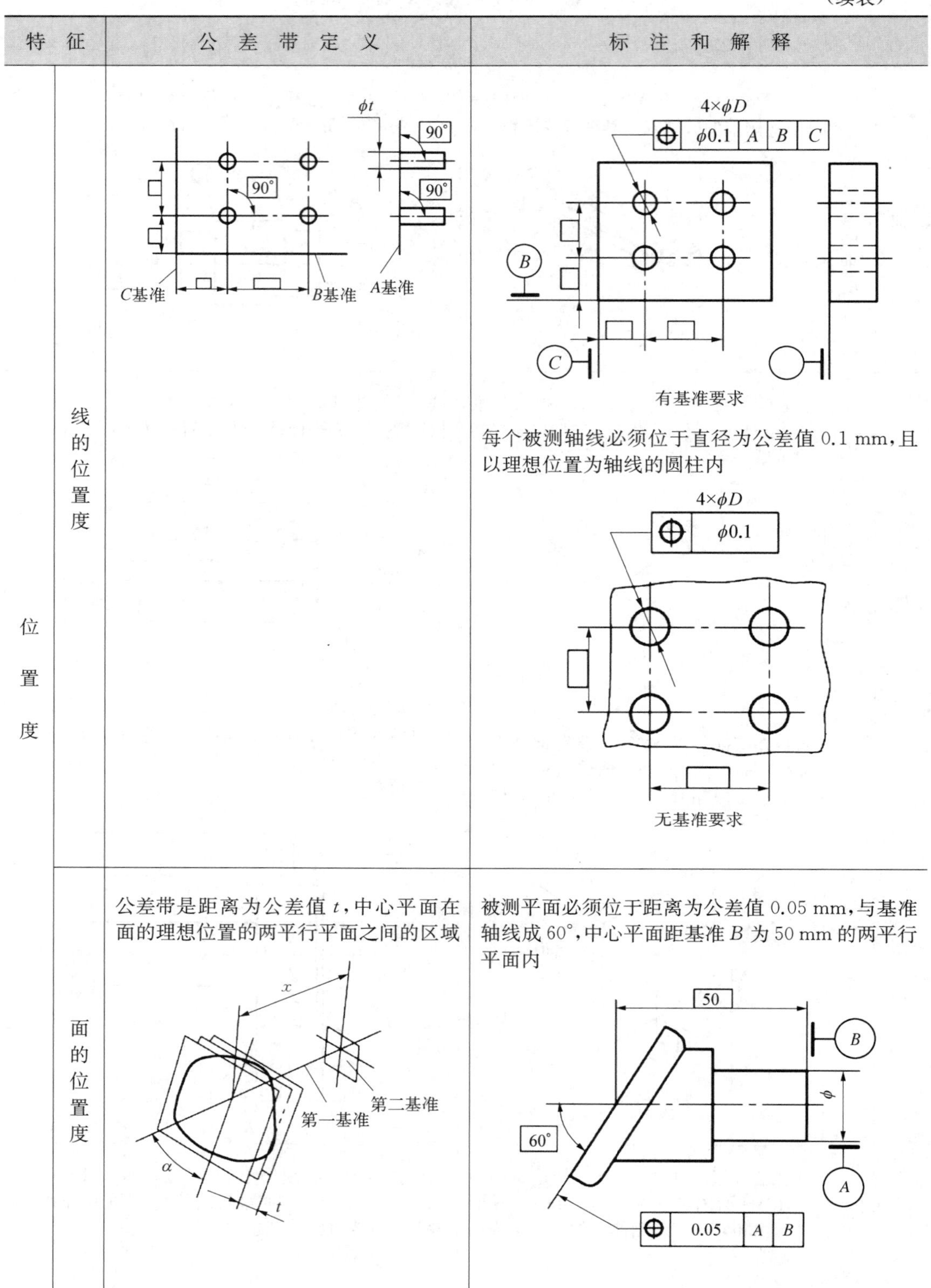

特征		公差带定义	标注和解释
位置度	线的位置度		4×ϕD 有基准要求 每个被测轴线必须位于直径为公差值 0.1 mm，且以理想位置为轴线的圆柱内 4×ϕD 无基准要求
	面的位置度	公差带是距离为公差值 t，中心平面在面的理想位置的两平行平面之间的区域	被测平面必须位于距离为公差值 0.05 mm，与基准轴线成 60°，中心平面距基准 B 为 50 mm 的两平行平面内

3）跳动公差与公差带

与定向、定位公差不同，跳动公差是针对特定的检测方式而定义的公差特征项目。它是被测要素绕基准要素回转过程中所允许的最大跳动量，也就是指示器在给定方向上指示的最大读数与最小读数之差的允许值。跳动公差可分为圆跳动和全跳动。

圆跳动是控制被测要素在某个测量截面内相对于基准轴线的变动量。圆跳动又分为径向圆跳动、端面圆跳动和斜向圆跳动三种。

全跳动是控制整个被测要素在连续测量时相对于基准轴线的跳动量。全跳动分为径向全跳动和端面全跳动两种。

跳动公差适用于回转表面或其端面。表 2－15 列出了部分跳动公差带定义、标注和解释示例。

表 2－15　跳动公差带定义、标注和解释

特征		公差带定义	标注和解释
圆跳动	径向圆跳动	公差带是在垂直于基准轴线的任一测量平面内半径差为公差值 t，且圆心在基准轴线上的两个同心圆之间的区域 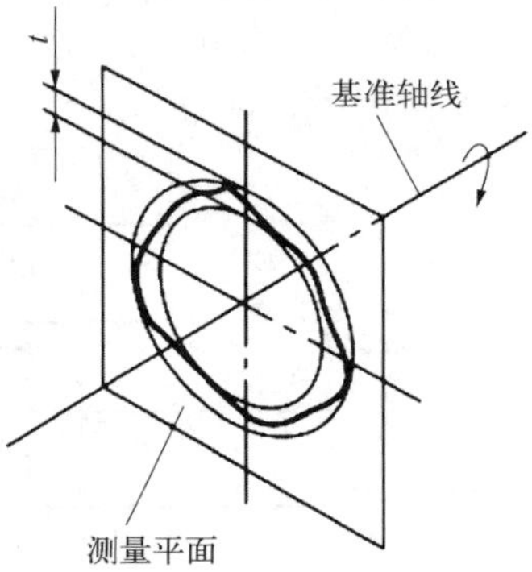 （图注：t；基准轴线；测量平面）	当被测要素围绕基准线 A（基准轴线）做无轴向移动旋转一周时，在任一测量平面内的径向圆跳动量均不大于 0.05 mm 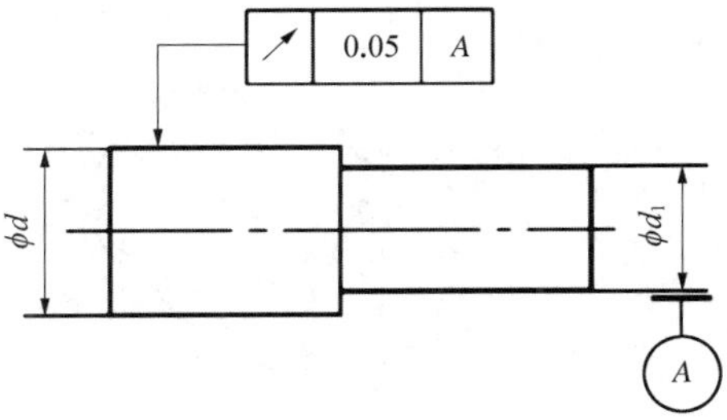 （图注：↗ 0.05 A；ϕd；ϕd_1；A）
	端面圆跳动	公差带是在与基准轴线同轴的任一半径位置的测量圆柱面上距离为 t 的圆柱面区域 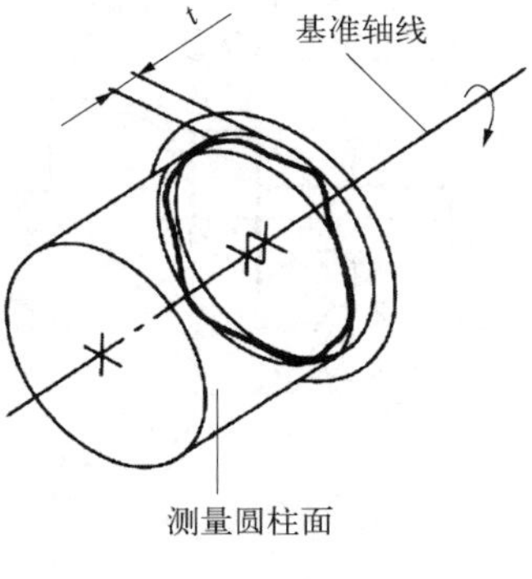 （图注：t；基准轴线；测量圆柱面）	被测面绕基准线 A（基准轴线）作无轴向移动旋转一周时，在任一测量圆柱面内的轴向跳动量均不得大于 0.06 mm 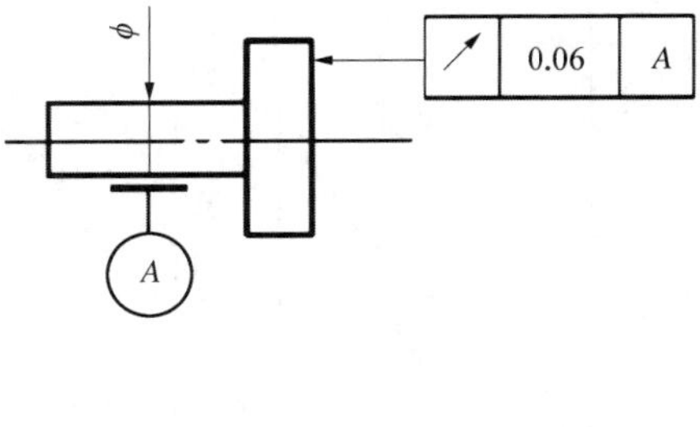 （图注：ϕ；↗ 0.06 A；A）

（续表）

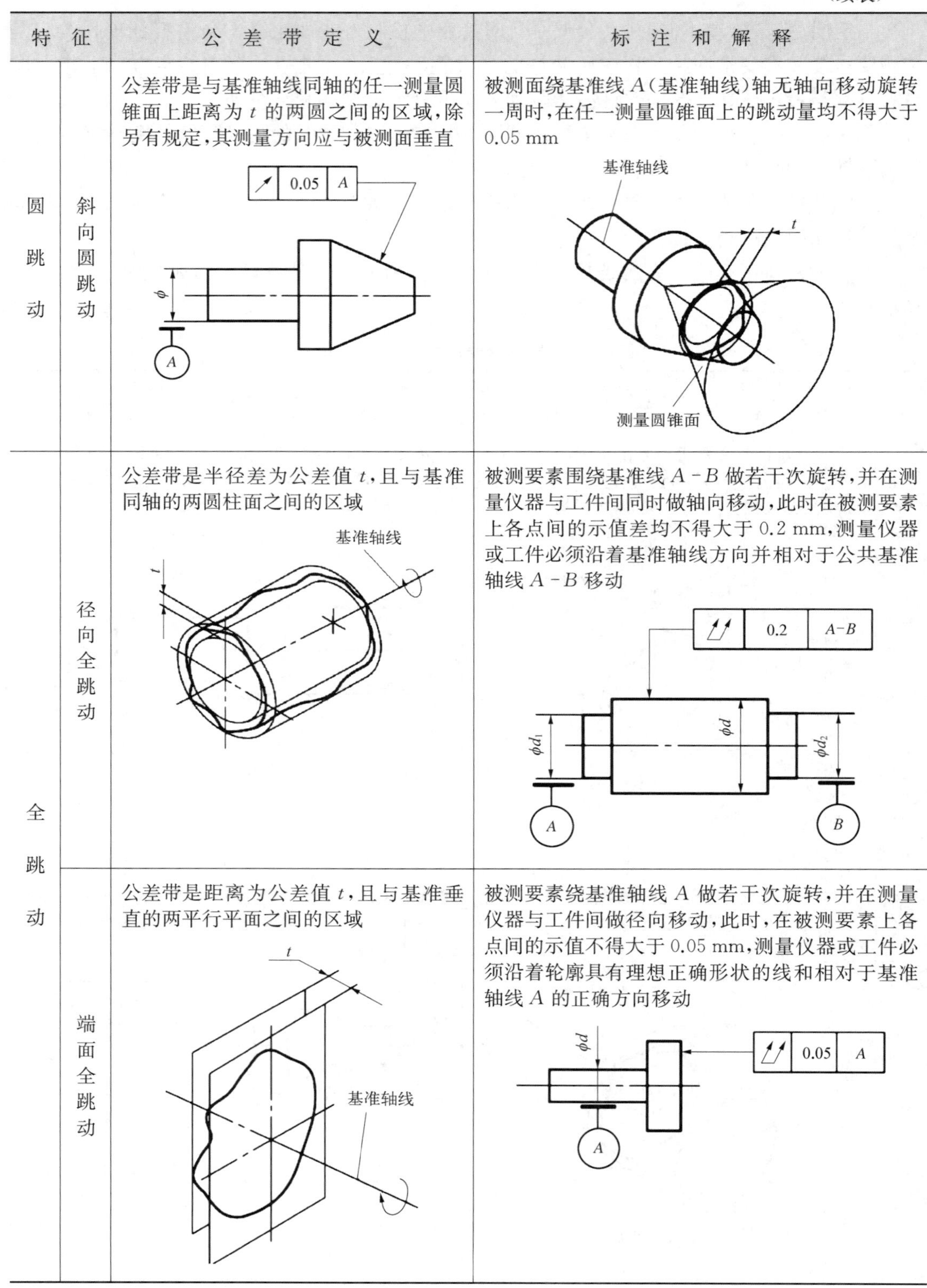

特征		公差带定义	标注和解释
圆跳动	斜向圆跳动	公差带是与基准轴线同轴的任一测量圆锥面上距离为 t 的两圆之间的区域，除另有规定，其测量方向应与被测面垂直	被测面绕基准线 A（基准轴线）轴无轴向移动旋转一周时，在任一测量圆锥面上的跳动量均不得大于 0.05 mm
全跳动	径向全跳动	公差带是半径差为公差值 t，且与基准同轴的两圆柱面之间的区域	被测要素围绕基准线 $A-B$ 做若干次旋转，并在测量仪器与工件间同时做轴向移动，此时在被测要素上各点间的示值差均不得大于 0.2 mm，测量仪器或工件必须沿着基准轴线方向并相对于公共基准轴线 $A-B$ 移动
	端面全跳动	公差带是距离为公差值 t，且与基准垂直的两平行平面之间的区域	被测要素绕基准轴线 A 做若干次旋转，并在测量仪器与工件间做径向移动，此时，在被测要素上各点间的示值不得大于 0.05 mm，测量仪器或工件必须沿着轮廓具有理想正确形状的线和相对于基准轴线 A 的正确方向移动

跳动公差带具有如下特点：

(1) 跳动公差带的位置具有固定和浮动双重特点，一方面公差带的中心(或轴线)始终与基准轴线同轴，另一方面公差带的半径又随实际要素的变动而变动。

(2) 跳动公差具有综合控制被测要素的位置、方向和形状的作用。如端面全跳动公差可同时控制端面对基准轴线的垂直度和它的平面度误差；径向全跳动公差可控制同轴度、圆柱度误差。

4) 位置误差的评定

位置误差是关联实际要素对其理想要素的变动量。理想要素的方向或位置由基准确定。

判断位置误差的大小，常采用定向或定位最小包容区域去包容被测实际要素，但这个最小包容区域与形状误差的最小包容区域有所不同，其区别在于它必须在与基准保持给定几何关系的前提下使包容区域的宽度或直径最小。

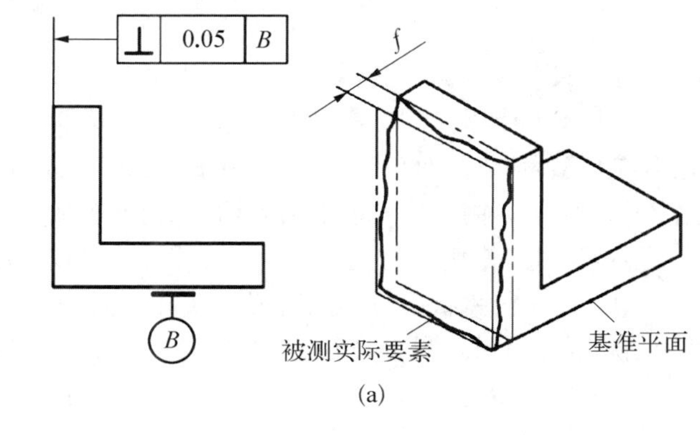

(a)

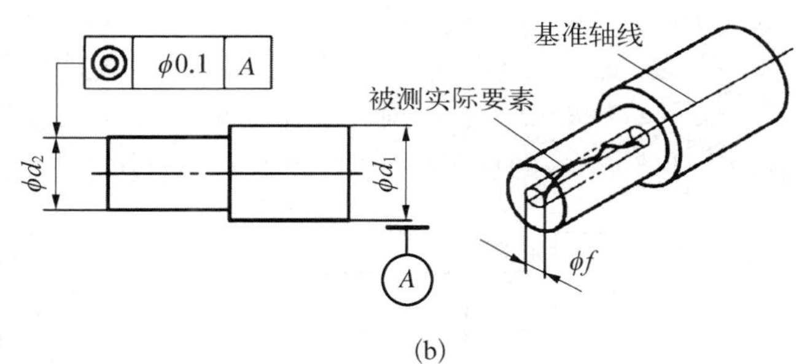

(b)

图 2-26　定向和定位最小包容区域

如图 2-26(a)所示的面对面的垂直度误差是包容被测实际平面并包得最紧，且与基准平面保持垂直的两平行平面之间的距离。这个包容区域称为定向最小包容区域。如图 2-26(b)所示的台阶轴，被测轴线的同轴度误差是包容被测实际轴线并包得最紧，且与基准轴线同轴的圆柱面的直径，这个包容区域称为定位最小包容区域。定向、定位最小包容区域的形状与其对应的公差带的形状相同。当最小包容区域的宽度或直径小于或等于公差值时，被测要素被认为是合格的。

2.3.4　形位公差与尺寸公差的关系

同一被测要素上，既有尺寸公差又有形位公差时，确定尺寸公差与形位公差之间的相互关系的原则称为公差原则，它分为独立原则和相关要求两大类。

1) 有关术语及定义

(1) 局部实际尺寸(简称实际尺寸)。在实际要素的任意正截面上，两对应点之间测得的距离称为局部实际尺寸，简称实际尺寸。内、外表面的实际尺寸分别用 D_a、d_a 表示。要素各处的实际尺寸往往是不同的，如图 2-27 所示。

(2) 体外作用尺寸。在被测要素的给定长度上，与实际外表面(轴)体外相接的最小理想面或与实际内表面(孔)体外相接的最大理想面的直径或宽度称为体外作用尺寸，如图 2-27 所示。内、外表面的体外作用尺寸分别用 D_{fe}、d_{fe}表示。

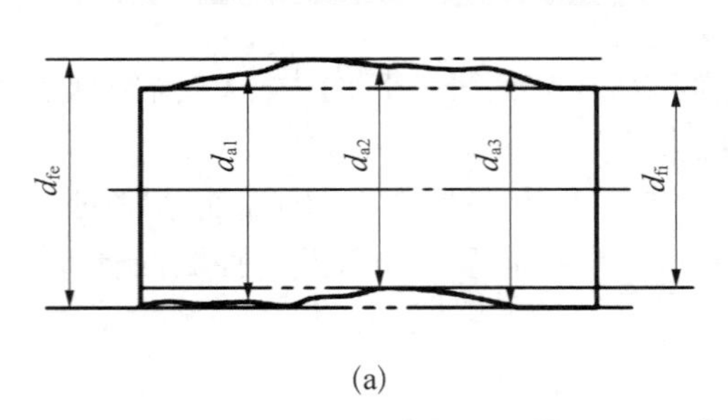

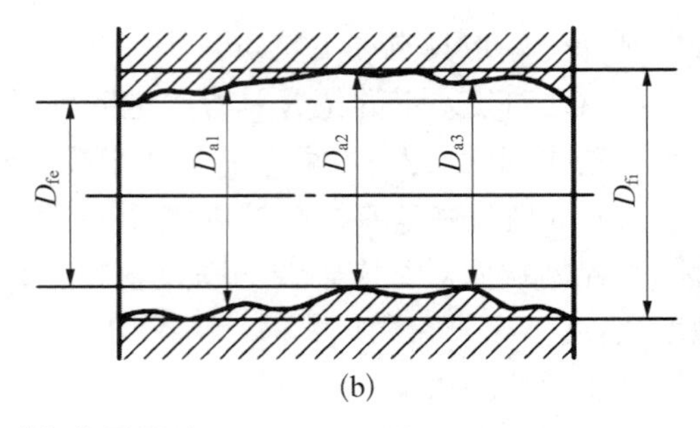

图 2-27　实际尺寸和作用尺寸

对于关联要素，该理想面的轴线或中心平面必须与基准保持图样给定的几何关系。

（3）体内作用尺寸。在被测要素的给定长度上，与实际外表面（轴）体内相接的最大理想面或与实际内表面（孔）体内相接的最小理想面的直径或宽度称为体内作用尺寸，如图 2-27 所示。内、外表面的体内作用尺寸分别用 D_{fi}、d_{fi}表示。

必须注意，作用尺寸是由实际尺寸和形位误差综合形成的，对每个零件不尽相同。

（4）最大实体状态、尺寸、边界。实际要素在给定长度上处处位于尺寸极限之内并具有实体最大（即材料量最多）时的状态称为最大实体状态。

最大实体状态下的尺寸称为最大实体尺寸。内、外表面的最大实体尺寸分别用 D_M、d_M表示，$D_M=D_{min}$，$d_M=d_{max}$（D_{min}、d_{max} 分别为孔的最小极限尺寸和轴的最大极限尺寸）。

尺寸为最大实体尺寸的边界称为最大实体边界，用 MMB 表示。

如图 2-28(a)所示的圆柱形外表面，其最大实体尺寸 $d_M=30$ mm，即最大实体边界为直径等于 30 mm 的理想圆柱面，如图 2-28(b)所示。

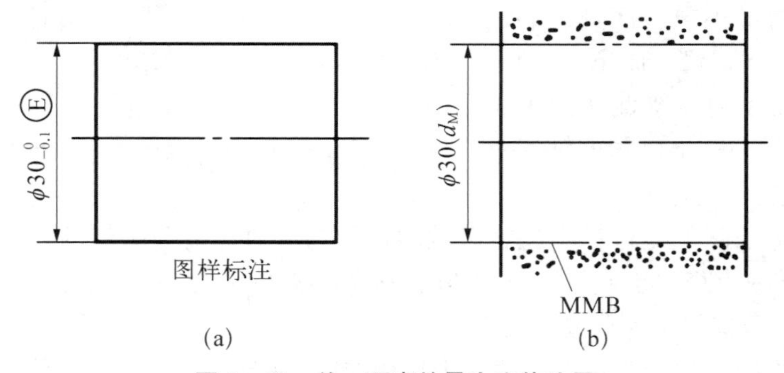

图 2-28　单一要素的最大实体边界

关联要素的最大实体边界的中心要素还必须与基准保持图样上给定的几何关系，如图 2-29 所示。

（5）最小实体状态、尺寸、边界。实际要素在给定长度上处处位于尺寸极限之内，并具有实体最小（即材料量最少）时的状态称为最小实体状态。

最小实体状态下的尺寸称为最小实体尺寸。对于内表面，它为最大极限尺寸，用 D_L表示；对于外表面，它为最小极限尺寸，用 d_L表示。即 $D_L=D_{max}$，$d_L=d_{min}$。

尺寸为最小实体尺寸的边界称为最小实体边界，用 LMB 表示。

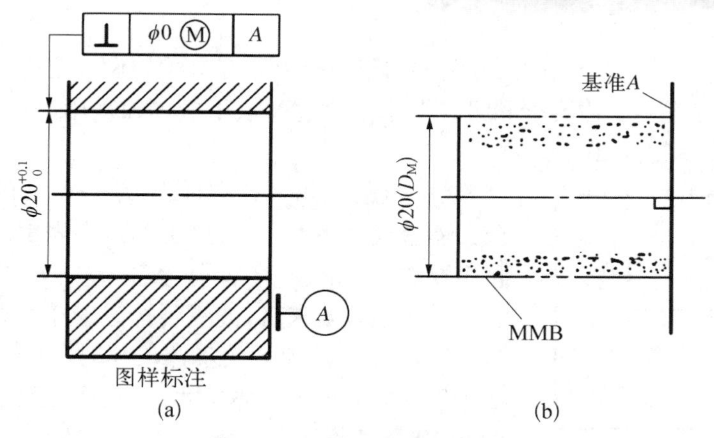

图 2 - 29　关联要素的最大实体边界

(6) 最大实体实效状态、尺寸、边界。在给定长度上，实际要素处于最大实体状态，且中心要素的形状或位置误差等于给出公差值时的综合极限状态称为最大实体实效状态。

最大实体实效状态下的体外作用尺寸称为最大实体实效尺寸。对于内表面，它等于最大实体尺寸减其中心要素的形位公差值 t，用 D_{MV} 表示；对于外表面，它等于最大实体尺寸加其中心要素的形位公差值 t，用 d_{MV} 表示。即 $D_{MV}=D_{min}-t$，$D_{MV}=d_{max}+t$。尺寸为最大实体实效尺寸的边界称为最大实体实效边界，用 MMVB 表示。

图 2 - 30 为单一要素的最大实体实效边界。同理，对于关联要素，最大实体实效边界的中心要素必须与基准保持图样上给定的几何关系。

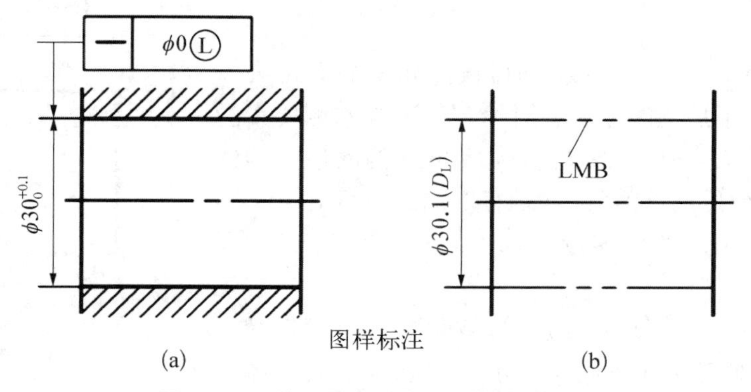

图 2 - 30　单一要素的最大实体实效边界

2) 独立原则

独立原则是指被测要素在图样上给出的尺寸公差与形位公差各自独立，应分别满足要求的公差原则。

图 2 - 31 为独立原则标注，标注时，不需要附加任何表示相互关系的符号。该标注表示轴的局部实际尺寸应在 19.97～20 mm 之间，不管实际尺寸为何值，轴线的直线度误差都不允许大于 0.05 mm。

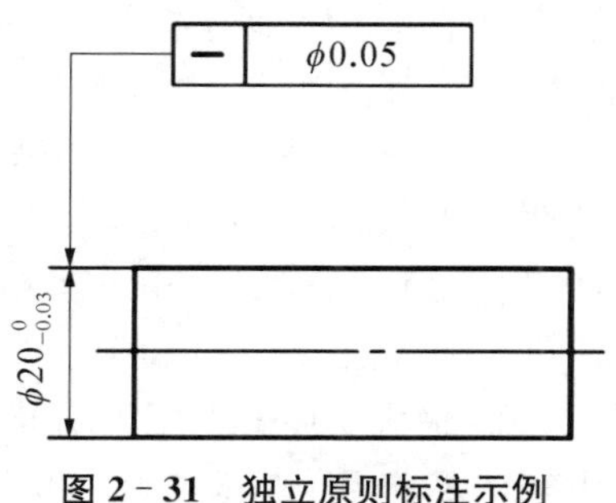

图 2 - 31　独立原则标注示例

独立原则是形位公差与尺寸公差相互关系的基本原则。

3）相关要求

相关要求是指图样上给出的尺寸公差与形位公差相互有关的设计要求。它分为包容要求、最大实体要求、最小实体要求和可逆要求。可逆要求不能单独采用，只能与最大实体要求或最小实体要求联合使用。

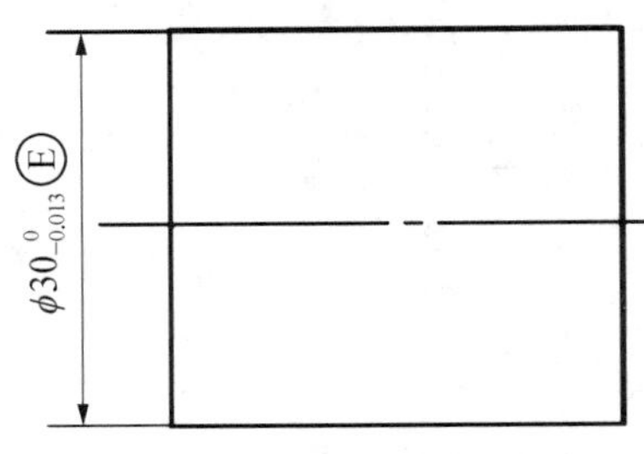

图 2-32　包容要求应用

(1) 包容要求。在图样上，单一要素的尺寸极限偏差或公差带代号后面注有符号Ⓔ时，则表示该单一要素遵守包容要求，如图 2-32 所示。

采用包容要求时，被测要素应遵守最大实体边界。即当实际尺寸处处为最大实体尺寸时，其形状公差为零，当实际尺寸偏离最大实体尺寸时，允许形状误差可以相应增大，但其体外作用尺寸不得超越其最大实体尺寸，且局部实际尺寸不得超越其最小实体尺寸。即

对于外表面 $d_{fe} \leqslant d_{M}(d_{max})$　　$d_{a} \geqslant d_{L}(d_{min})$

对于内表面 $D_{fe} \geqslant D_{M}(D_{min})$　　$D_{a} \leqslant D_{L}(D_{max})$

如图 2-32 所示的轴，$d_{fe} \leqslant 30$ mm，$d_{a} \geqslant 29.987$ mm。

当实际尺寸处处为 30 mm 时，其形状公差值 $t=0$。

当实际尺寸处处为 29.987 mm 时，其形状公差值为最大 $t_{max}=0.013$ mm。

(2) 最大实体要求。

① 最大实体要求用于被测要素图样上，形位公差框格内公差值后标注Ⓜ，表示最大实体要求用于被测要素，如图 2-33 所示。

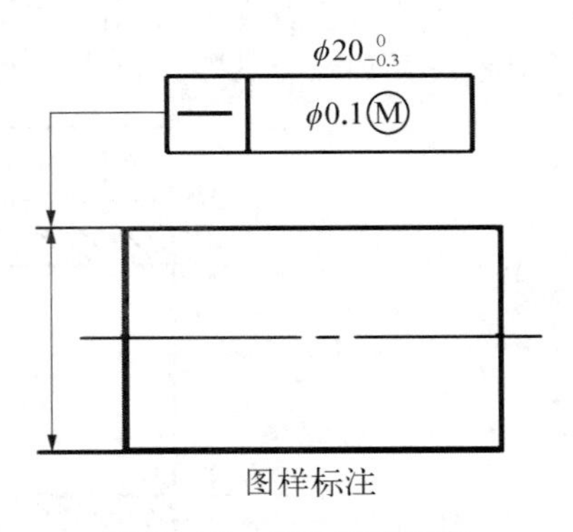

图 2-33　最大实体要求用于被测要素

最大实体要求用于被测要素时，被测要素的形位公差值是在该要素处于最大实体状态时给定的。当被测要素的实际轮廓偏离最大实体状态，即其实际尺寸偏离最大实体尺寸时，允许的形位误差值可以增加，增加的量可等于实际尺寸对最大实体尺寸的偏移量，其最大增加量等于被测要素的尺寸公差。

最大实体要求用于被测要素时，被测要素应遵守最大实体实效边界，即其体外作用尺寸不得超越其最大实体实效尺寸，且局部实际尺寸在最大与最小实体尺寸之间。即

对于外表面，$d_{fe} \leqslant d_{MV}=d_{max}+t$　　$d_{max} \geqslant d_{a} \geqslant d_{min}$

对于内表面，$D_{fe} \geqslant \mathrm{DMV}=D_{min}-t$　　$D_{max} \geqslant D_{a} \geqslant D_{min}$

图 2-33 所标注的轴，当轴处于最大实体状态(实际尺寸为 20 mm)时，其轴线的直线 度公差为 0.1 mm。当轴的实际尺寸小于 20 mm，如为 19.9 mm 时，其轴线的直线度公差为 (0.1+0.1)mm=0.2 mm。当轴的实际尺寸为最小实体尺寸 19.7 mm 时，其轴线的直线度公差可达最大值，$t_{max}=(0.1+0.3)\text{mm}=0.4$ mm。

② 最大实体要求用于基准要素图样上公差框格中基准字母后面标注符号Ⓜ时，表示最大实体要求用于基准要素，如图 2-34 所示。此时，基准应遵守相应的边界。若基准的实际

轮廓偏离相应的边界，即其体外作用尺寸偏离边界尺寸，则允许基准要素在一定范围内浮动，其浮动范围等于基准要素的体外作用尺寸与其相应边界尺寸之差。

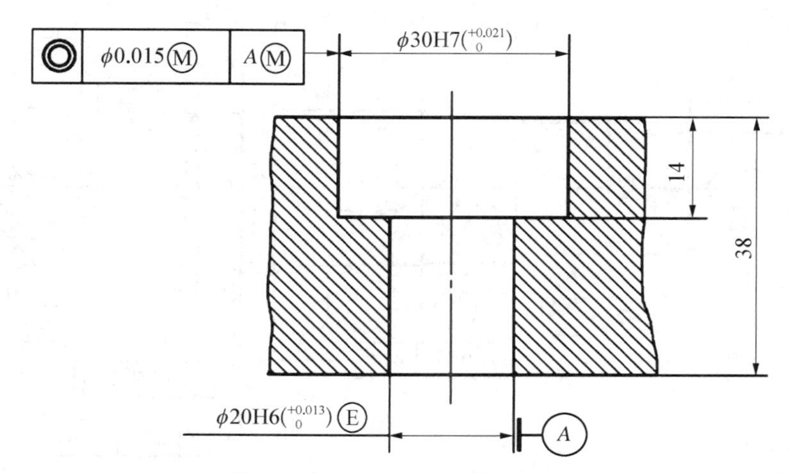

图 2－34　最大实体要求同时用于被测要素和基准要素

基准要素应遵守的边界有两种情况：当基准要素本身采用最大实体要求时，其相应的边界为最大实体实效边界；基准要素本身不采用最大实体要求时，其相应的边界为最大实体边界。最大实体要求同时用于被测要素和基准要素如图 2－34 所示，基准本身采用包容要求。当被测要素处于最大实体状态(实际尺寸为 30 mm)时，同轴度公差为 0.015 mm；当被测要素尺寸增大，允许的同轴度误差也可增大，当其实际尺寸为 30.021 mm 时，同轴度公差为 0.015 mm＋0.021 mm＝0.036 mm。当基准的实际轮廓处于最大实体尺寸 20 mm 时，基准线不能浮动；当基准线的实际轮廓偏离最大实体边界，即体外作用尺寸大于 20 mm 时，基准线可以浮动；当基准的体外作用尺寸等于最小实体尺寸 20.013 mm 时，其浮动范围达到最大值 0.013 mm。基准浮动，可以理解为被测要素的边界可相对于基准在一定范围内浮动，因此，使被测要素更容易达到合格要求。

③ 零形位公差。当关联要素采用最大(或最小)实体要求且形位公差为零时称为零形位公差，用 0(或 0 Ⓛ)表示，如图 2－35 所示。零形位公差可视为最大(或最小)实体要求的特例。此时，被测要素的最大(或最小)实体实效边界等于最大(或最小)实体边界，最大(或最小)实体实效尺寸等于最大(或最小)实体尺寸。

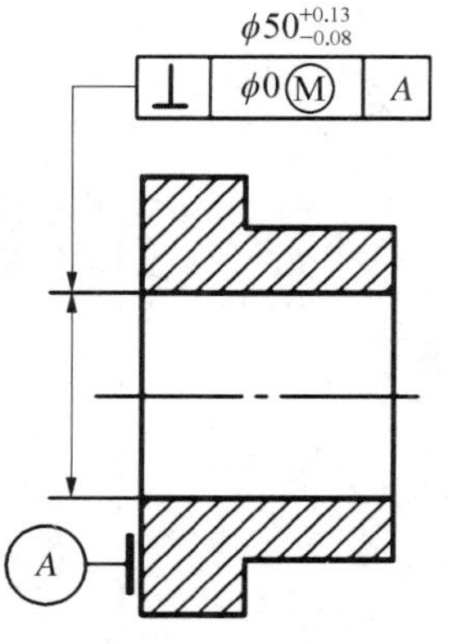

图 2－35　零形位公差

2.3.5　形位公差的选用

标注及应用如图 2－36 和图 2－37 所示。

图 2－36 为一减速器的输出轴，根据对该轴的功能要求，给出了有关形位公差。轴颈 55(两处)与滚动轴承内圈配合，轴头 56 与齿轮内孔配合，为了满足配合性质要求，对轴头和两个轴颈的形位公差都按包容要求给定。与滚动轴承配合的轴颈，按规定应对形状精度提出进一步的要求，因该轴颈与 G 级滚动轴承配合，故取圆柱度公差 0.005 mm。同时，该两轴颈上安装滚动轴承后，将分别与减速器箱体的两孔配合。为了限制

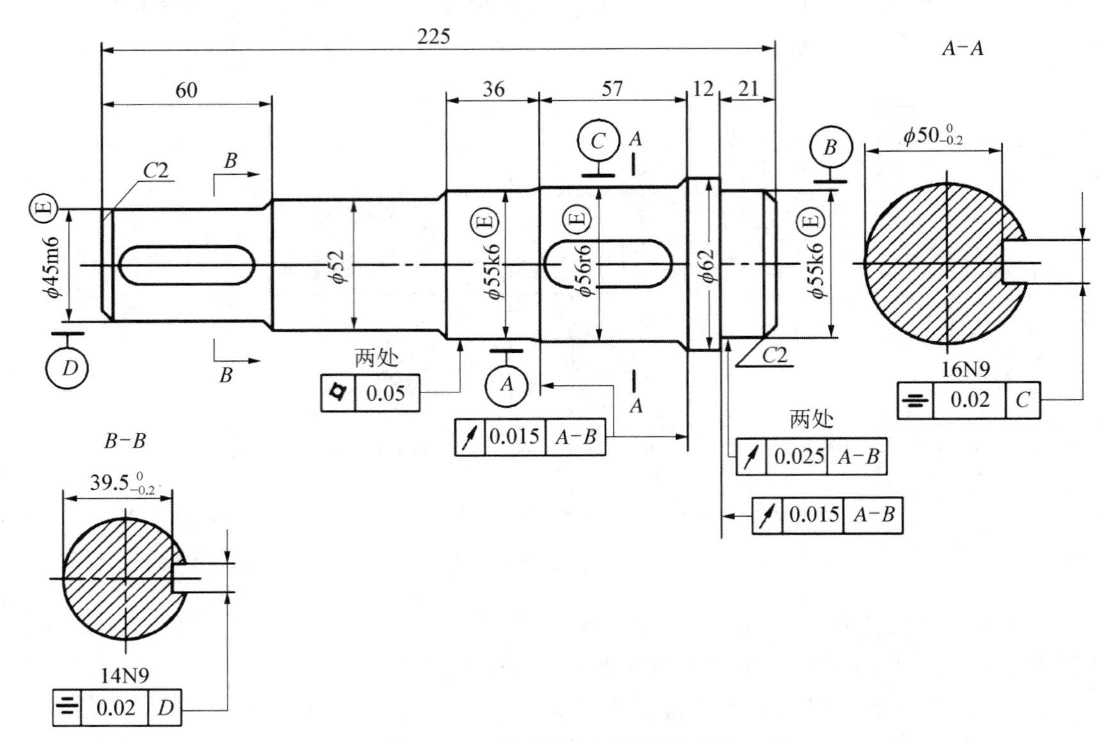

图 2-36 输出轴上形位公差应用

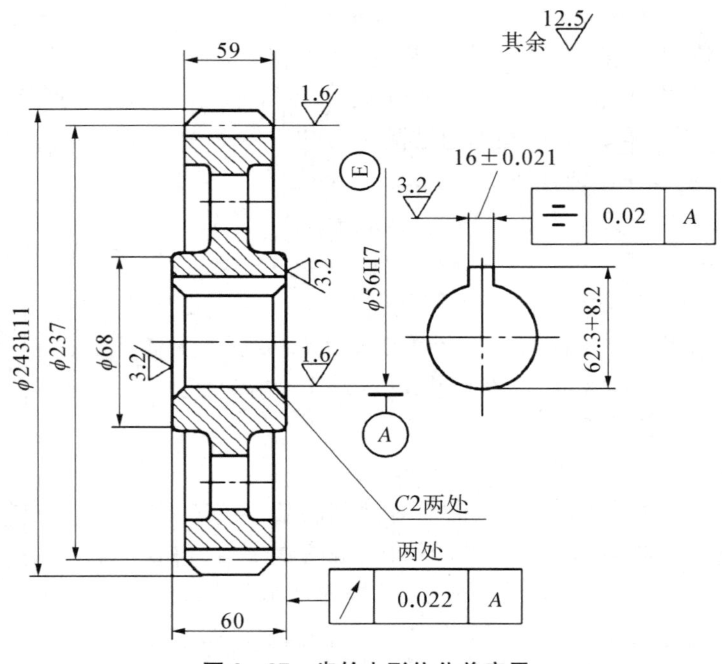

图 2-37 齿轮上形位公差应用

该轴两轴颈的同轴度误差，以保证配合性质，又给出了两轴颈的径向圆跳动公差 0.025 mm（相当于公差等级 7 级）。

此外，在该轴的 56r6 处安装齿轮。为了保证齿轮传递运动的准确性，对 56 mm 圆柱面相对于 55k6 两轴颈的公共基准轴线给出了径向圆跳动公差 0.025 mm。62 mm 处的两轴肩都是止推面，起一定的定位作用，参照安装滚动轴承对轴肩的精度要求，给出两轴肩相对于基准轴线 $A-B$ 的端面圆跳动公差 0.015 mm。键槽对称度通常取 7～9 级对称度公差。该轴两处键槽 14N9 和 16N9 都按 8 级给出对称度公差，公差值为 0.02 mm。

图 2-37 为减速器输出轴上的齿轮，其中 56H7 孔按包容要求给定公差。齿轮的两个端面中一个端面需要与轴肩贴紧，而且为切齿时的工艺基准，另一个端面作为轴套的安装基准。为了保证齿轮精度和安装时定位的准确性，按规定，对两个端面相对于基准轴线 A 给出了端面圆跳动公差值 0.022 mm，键槽对称度公差按 8 级规定，故对称度公差值为 0.02 mm。

图 2-38 为一曲轴的形位公差标注。形位公差的公差值及未注公差值见有关的国家标准。

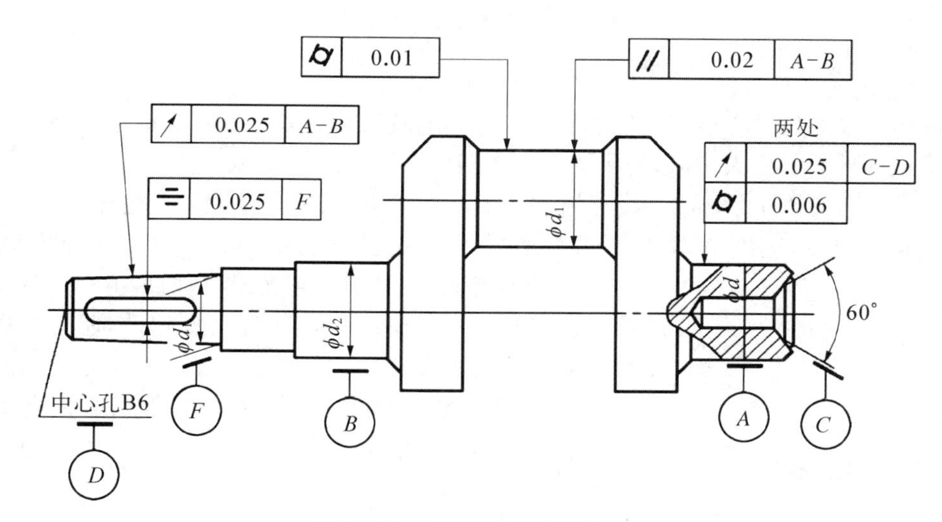

图 2-38 曲轴的形位公差标注

2.4 表面粗糙度

2.4.1 基本概念

1）表面粗糙度的定义

在机械加工过程中，由于刀具或砂轮切削后留下的刀痕、切削过程中切屑分离时的塑性变形，以及机床的振动等原因，会使被加工零件的表面产生微小的峰谷。这些微小峰谷的高低程度和间距大小综合起来称为表面粗糙度，它是一种微观几何形状误差，也称为微观不平度。表面粗糙度应与表面形状误差（宏观几何形状误差）和表面波度区别开，通常波距小于 1 mm 的属于表面粗糙度，波距在 1～10 mm 的属于表面波度，波距大于 10 mm 的属于形状误差（见图 2-39）。

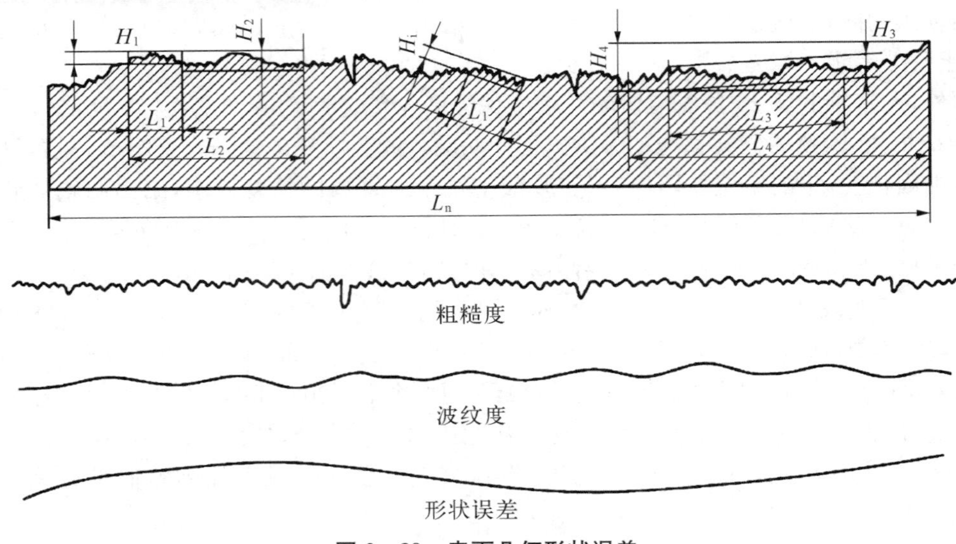

图 2-39　表面几何形状误差

2）表面粗糙度对机械零件使用性能的影响

表面粗糙度对机械零件使用性能及其寿命影响较大，尤其对在高温、高速和高压条件下工作的机械零件影响更大，其影响主要表现在四个方面。

（1）对摩擦和磨损的影响。较粗糙的两个零件表面，当它们接触并产生相对运动时，峰顶间的接触作用会产生摩擦阻力，使零件磨损，零件越粗糙，阻力越大，零件磨损也越快。

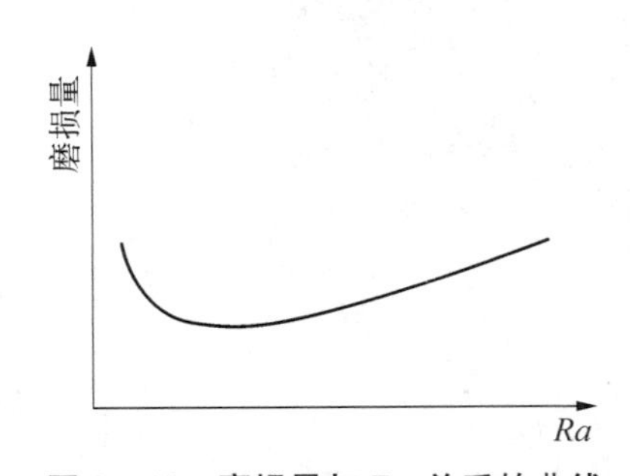

图 2-40　磨损量与 *Ra* 关系的曲线

但需指出，零件表面越光滑，磨损量不一定越小。因为零件的耐磨性除受表面粗糙度影响外，还与磨损下来的金属微粒的刻划，以及润滑油被挤出和分子间的吸附作用等因素有关，所以，特别光滑的表面磨损量反而增大。实验证明，磨损量与微观不平度 Ra 之间的关系如图 2-40 所示。

（2）对配合性质的影响。对于间隙配合，相对运动的表面因粗糙不平而迅速磨损，致使间隙增大；对于过盈配合，表面轮廓峰顶在装配时易被挤平，实际有效过盈减小，致使连接强度降低。因此，表面粗糙度影响配合性质的稳定性。

（3）对抗疲劳强度的影响。零件表面越粗糙，凹痕越深，波谷的曲率半径也越小，对应力集中越敏感。特别是当零件承受交变载荷时，由于应力集中的影响，使疲劳强度降低。导致零件表面产生裂纹而损坏。

（4）对抗腐蚀性的影响。粗糙的表面，易使腐蚀性物质存积在表面的微观凹谷处，并渗入到金属内部，如图 2-41 所示，致使腐蚀加剧。因此，减小零件表面粗糙度，可以增强其抗腐蚀的能力。

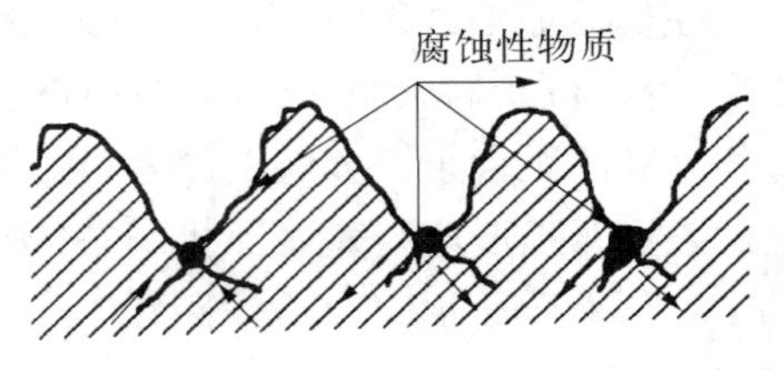

图 2-41　腐蚀性的影响

此外，表面粗糙度对零件其他使用性能，如结合的密封性、接触刚度、对流体流动的阻力以及对机器、仪器的外观质量及测量精度等都有很大影响。因此，为保证机械零件的使用性能，在对零件进行几何精度设计时，必须合理地提出表面粗糙度的要求。

2.4.2　表面粗糙度的评定

经加工的零件表面粗糙度是否满足使用要求，需要进行测量和评定。

1）评定基准

为了评定表面粗糙度的数值大小及其量值统一，需要确定取样长度、评定长度和基准线。

（1）取样长度 l。取样长度是指测量或评定表面粗糙度时所规定的一段基准线长度，它至少包含 5 个以上轮廓峰和谷，如图 2－42 所示，取样长度 l 的方向与轮廓走向一致。规定取样长度的目的在于限制和减弱其他几何形状误差，特别是表面波度对测量结果的影响。一般表面越粗糙，取样长度就越大。

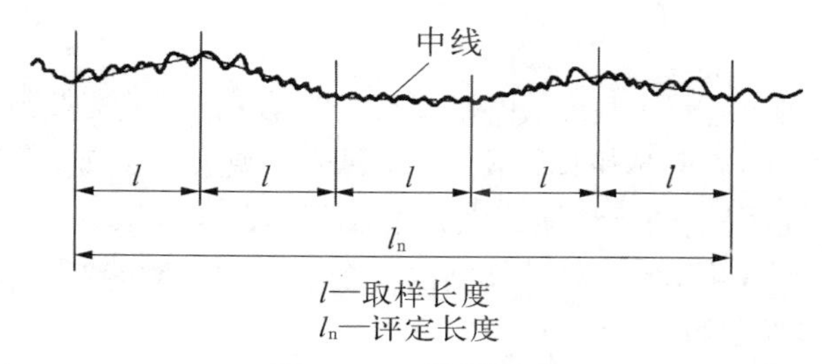

图 2－42　取样长度

（2）评定长度（l_n）。由于零件表面粗糙度不均匀，为了合理地反映表面粗糙度特征，在测量和评定时所规定的一段最小长度称为评定长度（l_n）。

评定长度可包括一个或几个取样长度，如图 2－42 所示。一般情况下，取 $l_n=5l$。

（3）基准线。评定表面粗糙度参数值大小的一条参考线为基准线，基准线有下列两种：

① 轮廓最小二乘中线（m）。它是指在取样长度内，使轮廓线上各点的轮廓偏距 y_i 平方和为最小的线，即

$$\sum_{i=1}^{n} y_i^2 = min$$

如图 2－43 所示。

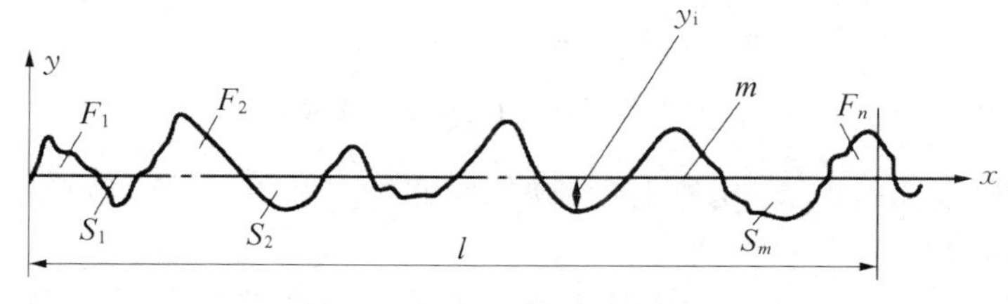

图 2－43　轮廓算术平均中线

② 轮廓算术平均中线。它是指在取样长度内，将实际轮廓划分为上、下两部分，且使上下两部分面积相等的线，即 $F_1+F_2+\cdots+F_n=S_1+S_2+\cdots+S_m$，如图 2－43 所示。

在轮廓图形上确定最小二乘中线的位置，用计算机程序进行计算较容易确定。在无计算程序的条件下，通常用目测估计确定算术平均中线。

2）评定参数

为了满足对零件表面不同的功能要求，国标根据表面微观几何形状的高度、间距和形状等三个方面的特征，规定了相应的评定参数。

（1）高度特性参数。

① 轮廓算术平均偏差 R_a 在取样长度内轮廓偏距绝对值的算术平均值为轮廓算术平均偏差，如图 2-43 所示，用 R_a 表示。即

$$R_a = \frac{1}{l}\int_0^l |y| \, dx$$

或近似为

$$R_a = \frac{1}{n}\sum_{i=1}^{n} |y_i|$$

式中，y 为轮廓偏距(轮廓上各点至基准线的距离)；y_i 为第 i 点的轮廓偏距 ($i=1, 2, 3, \cdots$)。

测得的 R_a 值越大，则表面越粗糙。R_a 能客观地反映表面微观几何形状误差，但因受到计量器具功能限制，不宜用作过于粗糙或太光滑表面的评定参数。

② 微观不平度十点高度 R_z 在取样长度内 5 个最大的轮廓峰高 Y_{pi} 的平均值与 5 个最大的轮廓谷深 Y_{vi} 的平均值之和，即

$$R_z = \frac{\sum_{i=1}^{5} y_{pi} + \sum_{i=1}^{5} y_{vi}}{5}$$

式中，Y_{pi} 为第 i 个最大轮廓峰高；Y_{pi} 为第 i 个最大轮廓谷深。如图 2-44 所示。

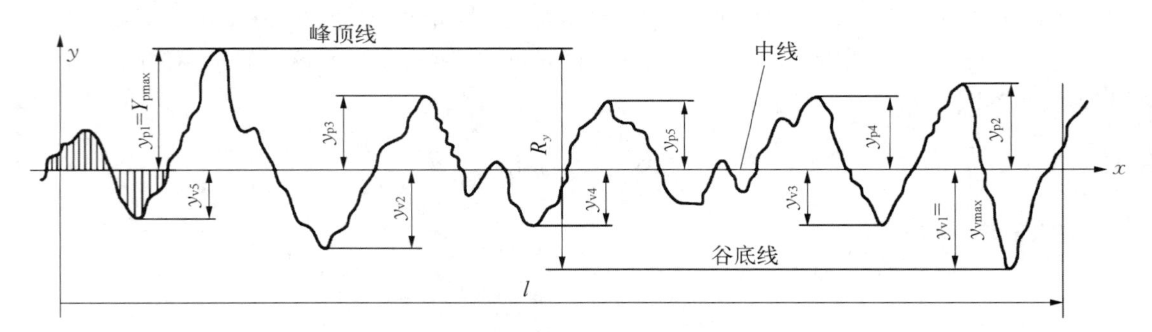

图 2-44 表面粗糙度的高度参数

R_z 值越大，则表面越粗糙。R_z 只能反映轮廓的峰高和谷深，不能反映峰顶和谷底的尖锐或平钝的几何特性。

③ 轮廓最大高度 R_y 取样长度内轮廓峰顶线和轮廓谷底线之间的距离为轮廓最大高度，如图 2-44 所示，用 R_y 表示。即

$$R_y = y_{pmax} + y_{vmax}$$

式中，y_{pmax}、y_{vmax} 同样取正值。

高度特征参数(R_a、R_z、R_y)是标准规定必须标注的参数，故又称为基本参数。

（2）间距特征参数。

① 轮廓微观不平度的平均间距S_m在取样长度内轮廓微观不平度的间距的平均值，如图 2－45 所示。

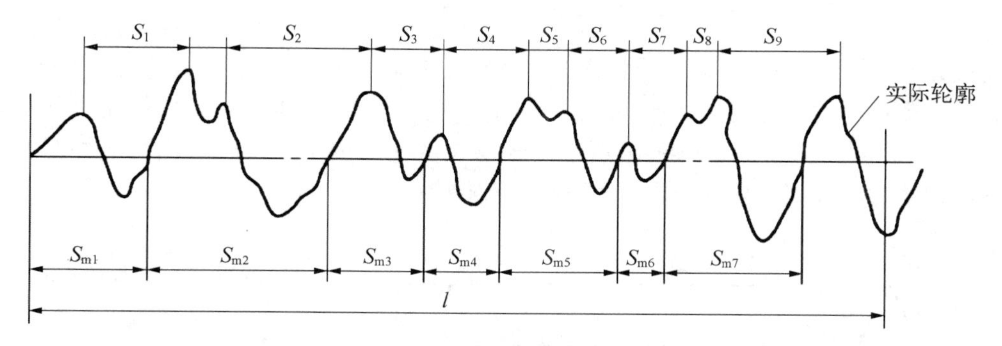

图 2－45 表面粗糙度的间距参数

$$S_m = \frac{1}{n}\sum_{i=1}^{n} S_{mi}$$

轮廓微观不平度的间距是指含有一个轮廓峰和相邻的一个轮廓谷的一段中线长度。

② 轮廓的单峰平均间距 S 在取样长度内轮廓的单峰间距的平均值，如图 2－45 所示，用 S 表示。即

$$S = \frac{1}{n}\sum_{i=1}^{n} S_i$$

单峰间距是指两相邻单峰的最高点间沿中线方向上的距离。

应明确轮廓单峰、轮廓单谷、轮廓峰和轮廓谷的概念。轮廓单峰、轮廓单谷分别是指两相邻轮廓最低、最高之间的轮廓部分；轮廓峰是指在取样长度内，连接轮廓与中线两相邻交点向外(从材料到周围介质)的轮廓部分；所谓轮廓谷是指在取样长度内，连接轮廓与中线两相邻交点向内(从周围介质到材料)的轮廓部分，如图 2－46 所示。

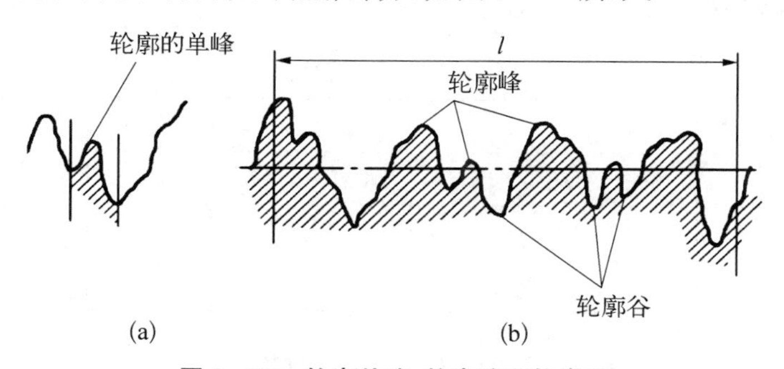

图 2－46 轮廓单峰、轮廓峰和轮廓谷

③ 形状特性参数。轮廓支承长度率 t_p，指在取样长度内轮廓支承长度 η_p 与取样长度 l 之比，用 t_p 表示。即

$$t_p = \frac{\eta_p}{l} \times 100\%$$

所谓轮廓支承长度 η_p，是指在取样长度内，一平行于中线的线从峰顶线向下移一水平截距 C 时，与轮廓相截所得的各段截线长度之和，如图 2-47(a)所示，即

$$\eta_p = b_1 + b_2 + \cdots b_i + \cdots + b_n = \sum_{i=1}^{n} b_i$$

轮廓的水平截距 C 可用微米或用它占轮廓最大高度 R_y 的百分比来表示。由图 2-47(a)可以看出，支承长度率是随着水平截距大小的变化而变化的，其关系曲线称支承长度率曲线，又称 Abbot 曲线，如图 2-47(b)所示。支承长度率曲线对于反映表面耐磨性具有显著的功效，即从中可以明显地看出支承长度的变化趋势，且比较直观。

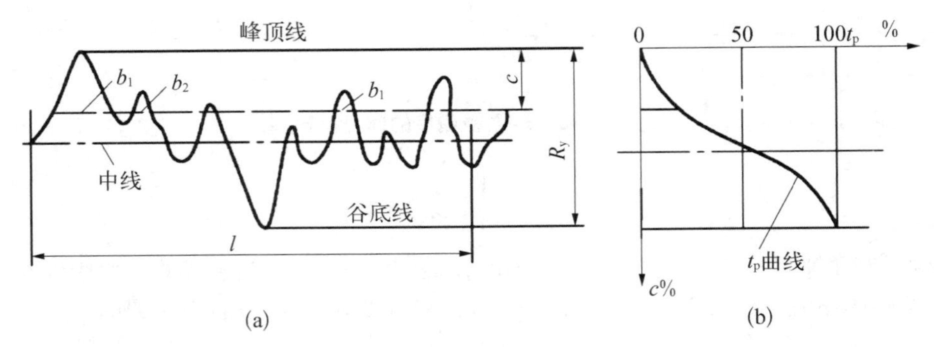

图 2-47　Abbot 曲线

间距特性参数(S_m、S)与形状特征参数(t_p)，相对基本参数而言，它们称为附加参数。它们是只有少数零件的重要表面有特殊使用要求时，才选用的附加评定参数。

2.4.3　表面粗糙度的参数值及其选用

1）表面粗糙度的参数值

表面粗糙度的参数值已经标准化，设计时应按国家标准《表面粗糙度参数及其数值》规定的参数值系列选取。

高度特性参数值列于表 2-16 和表 2-17。

表 2-16　R_a 的数值　μm

0.012	0.20	3.2	50
0.025	0.40	6.3	
0.050	0.80	12.5	
0.100	1.60	25	

表 2-17　R_z、R_y 的数值　μm

0.025	0.40	6.3	100	1 600
0.050	0.80	12.5	200	
0.100	1.60	25	400	
0.20	3.2	50	800	

表 2-18 l 和 l_n 的数值 mm

$R_a/\mu m$	R_z、$R_y/\mu m$	l/mm	l_n/mm($l_n=5l$)
≥0.008～0.02	≥0.025～0.10	0.08	0.4
>0.02～0.10	>0.10～0.5	0.25	1.25
>0.1～2.0	>0.50～10.0	0.8	4.0
>2.0～10.0	>10.0～50.0	2.5	12.5
>10.0～80.0	>50.0～32.0	8.0	40.0

在一般情况下，测量 R_a、R_z 和 R_y 时，推荐按表 2-18 选用对应的取样长度及评定长度值，此时在图样上可省略标注取样长度值。当有特殊要求不能选用表 2-18 中数值时，应在图样上标注出取样长度值。

2）表面粗糙度的选用

（1）评定参数的选用。

① 对高度参数的选用，一般情况下可以从高度参数 R_a、R_z 和 R_y 中任选一个，但在常用值范围内(R_a 为 0.025～6.3 pm，R_z 为 0.1～25 μm)，优先选用 R_a。因为通常采用电动轮廓仪测量零件表面的 R_a 值，其测量范围为 0.02～8 μm。

R_z 通常用光学仪器——双管显微镜或干涉显微镜测量。粗糙度要求特别高或特别低($R_a < 0.025$ μm 或 $R_a > 6.3$ μm) 时，选用 R_z。

R_y 用于测量部位小，峰谷少或有疲劳强度要求的零件表面的评定。

如图 2-48 所示，三种表面的轮廓最大高度参数相同，而使用质量显然不同，由此可见，只用高度参数不能全面反映零件表面微观几何形状误差，应采用形状特性参数来区分。

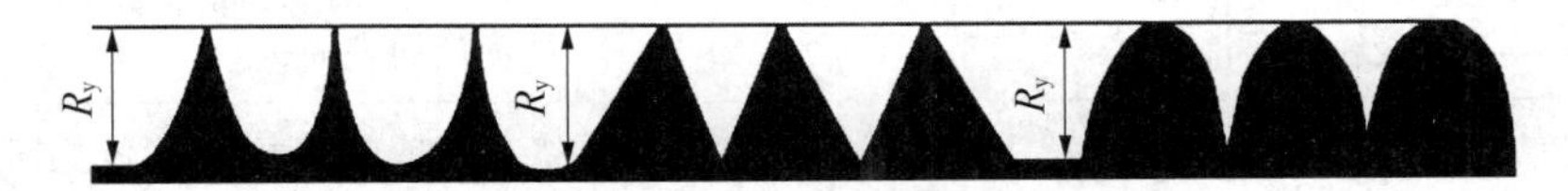

图 2-48 形状特性

② 对间距参数的选用，对附加评定参数 S_m、S 和 t_p，一般不能作为独立参数选用，只有少数零件的重要表面，有特殊使用要求时，才附加选用间距参数和形状特性参数。

如 S_m、S 附加评定参数主要在零件表面需要涂漆性能要求时，冲压成形时的抗裂纹、抗震性、抗腐蚀性、减小流体流动摩擦阻力等要求时附加选用。选用 S_m还是 S，主要根据测量仪器的可测性和测量是否方便来决定。

③ 对形状特性参数的选用，支承长度率 t_p主要在耐磨性、接触刚度要求高等场合附加选用。

（2）参数值选用。表面粗糙度参数值的选用原则首先是满足功能要求，其次是考虑经济性及工艺的可能性。在满足功能要求的前提下，参数的允许值应尽可能大些(除 t_p外)。在工程实际中，由于表面粗糙度和功能的关系十分复杂，因而很难准确地确定参数的允许值，在具体设计时，一般多采用经验统计，用类比法来选用。

根据类比法初步确定表面粗糙度后，再对比工作条件做适当调整。这时应注意下述一些原则：

① 同一零件上，工作表面的 R_a 或 R_z 值比非工作表面小；

③ 摩擦表面 R_a 或 R_z 值比非摩擦表面小；

③ 运动速度高、单位面积压力大，以及受交变应力作用的重要零件圆角沟槽的表面粗糙度都应较小；

④ 配合性质要求高的配合表面（如小间隙配合的配合表面）、受重载荷作用的过盈配合表面的表面粗糙度都应较小；

⑤ 在确定表面粗糙度参数值时，应注意与尺寸公差和形位公差协调，有时尺寸公差值越小，形位公差值、表面 R_a 或 R_z 值应越小。同一公差等级时，轴的粗糙度数值应比孔小；

⑥ 要求防腐蚀、密封性能好，或外表美观的表面粗糙度数值应较小；

⑦ 凡有关标准已对表面粗糙度要求作出规定（如与滚动轴承配合的轴颈和外壳孔的表面粗糙度），则应按该标准确定表面粗糙度参数值。

表面粗糙度的表面特征、经济加工方法及应用举例如表 2-19 所示。

表 2-19　表面粗糙度的表面特征、经济加工方法及应用举例

表面微观特征		$R_a/\mu m$	$R_z/\mu m$	加工方法	应用举例
粗糙表面	微见刀痕	≤20	≤80	粗车、粗刨、粗铁、钻、毛锉、锯断	半成品粗加工表面，非配合的加工表面，如轴端面、倒角、钻孔、齿轮和皮带轮侧面、键槽底面、垫圈接触面
半光表面	微见加工痕迹	≤10	≤40	车、刨、铣、镗、钻、粗铰	轴上不安装轴承、齿轮处的非配合表面，紧固件的自由装配表面，轴和孔的退刀槽
	微见加工痕迹	≤5	≤20	车、刨、铣、镗、磨、拉、粗刮、滚压	半精加工表面，箱体、支架、盖面、套筒等和其他零件结合而无配合要求的表面，需要发蓝的表面等
	看不清加工痕迹	≤2.5	≤10	车、刨、铁、镗、磨、拉、刮、压、铣齿	接近于精加工表面，箱体上安装轴承的镗孔表面，齿轮的工作面
光表面	可辨加工痕迹方向	≤1.25	≤6.30	车、镗、磨、拉、刮、精铰、磨齿、滚压	圆柱销、圆锥销，与滚动轴承配合表面，普通车床导轨面，内、外花键定心表面
	微辨加工痕迹方向	≤0.63	≤3.2	精铰、精镗、磨、刮、滚压	要求配合性质稳定的配合表面，工作时受交变应力的重要零件，较高精度车床的导轨面
	不可辨加工痕迹方向	≤0.32	≤1.6	精磨、珩磨、研磨、超精加工	精密机床主轴锥孔、顶尖圆锥面、发动机曲轴、凸轮轴工作表面，高精度齿轮齿面
极光表面	暗光泽面	≤0.16	≤0.8	精磨、研磨、普通抛光	精密机床主轴轴颈表面，一般量规工作表面，汽缸套内表面，活塞销表面
	亮光泽面	≤0.08	≤0.4	超精磨、精抛光、镜面磨削	精密机床主轴轴颈表面，滚动轴承的滚珠，高压油泵中柱塞和柱塞套配合表面
	镜状光泽面	≤0.04	≤0.2		
	镜面	≤0.01	≤0.05	镜面磨削、超精研	高精度量仪、量块的工作表面，光学仪器中的金属镜面

3）基本符号周围的有关标注

图样上给定的表面特征代(符)号是指完工后表面的要求。一般情况下，只标注出粗糙度评定参数代号及其允许值即可。若对零件表面功能有特殊要求时，则应标注出表面特征的其他规定，如取样长度、加工纹理方向、加工方法等，如图 2－49 所示。

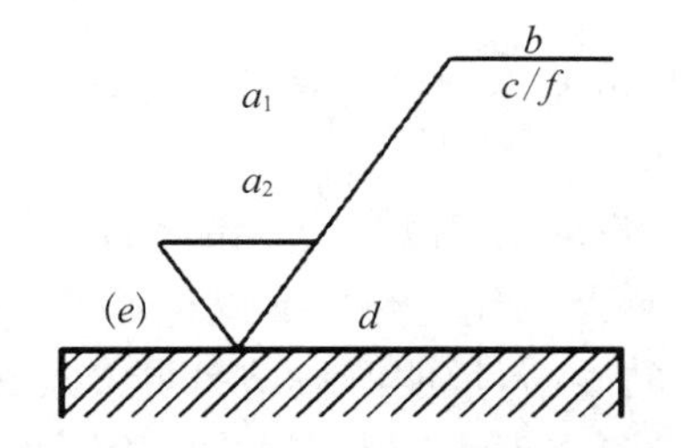

a_1、a_2 为粗糙度高度参数代号及其数值，μm；b 为加工要求、镀覆、涂覆、表面处理或其他说明等；c 为取样长度(mm)或波纹度(μm)；d 为加工纹理方向符号；e 为加工余量，mm；f 为粗糙度间距参数值(mm)或轮廓支承长度率

图 2－49　各项标注规定在符号中的位置

标注示例如图 2－50 所示。

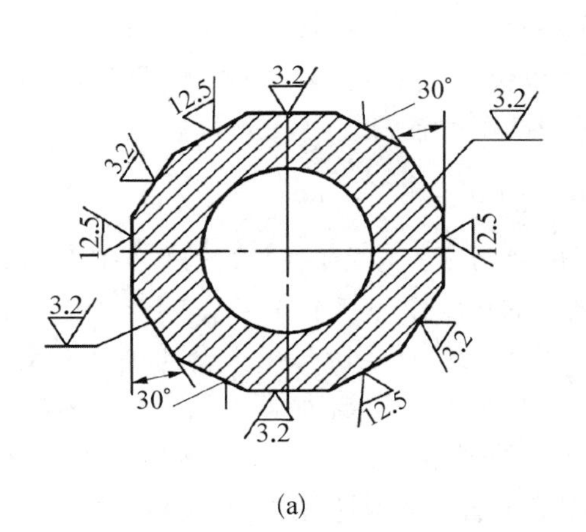

(a)

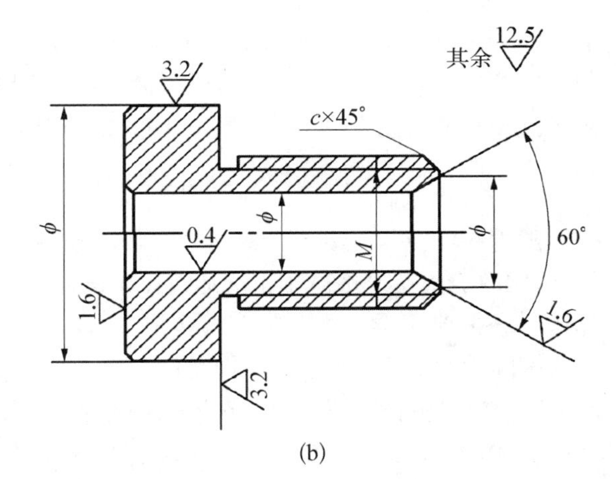

(b)

图 2－50　粗糙度标注示例

2.5　技术测量基础

在机械制造业中，判断加工完成的零件是否符合设计要求，需要通过测量技术进行。测量技术主要是研究对零件的几何量进行测量和检验的一门技术，其中零件的几何量包括长度、角度、几何形状、相互位置以及表面粗糙度等。国家标准是实现互换性的基础，测量技术是实现互换性的保证。测量技术就像机械制造业的眼睛一样，处处反映着产品质量的优劣，在生产中占着举足轻重的地位。

2.5.1　概述

1）测量的基本概念

所谓“测量”，是指确定被测对象的量值而进行的实验过程。也就是将一个被测量(L)与一个作为测量单位的标准量(E)进行比较的过程。这一过程必将产生一个比值(q)，比值乘以测量单位即为被测量值，即 $L=qE$，该式又称为基本测量方程式。它表明：如果采用的

测量单位 E 为 mm，与一个被测量所得的比值 q 为 50，则其被测量值也就是测量结果应为 50 mm。测量单位越小，比值越大。测量单位的选择取决于被测几何量所要求的测量精度，精度要求越高，测量单位就应选的越小。

分析整个测量过程，一个完整的测量过程包括 4 个方面。

(1) 被测对象：主要指零件的几何量。

(2) 计量单位：指国家的法定计量单位，长度的基本单位为米(m)，其他常用单位有毫米(mm)和微米(μm)。

(3) 测量方法：指测量时所采用的测量器具、测量原理以及检测条件的综合。

(4) 测量精度：是指测量结果与真值的一致程度。任何测量都避免不了会产生测量误差。因此，精度和误差是两个相互对应的概念。精度高，说明测量结果更接近真值，测量误差更小；反之，精度低，说明测量结果远离真值，测量误差大。由此可知，任何测量结果都是一个表示真值的近似值。

2) 长度基准

为了保证工业生产中长度测量的精确度，首先要建立统一、可靠的长度基准。国际单位制中的长度单位基准为米(m)，机械制造中常用的长度单位为毫米(mm)，精密测量时，多用微米(μm)，超精密测量时，则用纳米(nm)。他们之间的换算关系为

$$1\ \mathrm{m}=1\,000\ \mathrm{mm},\ 1\ \mathrm{mm}=1\,000\ \mu\mathrm{m},\ 1\ \mu\mathrm{m}=1\,000\ \mathrm{nm}$$

随着科学技术的进步和发展，国际单位基准“米”也经历了三个不同的阶段。早在 1791 年，法国政府决定以地球子午线通过巴黎的四千万分之一的长度作为基本的长度单位——米。1875 年国际米尺会议决定制造具有刻线的基准米尺，1889 年第一届国际计量大会通过该米尺作为国际米原器，并规定了 1 米的定义为“在标准大气压和 0℃时，国际米原器上两条规定刻线间的距离”。国际米原器由铂铱合金制成，存放在法国巴黎的国际计量局，这是最早的米尺。

在 1960 年召开的第十一届国际计量大会上，考虑到光波干涉测量技术的发展，决定正式采用光波波长作为长度单位基准，并通过了关于米的新定义：“米的长度等于氪(86Kr)原子的 2p10 与 5d5 能级之间跃迁所对应的辐射在真空中波长的 1 650 763.73 倍。”从此，实现了长度单位由物理基准转换为自然基准的设想，但因氪(86Kr)辐射波长作为长度基准，其复现单位量值的精度受到一定限制。

所以在 1983 年的第十七届国际计量大会上审议并批准了又一个米的新定义：“米等于光在真空中 1/299 792 458 秒的时间间隔内的行程长度。”新定义带有根本性变革，它仍属于自然基准范畴，但建立在一个重要的基本物理常数(真空中的光速 $c=299\,792\,458$ 米/秒)的基础上。c 是一个不存在误差的精确值，用它作为米的定义，精度上不受任何条件的限制，其稳定性和复现性是原定义的 100 倍以上，实现了质的飞跃。

3) 长度量值传递系统

使用光波长度基准，虽然可以达到足够的准确性，但却不便直接应用于生产中的量值测量。为了保证长度基准的量值能准确地传递到工业生产中去，必须建立从光波基准到生产中使用的各种测量器具和工件的尺寸传递系统，如图 2-51 所示。目前，量块和线纹尺仍是实际工作中的两种实体基准，是实现光波长度基准到测量实践之间的量值传递媒介。

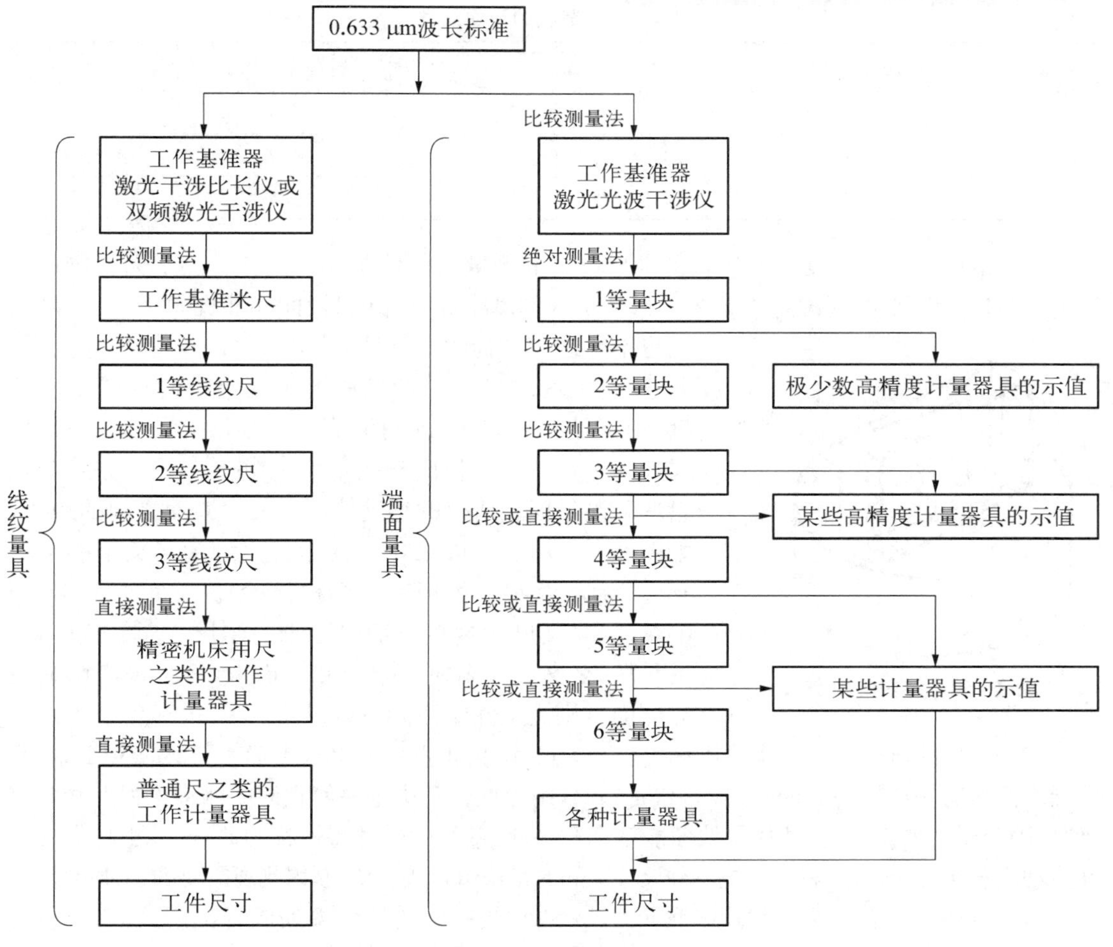

图 2－51　长度量值传递系统

4）量块

由图 2－51 长度量值传递系统可知，量块是机械制造中精密长度计量应用最广泛的一种实体标准，它是没有刻度的平面平行端面量具，是以两相互平行的测量面之间的距离来决定其长度的一种高精度的单值量具。量块的形状一般为矩形截面的长方体和圆形截面的圆柱体（主要应用于千分尺的校对棒）两种，常用的为长方体，如图 2－52 所示。量块有两个平行测量面和四个非测量面，测量面光滑平整，非测量面较为粗糙。两测量面之间的距离 L 为量块的工作尺寸。量块的截面尺寸如表 2－20 所示。

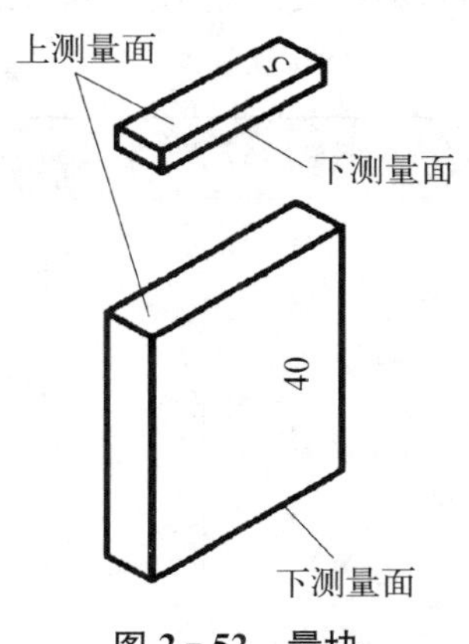

图 2－52　量块

量块一般用铬锰钢或其他特殊合金钢制成，其线膨胀系数小，性质稳定，不易变形，且耐磨性好。量块除了作为尺寸传递的媒介，用以体现测量单位外，还广泛用来检定和校准量块、量仪；相对测量时用来调整仪器的零位；有时也可直接检验零件，同时还可用于机械行业的精密划线和精密调整等。

表 2-20　量块的截面尺寸

量块工作尺寸/mm	截面尺寸/mm^2
<0.5	5×15
≥0.5～10	9×30
>10	9×35

(1) 量块的中心长度。量块长度是指量块上测量面的任意一点到与下测量面相研合的辅助体(如平晶)平面间的垂直距离。虽然量块精度很高,但其测量面亦非理想平面,两测量面也不是绝对平行的。可见,量块长度并非处处相等。因此,规定量块的尺寸是指量块测量面上中心点的量块长度,用符号 L 来表示,即用量块的中心长度尺寸代表工作尺寸。量块的中心长度是指量块上测量面的中心到与此量块下测量面相研合的辅助体(如平晶)表面之间的距离,如图 2-53 所示。以量块上标出的尺寸为名义上的中心长度,称为名义尺寸(或称为标称长度)。尺寸小于 6 mm 的量块,名义尺寸刻在上测量面上;尺寸大于等于 6 mm 的量块,名义尺寸刻在一个非测量面上,而且该表面的左右侧面分别为上测量面和下测量面。

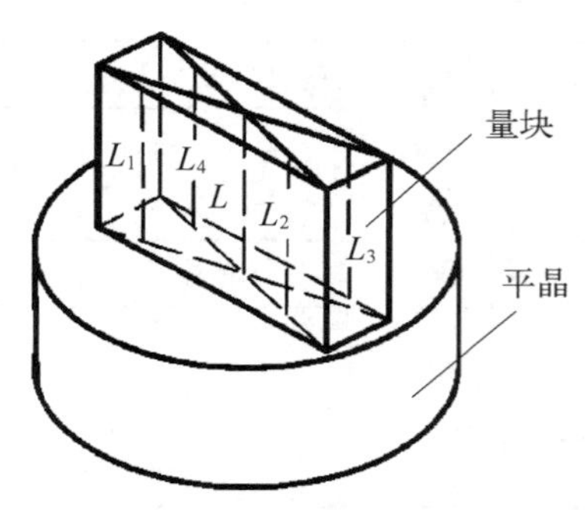

图 2-53　量块的中心长度

(2) 量块的研合性。每块量块只代表一个尺寸,由于量块的测量平面十分光洁和平整,因此当表面留有一层极薄的油膜时(约 0.02 μm),用力推合两块量块使它们的测量平面互相紧密接触,因分子间的亲和力,两块量块便能粘合在一起,量块的这种特性称为研合性,也称为粘合性。利用量块的研合性,就可以把各种尺寸不同的量块组合成量块组,得到所需要的各种尺寸。

(3) 量块的组合。为了组成各种尺寸,量块是按一定的尺寸系列成套生产的,一套包含一定数量不同尺寸的量块,装在一特制的木盒内。国家量块标准中规定了 17 种成套的量块系列,从国家标准 GB 6093—85 中摘录的几套量块的尺寸系列如表 2-21 所示。

(4) 量块的精度。

① 量块的分级。按国标的规定,量块按制造精度分为 6 级,即 00、0、1、2、3 和 K 级。其中 00 级精度最高,依次降低,3 级精度最低,K 级为校准级。各级量块精度指标如表 2-22 所示。

表 2-21　成套量块尺寸表(摘自 GB 6093—85)

套别	总块数	级　别	尺寸系列/mm	间隔/mm	块　数
1	91	00, 0, 1	0.5		1
			1		1
			1.001, 1.002, …, 1.009	0.001	9
			1.01, 1.02, …, 1.49	0.01	49
			1.5, 1.6, …, 1.9	0.1	5
			2.0, 2.5, …, 9.5	0.5	16
			10, 20, …, 100	10	10

（续表）

套别	总块数	级　别	尺寸系列/mm	间隔/mm	块　数
2	83	00，0，1，2，(3)	0.5		1
			1		1
			1.005		1
			1.01，1.02，…，1.49	0.01	49
			1.5，1.6，…，1.9	0.1	5
			2.0，2.5，…，9.5	0.5	16
			10，20，…，100	10	10
3	46	0，1，2	1		1
			1.001，1.002，…，1.009	0.001	9
			1.02，1.02，…，1.09	0.01	9
			1.1，1.2，…，1.9	0.1	9
			2，3，…，9	1	8
			10，20，…，100	10	10
4	38	0，1，2，(3)	1		1
			1.005		1
			1.01，1.02，…，1.09	0.01	9
			1.1，1.2，…，1.9	0.1	9
			2，3，…，9	1	8
			10，20，…，100	10	10

注：带()的等级，根据订货供应。

表 2-22　各级量块的精度指标(GB 6093—85)

μm

标称长度/mm	00 级		0 级		1 级		2 级		3 级		标准级 K	
	①	②	①	②	①	②	①	②	①	②	①	②
≤10	0.06	0.05	0.12	0.10	0.20	0.16	0.45	0.30	1.0	0.50	0.20	0.05
>10～25	0.07	0.05	0.14	0.10	0.30	0.16	0.60	0.30	1.2	0.50	0.30	0.05
>25～50	0.10	0.06	0.20	0.10	0.40	0.18	0.80	0.30	1.6	0.55	0.40	0.06
>50～75	0.12	0.06	0.25	0.12	0.50	0.08	1.00	0.35	2.0	0.55	0.50	0.06
>75～100	0.14	0.07	0.30	0.12	0.60	0.20	1.20	0.35	2.5	0.60	0.60	0.07
>100～150	0.20	0.08	0.40	0.14	0.80	0.20	1.60	0.40	3.0	0.65	0.80	0.08

注：①为块长度的极限偏差(±)；②为长度变动量允许值。

量具生产企业根据各级量块的国标要求，在制造时将量块分“级”，并将制造尺寸标刻在量块上。使用时，则使用量块上的名义尺寸称为按“级”测量。

② 量块的分等。量块按其检定精度，可分为 1、2、3、4、5、6 六等，其中 1 等精度最高，

依次降低，6 等精度最低。各等量块精度指标如表 2－23 所示。

当新买来的量块使用了一个检定周期后（一般为一年），再继续按名义尺寸使用，即按“级”使用，组合精度就会降低（由于长时间的组合、使用，量块有所磨损）。所以必须对量块重新进行检定，测出每块量块的实际尺寸，并按照各等量块的国家标准将其分成“等”。使用量块检定后的实际尺寸进行测量，称为按“等”测量。

表 2－23　各等量块精度指标（JJG 100—81）　μm

标称长度/mm	1 等		2 等		3 等		4 等		5 等		6 等	
	①	②	①	②	①	②	①	②	①	②	①	②
≤10	0.05	0.10	0.07	0.10	0.10	0.20	0.20	0.20	0.5	0.4	1.0	0.4
＞10～18	0.06	0.10	0.08	0.10	0.15	0.20	0.25	0.20	0.6	0.4	1.0	0.4
＞18～35	0.06	0.10	0.09	0.10	0.15	0.20	0.30	0.20	0.6	0.4	1.0	0.4
＞35～50	0.07	0.12	0.10	0.12	0.20	0.25	0.35	0.25	0.7	0.5	1.5	0.5
＞50～80	0.08	0.12	0.12	0.12	0.25	0.25	0.45	0.25	0.8	0.6	1.5	0.5

注：①为中心长度测量的极限偏差（±）；②为平面平行线允许偏差。

这样，一套量块有两种使用方法。按“级”使用时，所根据的是刻在量块上的名义尺寸，其制造误差忽略不计；按“等”使用时，所根据的是量块的实际尺寸，而忽略的只是检定量块实际尺寸时的测量误差，但可用较低精度的量块进行比较精密的测量。因此，按“等”测量比按“级”测量的精度高。

5）量块组合方法及原则

（1）选择量块时，无论是按“级”测量还是按“等”测量，都应按照量块的名义尺寸进行选取。若为按“级”测量，则测量结果即为按“级”测量的测得值；若为按“等”测量，则可将测出的结果加上量块检定表中所列各量块的实际偏差，即为按“等”测量的测得值。

（2）组合量块成一定尺寸时，应从所给尺寸的最后一位小数开始考虑，每选一块应使尺寸至少去掉一位小数。

（3）使量块块数尽可能少，以减少积累误差，一般不超过 3～5 块。

（4）必须从同一套量块中选取，决不能在两套或两套以上的量块中混选。

（5）组合时，不能将测量面与非测量面相研合。

（6）组合时，下测量面一律朝下。

例如：要组成 28.935 的尺寸，若采用 83 块一套的量块，参照表 2－21，其选取方法如下：

28.935
－1.005 ……………………第一块量块尺寸为 1.005
27.93

－1.43 ………………第二块量块尺寸为 1.43
26.5

－6.5 ……………………第三块量块尺寸为 6.5
20

$\frac{-20}{0}$ ……………………第四块量块尺寸为20

以上四块量块研合后的整体尺寸为28.935。

2.5.2 测量方法与测量器具

1) 测量方法的分类

在测量中,测量方法是根据测量对象的特点来选择和确定的,其特点主要是指测量对象的尺寸大小、精度要求、形状特点、材料性质以及数量等。

(1) 据获得被测结果的方法不同,测量方法可分为直接测量和间接测量。

直接测量:测量时,可直接从测量器具上读出被测几何量的大小值。如用千分尺、卡尺测量轴径,能直接从千分尺、卡尺上读出轴的直径尺寸。

间接测量:被测几何量无法直接测量时,首先测出与被测几何量有关的其他几何量,然后,通过一定的数学关系式进行计算来求得被测几何量的尺寸值。如图2-54所示,在测量一个截面为圆的劣弧的几何量所在圆的直径D(或测量一个较大的柱体直径D)时,由于无法直接测量,可以先测出该劣弧的弦长b以及相应的弦高h,然后通过公式$D = h + b^2/4h$计算出其直径D。

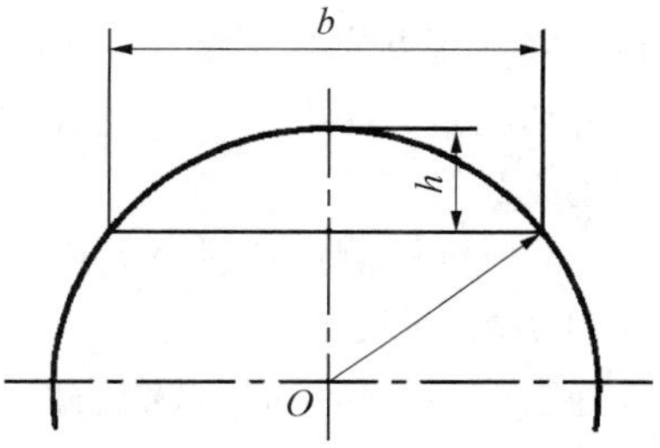

图2-54 间接测量圆的直径

通常为了减小测量误差,都采用直接测量,而且,也比较简单直观。但是,间接测量虽然比较繁琐,当被测几何量不易测量或用直接测量达不到精度要求时,就不得不采用间接测量了。

(2) 根据被测结果读数值的不同,即读数值是否直接表示被测尺寸,测量方法可分为绝对测量和相对测量。

绝对测量(全值测量):测量器具的读数值直接表示被测尺寸。如用千分尺测量零件尺寸时可直接读出被测尺寸的数值。

相对测量(微差或比较测量):测量器具的读数值表示被测尺寸相对于标准量的微差值或偏差。该测量方法有一个特点,即在测量之前必须首先用量块或其他标准量具将测量器具对零。例如,用杠杆齿轮比较仪或立式光学比较仪测量零件的长度,必须先用量块调整好仪器的零位,然后进行测量,测得值是被测零件的长度与量块尺寸的微差值。

一般地,相对测量的测量精度比绝对测量的高,但测量较为麻烦。

(3) 根据零件的被测表面是否与测量器具的测量头有机械接触,测量方法可分为接触测量和非接触测量。

接触测量:测量器具的测量头与零件被测表面以机械测量力接触。例如,千分尺测量零件、百分表测量轴的圆跳动等。

非接触测量:测量器具的测量头与被测表面不接触,不存在机械测量力。如用投影法(如万能工具显微镜、大型工具显微镜等)测量零件尺寸、用气动量仪测量孔径等。

接触测量由于存在测量力,会使零件被测表面产生变形,引起测量误差,使测量头磨损以及划伤被测表面等,但是对被测表面的油污等不敏感;非接触测量由于不存在测量力,被测表面也不会引起变形误差,因此,特别适合薄结构易变形零件的测量。

(4) 根据同时测量参数的多少,测量方法可分为单项测量和综合测量。

单项测量:单独测量零件的每一个参数。如用工具显微镜测量螺纹时可分别单独测量出螺纹的中径、螺距、牙型半角等。

综合测量:测量零件两个或两个以上相关参数的综合效应或综合指标。如用螺纹塞规或环规检验螺纹的作用中径。

综合测量一般效率较高,对保证零件的互换性更为可靠,适用于只要求判断工件是否合格的场合。单项测量能分别确定每个参数的误差,一般用于工艺分析(即分析加工)过程中产生废品的原因等。

(5) 根据测量对机械制造工艺过程所起的作用不同,测量方法可分为被动测量和主动测量。

被动测量:在零件加工后进行的测量。这种测量只能判断零件是否合格,其测量结果主要用来发现并剔除废品。

主动测量:在零件加工过程中进行的测量。这种测量可直接控制零件的加工过程,及时防止废品的产生。

(6) 根据被测量或敏感元件(测量头)在测量中相对状态的不同,测量方法可分为静态测量和动态测量。

静态测量:测量时,被测表面与敏感元件处于相对静止状态。

动态测量:测量时,被测表面与敏感元件处于(或模拟)工作过程中的相对运动状态。

动态测量生产效率高,并能测出工件上一些参数连续变化的情况,常用于目前大量使用的数控机床(如数控车床、数控铣床、数控加工中心等设备)的测量装置。由此可见,动态测量是测量技术的发展方向之一。

2) 测量器具的分类

测量器具可按其测量原理、结构特点及用途分为五类。

(1) 基准量具和量仪:在测量中体现标准量的量具和量仪。如量块、角度量块、激光比长仪、基准米尺等。

(2) 通用量具和量仪:可以用来测量一定范围内的任意尺寸的零件,它有刻度,可测出具体尺寸值。按结构特点可分为以下几种:

① 固定刻线量具:如米尺、钢板尺、卷尺等。

② 游标量具:如三用游标卡尺(含带表游标卡尺、数显游标卡尺等)、游标深度尺、游标高度尺、齿厚游标卡尺、游标量角器等。

③ 螺旋测微量具:如外径千分尺、内径千分尺、螺纹中径千分尺、公法线千分尺等。

④ 机械式量仪:如百分表、内径百分表、千分表、杠杆齿轮比较仪、扭簧仪等。

⑤ 光学量仪:如工具显微镜、光学比较仪等。

⑥ 气动量仪:是将零件尺寸的变化量通过一种装置转变成气体流量(或压力等)的变化,然后将此变化测量出来即可得到零件的被测尺寸。如浮标式、压力式、流量计式气动量具等。

⑦ 电动量仪:是将零件尺寸的变化量通过一种装置转变成电流(或电感、电容等)的变化,然后将此变化测量出来即可得到零件的被测尺寸。如电接触式、电感式、电容式电动量

仪等。

(3) 极限规：为无刻度的专用量具。它只能用来检验零件是否合格，而不能测得被测零件的具体尺寸。如塞规、卡规、环规、螺纹塞规、螺纹环规等。

(4) 检验夹具：是量具量仪和其他定位元件等的组合体，用来提高测量或检验效率，提高测量精度，便于实现测量自动化，在大批量生产中应用较多。

(5) 主动测量装置：是工件在加工过程中实时测量的一种装置。它一般由传感器、数据处理单元以及数据显示装置等组成。目前，它被广泛用于数控加工中心以及其他数控机床上，如数控车床、数控铣床、数控磨床等。

3) 测量器具的度量指标

度量指标是指测量中应考虑的测量工具的主要性能，它是选择和使用测量工具的依据。计量器具的基本度量指标如图 2－55 所示。

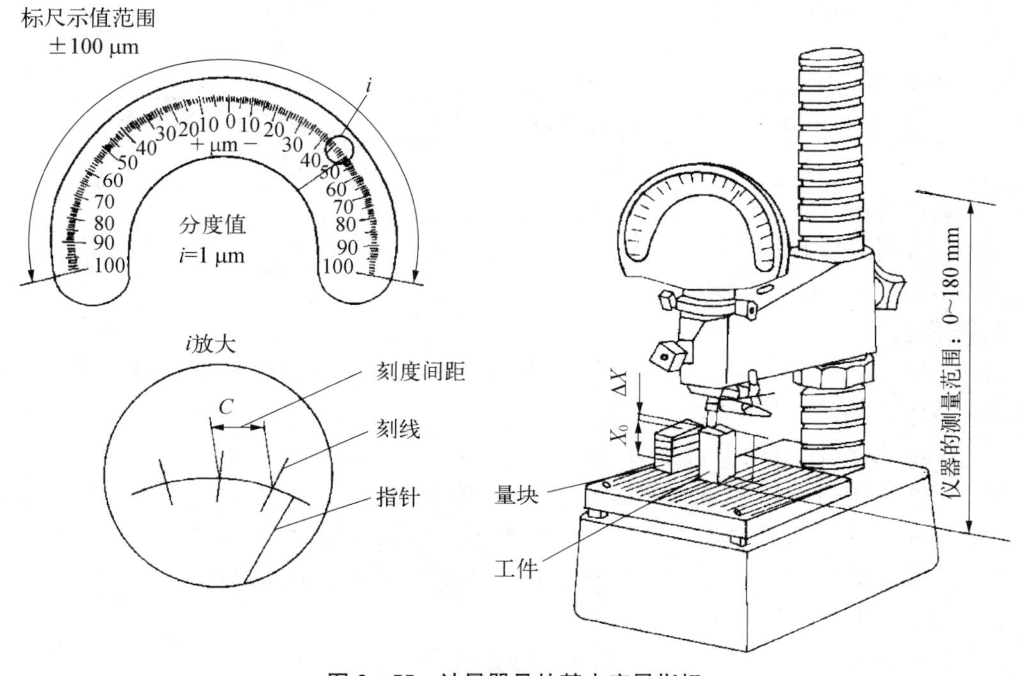

图 2－55　计量器具的基本度量指标

(1) 刻度间隔 C：也称刻度间距，简称刻度，它是标尺上相邻两刻线中心线之间的实际距离(或圆周弧长)。为了便于目测估读，一般刻线间距在 1～2.5 mm 范围内。

(2) 分度值 i：也称刻度值、精度值，简称精度，它是指测量器具标尺上一个刻度间隔所代表的测量数值。

(3) 示值范围：是指测量器具标尺上全部刻度间隔所代表的测量数值。

(4) 量程：计量器具示值范围的上限值与下限值之差。

(5) 测量范围：测量器具所能测量出的最大和最小的尺寸范围。一般地，将测量器具安装在表座上，它包括标尺的示值范围、表座上安装仪表的悬臂能够上下移动的最大和最小的尺寸范围。

(6) 灵敏度：能引起量仪指示数值变化的被测尺寸的最小变动量。灵敏度说明了量仪对被测数值微小变动引起反应的敏感程度。

(7) 示值误差：量具或量仪上的读数与被测尺寸实际数值之差。

(8) 测量力：在测量过程中量具或量仪的测量头与被测表面之间的接触力。

(9) 放大比 K：也称传动比，它是指量仪指针的直线位移（或角位移）与引起这个位移的原因（即被测量尺寸变化）之比。这个比等于刻度间隔与分度值之比，即 $K=C/i$。

习题

1. 填空题

(1) 国家标准中规定，标准公差共分________个等级，基本偏差的代号共有________个。

(2) G7、H7/g6、H7/n6 各属于________________基准制，________________配合。

(3) 25H7/k6 中，25 是________尺寸，H7/k6 是________代号，H7 是________代号，k6 是________代号，7、6 表示________。这种配合属于________配合，一般应用在________场合。

(4) 配合的基本形式有________、________、________。

(5) 配合制的基本形式有________、________。

(6) 形位公差的研究对象是________________________。

2. 简答题

(1) 25H7/k6 与 25K7/h6，孔、轴的上、下偏差各是多少？这两对配合的极限间隙和过盈各是多少？平均间隙是多少？

(2) 说出几种形位公差标注的含义。

(3) 根据图 2-28，用文字说明形位公差标注的含义。

(4) 尺寸 29.765 mm 和 38.995 mm 按照 83 块一套的量块应如何选择？

(5) 什么是测量？一个几何量的完整测量过程包含哪几个方面的要素？

(6) 查表写出 Φ80R7/h6 的极限偏差值。

(7) 识读阶梯轴所注的形位公差的含义（见图 2-56）。

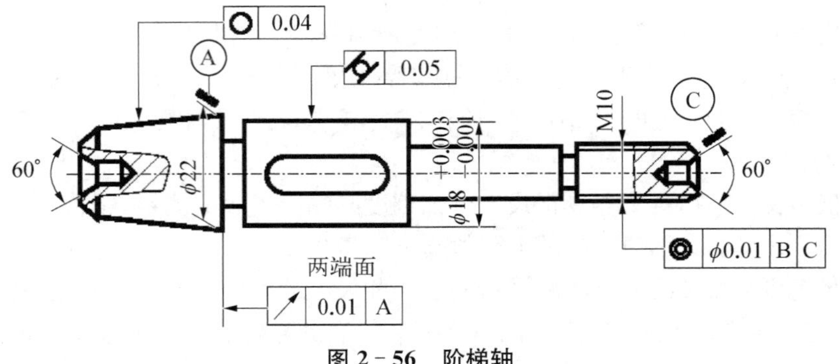

图 2-56　阶梯轴

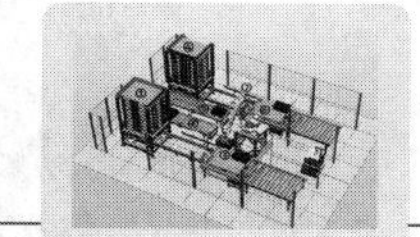
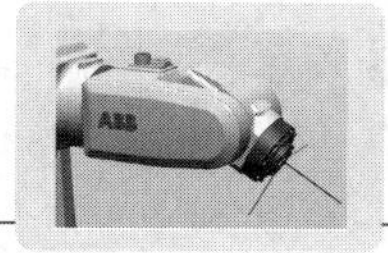

模块 3
平面机构

机构是用运动副连接起来的构件系统,其中有一个构件为机架,是用来传递运动和力的。机构还可以用来改变运动形式。机构各构件之间必须有确定的相对运动,构件任意拼凑起来是不一定具有确定运动的。有些构件可用铰链连接成组合体,但各构件之间无相对运动,所以它不是机构。有的构件组合体中只给定某一构件的运动规律,其余构件的运动并不确定。构件究竟应如何组合,才具有确定的相对运动,这对分析现有机构或机构的创新设计是很重要的。

3.1 平面机构运动简图及自由度

3.1.1 平面机构的基本知识

1) 构件的自由度

构件是机构中运动的单元体,因此它是组成机构的基本要素。构件的自由度是构件可能出现的独立运动。任何一个构件在空间自由运动时皆有 6 个自由度,它可表达为在直角坐标系内沿着 3 个坐标轴的移动和绕 3 个坐标轴的转动。而对于一个做平面运动的构件,则只有 3 个自由度,如图 3-1 所示,构件 AA′可以在 xOy 平面内任一点 m 绕 z 轴转动,也可沿 x 轴或 y 轴方向移动。

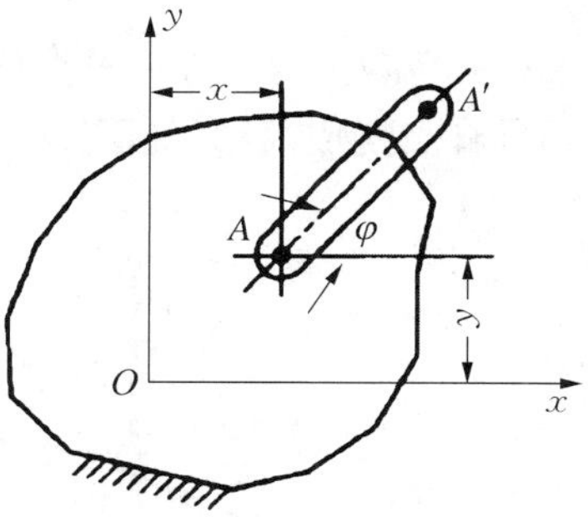

图 3-1 平面构件的自由度

2) 约束与运动副

平面机构中每个构件都不是自由构件,而是以一定的方式与其他构件组成动连接。这种使两构件直接接触并能产生运动的连接,称为运动副。两构件组成运动副后,限制了构件的独立运动,两构件组成运动副时构件上参加接触的点、线、面称为运动副元素,显然运动副也是组成机构的要素。两构件组成运动副后,限制了两构件间的相对运动,对于相对运动的这种限制称为约束。根据组成运动副两构件之间的接触特性,运动副可分为低副和高副。

3) 运动副及其分类

(1) 低副。两构件通过面接触形成的运动副称为低副。组成运动副的两构件只能沿某一直线做相对移动的低副称为移动副,如图 3-2 所示。移动副使构件失去沿某一轴线方向移动和在平面内绕原点 O 转动的两个自由度，只保留了沿另一轴线方向移动的自由度。组成运动副的两构件之间只能绕某一轴线做相对转动时的低副称为转动副，如图 3－3 所示。转动副使构件失去沿 x 轴或 y 轴两个方向移动的自由度，只保留一个绕原点 O 转动的自由度。移动副和转动副分别可以用如图 3－4 和图 3－5 所示的符号表示。

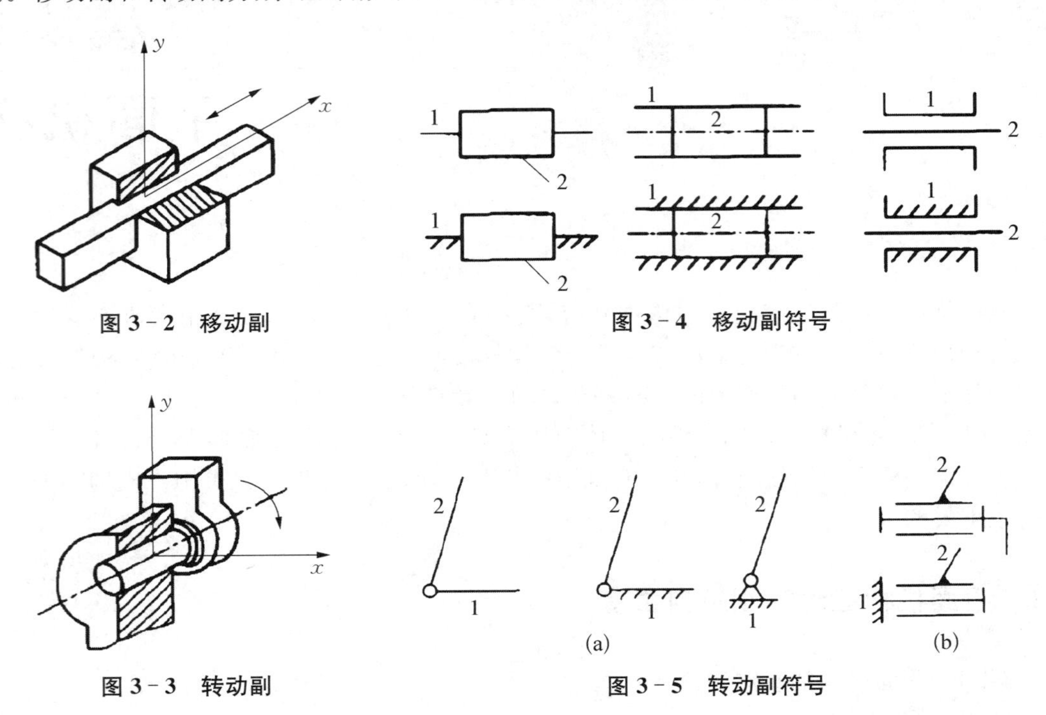

图 3－2　移动副

图 3－4　移动副符号

图 3－3　转动副

图 3－5　转动副符号

(2) 高副。两构件通过点或线接触构成的运动副称为高副。如图 3－6 所示，凸轮 1 与尖顶推杆 2 构成高副，如图 3－7 所示，两齿轮轮齿啮合处也构成高副。

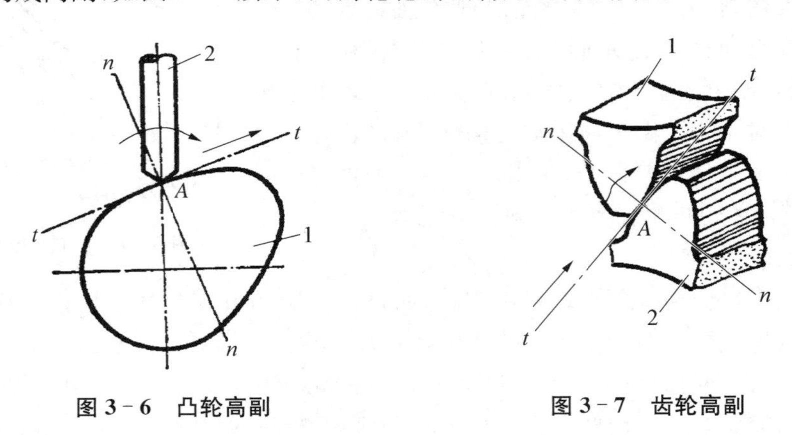

图 3－6　凸轮高副

图 3－7　齿轮高副

高副使构件失去了沿接触点公法线 $n-n$ 方向移动的自由度，保留了绕接触点 A 转动和沿接触点公切线 $t-t$ 方向移动的两个自由度。

此外，常用的运动副还有球面副(见图 3－8)、螺旋副(见图 3－9)，它们都属于空间运动副，即两构件的相对运动为空间运动。

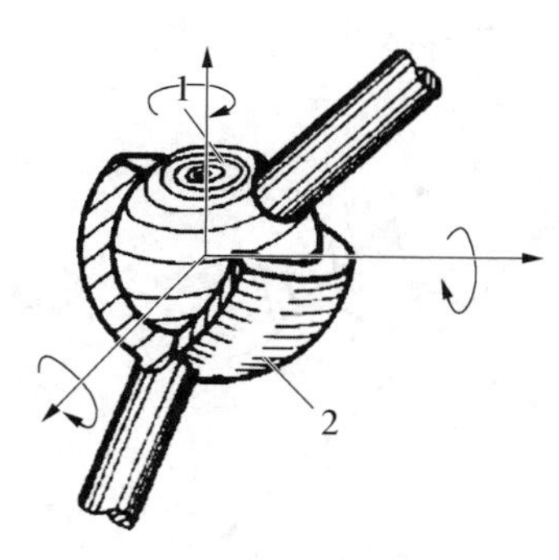

图 3-8　球面副

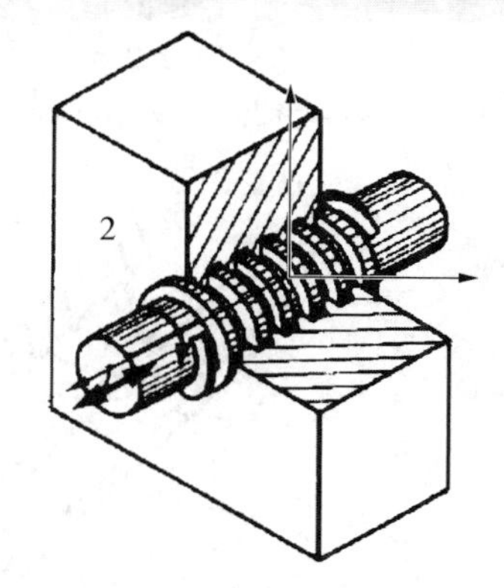

图 3-9　螺旋副

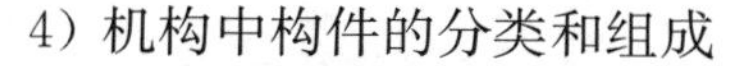

4）机构中构件的分类和组成

组成机构的构件，根据运动副的性质可分为三类。

(1) 固定构件(机架)：机构中用来支撑可动构件的部分。如图 3-10 所示，压力机机座 9 是用来支撑齿轮 1、齿轮 5、滑杆 3 及冲头 8 等构件的。在分析机构的运动时，以固定件作为参考坐标系。

(2) 主动件(原动件)：机构中作用有驱动力或驱动力矩的构件。如图 3-10 所示，齿轮 1 是主动件。

(3) 从动件：机构中除主动件以外的运动构件。如图 3-10 所示，冲头 8 是从动件。

3.1.2　平面机构运动简图

1）机构运动简图与机构简图

机构简图是用特定的构件和运动副符号表示机构的一种简化示意图，仅着重表示结构特征。

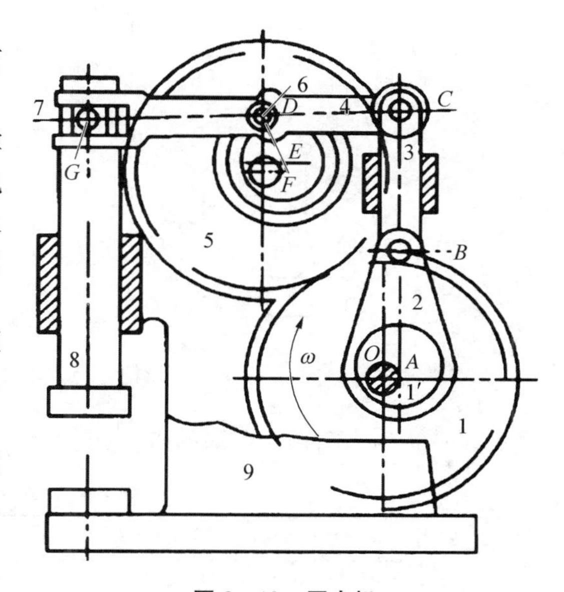

图 3-10　压力机

1—支撑齿轮；2—连杆；3—滑杆；4—摆杆；5—齿轮；6—滚子；7—滑块；8—冲头；9—压力机机座

由于机构的实际运动不仅与机构中运动副的性质、运动副的数目及相对位置、构件的数目等有关，还与运动副的位置有关，因此，应按一定的长度比例尺确定运动副的位置。用长度比例尺画出的机构简图称为机构运动简图。机构运动简图保持了其实际机构的运动特征，它简明地表达了实际机构的运动情况。

实际构件的外形和结构是复杂而多样的。在绘制机构运动简图时，构件的表达原则是撇开那些与运动无关的构件外形和结构，仅把与运动有关的尺寸用简单的线条表示出来。如图 3-11(a) 所示，构件 3 与滑块 2 组成移动副，构件 3 的外形和结构与运动无关，因此可用如图 3-11(b)所示的简单线条来表示。图 3-12 为构件的一般表示方法。图 3-12(a)表示构件上有两个转动副；图 3-12(b)表示构件上具有一个移动副和一个转动副，其中图 3-12(b) 左图表示移动副的导路不经过转动副的回转中心，右图表示移动副的导路经过转动副的回转中心;图 3-12(c)表示构件上有 3 个转动副并且转动副的回转中心不在同一直线上;图 3-12(d)表示构件具有 3 个转动副并且分布在同一直线上;图 3-12(e)表示构件为固定构件。

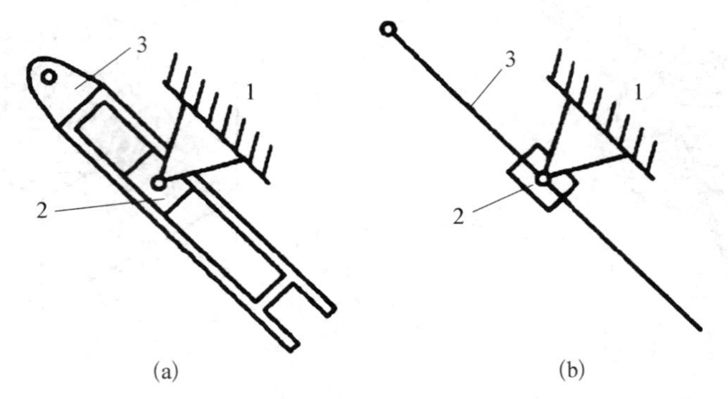

图 3-11　构件的简化

1—支架;2—滑块;3—构件

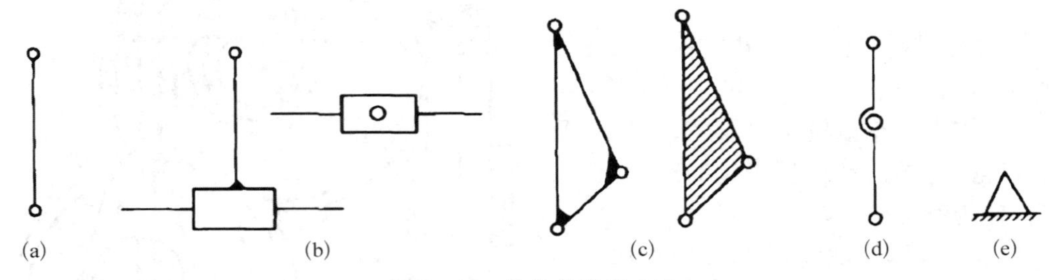

图 3-12　构件的表示方法

在工业机器人结构简图绘制时,常用如表 3-1 所示符号表示。

表 3-1　运动符号表示

<table>
<tr><th colspan="6">运　动　符　号</th></tr>
<tr><th rowspan="2">名　称</th><th colspan="2">图形符号</th><th rowspan="2">名　称</th><th colspan="2">图形符号</th></tr>
<tr><th>正　视</th><th>侧　视</th><th>正　视</th><th>侧　视</th></tr>
<tr><td rowspan="2">移动副</td><td rowspan="2"></td><td rowspan="2"></td><td>螺旋副</td><td></td><td>—</td></tr>
<tr><td>球面副</td><td></td><td>—</td></tr>
<tr><td rowspan="2">回转副</td><td rowspan="2"></td><td rowspan="2"></td><td>末端执行器</td><td></td><td>—</td></tr>
<tr><td>基　座</td><td></td><td>—</td></tr>
</table>

2）平面机构运动简图的绘制

在绘制机构运动简图时，首先必须分析该机构的实际构造和运动情况，分清机构中的主动件（输人构件）及从动件；然后从主动件（输入构件）开始顺着运动传递路线，仔细分析各构件之间的相对运动情况；从而确定组成该机构的构件数、运动副数及性质。在此基础上按一定的比例及特定的构件和运动副符号，正确绘制出机构运动简图。绘制时应撇开与运动无关构件的复杂外形和运动副的具体构造。同时应注意选择恰当的原动件位置进行绘制，避免构件和运动副符号间相互重叠或交叉。

绘制机构运动简图的步骤如下：

（1）分析机构，观察相对运动。

（2）确定所有的构件（数目与形状）、运动副（数目和类型）。

（3）选择合理的位置，并测量各运动之间的相对位置，应能充分反映机构的特性。

（4）确定比例尺，$\mu_1=\dfrac{\text{实际尺寸(m)}}{\text{图上尺寸(mm)}}$。

（5）用规定的符号和线条绘制成简图（从原动件开始画）。

例　绘出如图 3－10 所示压力机的机构运动简图。

分析：该机构主要由机座 9、齿轮（偏心轴）1、齿轮（凸轮）5、连杆 2、滑杆 3、摆杆 4、滚子 6、滑块 7、冲头 8等组成。在齿轮 1 的带动下，齿轮 5绕 E 点转动，连杆 2 驱动滑杆 3 上下移动，摆杆 4 在滑杆 3 及偏置凸轮（与齿轮 5 固联）的带动下摆动，从而拨动滑块 7 并带动冲头 8 上下移动冲压零件。

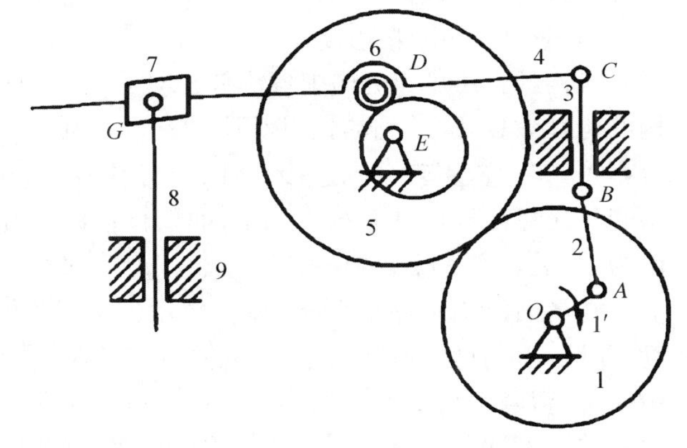

图 3－13　压力机的机构运动简图

机构中各构件之间的连接关系如下：构件 8 与构件 9、构件 7 与构件 4、构件 3 与构件 9 之间为相对移动，组成移动副；构件 1 与构件 9、构件 5 与构件 9、构件 2 与构件 1、构件 3 与构件 2、构件 3 与构件 4、构件 4 与构件 6、构件 7 与构件 8 之间为相对转动，组成回转副；构件 1 与构件 5 之间组成高副，构件 5 的凸轮与构件 6 组成高副。

解：选取适当比例，从机座 9 与主动件 1 连接的运动副 O 开始，按照运动与动力传递的路径及相对位置关系依次画出各运动副和构件，即得到如图 3－13 所示的机构运动简图。

在机构运动简图中通常在主动件上用箭头标明运动方向，如图 3－13 中的构件 OA。绘制机构运动简图是一个反映机构结构特征和运动本质、由具体到抽象的过程。只有结合实际机构多加练习，才能熟练地掌握机构运动简图的绘制技巧。

例　绘制如图 3－14 所示 ABB IRB6620 机器人的运动简图。

该工业机器人为六轴垂直串联型工业机器人，其 1～6 轴，分别为转动-摆动-摆动-转动-摆动-转动，所以其运动简图如图 3－15 所示。

图 3-14　ABB IRB6620 机器人

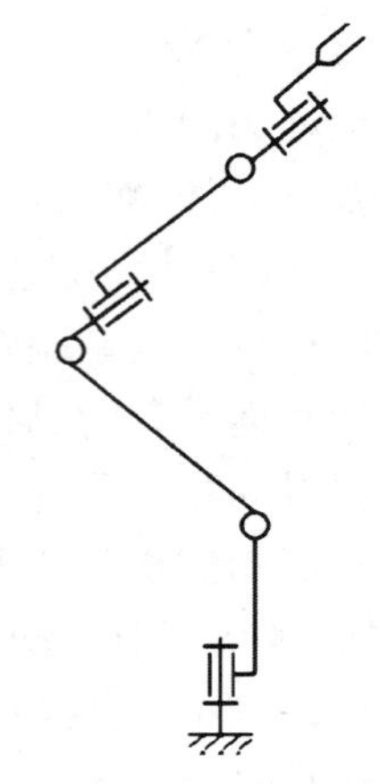

图 3-15　机器人运动简图

3.1.3　平面机构的自由度

构件通过运动副相连接起来组成的构件系统怎样才能成为机构呢？要想判定某个构件系统是否为机构，必须研究平面机构自由度的计算。

1）平面机构的自由度

机构的自由度：机构中各构件相对于机架的独立运动数目。平面机构自由度与组成机构的构件数目、运动副的数目及运动副的性质有关。观察三杆构件组合系统和四杆构件组合系统，它们皆用转动副连接，但因二者的构件数与运动副数不同，故两构件系统的自由度不同。显然三杆构件系统不能动，而四杆构件组合系统具有确定的运动，这是因为前者自由度为零，后者有一个自由度。

在平面机构中每个平面低副（转动副、移动副等）引入两个约束，使构件失去两个自由度，保留一个自由度；而每个平面高副（齿轮副、凸轮副等）引入一个约束，使构件失去一个自由度，保留两个自由度。如果一个平面机构中包含有 n 个可动构件（机架为参考坐标系，相对固定而不计），在没有用运动副连接之前，这些可动构件的自由度总数应为 $3n$。当各构件用运动副连接起来之后，由于运动副引入的约束使构件的自由度减少。若机构中有 P_L 个低副和 P_H 个高副，则所有运动副引入的约束数为 $2P_L+P_H$。因此，自由度的计算可用可动构件的自由度数减去约束的总数得到。若机构的自由度以 F 表示，则

$$F=3n-2P_L-P_H$$

例　试计算如图 3-16 所示机构的自由度。

解：由前分析可知，该机构有 3 个可动构件，4 个低副（转动副），0 个高副。

即 $n=3$，$P_L=4$，$P_H=0$。所以，该机构的自由度为

$$F=3n-2P_L-P_H=3\times3-2\times4-0=1$$

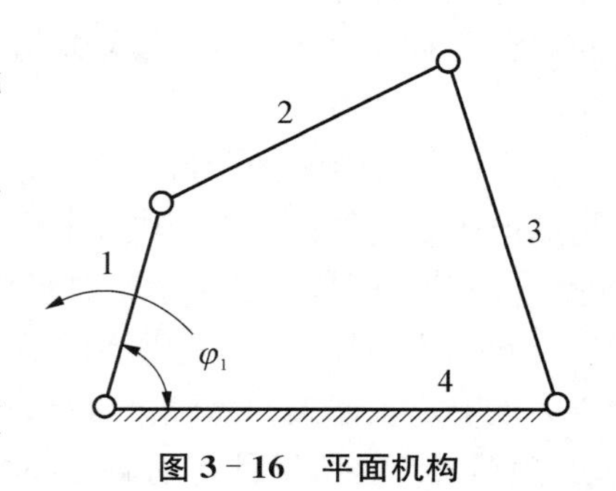

图 3-16　平面机构

2）计算平面机构自由度的注意事项

应用 $F=3n-2P_L-P_H$ 计算平面机构自由度时，应注意以下几点。

(1) 复合铰链。由两个或两个以上构件组成的两个或更多个共轴线的转动副即为复合铰链。如图 3-17 所示构件构成的复合铰链。由图可知，此三构件共组成两个共轴线转动副，则当有 k 个构件在同一处构成复合铰链时，就构成 $k-1$ 个共线转动副。在计算机构自由度时，应仔细观察是否有复合铰链存在，以免算错运动副的数目。

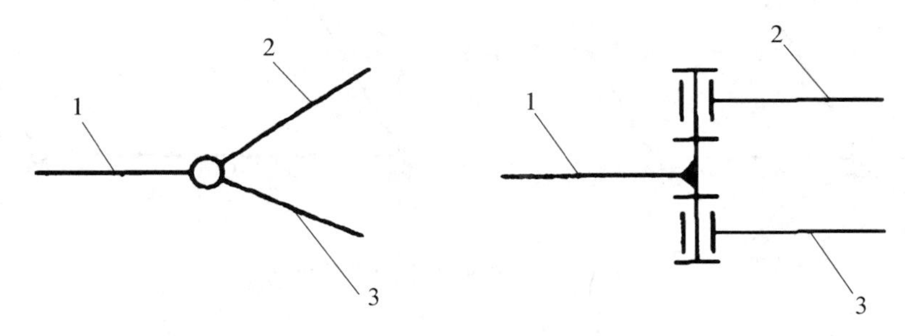

图 3-17　复合铰链

(2) 局部自由度。与输出件运动无关的自由度称为机构的局部自由度，在计算机构自由度时，可预先排除。

在图 3-18(a)所示的平面凸轮机构中，为减少高副接触处的磨损，在从动件 2 上安装一个滚子 3，使其与凸轮 1 的轮廓线滚动接触。显然，滚子绕其自身轴线的转动与否并不影响凸轮与从动件间的相对运动，因此滚子绕其自身轴线的转动为机构的局部自由度。在计算机构的自由度时应预先将转动副 C 和构件 3 除去不计，如图 3-18(b)所示，设想将滚子 3 与从动件 2 固连在一起，作为一个构件来考虑。此时该机构中，$n=2$，$P_L=2$，$P_H=1$，则其机构自由度为

$$F=3n-2P_L-P_H=3\times2-2\times2-1=1$$

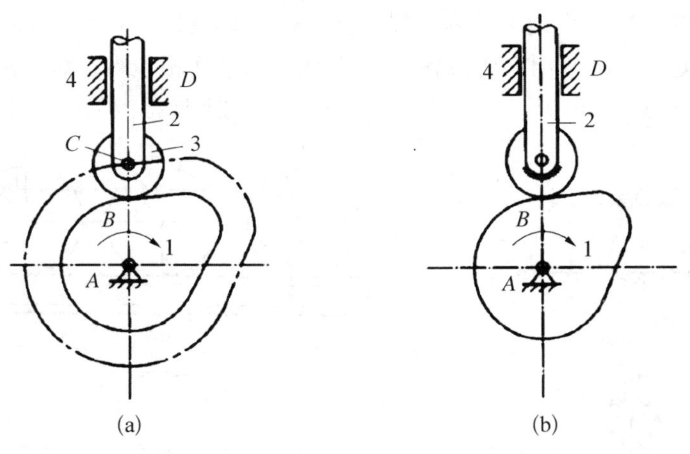

图 3-18　具有局部自由度的平面机构

(3) 虚约束。在特殊的几何条件下，有些约束所起的限制作用是重复的，这种不起独立限制作用的约束称为虚约束。如图 3-19(a)所示铰链五杆机构中，由于构件的长度 $L_{AB}=L_{CD}=L_{EF}$，$L_{BC}=L_{AD}$，$L_{BE}=L_{AF}$，因而，当主动件 2 运动时，连杆 3 做平移运动。杆 3 上 E 点的轨迹是以 F 点为圆心，L_{EF} 为半径的圆，C 点的轨迹是以 D 点为圆心，L_{CD} 为半径的圆。由于连杆 3 上 E 点轨迹与杆 5 上 E 点轨迹相重合，所以机构中增加构件 5 及转动副 E、F

后,虽然机构增加了一个约束(引入构件 5,增加 3 个自由度,引入两个转动副,带入 4 个约束,共增加 1 个约束),但此约束并不能起限制机构运动的作用,因而是一个虚约束。

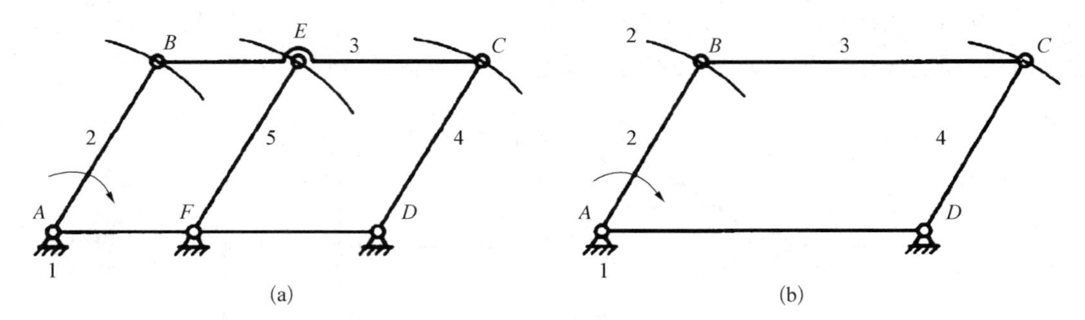

图 3-19　具有虚约束的平面机构

(a) 铰链五杆结构;(b) 除去虚约束后机构

计算此机构自由度时,应将虚约束除去不计(即将构件 5 及转动副 E、F 除去不计),如图 3-19(b)所示,机构活动构件数目 $n=3$,低副数目 $P_L=4$,高副数目 $P_H=0$,则该机构的自由度为

$$F=3n-2P_L-P_H=1$$

若不将虚约束除去,则机构活动构件数目 $n=4$,低副数目 $P_L=6$,高副数目 $P_H=0$,则该机构的自由度为

$$F=3n-2P_L-P_H=0$$

说明机构不能运动,这显然与实际情况是不相符的。

平面机构的虚约束常出现于下列情况[见图 3-20(a)(b)(c)(d)]:(a) 不同构件上两点间的距离保持恒定。(b) 两构件构成各个移动副且导路互相平行。(c) 机构中对运动不起限制作用的对称部分。(d) 被连接件上点的轨迹与机构上连接点的轨迹重合。

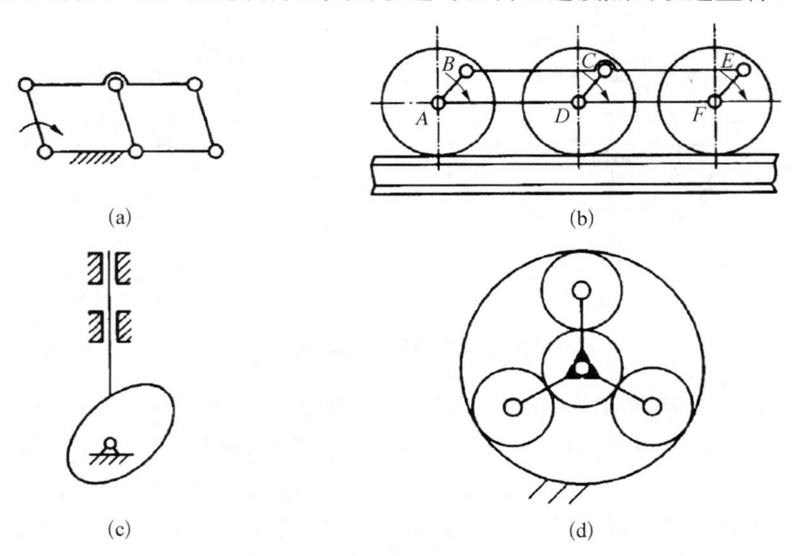

图 3-20　平面机构的虚约束

3）机构具有确定运动的条件

机构的自由度必须大于零才能保证除机架之外的其他构件能够运动。如果机构的自由度等于零，所有构件不能运动，因此也就构不成机构了。通常人们用具有一个独立运动的构件做原动件，因此，机构具有确定运动的充分必要条件为：构件系统的自由度必须大于零，且原动件的数目必须等于自由度数。

例　如图 3－21 所示的机构是由杆组成的，计算其自由度。

先看有无注意事项（复合铰链、局部自由度、虚约束），再看有几个构件。

$$F=3n-2P_L-P_H$$

（1）$n=7$，$P_L=10$，$P_H=0$；其中 B、C、D、E 为复合铰链，则

$$F=3\times7-2\times10=1$$

（2）$n=5$，$P_L=7$，$P_H=0$；其中 CF 杆与 DF 杆为虚约束，B、E 为复合铰链，则

$$F=3\times5-2\times7=1$$

该结构的自由度为 1。

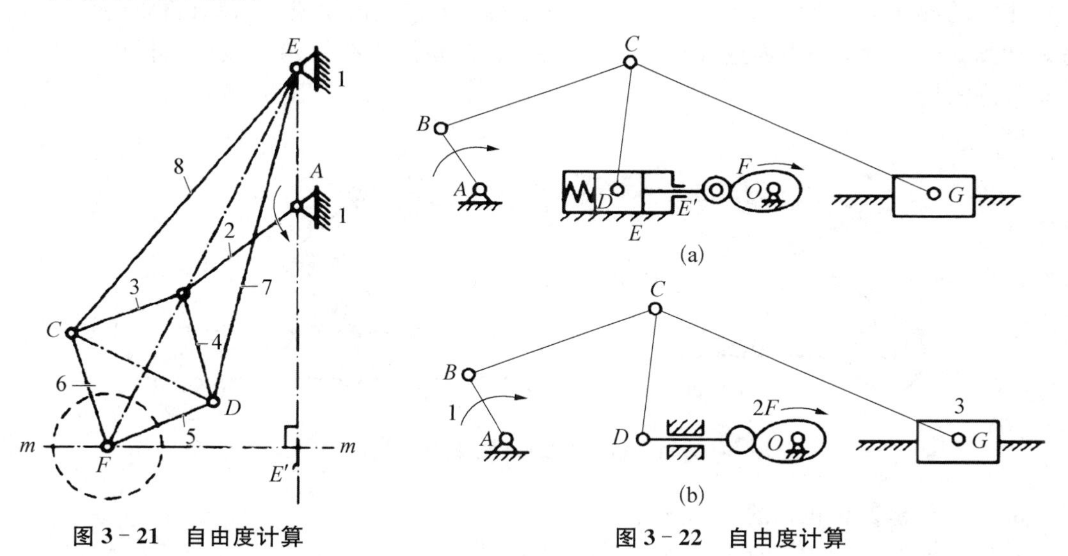

图 3－21　自由度计算　　**图 3－22　自由度计算**

例　计算如图 3－22(a)所示机构的自由度，并判断是否具有确定的运动。

机构中的滚子有一个局部自由度。从动件与机架在 E 和 E' 处组成两个导路平行的移动副，其中之一为虚约束。C 处是复合铰链。在计算机构自由度的过程中，可将滚子与从动件焊成一体，去掉移动副 E'，并注明回转副的个数，如图 3－22(b)所示。可得 $n=7$，$P_L=9$，$P_H=1$，则

$$F=3n-2P_L-P_H=3\times7-2\times9-1=2$$

此机构的自由度等于 2，有两个原动件，因此机构具有确定的运动。

3.2 平面连杆机构

3.2.1 概述

1）基本概念

由几个构件通过低副连接，且所有构件在相互平行平面内运动的机构称为平面连杆机构。由 4 个构件通过低副连接而成的平面连杆机构称为平面四杆机构。它是平面连杆机构中最常见的形式，也是组成多杆机构的基础。由转动副连接 4 个构件而形成的机构称为铰链四杆机构。

2）平面连杆机构的特点及应用

平面连杆机构的主要优缺点叙述如下。

优点：由于组成运动副的两构件之间为面接触，因而承受的压强小、便于润滑、磨损较轻，可以承受较大的载荷；构件形状简单，加工方便，工作可靠；在主动件等速连续运动的条件下，当各构件的相对长度不同时，从动件实现多种形式的运动，满足多种运动规律的要求。

缺点：低副中存在间隙会引起运动误差，设计计算比较复杂，不易实现精确的复杂运动；由于连杆机构运动时产生惯性力，因此不适用于高速的场合。

这类机构常应用于机床、动力机械、工程机械、包装机械、印刷机械和纺织机械中。如牛头刨床中的导杆机构、活塞式发动机和空气压缩机中的曲柄滑块机构、包装机中的执行机构等。如图 3-23 所示为平面连杆机构，分别用于调整雷达天线仰角的曲柄摇杆机构和工程汽车升降机构。

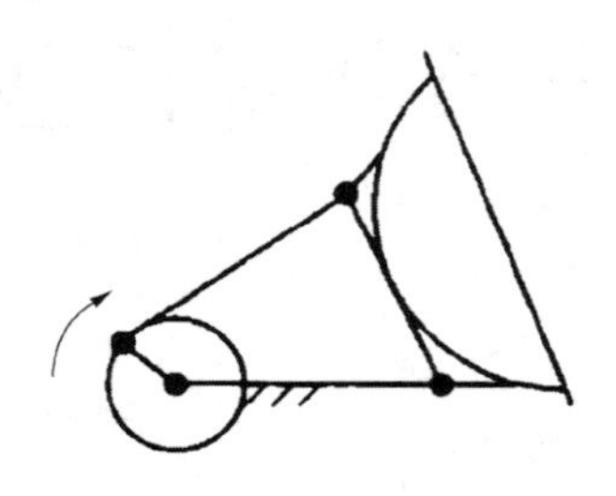

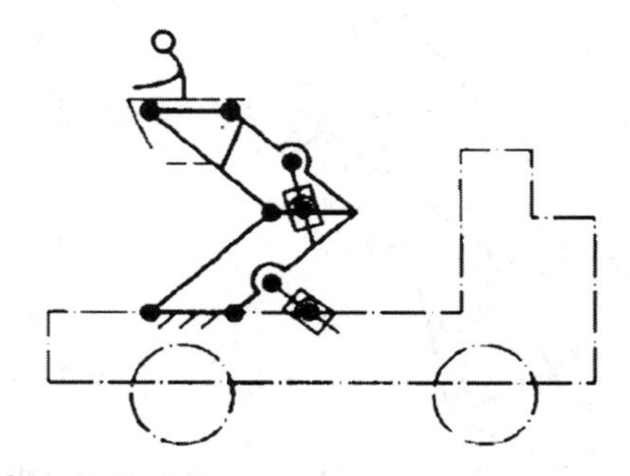

图 3-23　平面连杆机构的应用

3.2.2 铰链四杆机构的基本形式

在铰链四杆机构中（见图 3-24），固定不动的杆 4 为机架，与机架相连的杆 1 与杆 3 称为连架杆，连接两连架杆的杆 2 为连杆。连架杆 1 与 3 通常绕自身的回转中心 A 和 D 回转，杆 2 做平行运动；能做整周回转的连架杆称为曲柄，不能做整周回转的连架杆称为摇杆。铰链四杆机构是四杆机构中最基本的形式，其他类型的四杆机构都是在它的基础上演化而成的。铰链四杆机构共有 3 种基本形式：曲柄摇杆机构、双曲柄机构、双摇杆机构。

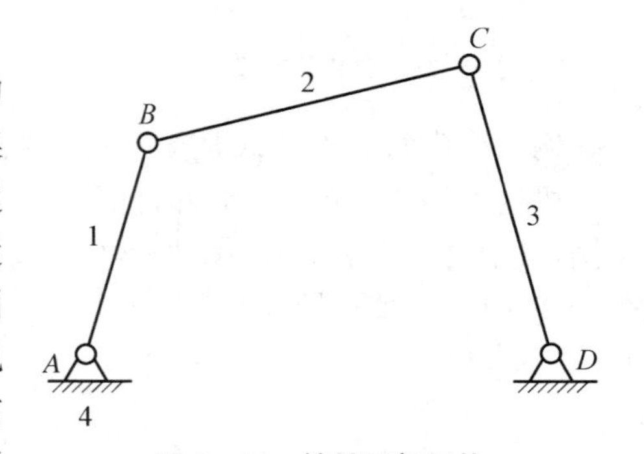

图 3-24　铰链四杆机构

1，3—连架杆；2—连杆；4—固定件（机架）

1）曲柄摇杆机构

在铰链四杆机构中，若两个连架杆中，一个为曲柄，另一个为摇杆，则此铰链四杆机构称为曲柄摇杆机构。通常曲柄1为原动件，并做匀速转动；而摇杆3为从动件，做变速往复摆动。图3－25为调整雷达天线俯仰角的曲柄摇杆机构。曲柄1缓慢匀速转动，通过连杆2，使摇杆3在一定角度范围内摆动，以调整天线俯仰角的大小。

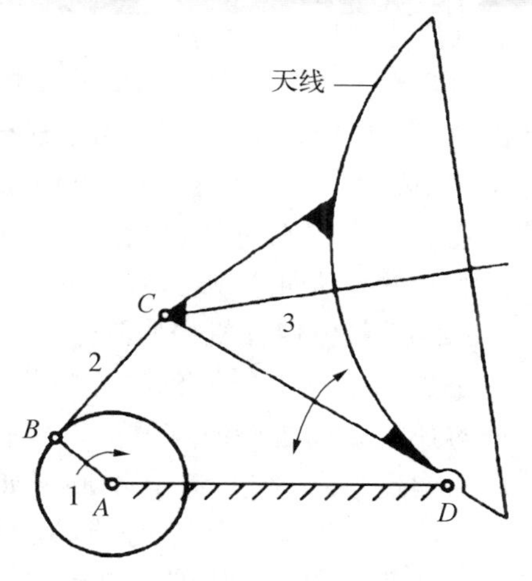

图3－25　调整雷达天线仰角的曲柄摇杆机构

1—曲柄(原动件)；2—连杆；3—摇杆

2）双曲柄机构

在铰链四杆机构中，若两连架杆均为曲柄，则称为双曲柄机构。

如图3－26所示的惯性筛中的构件1、构件2、构件3、构件4组成的机构为双曲柄机构。在惯性筛机构中，主轴曲柄 AB 等角速度回转一周，曲柄 CD 变角速度回转一周，进而带动筛子5往复运动筛选物料。

在双曲柄机构中，用得较多的是平行双曲柄机构，或称平行四边形机构，如图3－27所示。这种机构的对边长度相等，组成平行四边形。当杆 AB 等角速转动时，杆 CD 也以相同角速度同向转动，连杆 AD、BC 杆则做平移运动。

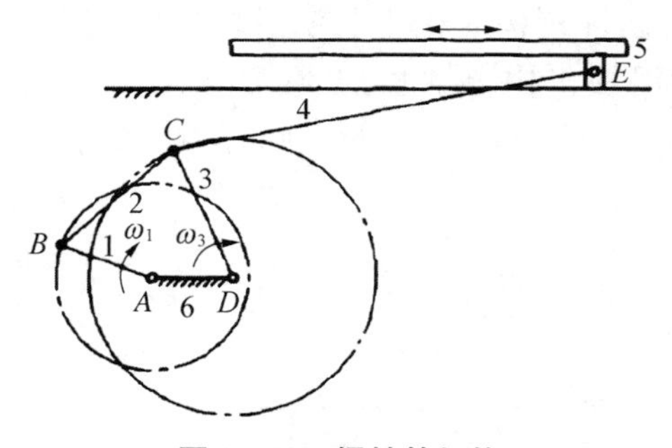

图3－26　惯性筛机构

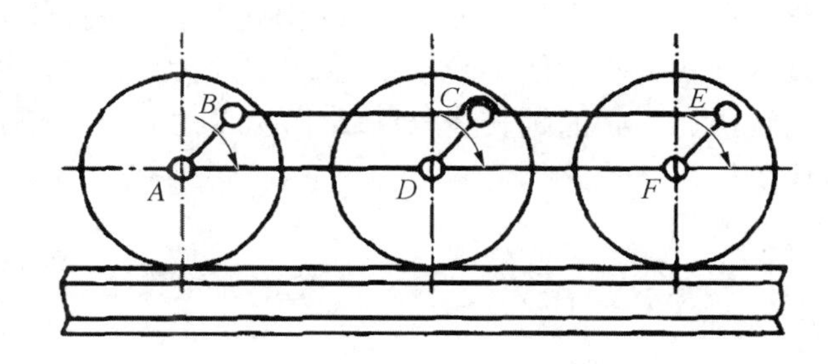

图3－27　平行四边形机构

此外，还有反平行四边形机构。如公共汽车车门启闭机构、当主动曲柄转动时，通过连杆使从动曲柄朝相反方向转动，从而保证两扇车门同时开启和关闭。

3）双摇杆机构

两连架杆均为摇杆的铰链四杆机构称为双摇杆机构。如图3－28所示，轮式车辆的前轮转向机构为双摇杆机构，该机构两摇杆长度相等，称为等腰梯形机构。车子转弯时，与前轮轴固联的两个摇杆的摆角如果在任意位置都能使两前轮轴线的交点 P 落在后轴线的延长线上，则当整个车身绕 P 点转动时，4个车轮都能在地面上纯滚动，避免轮胎因滑动而损伤。等腰梯形机

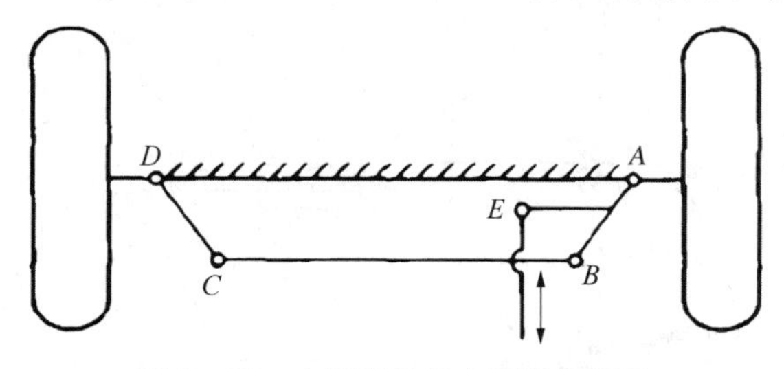

图3－28　车辆前轮转向双摇杆机构

构能近似地满足这一要求。

图 3 - 29 为用于鹤式起重机变幅的双摇杆机构。当摇杆 AB 摆动时，另一摇杆 CD 随之摆动，选用合适的杆长参数可使悬挂点 E 的轨迹近似为水平直线，以免被吊重物做不必要的上下运动而造成功耗。

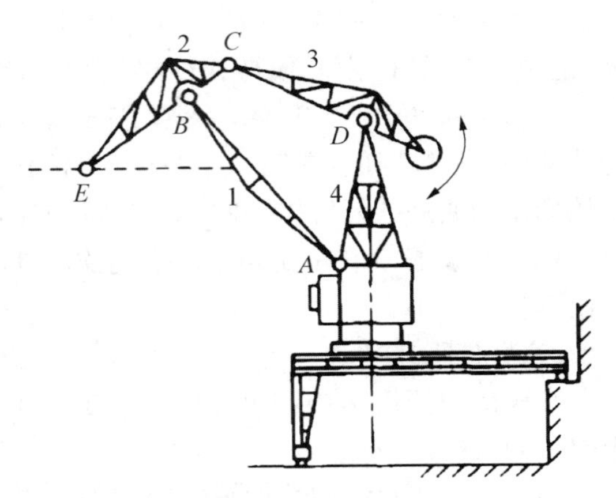

图 3 - 29　鹤式起重机变幅的双摇杆机构

3.2.3　铰链四杆机构的演化

在实际生产中所用到的连杆机构，除了以上的基本形式之外还有很多。这些机构的外形和构造形形色色，各有不同。如果从机构各构件的相对运动形式分析各种机构，会发现很多平面连杆机构都是由典型的铰链四杆机构演化而来的。

铰链四杆机构可以演化为其他形式的四杆机构。演化的方式通常采用移动副取代转动副、变更机架、变更杆长和扩大回转副等途径。

1）曲柄滑块机构（变更构件长度）

如图 3 - 30(a)所示的曲柄摇杆机构，铰链中心 C 的轨迹是以 D 为圆心，以 CD 为半径的圆弧 $m-m$，若 CD 增至无穷大，则如图 3 - 30(b)所示，C 点轨迹变成直线。于是摇杆 3 演化为直线运动的滑块，回转副 D 演化为移动副，铰链四杆机构演化为曲柄滑块机构。若 C 点运动轨迹正对曲柄转动中心 A，则称为对心曲柄滑块机构[见图 3 - 30(c)]；若 C 点运动轨迹 $m-m$ 的延长线与回转中心 A 之间存在偏距 e[见图 3 - 30(d)]，则称偏置曲柄滑块机构。

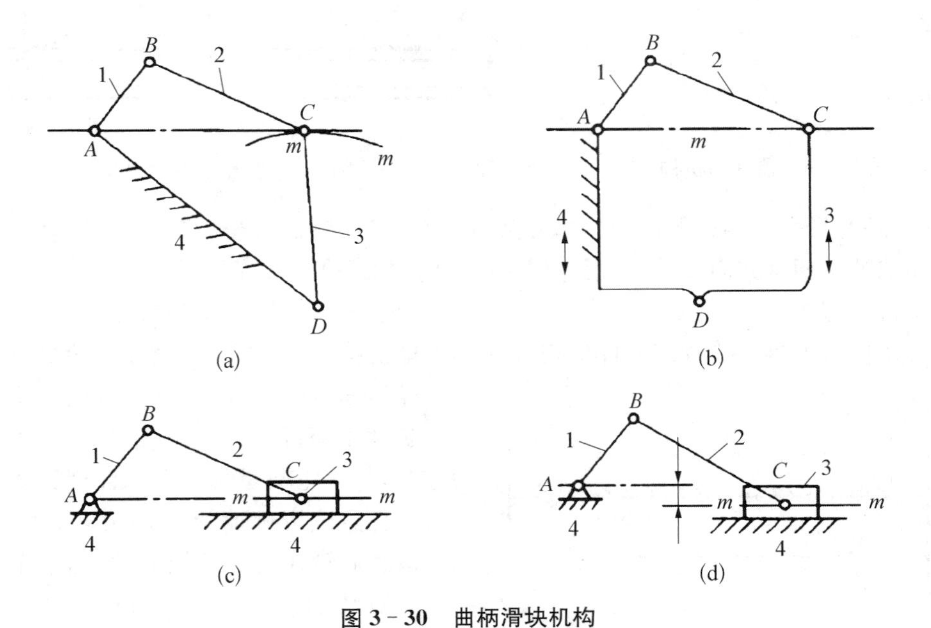

图 3 - 30　曲柄滑块机构

(a) 曲柄摇杆机构；(b) 曲柄摇杆机构简化；(c) 对心曲柄滑块机构；(d) 偏置曲柄滑块机构

曲柄滑块机构广泛应用于活塞式内燃机、空气压缩机、冲床[见图 3-31]等机械中。

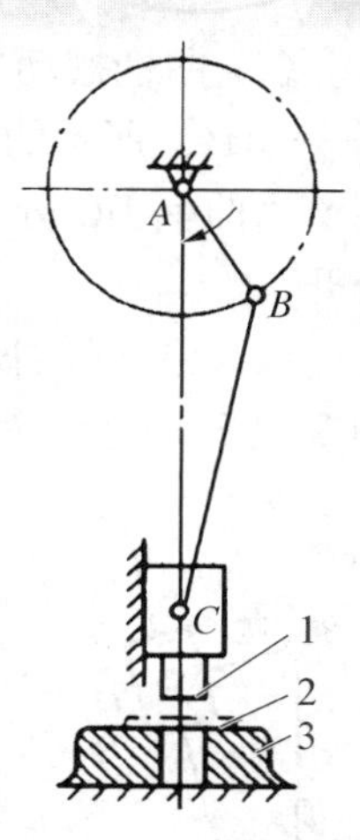

图 3-31 曲柄滑块机构在冲床中的应用

2) 导杆机构(变更机架)

导杆机构可看成是由变更曲柄滑块机构的固定件演化而来的,如图 3-32 所示,曲柄滑块机构分别以不同构件作为机架演化而形成各种不同的导杆机构。演化后能在滑块中做相对移动的构件,如图 3-32(b)、(c)、(d)中的构件 4,称为导杆。根据导杆的运动特征,导杆又分为四种类型。

(1) 曲柄转动导杆机构。在图 3-32(b)中,以杆 1 为机架,由于杆的长度 $l_1 < l_2$,因此杆 2 和杆 4 都可以做整周转动。这种具有一个曲柄和一个能做整周转动导杆的四杆机构称为曲柄转动导杆机构。在图 3-33 所示的小型刨床机构简图中,采用的就是由杆 1、2、3、4 组成的曲柄转动导杆机构。

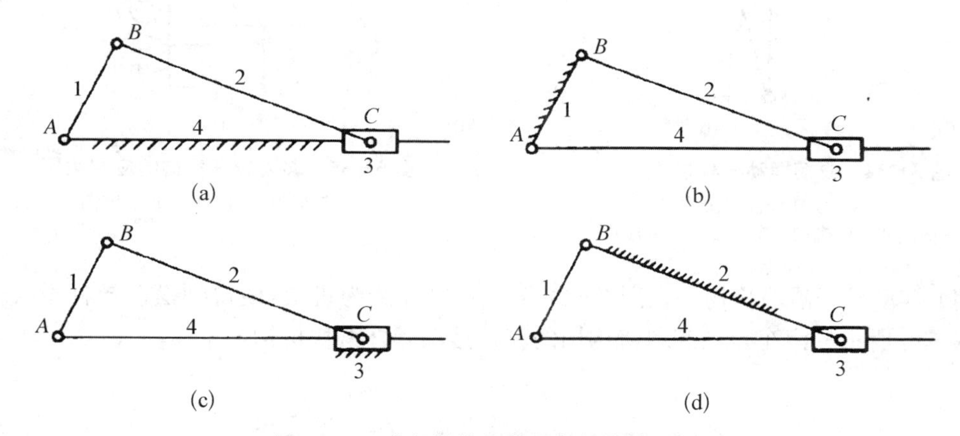

图 3-32 曲柄滑块机构导杆机构的演化

(a) 曲柄滑块机构;(b) 曲柄转动导杆机构;(c) 移动导杆机构;(d) 摆动导杆滑块机构

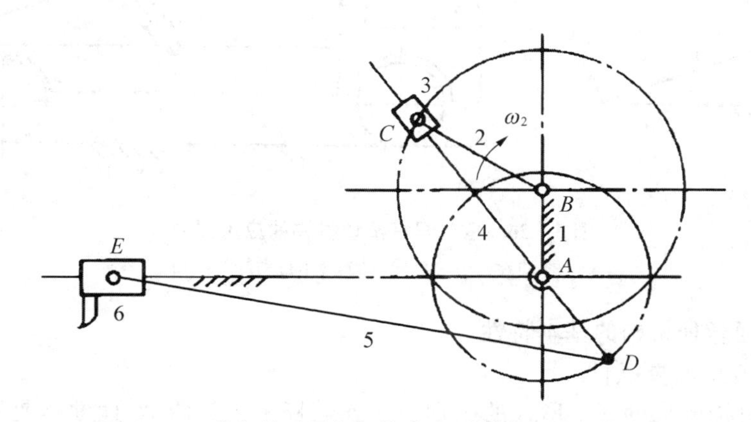

图 3-33 曲柄转动导杆机构在小型刨床机构中的应用

（2）曲柄摆动导杆机构。在图 3－32(b)中，如果杆的长度 $l_1 > l_2$，那么机构演化成如图 3－34(a)所示的曲柄摆动导杆机构。图 3－34(b)为曲柄摆动导杆机构在电气开关中的应用。当曲柄 BC 处于图示位置时，动触点 4 和静触点 1 接触，当 BC 偏离图示位置时，两触点分开。

（3）移动导杆机构。在图 3－32(c)中，以构件 3 为机架，便得到移动导杆机构。如图 3－35(b) 所示的抽水唧筒就是移动导杆机构的应用实例。

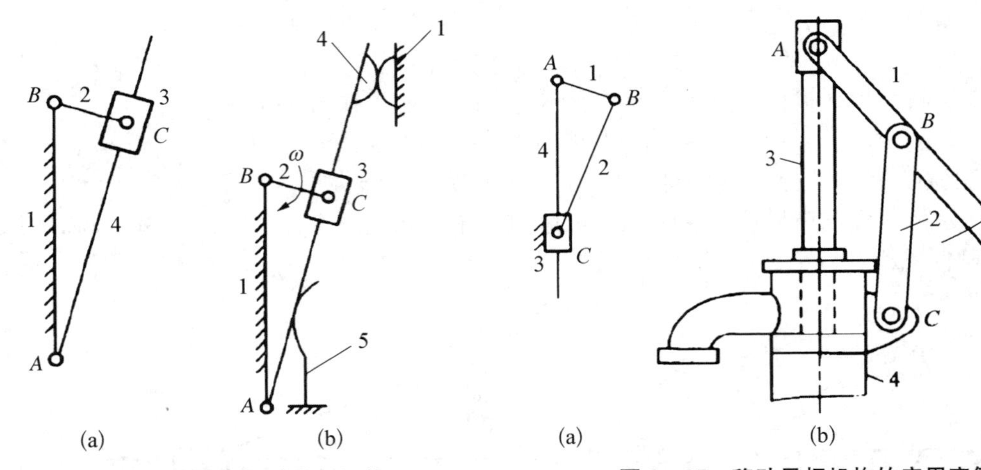

图 3－34　曲柄摆动导杆机构

(a) 曲柄摆动导杆机构；
(b) 曲柄摆动导杆机构在电气开关中的应用

图 3－35　移动导杆机构的应用实例

(a) 移动导杆机构；(b) 抽水唧筒

（4）摆动导杆滑块机构。在图 3－32(d)中，以杆 2 为机架，便得到摆动导杆滑块机构。如图 3－36 所示的汽车自动卸料机构用的就是摆动导杆滑块机构。

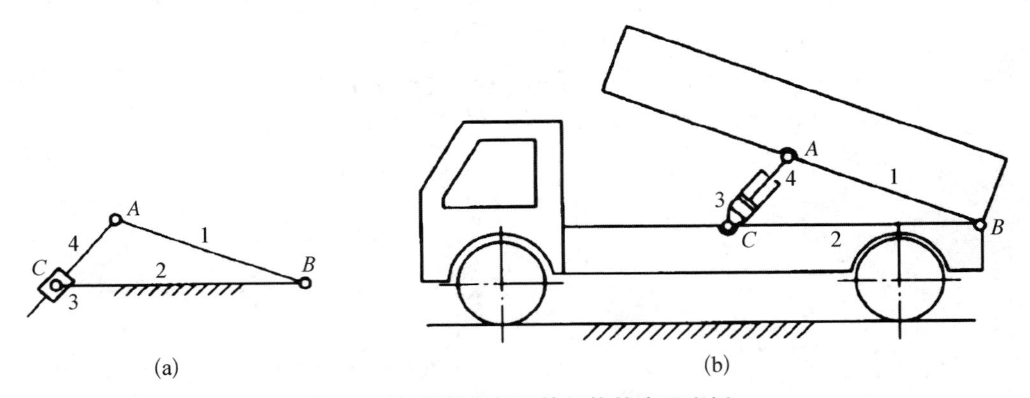

图 3－36　摆动导杆滑块机构的应用实例

(a) 摆动导杆滑块机构；(b) 汽车自动卸料机构

3.2.4　平面丝杆机构的基本特性

1）曲柄存在的必要条件

铰链四杆机构的三种基本形式的区别在于连架杆是否为曲柄，而曲柄是否存在取决于机构中各杆的尺寸和机架的选择。下面对曲柄存在的条件作以分析。

在图3-37所示的铰链四杆机构中，各杆长度分别为a、b、c、d，且AD为机架，AB为曲柄，CD为摇杆。为保证曲柄AB整周回转，点A、B、C必须分别在某两个位置达到共线，即图中虚线所示的AB_1C_1和AB_2C_2，这时摇杆的相应位置分别为C_1D和C_2D，它们分别构成$\triangle AC_1D$和$\triangle AC_2D$。

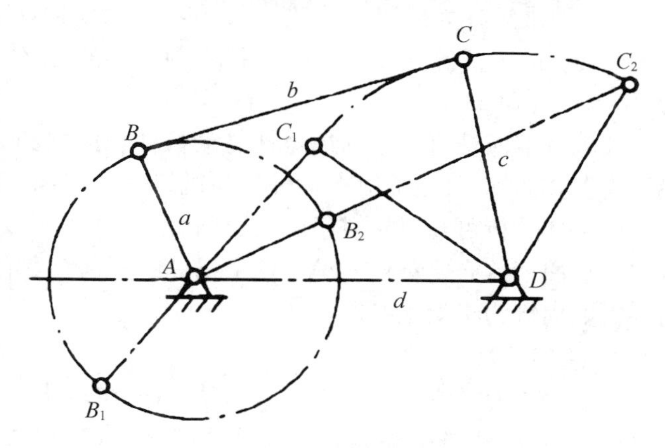

图3-37　铰链四杆机构

根据三角形两边之和必大于或等于(极限情况是等于)第三边定理，在$\triangle AC_1D$中可得

$$b-a+d \geqslant c \text{ 及 } b-a+c \geqslant d$$

即：

$$a+c \leqslant b+d$$
$$a+d \leqslant b+c$$

在$\triangle AC_2D$中，$a+b \leqslant c+d$。

以上三式可得$a \leqslant b$，$a \leqslant c$，$a \leqslant d$。

上述关系说明：① 在曲柄摇杆机构中，曲柄是最短杆；② 最短杆与最长杆长度之和小于或等于其余两杆的长度之和，是曲柄存在的必要条件。

根据这一条件和机架变换的原理，若铰链四杆机构满足最短杆与最长杆长度之和小于或等于其余两杆长度之和，而取不同构件为机架时，可得到不同类型的铰链四杆机构。

(1) 取最短杆相邻的构件(杆2或杆4)为机架时，最短杆1为曲柄，而另一连架杆3为摇杆，故两个机构均为曲柄摇杆机构[见图3-38(a)]。

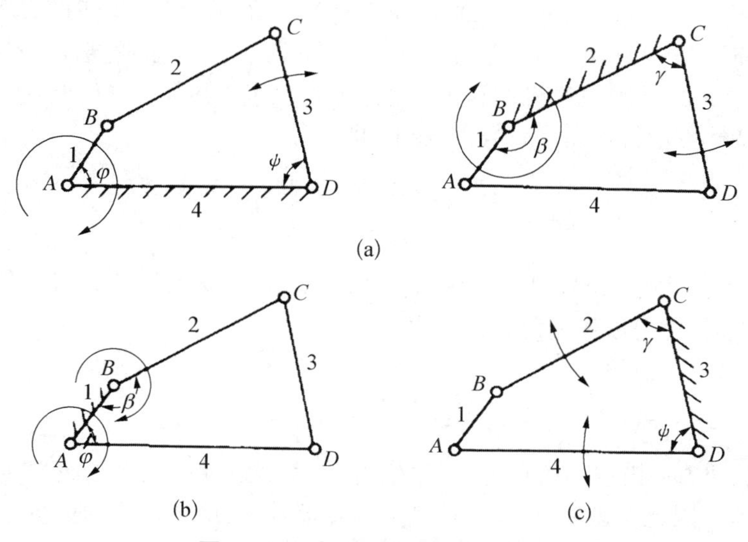

图3-38　变更机架后机构的演化

(2) 取最短杆为机架,其连架杆 2 和 4 均为曲柄,即双曲柄机构[见图 3-38(b)]。

(3) 取最短杆的对边(杆 3)为机架,则两连架杆 2 和 4 都不能做整周转动,即双摇杆机构[见图 3-38(c)]。

如果铰链四杆机构中的最短杆与最长杆长度之和大于其余两杆长度之和,则该机构中不可能存在曲柄,无论取哪个构件作为机架,都只能得到双摇杆机构。

由上述分析可知,最短杆和最长杆长度之和小于或等于其余两杆长度之和是铰链四杆机构存在曲柄的必要条件。满足这个条件的机构究竟有一个曲柄、两个曲柄或没有曲柄,还需根据取何杆为机架来判断。

2) 急回特性

图 3-39 为一曲柄摇杆机构,其曲柄 AB 在转动一周的过程中,有两次与连杆 BC 共线。在这两个位置,铰链中心 A 与 C 之间的距离 AC_1 和 AC_2 分别为最短和最长,因而摇杆 CD 的位置 C_1D 和 C_2D 分别为两个极限位置。摇杆在两极限位置间的夹角 ψ 称为摇杆的摆角。

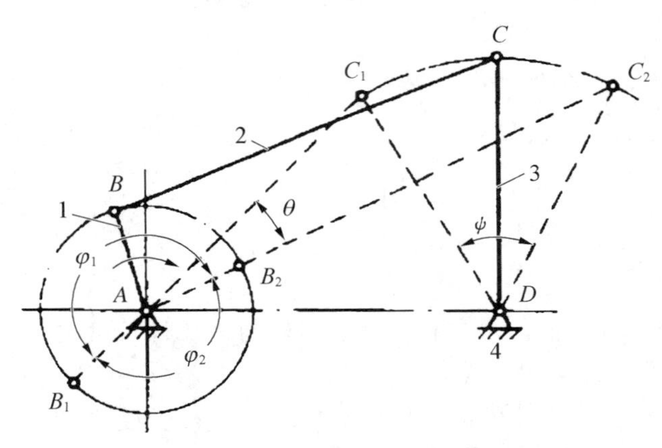

图 3-39 曲柄摇杆机构的急回特性

当曲柄由位置 AB_1 顺时针转到位置 AB_2 时,曲柄转角 $\varphi_1 = 180° + \theta$,这时摇杆由极限位置 C_1D 摆到极限位置 C_2D,摇杆摆角为 ψ;而当曲柄顺时针再转过角度 $\varphi_2 = 180° - \theta$ 时,摇杆由位置 C_2D 摆回到位置 C_1D,其摆角仍然是 ψ。虽然摇杆来回摆动的摆角相同,但对应的曲柄转角却不等 ($\varphi_1 > \varphi_2$);当曲柄匀速转动时,对应的时间也不等 ($t_1 > t_2$),这反映了摇杆往复摆动的快慢不同。令摇杆自 C_1D 摆至 C_2D 为工作行程,这时铰链 C 的平均速度是 $V_1 = C_1C_2/t_1$;摆杆自 C_2D 摆回至 C_1D 为空回行程,这时 C 点的平均速度是 $V_1 = C_1C_2/t_2$,$V_1 < V_2$,表明摇杆具有急回运动的特性。牛头刨床、往复式运输机等机械利用这种急回特性来缩短非生产时间,提高生产率。

急回运动特性可用行程速比系数 K 表示,即

$$K = \frac{V_1}{V_2} = \frac{C_1C_2/t_2}{C_1C_2/t_1} = \frac{t_1}{t_2} = \frac{\phi_1}{\phi_2} = \frac{180° + \theta}{180° - \theta}$$

式中,θ 为摇杆处于两极限位置时,对应的曲柄所夹的锐角,称为极位夹角。

将上式整理后,可得极位夹角的计算式为

$$\theta = 180° \frac{K-1}{K+1}$$

由以上分析可知:极位夹角 θ 越大,K 值越大,急回运动的性质也越显著。但机构运动的平稳性也越差。因此在设计时,应根据其工作要求,恰当地选择 K 值,在一般机械中 $1 < K < 2$。

3）压力角和传动角

在生产实际中往往要求连杆机构不仅能实现预期的运动规律，而且希望运转轻便、效率高。如图 3－40 所示的曲柄摇杆机构，若不计各杆质量和运动副中的摩擦，则连杆 BC 为二力杆，它作用于从动摇杆 3 上的力 P 是沿 BC 方向的。作用在从动件上的驱动力 P 与该力作用点绝对速度 v_c 之间所夹的锐角 α 称为压力角。由图可见，力 P 在 v_c 方向的有效分力为 $P_t = P\cos\alpha$，它可使从动件产生有效的回转力矩，显然 P_t 越大越好。而 P 在垂直于 v_c 方向的分力 $P_n = P\sin\alpha$ 则为无效分力，它不仅无助于从动件的转动，反而增加了从动件转动时的摩擦阻力矩。因此，希望 P_n 越小越好。由此可知，压力角 α 越小，机构的传力性能越好，理想情况是 $\alpha = 0$，所以压力角是反映机构传力效果好坏的一个重要参数。一般设计机构时都必须注意控制最大压力角不超过许用值。

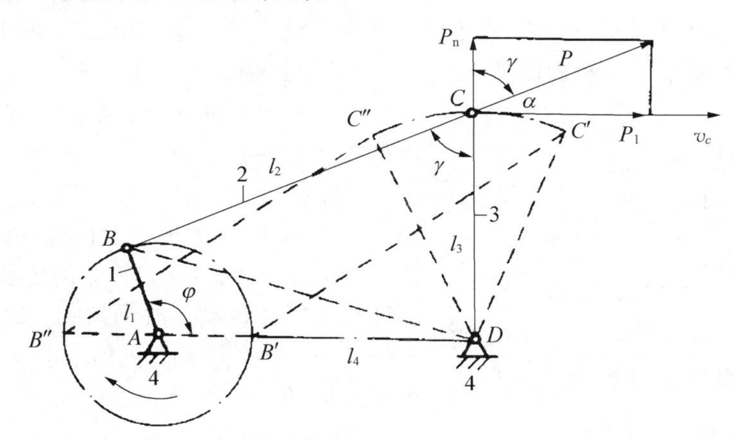

图 3－40　压力角与传动角

在实际应用中，为度量方便起见，常用压力角的余角 γ 来衡量机构传力性能的好坏，γ 称为传力角。显然 γ 值越大越好，理想情况是 $\gamma = 90°$。

由于机构在运动中，压力角和传动角的大小随机构的不同位置而变化。γ 角越大，则 α 越小，机构的传动性能越好，反之，传动性能越差。为了保证机构的正常传动，通常应使传动角的最小值 γ_{min} 大于或等于其许用值 $[\gamma]$。一般机械中，推荐 $[\gamma] = 40° \sim 50°$。对于传动功率大的机构，如冲床、颚式破碎机中的主要执行机构，为使工作时得到更大的功率，可取 $\gamma_{min} = [\gamma] \geqslant 50°$。对于一些非传动机构，如控制、仪表等机构，也可取 $[\gamma] < 40°$，但不能过小。可以采用以下方法来确定最小传动角 γ_{min}。由如图 3－40 所示的 $\triangle ABD$ 和 $\triangle BCD$ 可分别写出：

$$BD^2 = l_1^2 + l_4^2 - 2l_1 l_4 \cos\varphi$$
$$BD^2 = l_2^2 + l_3^2 - 2l_2 l_3 \cos\angle BCD$$

由此可得

$$\cos\angle BCD = \frac{l_2^2 + l_3^2 - l_1^2 - l_4^2 + 2l_1 l_4 \cos\phi}{2l_2 l_3}$$

当 $\varphi = 0°$ 和 $180°$ 时，$\cos\varphi = +1$ 和 -1，$\angle BCD$ 分别出现最小值 $\angle BCD_{min}$ 和最大值

$\angle BCD_{max}$（见图 3－39）。如上所述，传动角 γ 是用锐角表示的。当 $\angle BCD$ 为锐角时，传动角 $\gamma=\angle BCD$，显然，$\angle BCD_{min}$ 也即是传动角的最小值；当 $\angle BCD$ 为钝角时，传动角应以 $\gamma=180^\circ-\angle BCD$ 来表示，显然，$\angle BCD_{max}$ 对应传动角的另一极小值。若 $\angle BCD$ 由锐角变成钝角，则机构运动过程中，将在 $\angle BCD_{min}$ 和 $\angle BCD_{max}$ 位置两次出现传动角的极小值。两者中较小的一个即为该机构的最小传动角 γ_{min}。

4）死点位置

对如图 3－39 所示的曲柄摇杆机构，若以摇杆 3 为原动件，曲柄 1 为从动件，则当摇杆摆到极限位置 C_1D 和 C_2D 时，连杆 2 与曲柄 1 共线，若不计各杆的质量，则这时连杆加给曲柄的力将通过铰链中心 A，即机构处于压力角 $\alpha=90^\circ$（传力角 $\gamma=0^\circ$）的位置，此时驱动力的有效力为 0。此力对 A 点不产生力矩，因此不能使曲柄转动。机构的这种位置称为死点位置。死点位置会使机构的从动件出现卡死或运动不确定的现象。出现死点对传动机构来说是一种缺陷，这种缺陷可以利用回转机构的惯性或添加辅助机构来克服。

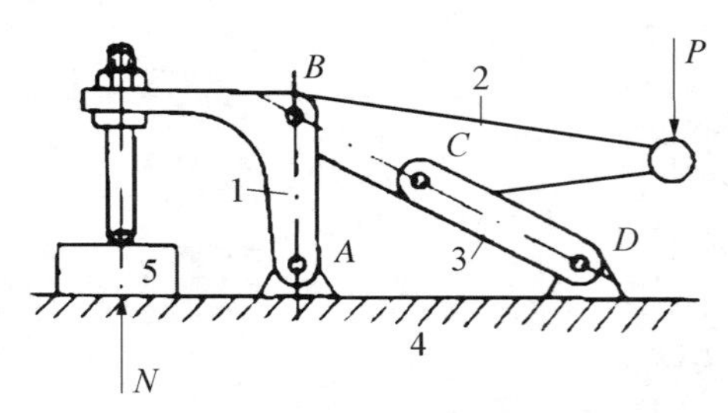

图 3－41　利用死点夹紧工件的夹具

但在工程实践中，有时也常常利用机构的死点位置来实现一定的工作要求，如图 3－41 所示的工件夹紧装置，当工件 5 需要被夹紧时，利用连杆 BC 与摇杆 CD 形成的死点位置，这时工件经杆 1、杆 2 传给杆 3 的力，通过杆 3 的传动中心 D。此力不能驱使杆 3 转动。故当撤去主动外力 P 后，在工作反力 N 的作用下，机构不会反转，工件依然被可靠地夹紧。

习题

1. 填空题

（1）任何一个构件在空间自由运动时皆有________个自由度，它可表达为在直角坐标系内沿着 3 个坐标轴的________和绕 3 个坐标轴的________。

（2）两构件通过面接触形成的运动副称为________。

（3）两构件通过点或线接触构成的运动副称为________。

（4）机构具有确定运动的充分必要条件为________________________________。

（5）由 4 个构件通过低副连接而成的平面连杆机构称为________。它是平面连杆机构中最常见的形式，也是组成多杆机构的基础。由转动副连接 4 个构件而形成的机构称为________。

2. 简答题

（1）什么是急回运动特性?

（2）简述死点的应用。

（3）试根据图 3－42 中注明的尺寸判断下列铰链四杆机构是曲柄摇杆机构、双曲柄机构还是双摇杆机构。

（4）图 3－43 为一偏置曲柄滑块机构，试求构件 1 能整周转动的条件。

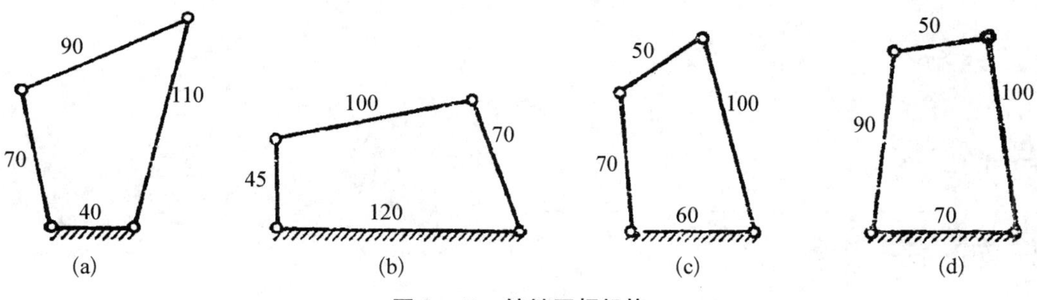

图 3－42　铰链四杆机构

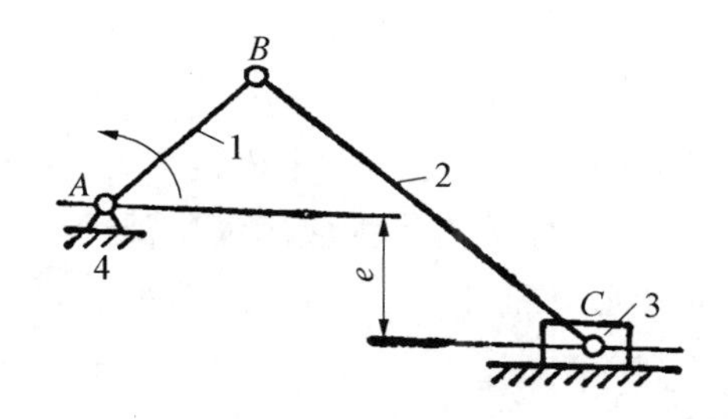

图 3－43　偏置曲柄滑块机构

（5）图 3－44 为一曲柄摇杆机构，已知曲柄长度 $L_{AB}=80$ mm，连杆长度 $L_{BC}=390$ mm，摇杆长度 $L_{CD}=300$ mm，机架长度 $L_{AD}=380$ mm，试求：

① 摇杆的摆角 ψ；

② 机构的极位夹角 θ；

③ 机构的行程速比系数 K。

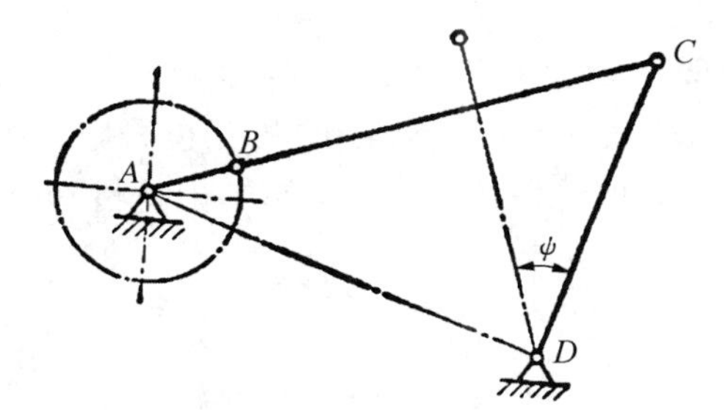

图 3－44　曲柄摇杆机构

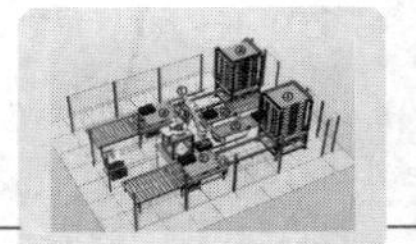

模块 4 齿轮传动

齿轮传动是机械传动中最重要的传动之一，形式很多，应用广泛，传递的功率可达数十万千瓦，圆周速度可达 200 m/s。齿轮传动作为应用最广泛的传动装置，在工业机器人领域应用同样非常广泛，本模块主要介绍常用齿轮传动及齿轮系传动。

4.1 齿轮传动的分类及特点

4.1.1 齿轮传动的特点

齿轮传动是机械传动中最重要的、也是应用最为广泛的一种传动形式。齿轮传动的主要优点：① 工作可靠、寿命较长；② 传动比稳定、传动效率高；③ 可实现平行轴、任意角相交轴、任意角交错轴之间的传动；④ 适用的功率和速度范围广。齿轮传动的缺点：① 加工和安装精度要求较高，制造成本也较高；② 不适宜于远距离两轴之间的传动；③ 振动、冲击、噪声较大。

4.1.2 齿轮传动的类型

齿轮传动的类型很多，按照一对齿轮轴线的相互位置，齿轮传动可为平行轴齿轮传动（见图 4-1）、相交轴齿轮传动（见图 4-2）和交错轴齿轮传动（见图 4-3）。齿轮分类如表 4-1 和图 4-4 所示。

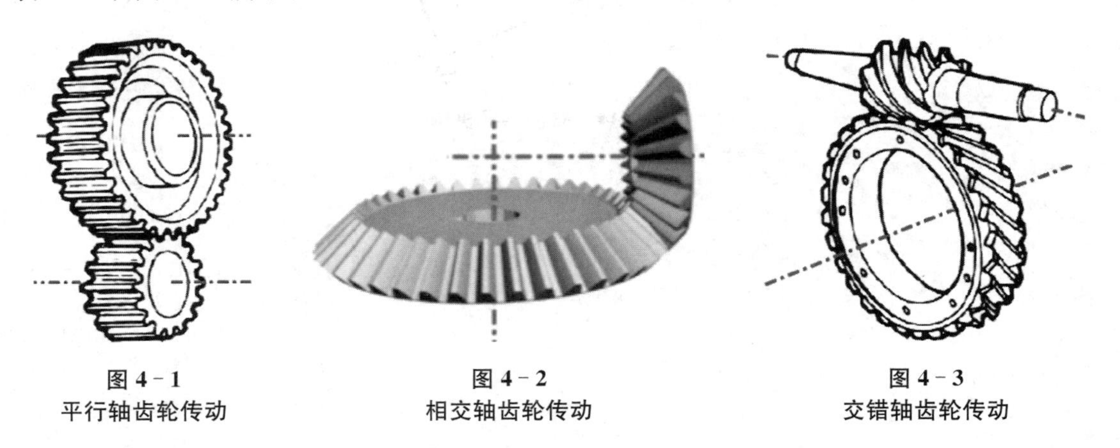

图 4-1 平行轴齿轮传动

图 4-2 相交轴齿轮传动

图 4-3 交错轴齿轮传动

表4-1　齿轮分类

齿轮轴线相互位置	分　类	齿　　型	
两轴平行	圆柱齿轮传动	直　齿	外啮合[见图 4-4(a)]
			内啮合[见图 4-4(b)]
			齿轮与齿条啮合[见图 4-4(c)]
		斜　齿	外啮合[见图 4-4(d)]
		人字齿	外啮合[见图 4-4(e)]
两轴不平行	相交轴齿轮传动	直齿圆锥齿轮[见图 4-4(f)]	
		曲齿圆锥齿轮[见图 4-4(g)]	
	交错轴齿轮传动	交错轴斜齿圆柱齿轮[见图 4-4(h)]	
		蜗轮蜗杆传动(见图 4-3)	

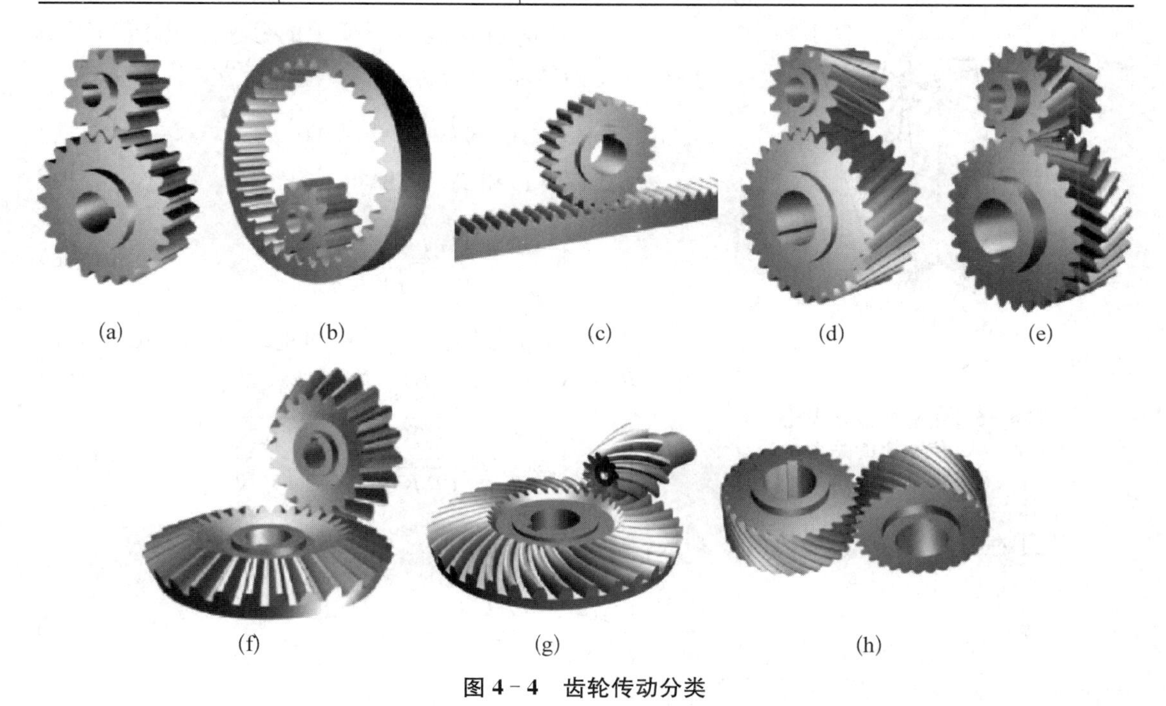

图4-4　齿轮传动分类

除了上述分类外，根据齿轮传动的条件，还可以分为开式齿轮传动、半开式齿轮传动、闭式齿轮传动。如在农业机械、建筑机械以及简易的机械设备中，有一些齿轮传动没有防尘罩或机壳，齿轮完全暴露在外面，这称为开式齿轮传动。这种传动不仅外界杂物极易侵入，而且润滑不良，因此工作条件不好，轮齿也容易磨损，故只适用于低速传动。当齿轮传动装有简单的防护罩，有时还把大齿轮部分的浸入油池中，这称为半开式齿轮传动。它的工作条件虽然有改善，但仍不能做到严密防止外界杂物侵入，润滑条件也不算最好。而汽车、机床、航空发动机等所用的齿轮传动，都是装在经过精确加工而封闭严密的箱体内，这称为闭式齿轮传动(齿轮箱)。它与开式或半开式的相比，润滑及防护等条件最好，多用于重要的场合。

4.2 齿廓啮合基本定律

齿轮传动是依靠主动轮的轮齿依次推动从动轮的轮齿来进行工作的。对齿轮传动的基本要求之一是其瞬时传动比必须保持不变，否则，当主动轮以等角速度回转时，从动轮的角速度为变数，从而产生惯性力。这种惯性力将影响轮齿的强度、寿命和工作精度。齿廓啮合基本定律就是研究当齿廓形状符合何种条件时，才能满足这一基本要求。

图 4－5 表示两相互啮合的齿廓 E_1 和 E_2 在 K 点接触，两轮的角速度分别为 ω_1 和 ω_2。过 K 点作两齿廓的公法线 $N-N$，与连心线 O_1O_2 交于 C 点。两轮齿廓上 K 点的速度分别为

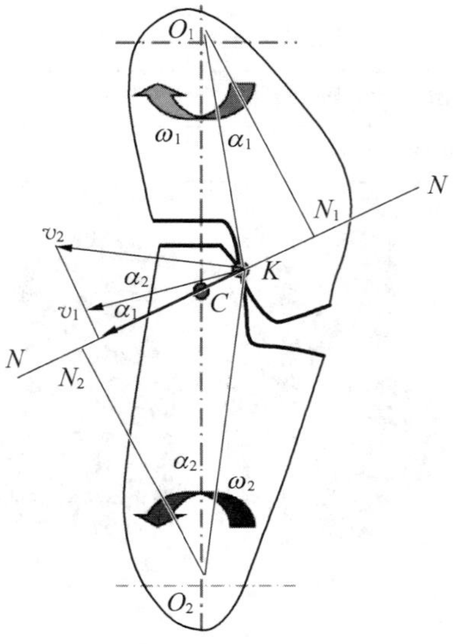

$$\begin{cases} v_1 = \omega_1 \overline{O_1K} \\ v_2 = \omega_2 \overline{O_2K} \end{cases} \tag{4-1}$$

图 4－5　齿廓曲线与齿轮传动比的关系

且 v_1 和 v_2 在法线 $N-N$ 上的分速度应相等，否则两齿廓将会压坏或分离。即

$$v_1 \cos\alpha_1 = v_2 \cos\alpha_2 \tag{4-2}$$

由式(4－1)和式(4－2)得

$$\frac{\omega_1}{\omega_2} = \frac{\overline{O_2K}\cos\alpha_2}{\overline{O_1K}\cos\alpha_1} \tag{4-3}$$

过 O_1、O_2 分别作 $N-N$ 的垂线 O_1N_1 和 O_2N_2，得 $\angle KO_1N_1=\alpha_1$、$\angle KO_2N_2=\alpha_2$，故式(4－3)可写成

$$\frac{\omega_1}{\omega_2} = \frac{\overline{O_2K}\cos\alpha_2}{\overline{O_1K}\cos\alpha_1} = \frac{\overline{O_2N_2}}{\overline{O_1N_1}} \tag{4-4}$$

又因 $\triangle CO_1N_1 \backsim \triangle CO_2N_2$，则式(4－4)又可写成

$$\frac{\omega_1}{\omega_2} = \frac{\overline{O_2N_2}}{\overline{O_1N_1}} = \frac{\overline{O_2C}}{\overline{O_1C}} \tag{4-5}$$

由式(4－5)可知，要保证传动比为定值，则比值 $\dfrac{\overline{O_2C}}{\overline{O_1C}}$ 应为常数。现因两轮轴心连线 $\overline{O_1O_2}$ 为定长，故欲满足上述要求，C 点应为连心线上的定点，这个定点 C 称为节点。

因此，为使齿轮保持恒定的传动比，必须使 C 点为连心线上的固定点。或者说，欲使齿轮保持定角速比，不论齿廓在任何位置接触，过接触点所作的齿廓公法线都必须与两轮的连心线交于一定点。这就是齿廓啮合的基本定律。

凡满足齿廓啮合基本定律而互相啮合的一对齿廓，称为共轭齿廓。符合齿廓啮合基本定律的齿廓曲线有无穷多，传动齿轮的齿廓曲线除要求满足定角速比外，还必须考虑制造、

安装和强度等要求。在机械中，常用的齿廓有渐开线齿廓、摆线齿廓和圆弧齿廓，其中以渐开线齿廓应用最广。

4.3 渐开线及渐开线齿廓

4.3.1 渐开线的形成及性质

如图 4-6 所示，一直线 L 与半径为 r_b 的圆相切，当直线沿该圆做纯滚动时，直线上任一点的轨迹即为该圆的渐开线。这个圆称为渐开线的基圆，而做纯滚动的直线 L 称为渐开线的发生线。

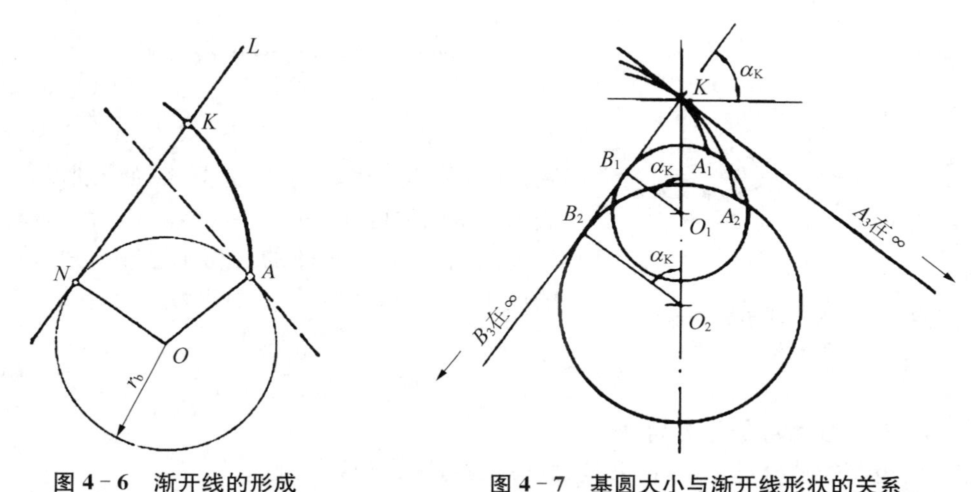

图 4-6　渐开线的形成　　图 4-7　基圆大小与渐开线形状的关系

由渐开线的形成可知，它有以下性质。

(1) 发生线在基圆上滚过的一段长度等于基圆上相应被滚过的一段弧长，即 $\overline{KN}=\overline{AN}$。

(2) 因 N 点是发生线沿基圆滚动时的速度瞬心，故发生线 KN 是渐开线 K 点的法线。又因发生线始终与基圆相切，所以渐开线上任一点的法线必与基圆相切。

(3) 发生线与基圆的切点 N 即为渐开线上 K 点的曲率中心，线段 $\overline{KN}$ 为 K 点的曲率半径。随着 K 点离基圆愈远，相应的曲率半径愈大；而 K 点离基圆愈近，相应的曲率半径愈小。

(4) 渐开线的形状取决于基圆的大小。如图 4-7 所示，基圆半径愈小，渐开线愈弯曲；基圆半径愈大，渐开线愈趋平直。当基圆半径趋于无穷大时，渐开线便成为直线。所以渐开线齿条(直径为无穷大的齿轮)具有直线齿廓。

(5) 渐开线是从基圆开始向外逐渐展开的，故基圆以内无渐开线。

4.3.2 渐开线齿廓符合齿廓啮合基本定律

以渐开线为齿廓曲线的齿轮称为渐开线齿轮。

如图 4-8 所示，两渐开线齿轮的基圆分别为 r_{b1}、r_{b2}，过两轮齿廓啮合点 K 作两齿廓的公法线 N_1N_2，根据渐开线的性质，该公法线必与两基圆相切，即为两基圆的内公切线。又

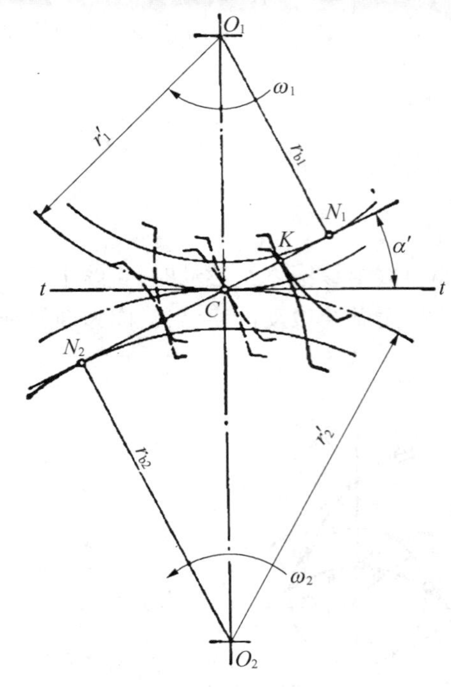

图 4-8 渐开线齿廓满足定角速比证明

因两轮的基圆为定圆，在其同一方向的内公切线只有一条。所以无论两齿廓在任何位置接触（如图中虚线位置接触），过接触点所作两齿廓的公法线（即两基圆的内公切线）为一固定直线，它与连心线 O_1O_2 的交点 C 必是一定点。因此渐开线齿廓满足定角速比要求。

由图 4-8 可知，两轮的传动比为

$$i_{12}=\frac{\omega_1}{\omega_2}=\frac{\overline{O_2C}}{\overline{O_1C}}=\frac{r_{b2}}{r_{b1}} \tag{4-6}$$

上式表明两轮的传动比为一定值，并与两轮的基圆半径成反比。公法线与连心线 O_1O_2 的交点 C 称为节点，以 O_1、O_2 为圆心，$\overline{O_1C}$、$\overline{O_2C}$ 为半径作圆，这对圆称为齿轮的节圆，其半径分别以 r'_1 和 r'_2 表示。从图中可知，一对齿轮传动相当于一对节圆的纯滚动，而且两齿轮的传动比也等于其节圆半径的反比。故一对齿轮的传动比为

$$i=\frac{\omega_1}{\omega_2}=\frac{r_2^1}{r_1^1}=\frac{r_{b2}}{r_{b1}} \tag{4-7}$$

4.3.3 渐开线齿廓的压力角

在一对齿廓的啮合过程中，齿廓接触点的法向压力和齿廓上该点的速度方向的夹角，称为齿廓在这一点的压力角。如图 4-9 所示，齿廓上 K 点的法向压力 F_n 与该点的速度 v_K 之间的夹角 α_K 称为齿廓上 K 点的压力角。由图可知

$$\cos\alpha_K=\frac{\overline{ON}}{\overline{OK}}=\frac{r_b}{r_k} \tag{4-8}$$

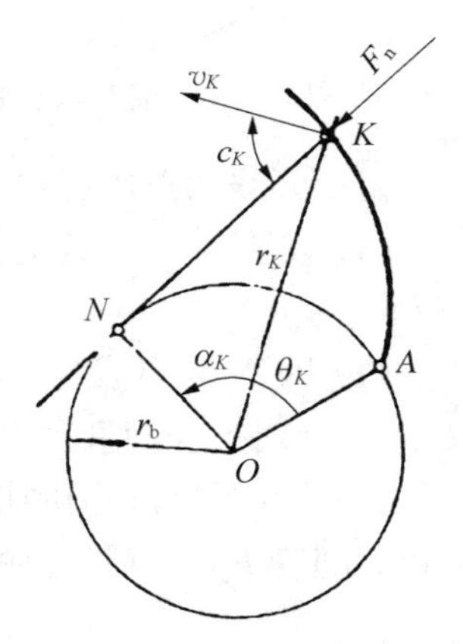

图 4-9 渐开线齿廓的压力角

上式说明渐开线齿廓上各点压力角不等，向径 r_k 越大，其压力角越大。在基圆上压力角等于零。

4.3.4 啮合线、啮合角、齿廓间的压力作用线

一对齿轮啮合传动时，齿廓啮合点（接触点）的轨迹称为啮合线。对于渐开线齿轮，无论在哪一点接触，接触齿廓的公法线总是两基圆的内公切线 N_1N_2（见图 4-8）。齿轮啮合时，齿廓接触点又都在公法线上，因此，内公切线 N_1N_2 即为渐开线齿廓的啮合线。过节点 C 作两节圆的公切线 tt，它与啮合线 N_1N_2 间的夹角称为啮合角。啮合角等于齿廓在节圆上的压力角 α'，由于渐开线齿廓的啮合线是一条定直线 N_1N_2，故啮合角的大小始终保持不变。啮合角不变表示齿廓间压力方向不变；若齿轮传递的力矩恒定，则轮齿之间、轴与轴承之间压力的大小和方向均不变，这也是渐开线齿轮传动的一大优点。

4.3.5　渐开线齿轮的可分性

当一对渐开线齿轮制成之后，其基圆半径是不能改变的，因此由式(4－8)可知，即使两轮的中心距稍有改变，其角速比仍保持原值不变，这种性质称为渐开线齿轮传动的可分性。这是渐开线齿轮传动的另一重要优点，这一优点给齿轮的制造、安装带来了很大方便。

4.4　渐开线标准直齿圆柱齿轮主要参数和几何尺寸计算

4.4.1　齿轮参数

图 4－10 为直齿圆柱齿轮的一部分。为了使齿轮在两个方向都能传动，轮齿两侧齿廓由形状相同、方向相反的渐开线曲面组成。

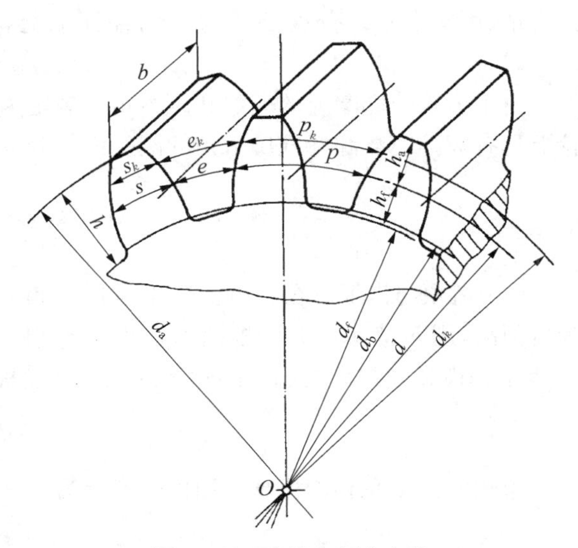

图 4－10　齿轮各部分名称

齿轮各参数名称如下：

(1) 齿顶圆。齿顶端所确定的圆称为齿顶圆，其直径用 d_a 表示。

(2) 齿根圆。齿槽底部所确定的圆称为齿根圆，其直径用 d_f 表示。

(3) 齿槽。相邻两齿之间的空间称为齿槽。齿槽两侧齿廓之间的弧长称为该圆上的齿槽宽，用 e_k 表示。

(4) 齿厚。在任意直径 d_k 的圆周上，轮齿两侧齿廓之间的弧长称为该圆上的齿厚，用 s_k 表示。

(5) 齿距。相邻两齿同侧齿廓之间的弧长称为该圆上的齿距，用 p_k 表示。显然

$$p_k = s_k + e_k \tag{4-9}$$

以及

$$p_k = \frac{\pi d_k}{z} \tag{4-10}$$

式中，z 为齿轮的齿数；d_k 为任意圆的直径。

(6) 模数。在式(4－10)中含有无理数“π”，这对齿轮的计算和测量都不方便。因此，规定比值 $\frac{p}{\pi}$ 等于整数或简单的有理数，并作为计算齿轮几何尺寸的一个基本参数。这个比值称为模数，以 m 表示，单位为 mm，即 $m = \frac{p}{\pi}$，齿轮的主要几何尺寸都与 m 成正比。

为了便于齿轮的互换使用和简化刀具，齿轮的模数已经标准化。我国规定的模数系列如表 4－2 所示。

表 4-2 标准模数系列(GB 1357—1987)

系列											
第一系列	1	1.25	1.5	2	2.5	3	4	5	6	8	10
	12	16	20	25	32	40	50				
第二系列	1.75	2.25	2.75	(3.25)	3.5	(3.75)	4.5				
	5.5	(6.5)	7	9	(11)	14	18	22	28	36	45

注：① 本表适用于渐开线圆柱齿轮，对斜齿轮是指法面模数；② 优先采用第一系列，括号内的模数尽可能不用。

(7) 分度圆。标准齿轮上齿厚和齿槽宽相等的圆称为齿轮的分度圆，用 d 表示其直径。分度圆上的齿厚以 s 表示；齿槽宽用 e 表示；齿距用 p 表示。分度圆压力角通常称为齿轮的压力角，用 α 表示。分度圆压力角已经标准化，常用的为 20°、15°等，我国规定标准齿轮 $\alpha=20°$。

由于齿轮分度圆上的模数和压力角均规定为标准值，因此，齿轮的分度圆可定义为：齿轮上具有标准模数和标准压力角的圆。齿轮分度圆直径 d 可表示为

$$d=\frac{p}{\pi}z=mz \tag{4-11}$$

(8) 齿顶与齿根。在轮齿上介于齿顶圆和分度圆之间的部分称为齿顶，其径向高度称为齿顶高，用 h_a 表示。介于根圆和分度圆之间的部分称为齿根，其径向高度称为齿根高，用 h_f 表示。齿顶圆与齿根圆之间轮齿的径向高度称为全齿高，用 h 表示，故

$$h=h_a+h_f \tag{4-12}$$

齿轮的齿顶高和齿根高可用模数表示为

$$h_a=h_a{}^* m \tag{4-13}$$

$$h_f=(h_a{}^*+c^*)m \tag{4-14}$$

式中，$h_a{}^*$ 和 c^* 分别称为齿顶高系数和顶隙系数，对于圆柱齿轮，其标准值按正常齿制和短齿制规定为

正常齿：$h_a{}^*=1$， $c^*=0.25$

短　齿：$h_a{}^*=0.8$， $c^*=0.3$

(9) 顶隙。顶隙是指一对齿轮啮合时，一个齿轮的齿顶圆到另一个齿轮的齿根圆的径向距离。顶隙有利于润滑油的流动。顶隙按下式计算：

$$c=c^* m$$

4.4.2 标准齿轮

若一齿轮的模数、分度圆压力角、齿顶高系数、齿根高系数均为标准值，且其分度圆上齿厚与齿槽宽相等，则称为标准齿轮。因此，对于标准齿轮

$$s=e=\frac{p}{2}=\frac{\pi m}{2} \tag{4-15}$$

标准直齿圆柱齿轮传动的参数和几何尺寸计算公式如表 4－3 所示。

表 4－3　标准直齿圆柱齿轮传动的参数和几何尺寸计算公式

名　称	代　号	公　式　与　说　明
齿数	z	根据工作要求确定
模数	m	由轮齿的承载能力确定，并按表 4－2 取标准值
压力角	α	$\alpha=20°$
分度圆直径	d	$d_1=mz_1$；　$d_2=mz_2$
齿顶高	h_a	$h_a=h_a^*m$
齿根高	h_f	$h_f=(h_a^*+c^*)m$
齿全高	h	$h=h_a+h_f$
齿顶圆直径	d_a	$d_{a1}=d_1+2h_a=m(z_1+2h_a^*)$
齿根圆直径	d_f	$d_{f1}=d_1-2h_f=m(z_1-2h_a^*-2c^*)$
分度圆齿距	p	$p=\pi m$
分度圆齿厚	s	$s=\frac{1}{2}\pi m$
分度圆齿槽宽	e	$e=\frac{1}{2}\pi m$
基圆直径	d_b	$d_{b1}=d_1\cos\alpha=mz_1\cos\alpha$

4.5　渐开线直齿圆柱齿轮传动分析

4.5.1　渐开线齿轮正确啮合的条件

齿轮传动时，它的每一对齿仅啮合一段时间便要分离，而由后一对齿接替。一对渐开线齿轮传动时，其齿廓啮合点都应在啮合线 N_1N_2 上，如图 4－11 所示，当前一对齿在啮合线上的 K 点接触时，其后一对齿应在啮合线上另一点 K' 接触。

这样，当前一对齿分离时，后一对齿才能不中断地接替传动。令 K_1 和 K_1' 表示轮 1 齿廓上的啮合点，K_2 和 K_2' 表示轮 2 齿廓上的啮合点。为了保证前后两对齿有可能同时在啮合线上接触，轮 1 相邻两齿同侧齿廓沿法线的距离 K_1K_1' 应与轮 2 相邻两齿同侧齿廓沿法线的距离 K_2K_2' 相等（沿法线方向的齿距称为法线齿距）。即

$$K_1K_1'=K_2K_2'$$

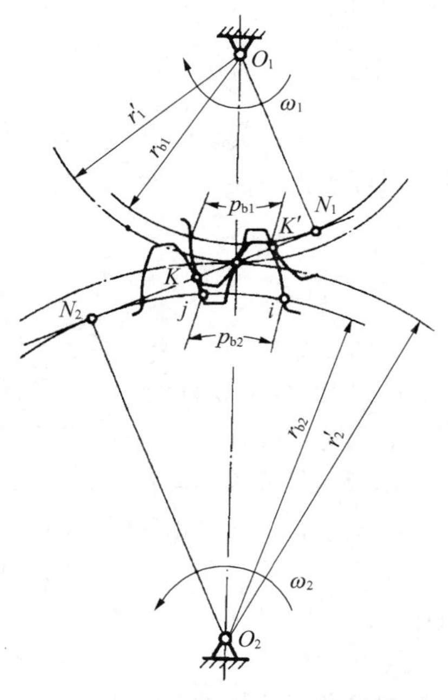

图 4－11　渐开线齿轮正确啮合的条件

根据渐开线的性质，对轮 2 有

$$K_2K'_2=N_2K'-N_2K=N_2i-N_2j=ij=p_{b2}=p_2\cos\alpha_2=\pi m_2\cos\alpha_2$$

同理，对轮 1 可得

$$K_1K'_1=p_1\cos\alpha_1=\pi m_1\cos\alpha_1$$

由此可得

$$m_1\cos\alpha_1=m_2\cos\alpha_2$$

由于模数和压力角已经标准化，为满足上式，应使

$$\begin{cases}m_1=m_2=m\\ \alpha_1=\alpha_2=\alpha\end{cases} \tag{4-16}$$

上式表明，渐开线齿轮的正确啮合条件是两轮的模数和压力角必须分别相等。

齿轮的传动比可写成

$$i=\frac{\omega_1}{\omega_2}=\frac{d'_2}{d'_1}=\frac{d_{b2}}{d_{b1}}=\frac{d_2}{d_1}=\frac{z_2}{z_1} \tag{4-17}$$

4.5.2　齿轮传动的标准中心距

一对齿轮传动时，齿轮节圆上的齿槽宽与另一齿轮节圆上的齿厚之差称为齿侧间隙。在齿轮加工时，刀具轮齿与工件轮齿之间是没有齿侧间隙的；在齿轮传动中，为了消除反向传动空程和减少撞击，也要求齿侧间隙等于零。

由前述已知，标准齿轮分度圆的齿厚和齿槽宽相等，一对正确啮合的渐开线齿轮的模数相等，即 $s_1=e_1=s_2=e_2=\frac{\pi m}{2}$

因此，当分度圆和节圆重合时，便可满足无侧隙啮合条件。安装时使分度圆与节圆重合的一对标准齿轮的中心距称为标准中心距，用 a 表示。

$$a=r'_1+r'_2=r_1+r_2=\frac{m}{2}(z_1+z_2) \tag{4-18}$$

显然，此时的啮合角 α 等于分度圆上的压力角。应当指出，分度圆和压力角是单个齿轮本身所具有的，而节圆和啮合角是两个齿轮相互啮合时才出现。标准齿轮传动只有在分度圆与节圆重合时，压力角和啮合角才相等。

4.5.3　渐开线齿轮连续传动的条件

图 4-12 为一对相互啮合的齿轮，设轮 1 为主动轮，轮 2 为从动轮。齿廓的啮合是由主动轮 1 的齿根部推动从动轮 2 的齿顶开始，因此，从动轮齿顶圆与啮合线的交点 B_2 即为一对齿廓进入啮合的开始。随着轮 1 推动轮 2 转动，两齿廓的啮合点沿着啮合线移动。当啮合点移动到齿轮 1 的齿顶圆与啮合线的交点 B_1 时（图中虚线位置），这对齿廓终止啮合，两齿廓即将分离。故啮合线 N_1N_2 上的线段 B_1B_2 为齿廓啮合点的实际轨迹，称为实际啮合

线，而线段 N_1N_2 称为理论啮合线。

当一对轮齿在 B_2 点开始啮合时，前一对轮齿仍在 K 点啮合，则传动就能连续进行。由图可见，这时实际啮合线段 B_1B_2 的长度大于齿轮的法线齿距。如果前一对轮齿已于 B_1 点脱离啮合，而后一对轮齿仍未进入啮合，则这时传动发生中断，将引起冲击。所以，保证连续传动的条件是使实际啮合线长度大于或至少等于齿轮的法线齿距（即基圆齿距 p_b）。

通常将实际啮合线长度与基圆齿距之比称为齿轮的重合度，用 ε 表示，即

$$\varepsilon = \frac{\overline{B_1B_2}}{P_b} \geqslant 1 \qquad (4-19)$$

理论上当 ε＝1 时，就能保证一对齿轮连续传动，但考虑齿轮的制造、安装误差和啮合传动中轮齿的变形，实际上应使 ε＞1。一般机械制造中，常使 ε≥1.1～1.4。重合度越大，表示同时啮合的齿的对数越多。对于标准齿轮传动，其重合度都大于 1，故通常不必进行验算。

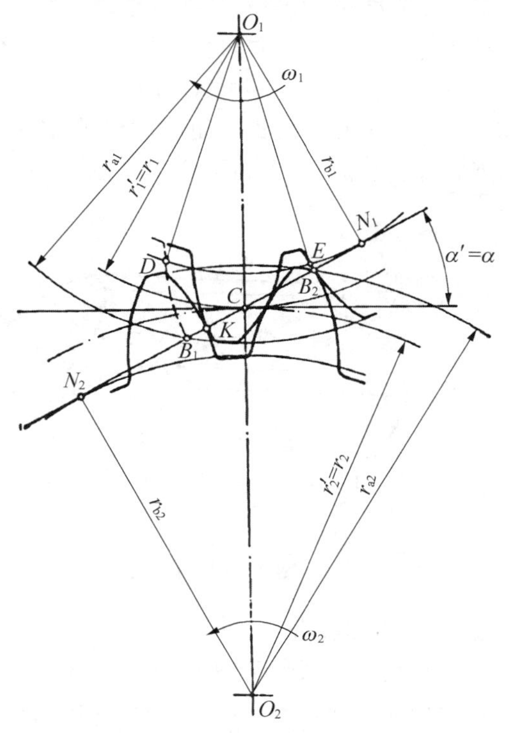

图 4－12　渐开线齿轮连续传动的条件

4.6　直齿圆柱齿轮强度设计

4.6.1　轮齿的失效形式

轮齿的主要失效形式有 5 种。

1）轮齿折断

齿轮工作时，若轮齿危险剖面的应力超过材料所允许的极限值，轮齿将发生折断。

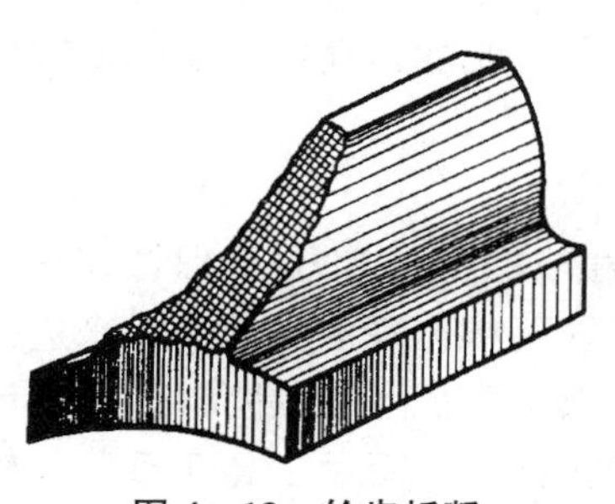

图 4－13　轮齿折断

轮齿折断有两种情况：一是因短时意外的严重过载或受到冲击载荷时突然折断，称为过载折断；二是由于循环变化的弯曲应力的反复作用而引起的疲劳折断。轮齿折断一般发生在轮齿根部（见图 4－13）。

2）齿面点蚀

在润滑良好的闭式齿轮传动中，当齿轮工作了一定时间后，在轮齿工作表面上会产生一些细小的凹坑，称为点蚀（见图 4－14）。点蚀的产生主要是由于轮齿啮合时，齿面的接触应力按脉动循环变化，在这种脉动循环变化接触应力的多次重复作用下，由于疲劳，在轮齿表面层会产生疲劳裂纹，裂纹的扩展使金属微粒剥落下来而形成疲劳点蚀。通常疲劳点蚀首先发生在节线附近的齿根表面处。点蚀使齿面有效

承载面积减小，点蚀的扩展将会严重损坏齿廓表面，引起冲击和噪声，造成传动的不平稳。齿面抗点蚀能力主要与齿面硬度有关，齿面硬度越高，抗点蚀能力越强。点蚀是闭式软齿面（HBS ≤ 350）齿轮传动的主要失效形式。

而对于开式齿轮传动，由于齿面磨损速度较快，即使轮齿表层产生疲劳裂纹，但还未扩展到金属剥落时，表面层就已被磨掉，因而一般看不到点蚀现象。

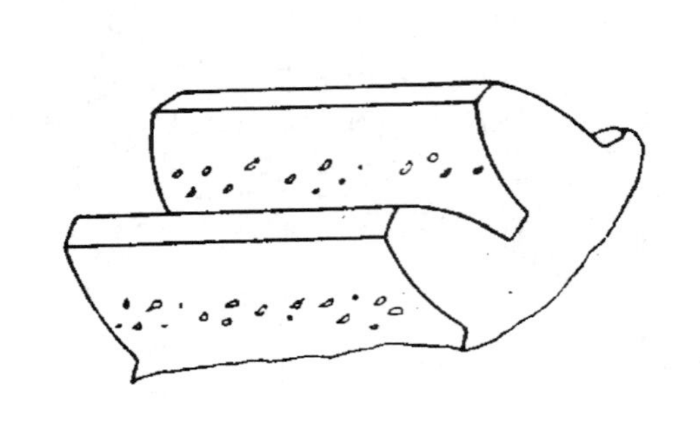

图 4-14　齿面点蚀

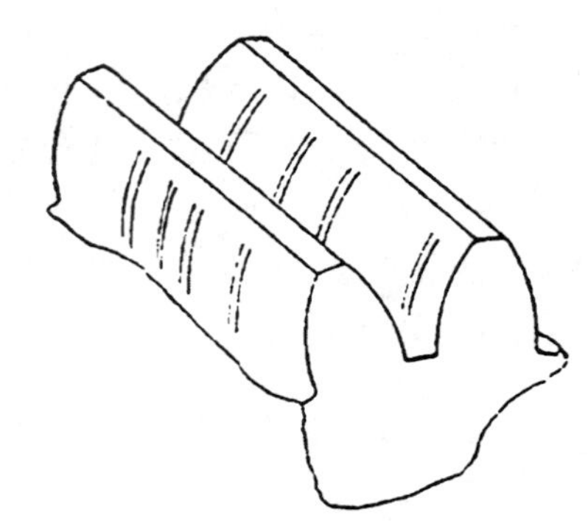

图 4-15　齿面胶合

3）齿面胶合

在高速重载传动中，由于齿面啮合区的压力很大，润滑油膜因温度升高容易破裂，造成齿面金属直接接触，其接触区产生瞬时高温，致使两轮齿表面焊粘在一起，当两齿面相对运动时，较软的齿面金属被撕下，在轮齿工作表面形成与滑动方向一致的沟痕（见图 4-15），这种现象称为齿面胶合。

4）齿面磨损

互相啮合的两齿廓表面间有相对滑动，在载荷作用下会引起齿面的磨损。尤其在开式传动中，由于灰尘、砂粒等硬颗粒容易进入齿面间而发生磨损。齿面严重磨损后，轮齿将失去正确的齿形，会导致严重噪声和振动，影响轮齿正常工作，最终使传动失效。

采用闭式传动，减小齿面粗糙度值和保持良好的润滑可以减少齿面磨损。

5）齿面塑性变形

在重载的条件下，较软的齿面上表层金属可能沿滑动方向滑移，出现局部金属流动现象，使齿面产生塑性变形，齿廓失去正确的齿形。在起动和过载频繁的传动中较易产生这种失效形式。

4.6.2　设计准则

综上所述，齿轮在具体的工作情况下，必须具有足够的、相应的工作能力，以保证在整个工作寿命期间内不发生失效。齿轮传动的设计准则是根据齿轮可能出现的失效形式来进行的，但是对于齿面磨损、塑性变形等，尚未形成相应的设计准则，所以目前在齿轮传动设计中，通常只按保证齿根弯曲疲劳强度和齿面接触疲劳强度进行计算。而对于高速重载齿轮传动，还要按保证齿面抗胶合能力的准则进行计算（参阅 GB 6413—1986）。

由工程实际得知，在闭式齿轮传动中，对于软齿面（HBS ≤ 350）齿轮，按接触疲劳强度进行设计，弯曲疲劳强度校核；而对于硬齿面（HBS > 350）齿轮，按弯曲疲劳强度进行设计，接触疲劳强度校核。开式（半开式）齿轮传动，按弯曲疲劳强度进行设计，不必校核齿面接触疲劳强度。

4.6.3 齿轮材料

对齿轮材料的要求：齿面有足够的硬度和耐磨性，轮齿心部有较强韧性，以承受冲击载荷和变载荷。常用的齿轮材料是各种牌号的优质碳素钢、合金结构钢、铸钢和铸铁等，一般多采用锻件或轧制钢材。当齿轮直径在400～600 mm范围内时，可采用铸钢；低速齿轮可采用灰铸铁。表4-4列出了常用齿轮材料及其热处理后的硬度。

表4-4 常用的齿轮材料

材料	机械性能/MPa		热处理方法	硬度	
	σ_b	σ_s		HBS	HRC
45	580	290	正火	160～217	
	640	350	调质	217～255	
			表面淬火		40～50
40Cr	700	500	调质	240～286	
			表面淬火		48～55
35SiMn	750	450	调质	217～269	
42SiMn	785	510	调质	229～286	
20Cr	637	392	渗碳、淬火、回火		56～62
20CrMnTi	1 100	850	渗碳、淬火、回火		56～62
40MnB	735	490	调质	241～286	
ZG45	569	314	正火	163～197	
ZG35SiMn	569	343	正火、回火	163～217	
	637	412	调质	197～248	
HT200	200			170～230	
HT300	300			187～255	
QT500-5	500			147～241	
QT600-2	600			229～302	

齿轮常用的热处理方法有以下几种：

(1) 表面淬火。表面淬火一般用于中碳钢和中碳合金钢。表面淬火处理后齿面硬度可达52～56 HRC，耐磨性好，齿面接触强度高。表面淬火的方法有高频淬火和火焰淬火等。

(2) 渗碳淬火。渗碳淬火用于处理低碳钢和低碳合金钢，渗碳淬火后齿面硬度可达56～62 HRC，齿面接触强度高，耐磨性好，而轮齿心部仍保持有较高的韧性，常用于受冲击载荷的重要齿轮传动。

(3) 调质。调质处理一般用于处理中碳钢和中碳合金钢。调质处理后齿面硬度可达220～260 HBS。

(4) 正火。正火能消除内应力、细化晶粒，改善力学性能和切削性能。中碳钢正火处理可用于机械强度要求不高的齿轮传动中。

经热处理后齿面硬度 HBS≤350 的齿轮称为软齿面齿轮，多用于中、低速机械。当大小齿轮都是软齿面齿轮时，考虑到小齿轮齿根较薄，弯曲强度较低，且受载次数较多，因此应使小齿轮齿面硬度比大齿轮高 20～50 HBS。

齿面硬度 HBS＞350 的齿轮称为硬齿面齿轮，其最终热处理在轮齿精切后进行。因热处理后轮齿会产生变形，故对于精度要求高的齿轮，需进行磨齿。当大小齿轮都是硬齿面时，小齿轮的硬度应略高，也可和大齿轮相等。

近年，由于齿轮材质和齿轮加工工艺技术的迅速发展，越来越广泛地选用硬齿面齿轮。

4.6.4 直齿圆柱齿轮轮齿的受力分析和计算载荷

1) 轮齿的受力分析

为了计算轮齿的强度以及设计轴和轴承装置等，需确定作用在轮齿上的力。

图 4-16 为一对直齿圆柱齿轮啮合传动时的受力情况。若忽略齿面间的摩擦力，则轮齿之间的总作用力 F_n 将沿着轮齿啮合点的公法线 N_1N_2 方向，故也称法向力。法向力 F_n 可分解为两个分力：圆周力 F_t 和径向力 F_r。

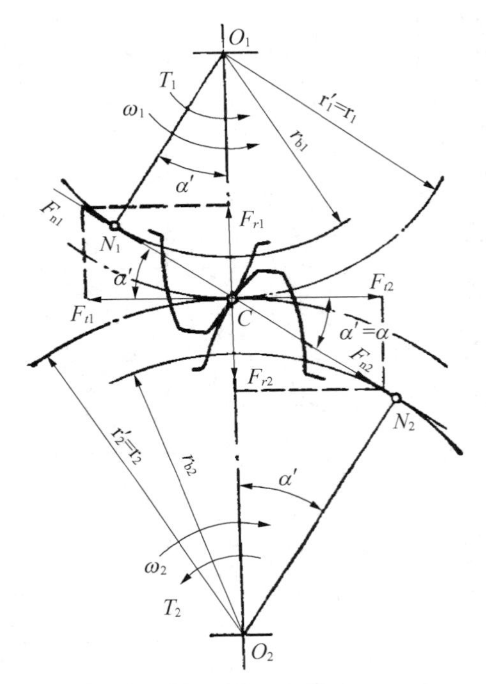

图 4-16 直齿圆柱齿轮传动的作用力

圆周力 $F_t=\dfrac{2T_1}{d_1}$ N (4-20)

径向力 $F_r=F_t\tan\alpha$ N (4-21)

法向力 $F_n=\dfrac{F_t}{\cos\alpha}$ N (4-22)

式中，T_1 为小齿轮上的转矩，$T_1=9.55\times10^6\dfrac{p_1}{n_1}$ N·mm；P_1 为小齿轮传递的功率，kW；d_1 为小齿轮的分度圆直径，mm；α 为分度圆压力角，度。

圆周力 F_t 的方向，在主动轮上与圆周速度方向相反，在从动轮上与圆周速度方向相同。径向力 F_r 的方向对两轮都是由作用点指向轮心。

2) 计算载荷

上述受力分析是在载荷沿齿宽均匀分布的理想条件下进行的。但实际运转时，由于齿轮、轴、支承等存在制造、安装误差，以及受载时产生变形等，使载荷沿齿宽不是均匀分布，造成载荷局部集中。轴和轴承的刚度越小、齿宽 b 越宽，载荷集中越严重。此外，由于各种原动机和工作机的特性不同(如机械的起动和制动、工作机构速度的突然变化和过载等)，导致在齿轮传动中还将引起附加动载荷。因此在齿轮强度计算时，通常用计算载荷 F_nK 代替名义载荷 F_n。K 为载荷系数(见表 4-5)。

表 4-5 载荷系数

原动机	工作机特性		
	工作平稳	中等冲击	较大冲击
电动机、透平机	1～1.2	1.2～1.5	1.5～1.8
多缸内燃机	1.2～1.5	1.5～1.8	1.8～2.1
单缸内燃机	1.6～1.8	1.8～2.0	2.1～2.4

注：斜齿圆柱齿轮，圆周速度低、精度高、齿宽系数小时取小值；直齿圆柱齿轮，圆周速度高、精度低、齿宽系数大时取大值。齿轮在两轴承之间对称布置时取小值，不对称布置及悬臂布置时取较大值。

4.6.5 轮齿的弯曲强度计算

为了防止齿轮在工作时发生轮齿折断，应限制在轮齿根部的弯曲应力。

进行轮齿弯曲应力计算时，假定全部载荷由一对轮齿承受且作用于齿顶处，这时齿根所受的弯曲力矩最大。计算轮齿弯曲应力时，将轮齿看作宽度为 b 的悬臂梁(见图 4-17)。

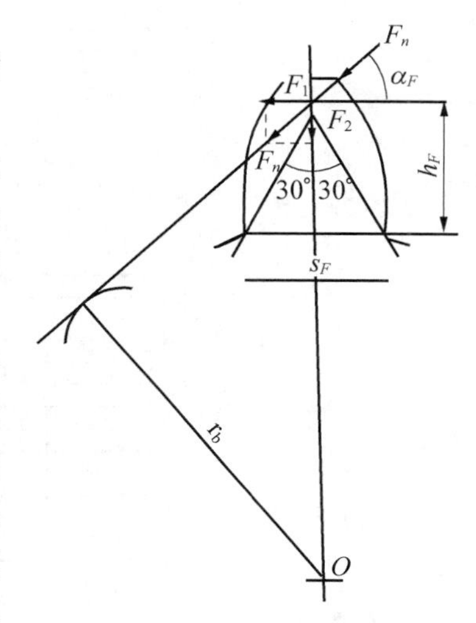

图 4-17 轮齿受力分析

其危险截面可用 30°切线法确定，即作与轮齿对称中心线成 30°夹角并与齿根圆角相切的斜线，两切点的连线是危险截面位置。设法向力 F_n 移至轮齿中线并分解成相互垂直的两个分力，即 $F_1=F_n\cos\sigma_F$，$F_2=F_n\sin\sigma_F$，其中 F_1 使齿根产生弯曲应力，F_2 则产生压缩应力。因压应力数值较小，为简化计算，在计算轮齿弯曲强度时只考虑弯曲应力。危险截面的弯曲应力为

$$\sigma_F=\frac{KF_nh_F\cos\alpha_F}{\dfrac{bs_F^2}{6}}=\frac{6KF_nh_F\cos\alpha_F}{bs_F^2}=\frac{6KF_th_F\cos\alpha_F}{bs_F^2\cos\alpha}=\frac{KF_t}{bm}\,\frac{6\left(\dfrac{h_F}{m}\right)\cos\alpha_F}{\left(\dfrac{s_F}{m}\right)^2\cos\alpha}\tag{4-23}$$

令

$$Y_F=\frac{6\cdot\dfrac{h_F}{m}\cdot\cos\alpha_F}{\left(\dfrac{S_F}{m}\right)^2\cdot\cos\alpha}$$

把 $F_t=\dfrac{2T_1}{d_1}$ 和 $d_1=mz_1$ 代入式(4-23)，可得轮齿弯曲强度的校核方式

$$\sigma_F=\frac{2KT_1Y_F}{bm^2z_1}\leqslant[\sigma_F]\quad \text{MPa}\tag{4-24}$$

式中，b 为齿宽，单位为 mm；m 为模数，单位为 mm；T_1 为小轮传递转矩，单位为 N·mm；K 为载荷系数；z_1 为小齿轮齿数；Y_F 为齿形系数。对标准齿轮，Y_F 只与齿数有关。正常齿制标准齿轮的 Y_F 值，如图 4-18 所示。

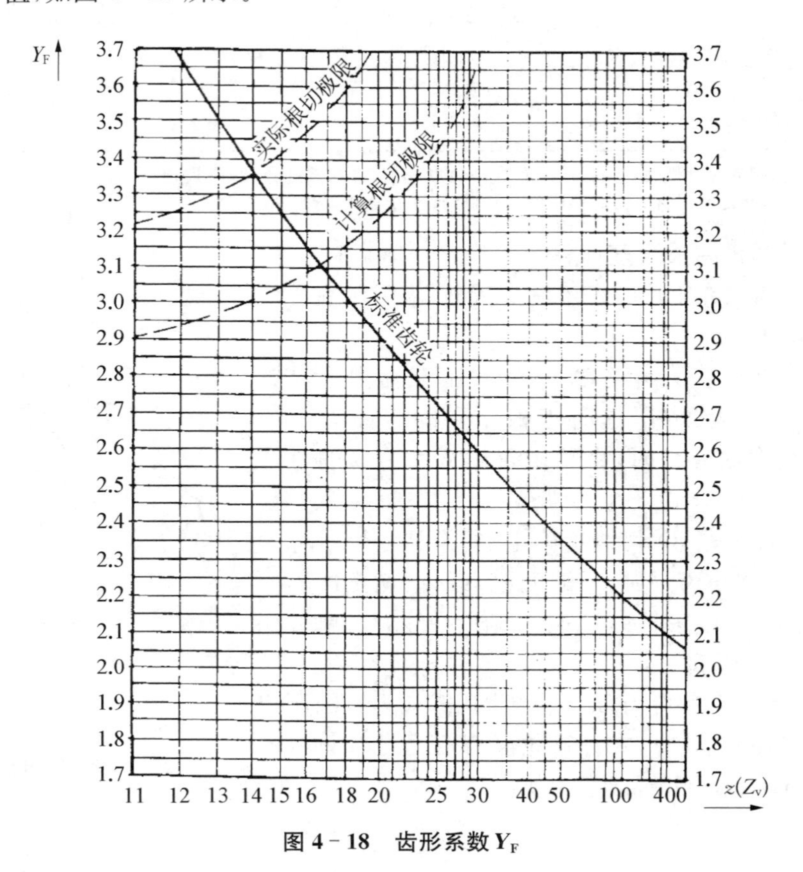

图 4-18 齿形系数 Y_F

对于 $i \neq 1$ 的齿轮传动，由于 $z_1 \neq z_2$，因此 $Y_{F1} \neq Y_{F2}$，而且两轮的材料和热处理方法，硬度也不相同，则 $[\sigma_{F1}] \neq [\sigma_{F2}]$，因此，应分别验算两个齿轮的弯曲强度。

在式(4-24)中，令 $\psi_a = \dfrac{b}{a}$，则得轮齿弯曲强度设计公式为

$$m \geqslant \sqrt[3]{\frac{4KT_1Y_F}{\Psi_a(u \pm 1)z_1^2[\sigma_F]}} \text{ mm} \tag{4-25}$$

式中，负号用于内啮合传动；Ψ_a 为齿宽系数：轻型减速器可取 $\Psi_a = 0.2 \sim 0.4$；中型减速器可取 $\Psi_a = 0.4 \sim 0.6$；重型减速器可取 $\Psi_a = 0.8$；当 $\Psi_a > 0.4$ 时，通常用斜齿或人字齿。u 为大轮与小轮的齿数比。

式(4-25)中的 $\dfrac{Y_F}{[\sigma_F]}$ 应代入 $\dfrac{Y_{F1}}{[\sigma_{F1}]}$ 和 $\dfrac{Y_{F2}}{[\sigma_{F2}]}$ 中的较大者，算得的模数应按表 4-6 圆整为标准值。对于传递动力的齿轮，其模数应大于 1.5 mm，以防止意外断齿。在满足弯曲强度的条件下，应尽量增加齿数使传动的重合度增大，以改善传动平稳性和载荷分配；在中心距

a 一定时，齿数增加则模数减小，齿顶高和齿根高都随之减小，能节约材料和减少金属切削量。

对于闭式传动，当齿面硬度不太高时，轮齿的弯曲强度通常是足够的，故齿数可取多些，如常取 $z_1 = 24 \sim 40$。当齿面硬度很高时，轮齿的弯曲强度常感不足，故齿数不宜过多。

许用弯曲应力$[\sigma_F]$按下式计算：

$$[\sigma_F] = \frac{\sigma_{Flim}}{S_F} \tag{4-26}$$

式中，σ_{Flim}为试验齿轮的齿根弯曲疲劳极限，单位为 MPa，按图 4－19 查取；S_F为轮齿弯曲疲劳安全系数，按表 4－6 查取。

表 4－6　安全系数 S_F 和 S_H

安全系数	软齿面	硬齿面	重要的传动、渗碳淬火齿轮或铸造齿轮
S_F	1.3～1.4	1.4～1.6	1.6～2.2
S_H	1.0～1.1	1.1～1.2	1.3

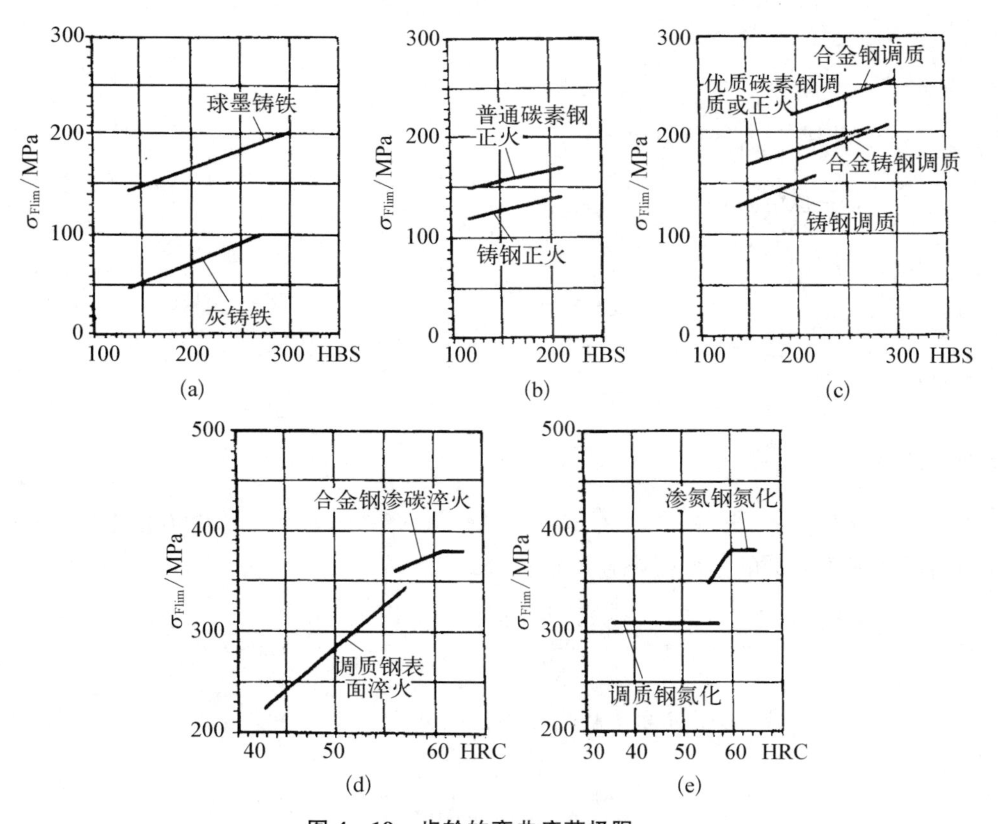

图 4－19　齿轮的弯曲疲劳极限 σ_{Flim}

注：对于长期双侧工作的齿轮传动，因齿根弯曲应力为对称循环变应力，故应将图中数据乘以 0.7。

4.6.6 齿面接触强度计算

为避免齿面发生点蚀，应限制齿面的接触应力。齿面接触应力的计算是以两圆柱体接触时的最大接触应力为基础进行的。

如图 4-20 所示的两圆柱体，在载荷作用下接触区产生的最大接触应力可根据弹性力学的赫兹公式导出：

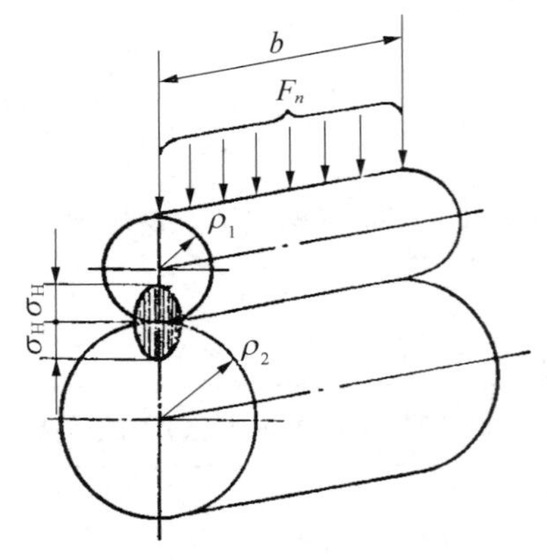

图 4-20 两圆柱体接触时的接触应力

$$\sigma_H=\sqrt{\frac{F_n}{\pi b}\cdot\frac{\frac{1}{\rho_1}\pm\frac{1}{\rho_2}}{\frac{1-\mu_1^2}{E_1}+\frac{1-\mu_2^2}{E_2}}} \tag{4-27}$$

式中，F_n 为作用在圆柱体上的载荷；b 为接触长度；ρ_1、ρ_2 为两圆柱体接触处的半径，式中“+”号用于外接触，“-”号用于内接触；μ_1、μ_2 为两圆柱体材料的泊松比；E_1、E_2 为两圆柱体材料的弹性模量。

实践证明，点蚀通常首先发生在齿根部分靠近节线处，故取节点处的接触应力为计算依据。由图 4-16 可知，节点处的齿廓曲率半径分别为

$$\rho_1=N_1C=\frac{d_1}{2}\sin\alpha,\ \rho_2=N_2C=\frac{d_2}{2}\sin\alpha$$

在式(4-28)中，引入载荷系数 K。

令 $u=\dfrac{Z_2}{Z_1}$，中心距为

$$a=\frac{1}{2}(d_2\pm d_1)=\frac{d_1}{2}(u\pm 1)$$

或表示为 $d_1=\dfrac{2a}{u\pm 1}$

因为 $F_n=\dfrac{F_t}{\cos\alpha}=\dfrac{2T_1}{d_1\cos\alpha}$

对于一对钢制齿轮，$E_1=E_2=2.06\times10^5$ MPa，$\mu_1=\mu_2=0.3$，标准齿轮压力角 $\alpha=20°$，可得钢制标准齿轮传动的齿面接触强度校核公式为

$$\sigma_H=335\sqrt{\frac{(u\pm1)^3KT_1}{uba^2}}\leqslant[\sigma_H]\quad \text{MPa} \tag{4-28}$$

将 $b=\Psi_a\cdot a$ 代入上式，可得齿面接触强度设计公式为

$$a\geqslant(u\pm1)\sqrt[3]{\left(\frac{335}{[\sigma_H]}\right)^2\frac{KT_1}{\Psi_a\cdot u}}\quad \text{mm} \tag{4-29}$$

式中，σ_H 为齿面接触应力，单位为 MPa；$[\sigma_H]$ 为齿轮材料的许用接触应力，单位为 MPa；其他

参数意义如前面公式所述。

式(4－28)和式(4－29)仅适用于一对钢制齿轮，若配对齿轮材料为钢对铸铁或铸铁对铸铁，则应将公式中的系数 335 分别改为 285 和 250。

许用接触应力$[\sigma_H]$按下式计算

$$[\sigma_H]=\frac{\sigma_{Hlim}}{S_H}\quad \text{MPa} \tag{4-30}$$

式中，σ_{Hlim}为试验齿轮的接触疲劳极限，单位为 MPa，其值可由图 4－21 查出；S_H为齿面接触疲劳安全系数，其值由表 4－6 查出。

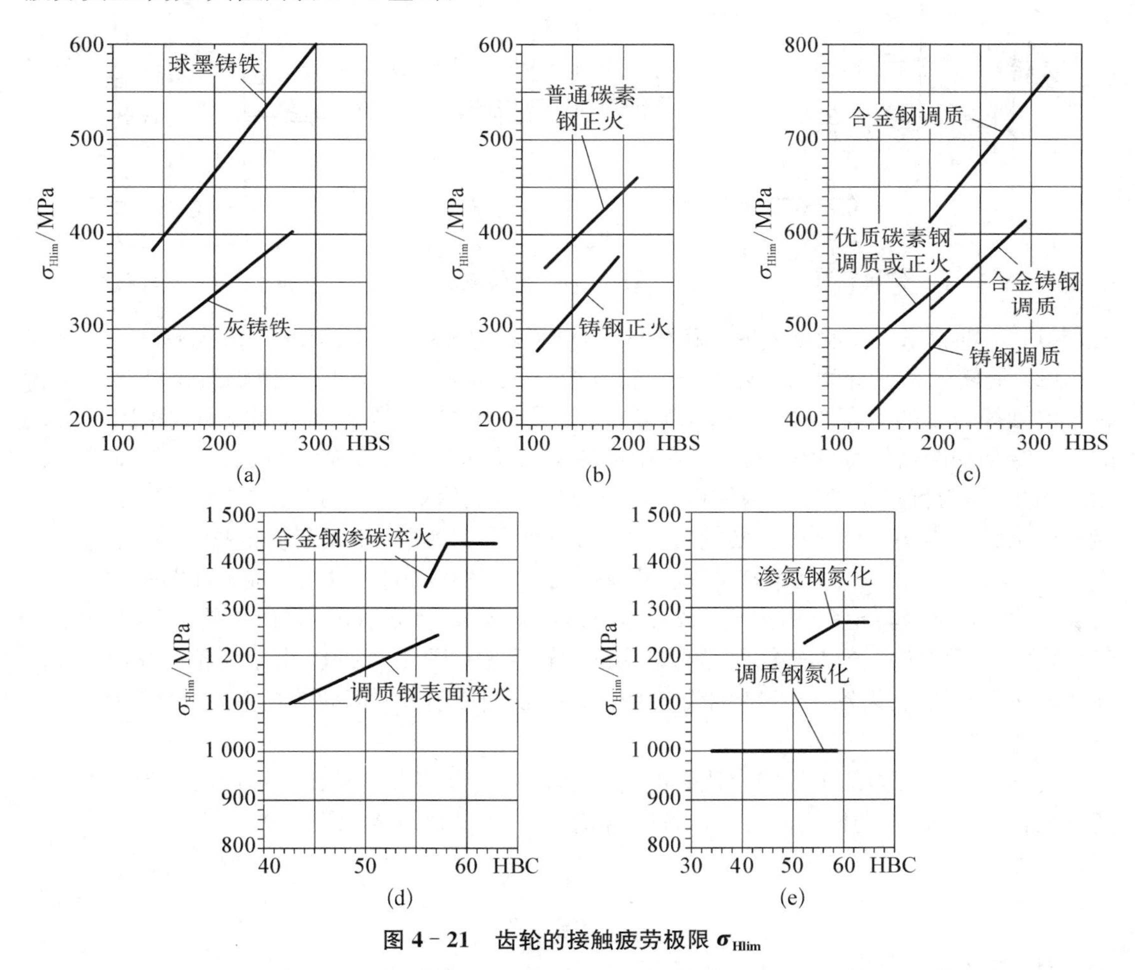

图 4－21　齿轮的接触疲劳极限 σ_{Hlim}

4.7　轮系

4.7.1　概述

齿轮机构是应用最广的传动机构之一。如果用普通的一对齿轮传动实现大传动比传动，不仅机构外廓尺寸庞大，而且大小齿轮直径相差悬殊，使小齿轮易磨损，大齿轮的工作能力不能充分发挥。为了在一台机器上获得很大的传动比，或是获得不同转速，常常采用一系列的齿轮组成传动机构，这种由齿轮组成的传动系称为轮系。采用轮系，可避免上述缺点，而且使结构较为紧凑。

1）轮系的分类

一般轮系可分为定轴轮系（见图 4－22）、周转轮系（见图 4－23）和混合轮系（见图 4－24）等几种。

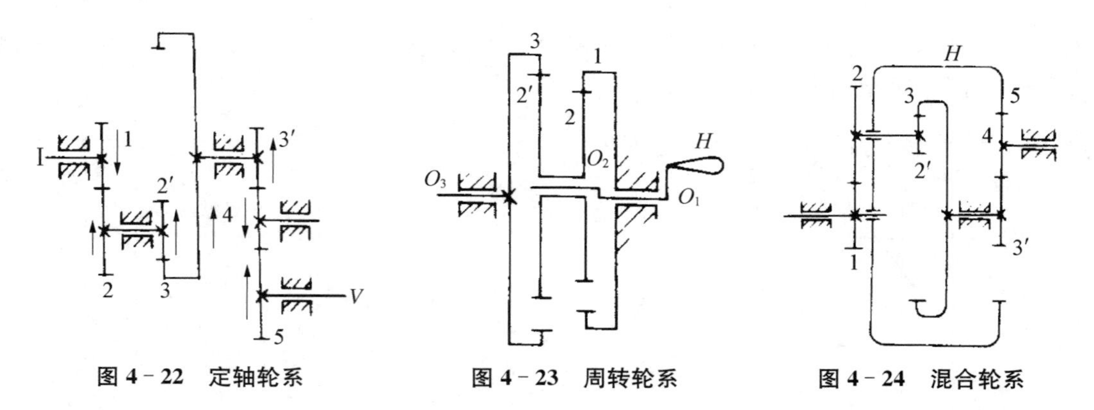

图 4－22　定轴轮系　　图 4－23　周转轮系　　图 4－24　混合轮系

（1）定轴轮系——轮系中所有齿轮的几何轴线都是固定的，如图 4－22 所示。

（2）周转轮系或称为动轴轮系——轮系中，至少有一个齿轮的几何轴线是绕另一个齿轮几何轴线转动的。在图 4－23 中，齿轮 2－2′的轴线 O_2 是绕齿轮 1 的固定轴线 O_1 转动的。轴线不动的齿轮称为中心轮，如图中齿轮 1 和 3；轴线转动的齿轮称为行星轮，如图中齿轮 2 和 2′；作为行星轮轴线的构件称为系杆，如图中的转柄 H。通过在整个轮系上加上一个与系杆旋转方向相反的大小相同的角速度，可以把周转轮系转化成定轴轮系。

（3）混合轮系——由几个基本周转轮系或由定轴轮系和周转轮系组成。如图 4－24 所示的混合轮系包括周转轮系（由齿轮 1、2、2′、3 转臂 H 组成）和定轴轮系（由齿轮 3′、4、5 组成）。当轮系无法简化成一个定轴轮系时，称它为混合轮系。在图 4－24 中，由于齿轮 1 和齿轮 4 的几何轴线不共线，且齿轮 2－2′的轴线绕齿轮 1 的几何轴线转动，因此该轮系为混合轮系。

2）传动比

传动比的定义为两轴的转速比。因为转速 $n=2\pi\omega$，因此传动比又可以表示为两轴的角速度之比。通常，传动比用 i 表示，对轴 a 和轴 b 的传动比可表示为

$$i_{\mathrm{ab}}=\frac{n_{\mathrm{a}}}{n_{\mathrm{b}}}=\frac{\omega_{\mathrm{a}}}{\omega_{\mathrm{b}}} \tag{4-31}$$

对一对相啮合的齿轮，在同一时间内转过的齿数是相同的，因此有

$$n_{\mathrm{a}}z_{\mathrm{a}}=n_{\mathrm{b}}z_{\mathrm{b}} \tag{4-32}$$

式中，n_{a}、n_{b}为两齿轮的转速；z_{a}、z_{b}为两齿轮的齿数。

因此，一对相互啮合的齿轮的传动比又可以写成

$$i_{\mathrm{ab}}=\frac{n_{\mathrm{a}}}{n_{\mathrm{b}}}=\frac{z_{\mathrm{b}}}{z_{\mathrm{a}}} \tag{4-33}$$

3）从动轮转动方向

（1）箭头表示。轴或齿轮的转向一般用箭头表示。如图 4－25 所示，当轴线垂直于纸面时，图 4－25(a)表示背离纸面，图 4－25(b)表示指向纸面。当轴线在纸面内，则用箭头表示轴或齿轮的转动方向，如图 4－26 所示。

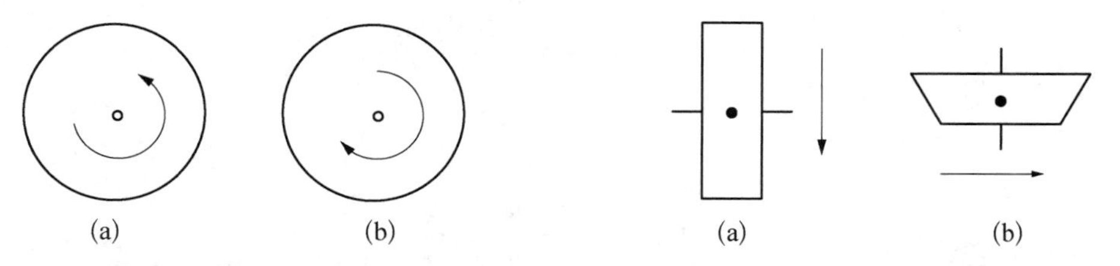

图 4－25　轴线与纸面垂直时的转向表示方法　　**图 4－26　轴线在纸面内时的转向表示方法**

（2）符号表示。当两轴或齿轮的轴线平行时，可以用正号"＋"或负号"－"表示两轴或齿轮的转向相同或相反，并直接标注在传动比的公式中。如 $i_{ab}=10$，表明轴 a 和 b 的转向相同，转速比为 10。又如 $i_{ab}=-5$，表明轴 a 和 b 的转向相反，转速比为 5。

符号表示法在平行轴的轮系中经常用到。由于一对内啮合齿轮的转向相同，因此它们的传动比取"＋"。而一对外啮合齿轮的转向相反，因此它们的传动比取"－"。因此，两轴或齿轮的转向相同与否，由它们的外啮合次数而定。外啮合为奇数时，主、从动轮转向相反；外啮合为偶数时，主、从动轮转向相同。

注意：符号表示法不能用于判断轴线不平行的从动轮的转向传动比计算中。

（3）判断从动轮转向的几个要点：① 内啮合的圆柱齿轮的转向相同。② 外啮合的圆柱齿轮或圆锥齿轮的转动方向要么同时指向啮合点，要么同时指离啮合点。图 4－27 为圆柱或圆锥齿轮的几种情况。③ 蜗杆-蜗轮转向的速度矢量之和必定与螺旋线垂直（见图 4－28）。

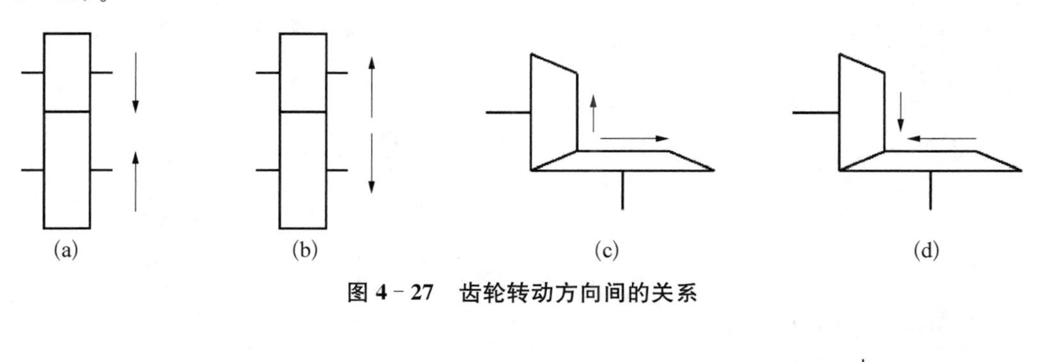

图 4－27　齿轮转动方向间的关系

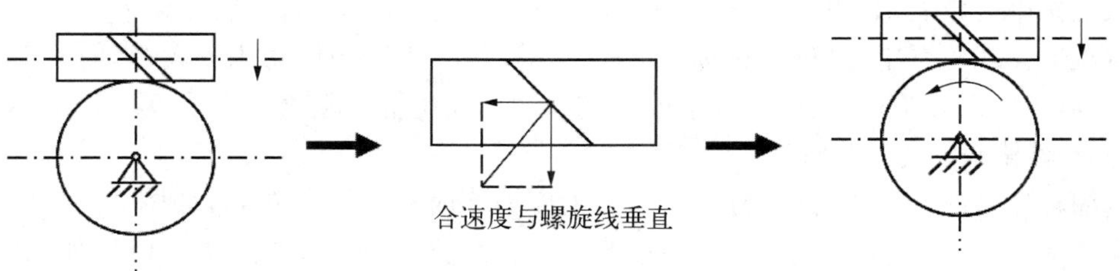

图 4－28　蜗杆-蜗轮转向的判断

4.7.2 轮系的传动比计算

1) 定轴轮系的传动比计算

已知定轴轮系各齿轮的齿数，可利用式(4-33)一步步地通过计算每对啮合齿轮的传动比，得到所求的两轴间的传动比。以图 4-22 所示的定轴轮系为例，传动比为

$$i_{1N}=\frac{n_1}{n_N}=(-1)^m\frac{\text{两轴间所有从动轮齿数的乘积}}{\text{两轴间所有主动轮齿数的乘积}} \tag{4-34}$$

证明：

因为
$$i_{1N}=\frac{n_1}{n_N}=\frac{n_1}{n_2}\frac{n_2}{n_3}\cdots\frac{n_{N-1}}{n_N}$$

又由式(4-33)可知：

$$\frac{n_1}{n_2}=\frac{\text{轴 2 的从动轮齿数}}{\text{轴 1 的主动轮齿数}}$$
$$\frac{n_2}{n_3}=\frac{\text{轴 3 的从动轮齿数}}{\text{轴 2 的主动轮齿数}}$$
$$\vdots$$
$$\frac{n_{N-1}}{n_N}=\frac{\text{轴 }N\text{ 的从动轮齿数}}{\text{轴 }N-1\text{ 的主动轮齿数}}$$

将上面得到的各转速比代入，并考虑外啮合次数得式(4-34)。

证毕。

例 4.1 在如图 4-22 所示的轮系中，已知各齿轮齿数为 $z_1=22$、$z_2=25$、$z_2'=20$、$z_3=132$、$z_3'=20$、$z_5=28$，$n_1=1\,450$ r/min，试计算 n_5，并判断其转动方向。

解：因为齿轮 1、2′、3′、4 为主动轮，齿轮 2、3、4、5 为从动轮，共有 3 次外啮合。代入式(4-34)得

$$i_{15}=(-1)^3\frac{z_2}{z_1}\frac{z_3}{z_2'}\frac{z_4}{z_3'}\frac{z_5}{z_4}=-\frac{25\times132\times28}{22\times20\times20}=-10.5$$

所以
$$n_5=\frac{n_1}{i}=\frac{1\,450}{10.5}=138.1\text{ r/min}$$

转向与轮 1 相同(见图 4-22)。

从上例中可以看出：由于齿轮 4 既是主动轮，又是从动轮，因此在计算中并未用到它的具体齿数值。在轮系中，这种齿轮称为惰轮。惰轮虽然不影响传动比的大小，但若啮合的方式不同，则可以改变齿轮的转向，并会改变齿轮的排列位置和距离。

2) 周转轮系的传动比计算

当周转轮系的两个中心轮都能转动，自由度为 2 时称为差动轮系，如图 4-29(a)所示。若固定住其中一个中心轮，轮系的自由度为 1 时，称为行星轮系，如图 4-29(b)所示。

由于周转运动是兼有自转和公转的复杂运动，因此需要通过在整个轮系上加上一个与

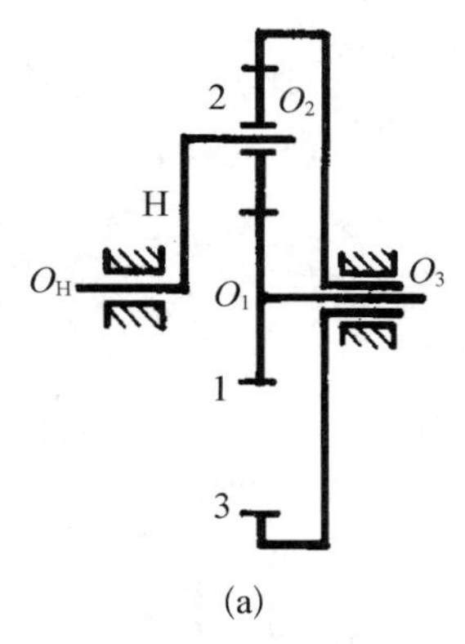

(a)

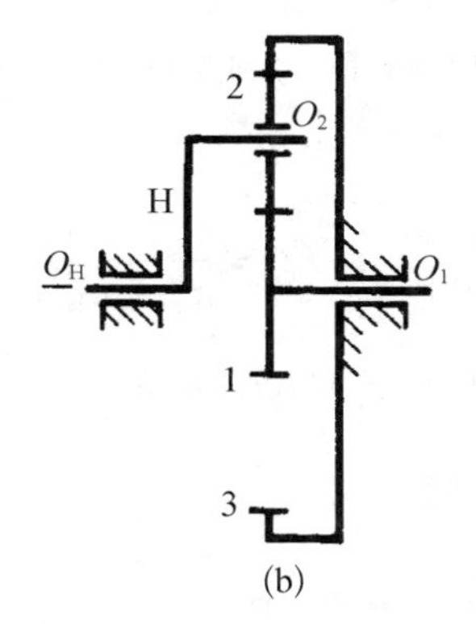

(b)

图 4-29　周转轮系的类型

(a) 差动轮系　(b) 行星轮系

系杆 H 旋转方向相反的相同大小的角速度 n_H，把周转轮系转化成定轴轮系。对这一转化后的轮系，可以使用定轴轮系的传动比计算式(4-34)。因此，周转轮系的转化轮系的传动比可以写成

$$i_{1N}^{H}=\frac{n_1-n_H}{n_N-n_H}=(-1)^m\frac{\text{两轴间所有从动轮齿数的乘积}}{\text{两轴间所有主动轮齿数的乘积}} \tag{4-35}$$

式中，$(-1)^m$ 用来判断两轴的转向是否相同，但只适用于平行轮系。

例 4.2　如图 4-29(a)所示，已知 $n_3=200\ \text{r/min}$，$n_H=12\ \text{r/min}$，$z_1=80$，$z_2=25$，$z_2'=35$，$z_3=20$ 和 n_1 的转向，试计算图示的周转轮系中轴 1 与轴 3 的传动比。

解：将各已知量代入式(4-35)有

$$i_{13}^{H}=\frac{n_1-12}{n_3-12}=(-1)^1\times\frac{25\times20}{80\times35}$$

得

$$n_1=-\frac{5}{28}(-200-12)+12=49.86$$

从而有

$$i_{13}=\frac{n_1}{n_3}=-\frac{49.86}{200}\approx-0.25$$

式中，负号表明 n_1 与 n_3 的转向相反。

需要指出：周转轮系的传动比计算一般只适用于平行轮系，在一些特殊情况下(如例 4.3)才能用于空间轮系。

例 4.3　图 4-30 为组合机床动力滑台中使用的差动轮系，已知：$z_1=20$，$z_2=24$，$z_2'=20$，$z_3=24$，转臂 H 沿顺时针方向的转速为 16.5 r/min。欲使轮 1 的转速为 940 r/min，并分别沿顺时针或反对针方向回转，求轮 3 的转速和转向。

解：(1) 当转臂 H 与轮 1 均为顺时针回转时：将 $n_H=16.5$，$n_1=940$；代入式(4-35)有

$$i_{13}^{H}=\frac{n_1-n_H}{n_3-n_H}=\frac{940-16.5}{n_3-16.5}=(-1)^2\frac{z_2\times z_3}{z_1\times z_2'}=\frac{36}{25}$$

解得 $n_3=657.82$ r/min。

(2) 当转臂 H 为顺时针回转，轮 1 为逆时针回转时：将 $n_H=16.5$，$n_1=-940$；代入式(4-35)有

$$i_{13}^{H}=\frac{n_1-n_H}{n_3-n_H}=\frac{-940-16.5}{n_3-16.5}=(-1)^2\frac{z_2\times z_3}{z_1\times z_2'}=\frac{36}{25}$$

解得 $n_3=-647.74$ r/min。

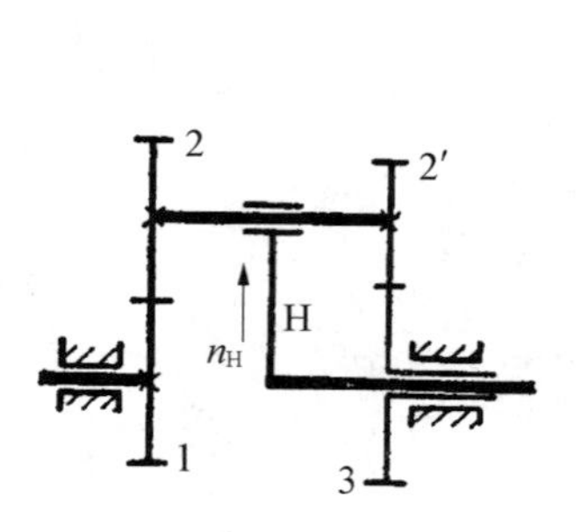

图 4-30　机床动力滑台差动轮系

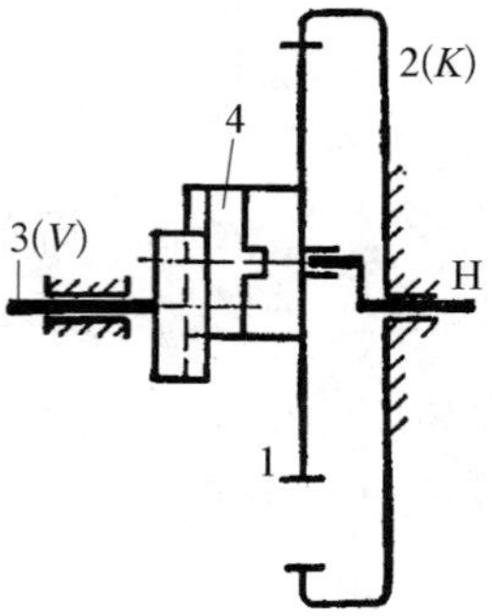

图 4-31　一齿差行星减速器

例 4.4　图 4-31 为一搅拌器中使用的一齿差行星减速器，其中内齿轮 2 固定不动，动力从偏心轴 H 输入，而行星轮的转动则通过十字滑块联轴器 4 从轴 3 输出。已知 $z_1=99$，$z_2=100$。试求 i_{H3}。

解：因 $n_2=0$，由式(4-35)得到

$$i_{12}^{H}=\frac{n_1-n_H}{0-n_H}=\frac{z_2}{z_1}=\frac{100}{99}$$

故

$$n_1=\left(1-\frac{100}{99}\right)n_H=-\frac{1}{99}n_H$$

又因为 $n_1=n_3$，从而有

$$i_{H3}=\frac{n_H}{n_3}=\frac{n_H}{n_1}=-99$$

式中，负号表示 n_1 与 n_H 的转向相反。

习题

1. 填空题

(1) 欲使齿轮保持定角速比，不论齿廓在任何位置接触，过接触点所作的齿廓公法线都必须与两轮的连心线交于一定点。这就是________的基本定律。

(2) 渐开线上任一点的法线必与基圆________。

(3) 随着 K 点离基圆愈远，相应的曲率半径愈________；而 K 点离基圆愈近，相应的曲率半径愈________。

(4) 轮齿的主要失效形式有________、________、________、________、________。

(5) 齿轮常用的热处理方法有________、________、________、________。

(6) 轮系一般可分为________、________、________。

2. 简答题

(1) 齿轮传动的基本要求是什么？渐开线有哪些特性？为什么渐开线齿轮能满足齿廓啮合基本定律？

(2) 为修配两个损坏的标准直齿圆柱齿轮，现测得：齿轮 1 的参数为：$h=4.5$ mm，$d_a=44$ mm；齿轮 2 的参数为：$p=6.28$ mm，$d_a=162$ mm，试计算两齿轮的模数 m 和齿数 z。

(3) 渐开线齿轮正确啮合与连续传动的条件是什么？

(4) 图 4-32 为某生产自动线中使用的行星减速器。已知各轮的齿数为 $z_1=16$，$z_2=44$，$z'_2=46$，$z_3=104$，$z_4=106$。求 i_{14}。

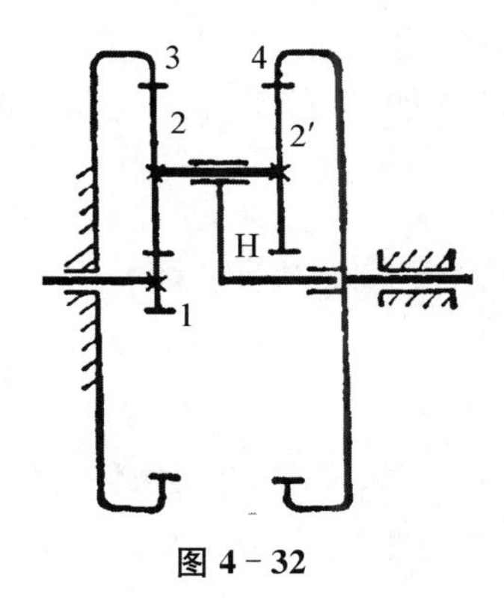

图 4-32

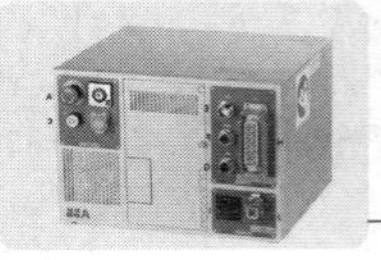
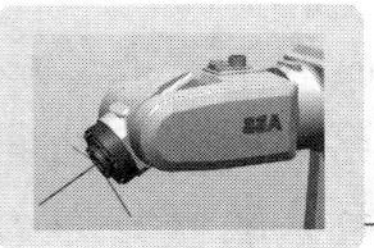
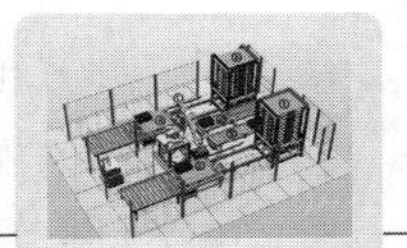

模块 5
带传动和链传动

在工业机器人的传动中，由于要对机器人的运动学和动力学综合考量，在配置驱动电机位置时，常常会将电机与其所驱动的关节分开布置，这时两轴的中心距较大，通常采用挠性传动来实现。挠性传动是一种常见的机械传动，通常由两个或多个传动轮和中间环形挠性件组成，通过挠性件在传动轮之间传递运动和动力，一般用在两轴中心距较大的场合。根据挠性件的类型，挠性传动主要有带传动、链传动和绳传动。按工作原理来分，挠性传动又分为摩擦型传动和啮合型传动。

5.1 带传动概述

5.1.1 带传动的类型和特点

摩擦型带传动通常由主动轮、从动轮和张紧在两轮上的挠性传动带组成，如图 5-1 所示。带紧套在两个带轮上，借助带与带轮接触面间的压力所产生的摩擦力来传递运动和动力。

啮合型带传动由主动同步带轮、从动同步带轮和套在两轮上的环形同步带组成，如图 5-2 所示，带的工作面制成齿形，与有齿的带轮相啮合实现传动。

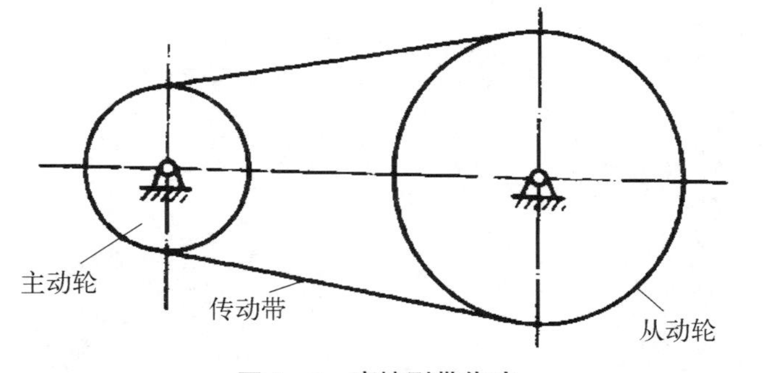

图 5-1 摩擦型带传动

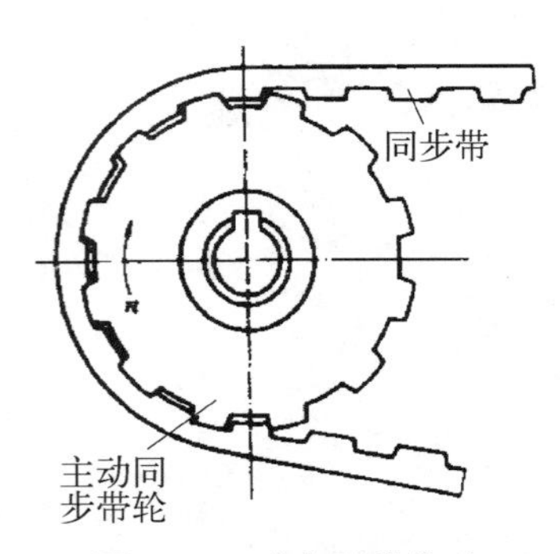

图 5-2 啮合型带传动

摩擦型带传动，按带横剖面的形状是矩形、梯形或圆形，可分为平带传动[见图 5-3(a)]、V 带传动[见图 5-3(b)]、楔带传动[见图 5-3(c)]和圆带传动[见图 5-3(d)]。

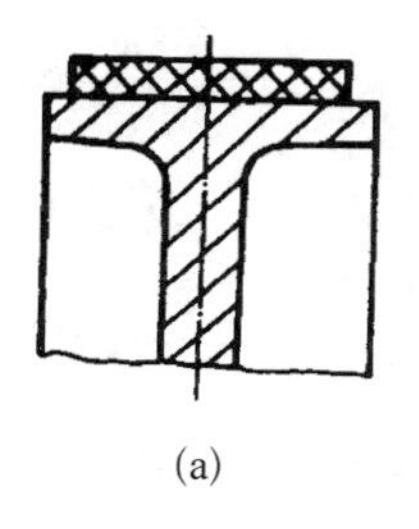

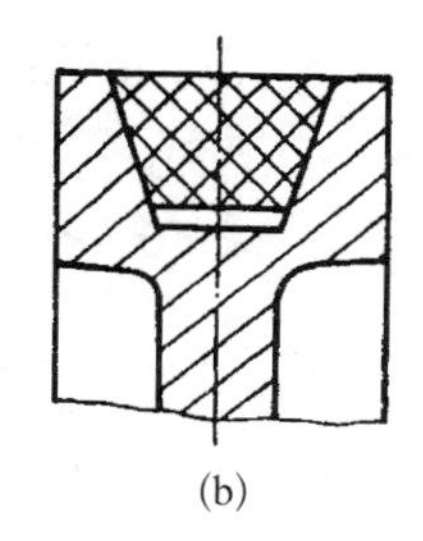

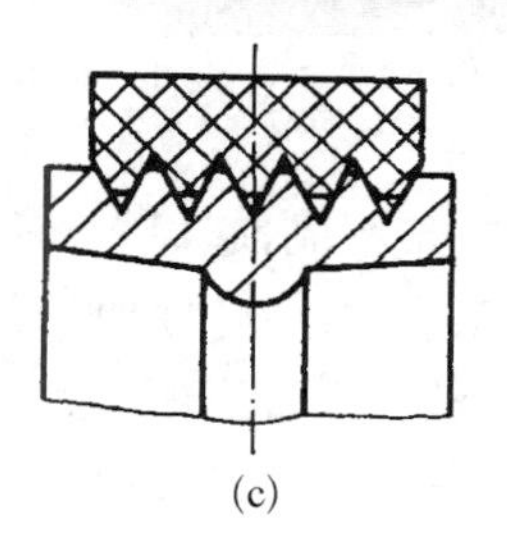

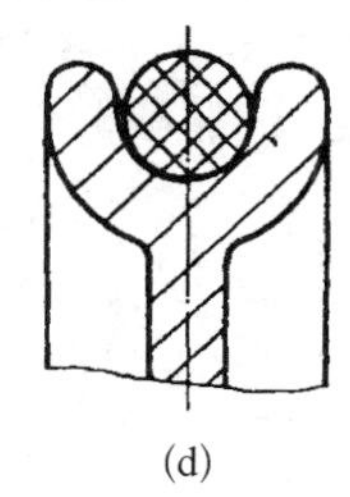

图 5－3　带传动的类型

平带的横截面为扁平矩形，其工作面是与轮面相接触的内表面[见图 5－4(a)]，而 V 带的横截面为等腰梯形，V 带靠两侧面工作[见图 5－4(b)]。

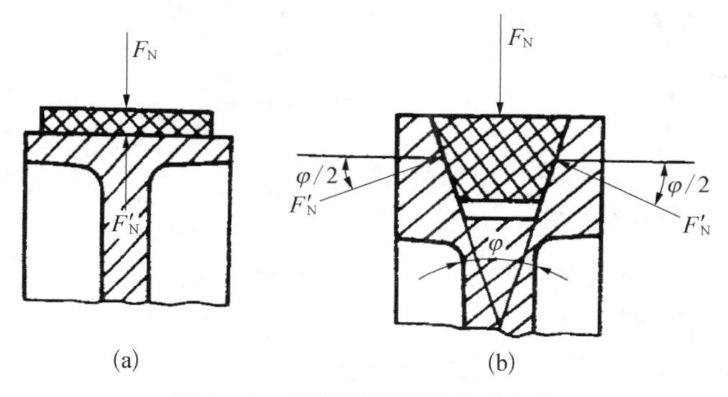

图 5－4　平带与 V 带传动的比较

当平带和 V 带受到同样的压紧力 F_N 时，它们的法向力 F_N' 却不相同。平带与带轮接触面上的摩擦力为 $F_N f = F'_N f$，而 V 带与带轮接触面上的摩擦力为

$$F'_N f = \frac{F_N f}{\sin\frac{\varphi}{2}} = F_N f' \qquad (5-1)$$

式中，φ 为 V 带轮轮槽角；$f' = f/\sin\frac{\varphi}{2}$ 为当量摩擦系数。显然 $f' > f$，因此在相同条件下，V 带能传递较大的功率。V 带传动平稳，因此在一般机械中，多采用 V 带传动。

5.1.2　V 带的结构和规格

V 带已标准化，按其截面大小分为 7 种型号，如表 5－1 所示。

表 5－1　普通 V 带截面尺寸(GB 11544—1989)

型　号	Y	Z	A	B	C	D	E
顶宽 b	6.0	10.0	13.0	17.0	22.0	32.0	38.0
节宽 b_p	5.3	8.5	11.0	14.0	19.0	27.0	32.0
高度 h	4.0	6.0	8.0	11.0	14.0	19.0	25.0
楔角 θ	40°						
每米质量 q	0.03	0.06	0.11	0.19	0.33	0.66	1.02

V带的横剖面结构如图5-5所示，其中图5-5(a)是帘布结构，图5-5(b)是绳芯结构，均由下面几部分组成。

(1) 包布层：由胶帆布制成，起保护作用。

(2) 顶胶：由橡胶制成，当带弯曲时承受拉伸。

(3) 底胶：由橡胶制成，当带弯曲时承受压缩。

(4) 抗拉层：由几层挂胶的帘布或浸胶的棉线(或尼龙)绳构成，承受基本拉伸载荷。

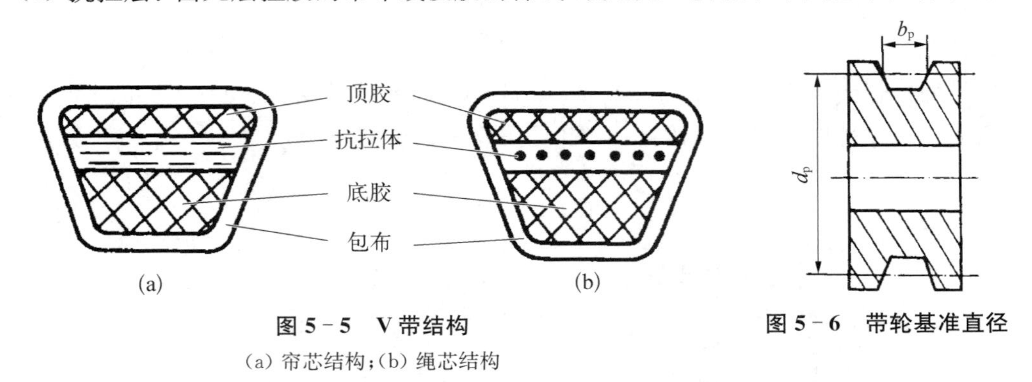

图5-5　V带结构

(a) 帘芯结构；(b) 绳芯结构

图5-6　带轮基准直径

当带受纵向弯曲时，在带中保持原长度不变的任一条周线称为节线，由全部节线构成的面称为节面，带的节面宽度称为节宽(b_p)，当带受纵向弯曲时，该宽度保持不变。在V带轮上，与所配用的节宽b_p相对应的带轮直径称为节径d_p，通常它又是基准直径d_d(见图5-6)。V带在规定的张紧力下，位于带轮基准直径上的周线长度称为基准长度L_d。普通V带的长度系列如表5-2所示。

表5-2　普通V带的长度系列和带长修正系数K_L(GB/T13575.1—1992)

基准长度 L_d/mm	K_L					基准长度 L_d/mm	K_L			
	Y	Z	A	B	C		Z	A	B	C
200	0.81					1 600	1.04	0.99	0.92	0.83
224	0.82					1 800	1.06	1.01	0.95	0.86
250	0.84					2 000	1.08	1.03	0.98	0.88
280	0.87					2 240	1.10	1.06	1.00	0.91
315	0.89					2 500	1.30	1.09	1.03	0.93
355	0.92					2 800		1.11	1.05	0.95
400	0.96	0.79				3 150		1.13	1.07	0.97
450	1.00	0.80				3 550		1.17	1.09	0.99
500	1.02	0.81				4 000		1.19	1.13	1.02
560		0.82				4 500			1.15	1.04
630		0.84	0.81			5 000			1.18	1.07
710		0.86	0.83			5 600				1.09
800		0.90	0.85			6 300				1.12
900		0.92	0.87	0.82		7 100				1.15
1 000		0.94	0.89	0.84		8 000				1.18
1 120		0.95	0.91	0.86		9 000				1.21
1 250		0.98	0.93	0.88		10 000				1.23
1 400		1.01	0.96	0.90						

5.1.3　带传动的特点

1）优点

（1）适用于中心距较大的传动。

（2）带具有弹性，可缓冲和吸振。

（3）传动平稳，噪声小。

（4）过载时带与带轮间会出现打滑，可防止其他零件损坏，起安全保护作用。

（5）结构简单，制造容易，维护方便，成本低。

2）缺点

（1）传动的外廓尺寸较大。

（2）由于带的滑动，因此瞬时传动比不准确，不能用于要求传动比精确的场合。

（3）传动效率较低。

（4）带的寿命较短。

带传动多用于原动机与工作机之间的传动，一般传递的功率 $P \leqslant 100$ kW；带速 $v=5\sim25$ m/s；传动效率 $\eta=0.90\sim0.95$；传动比 $i\leqslant7$。需要指出，带传动中由于摩擦会产生电火花，故不能用于有爆炸危险的场合。

5.1.4　带传动的几何参数

带传动的主要几何参数有中心距 a、带轮直径 d、带长 L 和包角 α 等，如图5-7所示。

（1）中心距 a：当带处于规定张紧力时，两带轮轴线间的距离。

（2）带轮直径 d：在V带传动中，指带轮的基准直径，用 d_d 表示带轮的基准直径。

（3）带长 L：对V带传动，指带的基准长度。用 L_d 表示带的基准长度。

（4）包角 α：带与带轮接触弧所对的中心角。

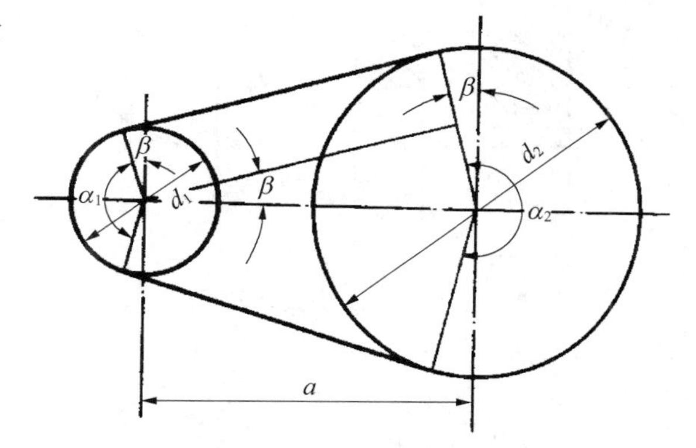

图5-7　带传动的几何参数

由图5-7可知，带长

$$L=2a\cos\beta+(\pi-2\beta)\frac{d_1}{2}+(\pi+2\beta)\frac{d_2}{2}\approx2a+\frac{\pi}{2}(d_1+d_2)+\frac{(d_2-d_1)^2}{4a} \quad (5-2)$$

根据计算所得的带长 L，由表5-2选用带的基准长度。

$$a\approx\frac{1}{8}\left\{2L-\pi(d_1+d_2)+\sqrt{[2L-\pi(d_1+d_2)]^2-8(d_2-d_1)^2}\right\}$$

$$\alpha\approx\pi\pm2\beta \quad (5-3)$$

因 β 角很小，以 $\beta=\sin\beta=\frac{d_2-d_1}{2a}$ 代入上式得

$$\alpha=\pi\pm\frac{d_2-d_1}{a}=180^\circ\pm\frac{d_2-d_1}{a}\times57.3^\circ \quad (5-4)$$

式中，“+”号用于大轮包角 α_2，“−”号用于小轮包角 α_1。

5.2　V 带轮的结构及带传动的维护

5.2.1　V 带轮的结构

V 带轮是普通 V 带传动的重要零件，它必须具有足够的强度，但又要重量轻，质量分布均匀；轮槽的工作面对带必须有足够的摩擦，又要减少对带的磨损。

V 带轮的结构与齿轮类似，直径较小时，$d_d \leqslant (2.5 \sim 3.5) d_s$（$d_s$ 为轴径），可采用实心式，如图 5-8 所示；中等直径的带轮（$d_d \leqslant 300$ mm）可采用腹板式，如图 5-9 所示；若腹板面积较大时（$D_1 - d_1 \geqslant 100$ mm，$D_1 = d_d - 2h_f - 2\delta$），为减轻重量，可在板上加工出孔，称为孔板式，如图 5-10 所示；当直径大于 350 mm 时可采用轮辐式，如图 5-11 所示。

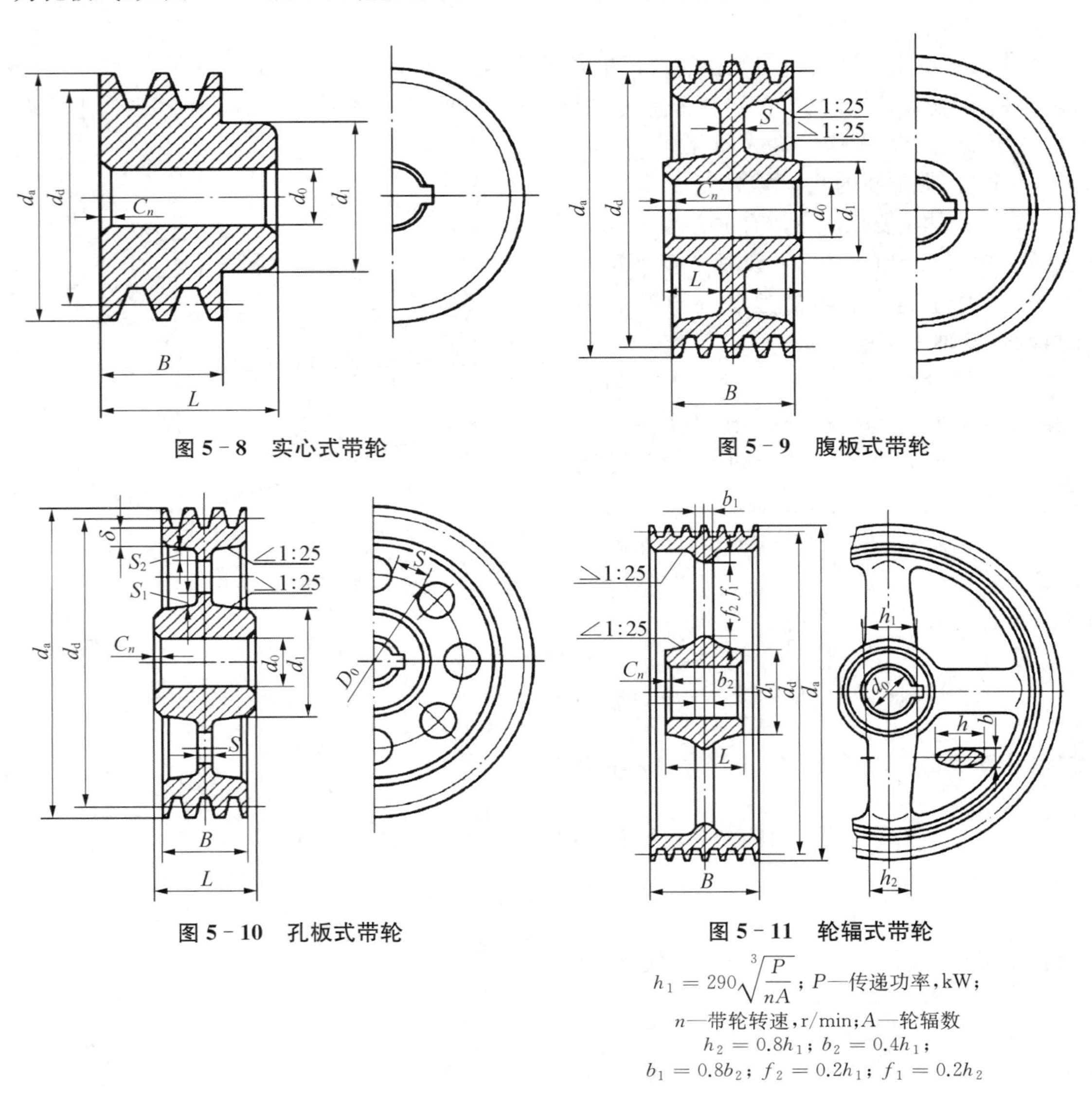

图 5-8　实心式带轮

图 5-9　腹板式带轮

图 5-10　孔板式带轮

图 5-11　轮辐式带轮

$h_1 = 290\sqrt[3]{\dfrac{P}{nA}}$；$P$—传递功率，kW；

n—带轮转速，r/min；A—轮辐数

$h_2 = 0.8h_1$；$b_2 = 0.4h_1$；

$b_1 = 0.8b_2$；$f_2 = 0.2h_1$；$f_1 = 0.2h_2$

普通V带轮轮缘的截面图及轮槽尺寸，如表 5-3 所示，普通V带两侧面的夹角均为 40°，由于V带绕在带轮上弯曲时，其截面变形使两侧面的夹角减小，为使V带能紧贴轮槽两侧，轮槽的楔角规定为 32°、34°、36°和 38°。

表 5-3　普通V带轮的轮槽尺寸(mm)

		槽　型	Y	Z	A	B	C
		基准宽度 b_p	5.3	8.5	11	14	19
		基准线上槽深 h_{amin}	1.6	2.0	2.75	3.5	4.8
		基准线下槽深 h_{fmin}	4.7	7.0	8.7	10.8	14.3
		槽间距 e	8±0.3	12±0.3	15±0.3	19±0.4	25.5±0.5
		槽边距 f_{min}	6	7	9	11.5	16
		轮缘厚 δ_{min}	5	5.5	6	7.5	10
		外径 d_a	$d_a = d_d + 2h_a$				
φ	32°	基准直径 d_d	≤60				
	34°			≤80	≤118	≤190	≤315
	36°		>60				
	38°			>80	>118	>190	>315

V带轮一般采用铸铁 HT150 或 HT200 制造，其允许的最大圆周速度为 25 m/s。速度更高时，可采用铸钢或钢板冲压后焊接。塑料带轮的重量轻、摩擦系数大，常用于机床中。

5.2.2　带传动的张紧装置及维护

普通V带不是完全的弹性体，长期在张紧状态下工作，会因出现塑性变形而松弛，使初拉力 F_0 减小，传动能力下降。因此，必须将带重新张紧，以保证带传动正常工作。

带传动常用的张紧方法是调节中心距。常见的张紧装置有以下两类。

1) 定期张紧装置

图 5-12(a)(b)是采用滑轨和调节螺钉或采用摆动架和调节螺栓改变中心距的张紧方法。前者适用于水平或倾斜不大的布置，后者适用于垂直或接近垂直的布置。若中心距不能调节时，可采用具有张紧轮的装置，[见图 5-12(c)]，它靠平衡锤将张紧轮压在带上，以保持带的张紧。

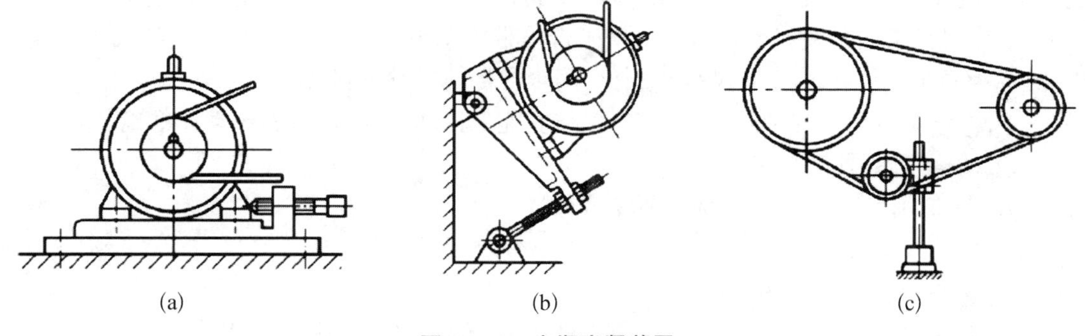

图 5-12　定期张紧装置

(a) 滑道式；(b) 摆架式；(c) 固定张紧轮式

2）自动张紧装置

图 5-13(a)是采用重力和带轮上的制动力矩，使带轮随浮动架绕固定轴摆动而改变中心距的自动张紧方法；图 5-13(b)、(c)分别是牵引式和自动张紧轮式自动张紧装置。

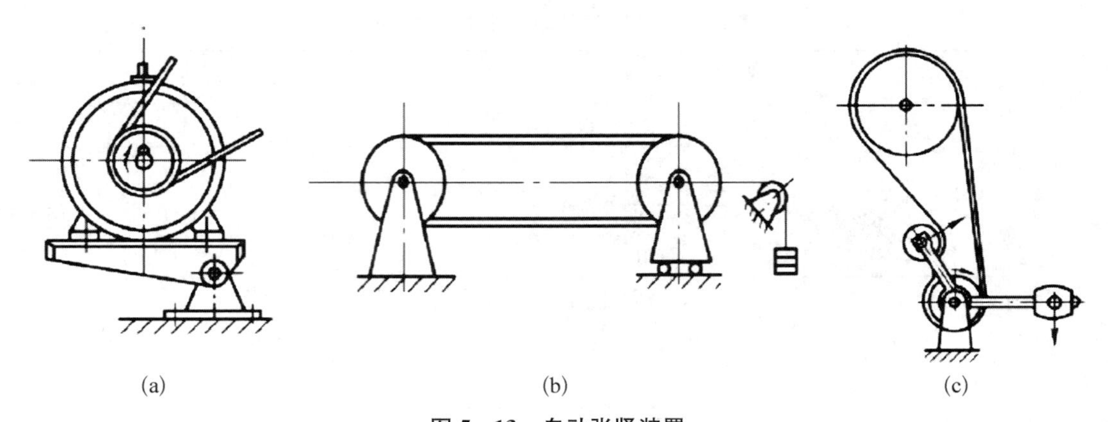

图 5-13　自动张紧装置

(a) 自重式；(b) 牵引式；(c) 自动张紧轮式

为了延长带的寿命，保证带传动的正常运转，必须重视正确地使用和维护保养。使用时注意。

(1) 安装带时，最好缩小中心距后套上 V 带，再予以调整，不应硬撬，以免损坏胶带，降低其使用寿命。

(2) 严防 V 带与油、酸、碱等介质接触，以免变质，也不宜在阳光下暴晒。

(3) 带根数较多的传动，若坏了少数几根需进行更换时，应全部更换，不要只更换坏带而使新旧带一起使用；这样会造成载荷分配不匀，反而加速新带的损坏。

(4) 为了保证安全生产，带传动须安装防护罩。

5.3　同步带的特点及应用

同步带(也称同步齿形带)以钢丝绳为抗拉层，外面包覆聚氨酯或氯丁橡胶而组成。它是横截面为矩形，带面具有等距横向齿的环形传动带(见图 5-14)，带轮轮面也制成相应的齿形，工作时靠带齿与轮齿啮合传动。由于带与带轮无相对滑动，能保持两轮的圆周速度同步，故称为同步带传动。与 V 带传动相比，同步带传动具有下列特点。

(1) 工作时齿形带与带轮间不会产生滑动，能保证两轮同步转动，传动比准确。

(2) 结构紧凑、传动比可达 10。

(3) 带的初拉力较小，轴和轴承所受载荷较小。

(4) 传动效率较高，$\eta=0.98$。

(5) 安装精度要求高、中心距要求严格。

齿形带传动，带速可达 50 m/s，传动比可达 10，传递功率可达 200 kW。

当带在纵截面内弯曲时，在带中保持原长度不变的任意一条周线称为节线(见

图 5－14)，节线长度为同步带的公称长度。在规定的张紧力下，带的纵截面上相邻两齿对称中心线的直线距离称为带节距 P_b，它是同步带的一个主要参数。

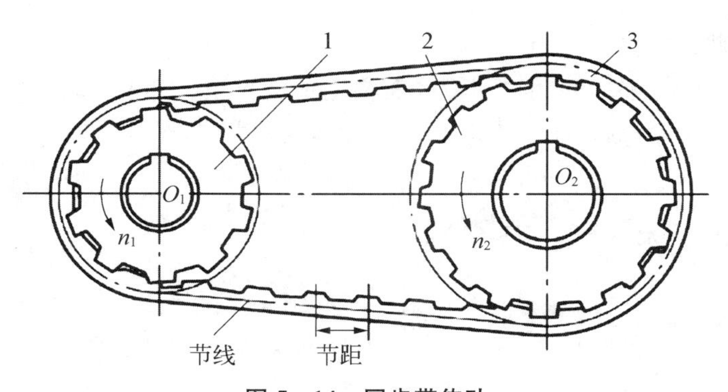

图 5－14　同步带传动

1—主动轮；2—从动轮；3—传动带

同步带传动主要用于要求传动比准确的中、小功率传动中，如计算机、录像带、数控机床、汽车等，如图 5－15 所示。

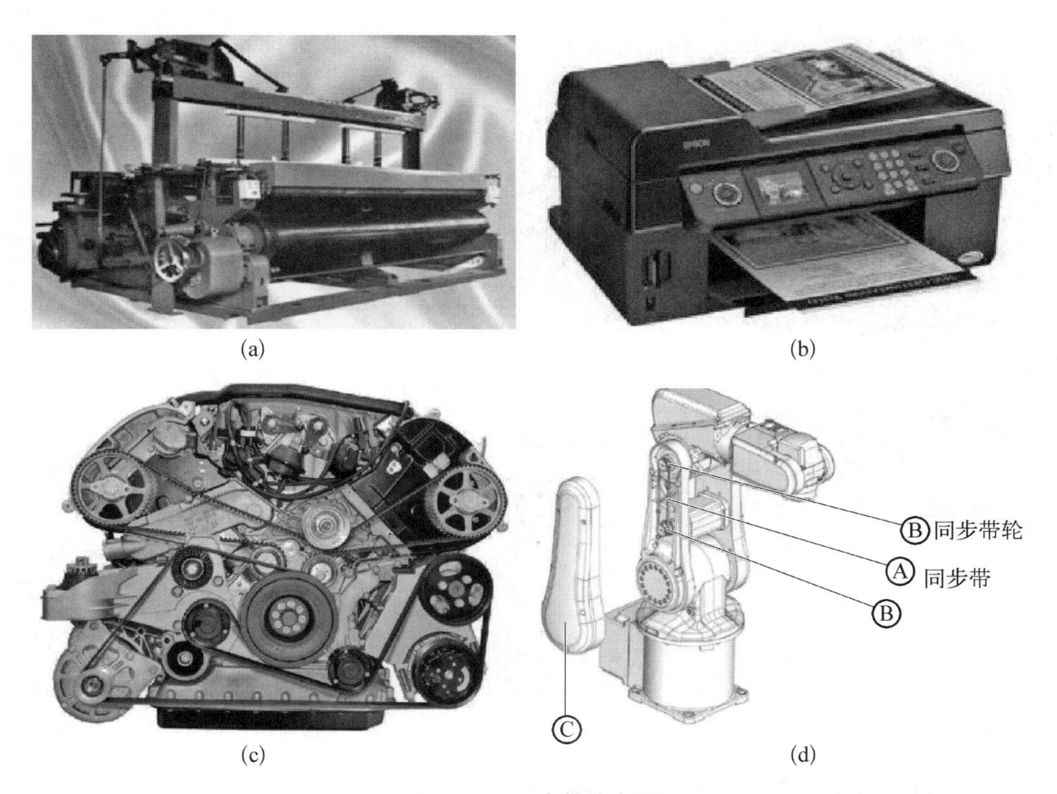

图 5－15　同步带的应用

(a) 在轻工机械设备上的应用；(b) 在精密机械设备上的应用；
(c) 同步带在汽车上的应用；(d) 同步带在工业机器人中的应用

5.4 链传动

5.4.1 链传动的类型及特点

链传动由装在平行轴上的链轮和跨绕在两链轮上的环形链条所组成(见图 5-16),以链条作中间挠性件,靠链条与链轮轮齿的啮合来传递运动和动力。

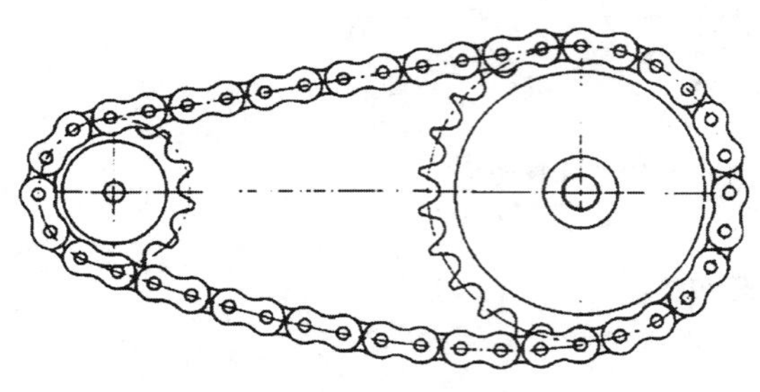

图 5-16 链传动

链传动结构简单,耐用、维护容易,运用于中心距较大的场合。

与带传动相比,链传动能保持准确的平均传动比;没有弹性滑动和打滑;需要的张紧力小;能在温度较高、有油污等恶劣环境条件下工作。

与齿轮传动相比,链传动的制造和安装精度要求较低;成本低廉;能实现远距离传动;但瞬时速度不均匀,瞬时传动比不恒定;传动中有一定的冲击和噪声。

链传动的传动比 $i \leqslant 8$; 中心距 $a \leqslant 5 \sim 6$ m; 传递功率 $P \leqslant 100$ kW; 圆周速度 $v \leqslant 15$ m/s; 传动效率 $\eta = 0.92 \sim 0.96$。链传动广泛用于矿山机械、农业机械、石油机械、机床及摩托车中。

按照链条的结构不同,传递动力用的链条主要有滚子链和齿形链两种(见图 5-17)。其中齿形链结构复杂,价格较高,因此其应用不如滚子链广泛。

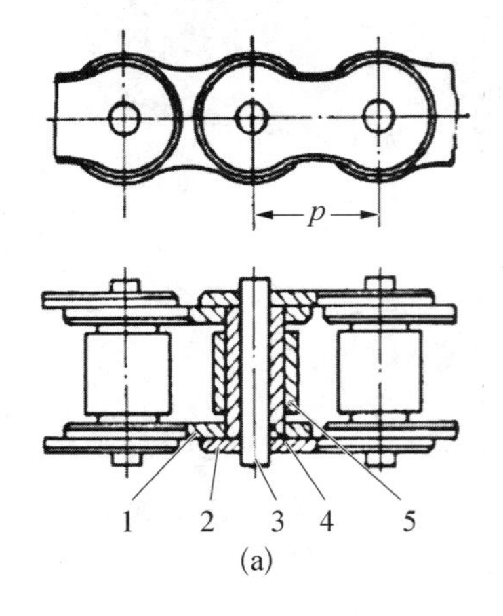

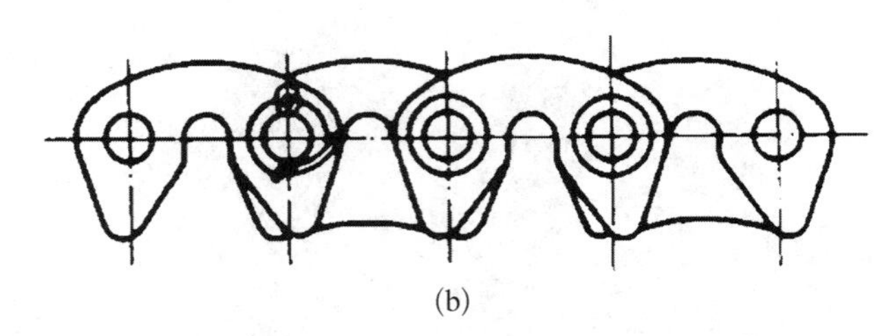

图 5-17 传动链的类型

(a) 滚子链;(b) 齿型链

1—内链板;2—外链板;3—销轴;4—套筒;5—滚子

5.4.2 滚子链传动的结构与选择

滚子链的结构如图 5-17(a)所示,其内链板 1 和套筒 4、外链板 2 和销轴 3 分别用过盈配合固联在一起,分别称为内、外链节。内、外链节构成铰链。滚子与套筒、套筒与销轴均为间隙配合。当链条啮入和啮出时，内、外链节做相对转动；同时，滚子沿链轮轮齿滚动，可减少链条与轮齿的磨损。

为减轻链条的重量并使链板各横剖面的抗拉强度大致相等。内、外链板均制成“∞”字形。组成链条的各零件，由碳钢或合金钢制成，并进行热处理，以提高强度和耐磨性。

滚子链相邻两滚子中心的距离称为链节距，用 p 表示，它是链条的主要参数。节距 p 越大，链条各零件的尺寸越大，所能承受的载荷越大。

滚子链可制成单排链和多排链，如双排链或三排链。排数越多，承载能力越大。由于制造和装配精度，会使各排链受力不均匀，故一般不超过 3 排。

滚子链已标准化，分为 A、B 两个系列，常用的是 A 系列。表 5－4 列出了几种 A 系列滚子链的主要参数。设计时，要根据载荷大小及工作条件等选用适当的链条型号；确定链传动的几何尺寸及链轮的结构尺寸。

表 5－4　A 系列滚子链的主要参数

链号	节距 p/mm	排距 p_1/mm	滚子外径 d_1/mm	极限载荷 Q(单排)/N	每米长质量 q(单排)/(kg/m)
08A	12.70	14.38	7.95	13 800	0.60
10A	15.875	18.11	10.16	21 800	1.00
12A	19.05	22.78	11.91	21 100	1.50
16A	25.40	29.29	15.88	55 600	2.60
20A	31.75	35.76	19.05	86 700	3.80
24A	38.10	45.44	22.23	124 600	5.60
28A	44.45	48.87	25.40	169 000	7.50
32A	50.80	58.55	28.58	222 400	10.10
40A	63.50	71.55	39.68	347 000	16.10
48A	76.20	87.83	47.63	500 400	22.60

注：(1) 摘自 GB1243.1—1983，表中链号与相应的国际标准链号一致，链号乘以 $\frac{25.4}{16}$ 即为节距值(mm)。后缀 A 表示 A 系列。
(2) 使用过渡链节时，其极限载荷按表列数值 80%计算。

按照 GB 1243.1—1983 的规定，套筒滚子链的标记为链号—排数×整链节数　　标准号

例如：A 级、双排、70 节、节距为 38.1 mm 的标准滚子链，标记应为 24A—2×70 GB 1243.1—1983

标记中，B 级链不标等级，单排链不标排数。

滚子链的长度以链节数 L_p 表示。链节数 L_p 最好取偶数，以便链条联成环形时正好是内、外链板相接，接头处可用开口销或弹簧夹锁紧(见图 5－18)。若链节数为奇数时，则需采用过渡链节(见图 5－19)，过渡链节的链板需单独制造，另外当链条受拉时，过渡链节还要承受附加的弯曲载荷，使强度降低，通常应尽量避免。

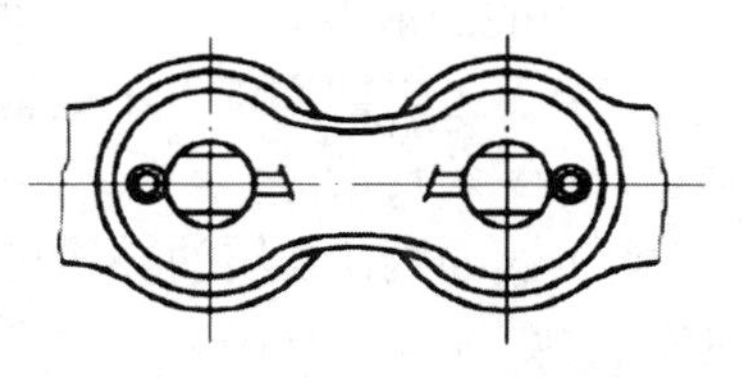

图 5－18　偶数链的链节过渡

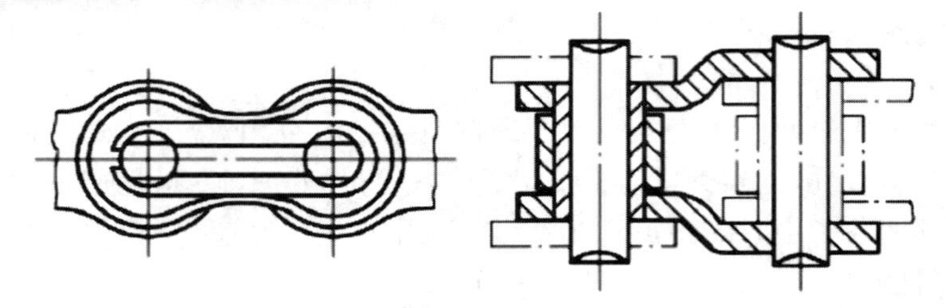

图 5-19　奇数链的过渡链节

5.4.3　链传动的布置

在链传动中，两链轮的转动平面应在同一平面内，两轴线必须平行，最好成水平布置[见图 5-20(a)]，如需倾斜布置时，两链轮中心连线与水平线的夹角 φ 应小于 45°[见图 5-20(b)]。同时链传动应使紧边(即主动边)在上，松边在下，以便链节和链轮轮齿可以顺利地进入和退出啮合。如果松边在上，可能会因松边垂度过大而出现链条与轮齿的干扰，甚至会引起松边与紧边的碰撞。

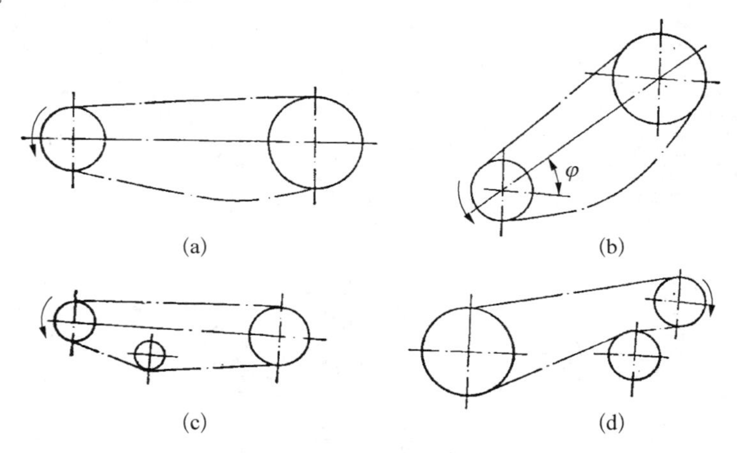

图 5-20　链传动布置

为防止链条垂度过大造成啮合不良和松边的颤动，需用张紧装置。如中心距可以调节时，可用调节中心距来控制张紧程度；若中心距不可调节时，可用张紧轮。张紧轮应安装在链条松边靠近小链轮处，放在链条内外侧均可，如图 5-20(c)、(d)所示。张紧轮可以是链轮，也可以是无齿的滚轮，其直径可比小链轮略小些。

5.4.4　链传动的润滑

链传动良好的润滑将会减少磨损、缓和冲击，提高承载能力，延长使用寿命，因此链传动应合理地确定润滑方式和润滑剂种类。

常用的润滑方式有如下几种。

(1) 人工定期润滑：用油壶或油刷给油[见图 5-21(a)]，每班注油一次，适用于链速 $v \leqslant 4$ m/s 的传动。

(2) 滴油润滑：用油杯通过油管向松边的内、外链板间隙处滴油，用于链速 $v \leqslant 10$ m/s 的传动[见图 5-21(b)]。

(3) 油浴润滑：链从密封的油池中通过，链条浸油深度以 6～12 mm 为宜，适用于链速

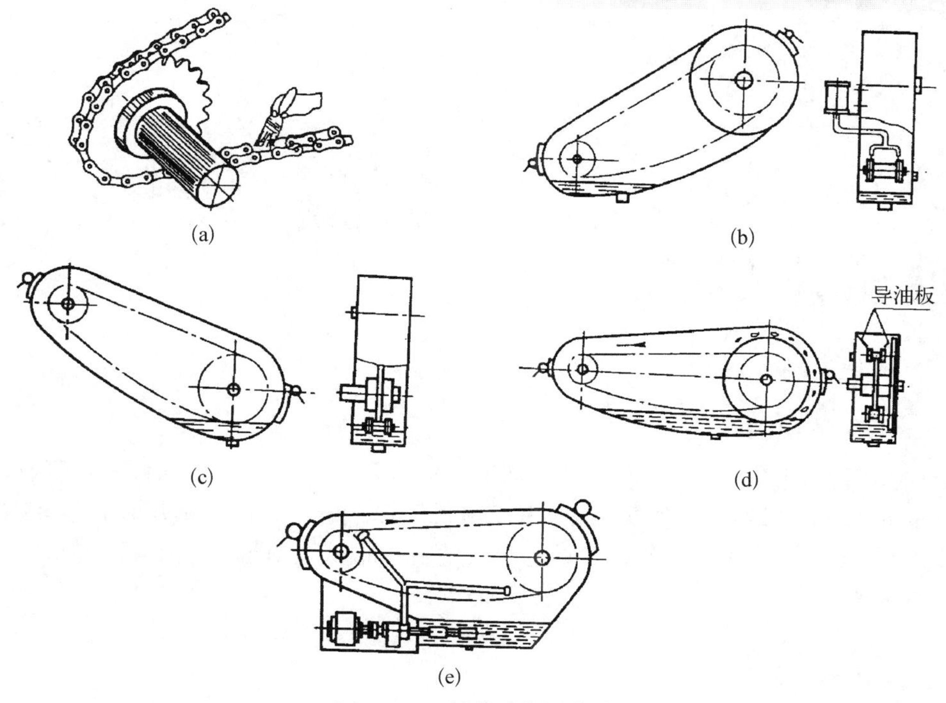

(a)　(b)　(c)　(d)　(e)

图 5-21　链传动润滑方法

$v=6\sim 12$ m/s 的传动[见图 5-21(c)]。

(4) 飞溅润滑：在密封容器中，用甩油盘将油甩起，经由壳体上的集油装置将油导流到链上。甩油盘速度应大于 3 m/s，浸油深度一般为 12～15 mm[见图 5-21(d)]。

(5) 压力油循环润滑：用油泵将油喷到链上，喷口应设在链条进入啮合之处。适用于链速 $v\geqslant 8$ m/s 的大功率传动[见图 5-21(e)]，链传动常用的润滑油有 L-AN32、L-AN46、L-AN68、L-AN100 等全损耗系统用油。温度低时，黏度宜低；功率大时，黏度宜高。

习题

1. 填空题

(1) 摩擦型带传动通常由________、________和张紧在两轮上的挠性传动带组成。

(2) 摩擦型带传动，按带横剖面的形状是矩形、圆形或梯形，可分为________、圆带传动、楔带传动和________。

(3) V 带的定期张紧装置有________、________、________。

(4) 常用的带轮自动张紧装置有________、________、________。

2. 简单题

(1) 简述带传动的优缺点。

(2) 简述带轮的维护和保养的注意事项。

(3) 简述同步带传动的特点。

(4) 简述链传动的特点。

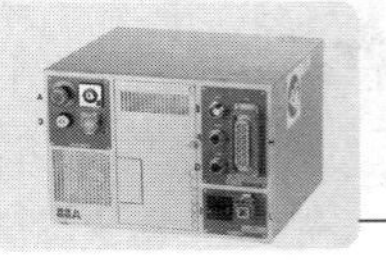
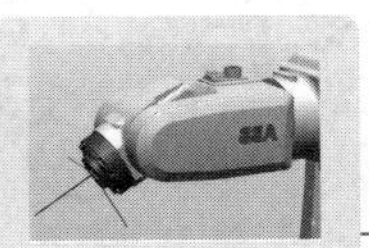
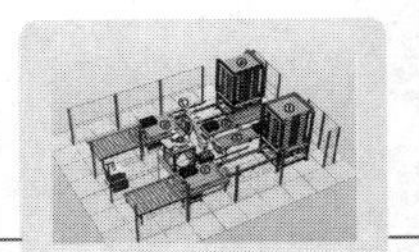

模块 6

其他常用机构

在工业机器人的设计中，经常会将驱动电机的旋转运动转化为从动件的往复移动或摆动；将电机的连续运动转化为间歇运动；调整电机转速或旋转方向以适应动作要求等；为满足这些要求，通常会用到一些除前文所述的其他机构形式，如凸轮机构、槽轮机构、变速机构、换向机构等。

6.1 凸轮机构

6.1.1 凸轮机构的应用与分类

1）凸轮机构的应用

凸轮机构能将主动件的连续等速运动变为从动件的往复变速运动或间歇运动。在自动机械、半自动机械中应用非常广泛。凸轮机构是机械中的一种常用机构。

图 6－1 为内燃机配气凸轮机构。凸轮 1 以等角速度回转时，它的轮廓驱动从动件 2（阀杆）按预期的运动规律启闭阀门。

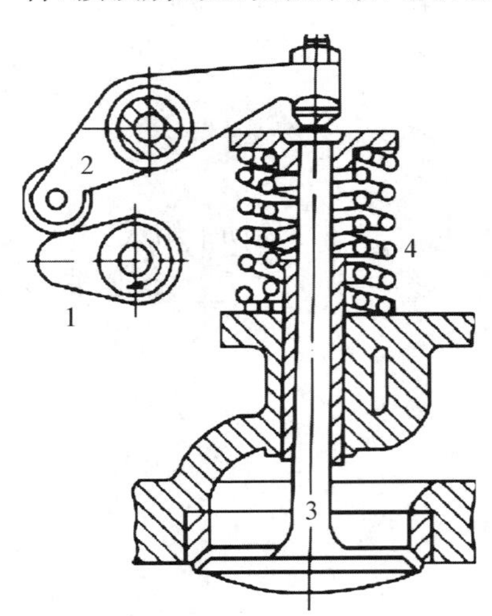

图 6－1 内燃机配气凸轮机构

1—凸轮；2—从动件；3—气门杆；4—弹簧

图 6－2 为绕线机中用于排线的凸轮机构。当绕线轴 3 快速转动时，绕轴线上的齿轮带动凸轮 1 缓慢地转动，通过凸轮轮廓与尖顶 A 之间的作用，驱使从动件 2 往复摇动，因而使线均匀地绕在绕线轴上。

图 6－3 为驱动动力头在机架上移动的凸轮机构。圆柱凸轮 1 与动力头连接在一起，它们可以在机架 3 上做往复移动。滚子 2 的轴固定在机架 3 上，滚子 2 放在圆柱凸轮的凹槽中。凸轮转动时，由于滚子 2 的轴是固定在机架上的，故凸轮转动时带动动力头在机架 3 上做往复移动，以实现对工件的钻削。动力头的快速引进—等速进给—快速退回—静止等动作均取决于凸轮上凹槽的曲线形状。

图 6－4 为应用于冲床上的凸轮机构示意图。凸轮 1 固定在冲头上，当冲头上下往复运动时，凸轮驱使从动件 2 以一定的规律做水平往复运动，从而带动机械手装卸工件。

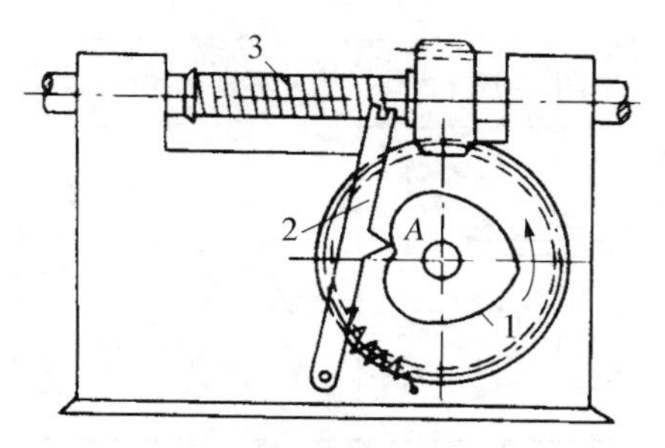

图 6-2　绕线机中排线凸轮机构

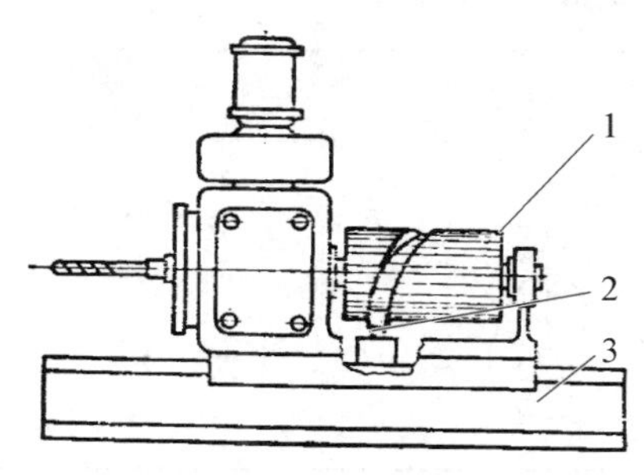

图 6-3　动力头用凸轮机构

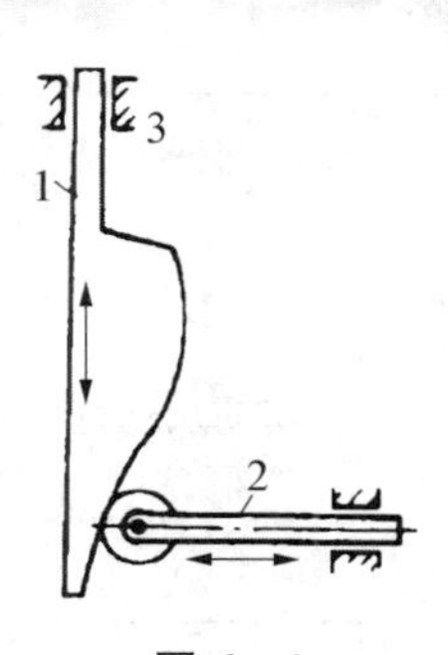

图 6-4
冲床上的凸轮机构

由以上例子可以看出：凸轮机构主要由凸轮 1、从动件 2 和机架 3 三个基本构件组成。从动件与凸轮轮廓为高副接触传动，因此理论上讲可以使从动件获得所需要的任意的预期运动。

凸轮机构的优点为：只需设计适当的凸轮轮廓，便可使从动件得到所需的运动规律，并且结构简单、紧凑、设计方便。它的缺点是凸轮轮廓与从动件之间为点接触或线接触，易于磨损，所以，通常多用于传力不大的控制机构。

2）凸轮机构的分类

（1）按凸轮的形状分类：

① 盘形凸轮：它是凸轮最基本的型式。这种凸轮是一个绕固定轴转动并且具有变化半径的盘形零件，如图 6-1 和图 6-2 所示。

② 圆柱凸轮：将移动凸轮卷成圆柱体即成为圆柱凸轮，如图 6-3 所示。

③ 移动凸轮：当盘形凸轮的回转中心趋于无穷远时，凸轮相对机架做直线运动，这种凸轮称为移动凸轮，如图 6-4 所示。

（2）按从动件的形状分类(见表 6-1)：

表 6-1　按从动件分类的凸轮机构

从动杆类型	尖　端	滚　子	平　底	曲　面
对心移动从动杆	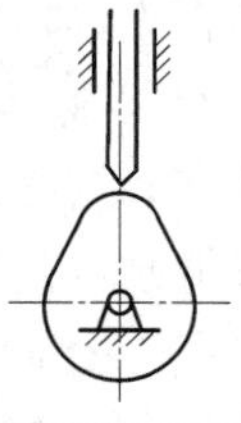	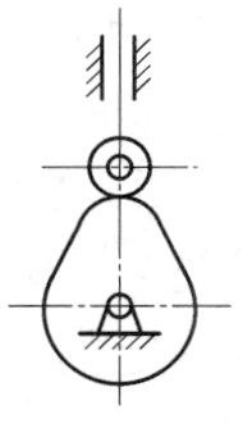	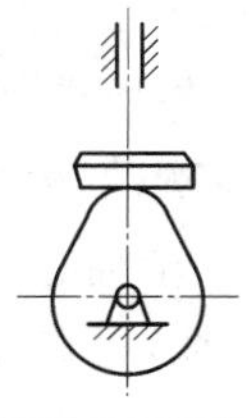	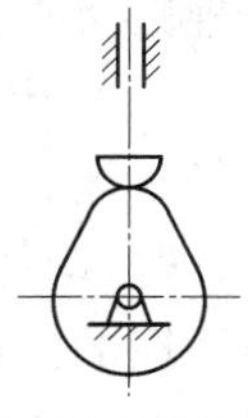
偏置移动从动杆	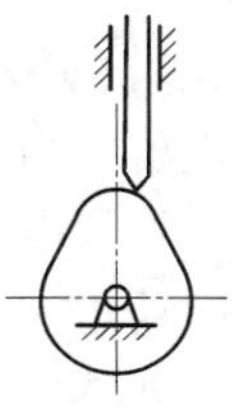	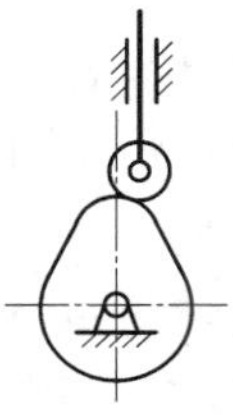	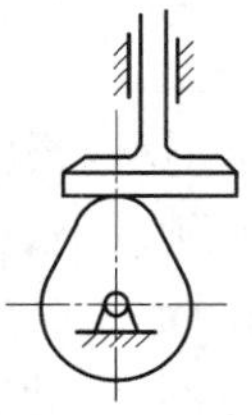	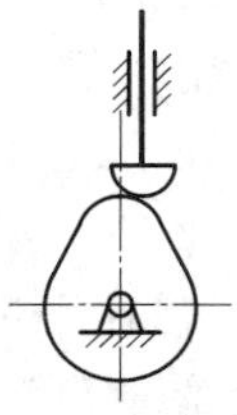

（续表）

从动杆类型	尖　端	滚　子	平　底	曲　面
摆动从动杆	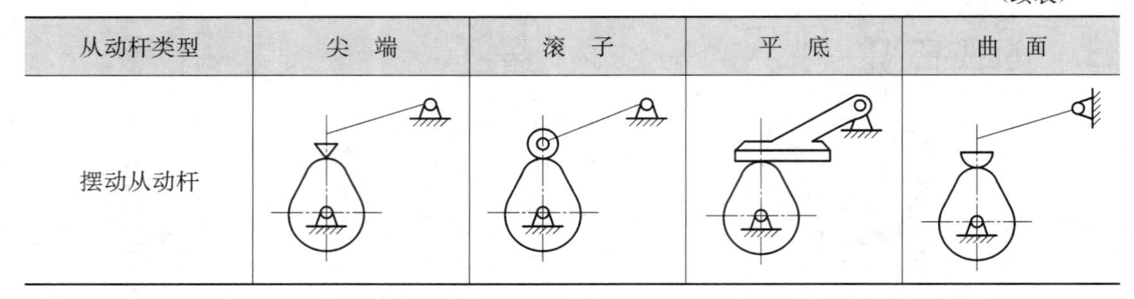			

① 尖端从动件：这种从动件结构最简单，尖顶能与任意复杂的凸轮轮廓保持接触，以实现从动件的任意运动规律。但因尖顶易磨损，仅适用于作用力很小的低速凸轮机构。

② 滚子从动件：从动件的一端装有可自由转动的滚子，滚子与凸轮之间为滚动摩擦，磨损小，可以承受较大的载荷，因此，应用最普遍。

③ 平底从动件：从动件的一端为一平面，直接与凸轮轮廓相接触。若不考虑摩擦，凸轮对从动件的作用力始终垂直于端平面，传动效率高，且接触面间容易形成油膜，利于润滑，故常用于高速凸轮机构。它的缺点是不能用于凸轮轮廓有凹曲线的凸轮机构中。

④ 曲面从动件：这是尖端从动件的改进形式，较尖端从动件不易磨损。

(3) 按从动件的运动形式分类(见表 6-1 横排)：

① 移动从动件：从动件相对机架做往复直线运动。

② 偏移放置：即不对心放置的移动从动件，相对机架做往复直线运动。

③ 摆动从动件：从动件相对机架作往复摆动。

为了使凸轮与从动件始终保持接触，可以利用重力、弹簧力或依靠凸轮上的凹槽来实现。

6.1.2　从动件的常用运动规律

从动件的运动规律即是从动件的位移 s、速度 v 和加速度 a 随时间 t 变化的规律。当凸轮做匀速转动时，其转角 δ 与时间 t 成正比 ($\delta = \omega t$)，所以从动件运动规律也可以用从动件的运动参数随凸轮转角的变化规律来表示，即 $s=s(\delta)$，$v=v(\delta)$，$a=a(\delta)$。通常用从动件运动线图直观地表述这些关系。

现以对心移动尖顶从动件盘形凸轮机构为例，说明凸轮与从动件的运动关系，如图 6-5(a) 所示，以凸轮轮廓曲线的最小向径 r_b 为半径所作的圆称为凸轮的基圆，r_b 称为基圆半径。点 A 为凸轮轮廓曲线的起始点。当凸轮与从动件在 A 点接触时，从动件处于最低位置(即从动件处于距凸轮轴心 O 最近位置)。当凸轮以匀角速 ω 逆时针转动 φ_1 时，凸轮轮廓 AB 段的向径逐渐增加，推动从动件以一定的运动规律到达最高位置 B'(此时从动件处于距凸轮轴心 O 最远位置)，这个过程称为推程。这时从动件移动的距离 h 称为升程，对应的凸轮转角 φ_1 称为推程运动角。当凸轮继续转动 φ_2 时，凸轮轮廓 BC 段向径不变，此时从动件处于最远位置停留不动，相应的凸轮转角 φ_2 称为远休止角。当凸轮继续转动 φ_3 时，凸轮轮廓 CD 段的向径逐渐减小，从动件在重力或弹簧力的作用下，以一定的运动规律回到起始位置，这个过程称为回程。对应的凸轮转角 φ_3 称为回程运动角。当凸轮继续转动 φ_4 时，凸轮轮廓 DA 段的向径不变，此时从动件在最近位置停留不动，相应的凸轮转角 φ_4 称为近

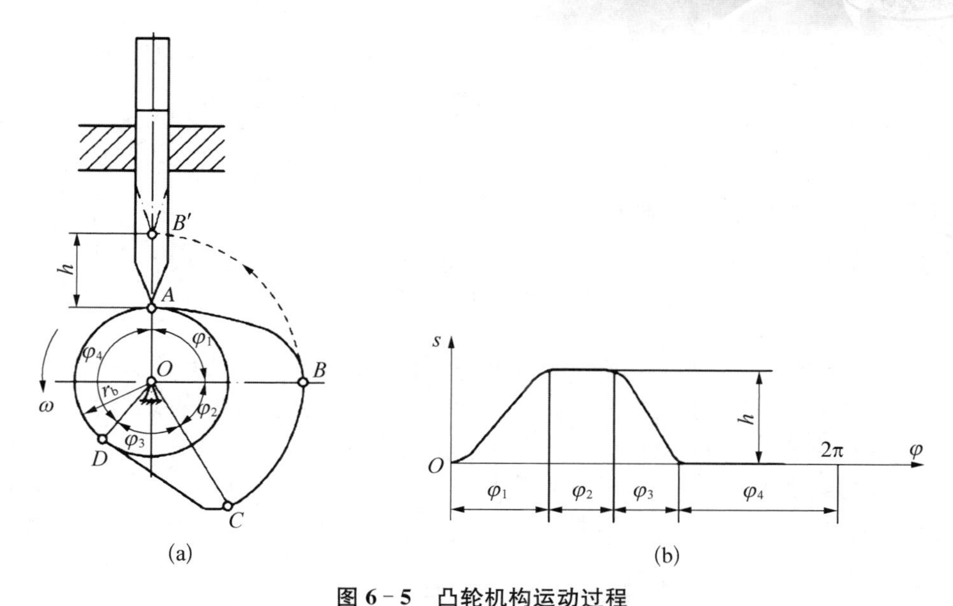

(a)　　　　　　(b)

图 6-5　凸轮机构运动过程

(a) 对心直动尖顶推杆盘形凸轮；(b) 从动件位移曲线

休止角。当凸轮再继续转动时，从动件重复上述运动循环。如果以直角坐标系的纵坐标代表从动件的位移 s，横坐标代表凸轮的转角 φ，则可以画出从动件位移 s 与凸轮转角 φ 之间的关系线图，如图 6-5(b)所示，它简称为从动件位移曲线。

下面介绍几种常用的从动件运动规律。

1) 等速运动规律

从动件速度为定值的运动规律称为等速运动规律。当凸轮以等角速度 ω 转动时，从动件在推程或回程中的速度为常数，如图 6-6 所示。

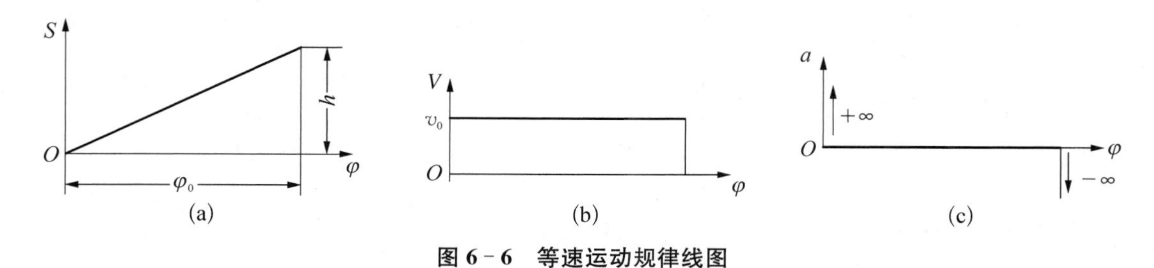

(a)　　　　(b)　　　　(c)

图 6-6　等速运动规律线图

从图中可以看出，位移线图为一斜直线，速度线图为一水平线，加速度为零。从动件运动的开始和终止位置速度有突变，瞬时加速度趋于无穷大，使从动件产生非常大的惯性力，将使凸轮受到很大的冲击，这种因速度突变而产生的冲击称为刚性冲击。等速运动规律只适合于低速和从动件质量较小的场合。

2) 等加速等减速运动规律

当凸轮以等角速度 ω 转动时，从动件在一个行程中，先做等加速度运动，后做等减速带运动。通常，加速段和减速段的时间相等，位移相等($h/2$)，加速度的绝对值也相等。

由力学知识可知，从动件做等加速度运动时，其位移 s 和速度 v 与时间 t 的关系分别为

$s=at^2/2$，$v=at$。将时间 t 替换成转角 φ，经推导得从动件在等加速段的运动方程为

$$s=\frac{2h}{\varphi_0}\varphi^2,\ v=\frac{4h\omega}{\varphi_0^2}\varphi,\ a=\frac{4h\omega^2}{\varphi_0^2} \tag{6-1}$$

从动件在等减速段的运动方程为

$$s=h-\frac{2h}{\varphi_0^2}(\varphi_0-\varphi)^2,\ v=\frac{4h\omega}{\varphi_0^2}(\varphi_0-\varphi),\ a=-\frac{4h\omega^2}{\varphi_0^2} \tag{6-2}$$

由式(6-1)和式(6-2)可知，位移 s 是凸轮转角 φ 的二次函数，所以位移线图为抛物线，因 v 与 φ 为一次函数，所以速度线图为斜直线，加速度线图为直线，如图 6-7 所示。

这种运动规律的特点是当加速度 a 为常数时，从动件的加速度线图为平行与 φ 轴的直线。在位于曲线的端点和中点处，加速度发生有限值的突变。此时惯性力产生有限制的突变，使凸轮机构产生“柔性冲击”。这种运动规律的凸轮机构不适宜做高速运动，而只适用于中低速、轻载的场合。

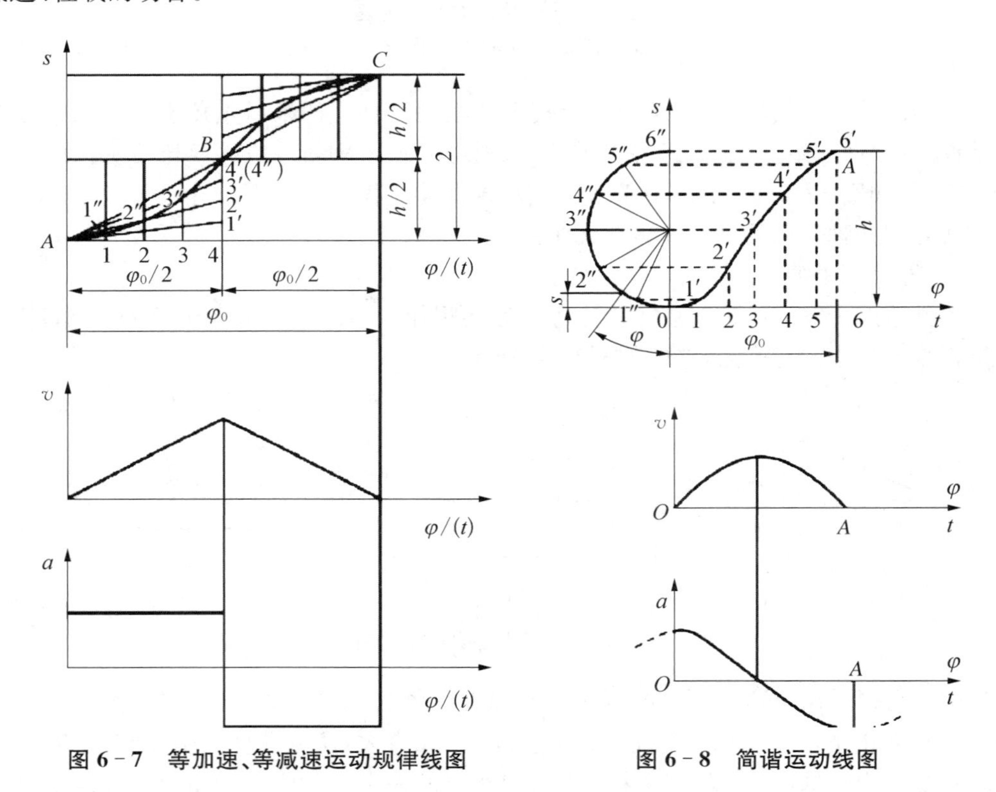

图 6-7　等加速、等减速运动规律线图　　　图 6-8　简谐运动线图

3）简谐运动规律

点在圆周上做匀速运动时，它在这个圆的直径上的投影所构成的运动称为简谐运动，如图 6-8 所示。

简谐运动规律位移线图的作法如下：

把从动件的行程 h 作为直径画半圆，将此半圆分成若干等份得 1″、2″、3″、4″…点。再把

凸轮运动角也分成相应的等份，并作垂线 11′、22′、33′、44′…，然后将圆周上的等分点投影到相应的垂直线上得 1′、2′、3′、4′…点。用光滑的曲线连接这些点，即得到从动件的位移线图，其方程式为

$$s=\frac{h}{2}(1-\cos\theta)$$

将上式求导两次，由图可知：当 $\theta=\pi$ 时，$\varphi=\varphi_0$，而凸轮做匀速转动，故 $\theta=\pi\varphi/\varphi_0$，由此，可导出从动件推程做简谐运动的运动方程式：

$$\begin{aligned} s&=\frac{h}{2}\left[1-\cos\left(\frac{\pi}{\varphi_0}\varphi\right)\right] \\ v&=\frac{\pi h\omega}{2\varphi_0}\sin\left(\frac{\pi}{\varphi_0}\varphi\right) \\ a&=\frac{\pi^2 h\omega^2}{2\varphi_0^2}\cos\left(\frac{\pi}{\varphi_0}\varphi\right) \end{aligned} \tag{6-3}$$

由运动方程式可以看出，这种运动规律的加速度曲线是余弦曲线，故又称为余弦加速度运动规律。余弦加速度运动规律的特点是速度和加速度是连续的。但在 O、A 两点加速度有突变，仍会产生柔性冲击，因此，它适用于中、低速中载的场合。当从动件只做升-降-升运动时，若推程和回程都采用余弦加速度运动规律，则不会产生冲击，故用于高速凸轮机构。

4）改进型运动规律简介

在上述运动规律的基础上有所改进的运动规律称为改进型运动规律。例如，在推杆为等速运动的凸轮机构中，为了消除位移曲线上的折点，可将位移线图作一些修改。如图 6-9 所示，将行程始、末两处各取一小段圆弧或曲线 OA 及 BC，并将位于曲线上的斜直线与这两段曲线相切，以使曲线圆滑。当推杆按修改后的位移规律运动时，将不产生刚性冲击。但这时在 OA 及 BC 这两段曲线处的运动将不再是等速运动。

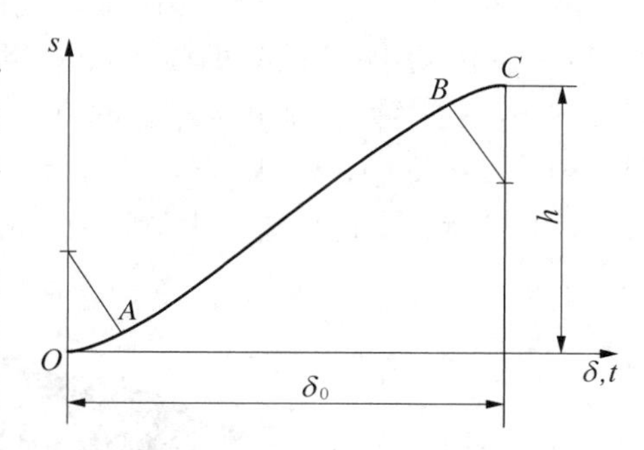

图 6-9　改进的等速运动位移曲线

在实际应用时，或者采用单一的运动规律，或者采用几种运动规律的配合，应视推杆的工作需要而定。原则上应注意减轻机构中的冲击。

6.2　变速机构及换向机构

6.2.1　变速机构

变速机构是在输入轴转速不变的情况下，使输出轴获得不同转速的传动装置。主要分为有级变速机构和无级变速机构。

1）有级变速机构

有级变速机构是在输入转速不变的条件下，使输出轴获得一定的转速级数。有级变速

机构主要分为滑移齿轮变速机构、塔齿轮变速机构、倍增速变速机构和拉键变速机构。

(1) 滑移齿轮变速机构。由固定齿轮和滑移齿轮组成。靠滑移齿轮来改变啮合位置，改变传动比，如图 6－10 所示。

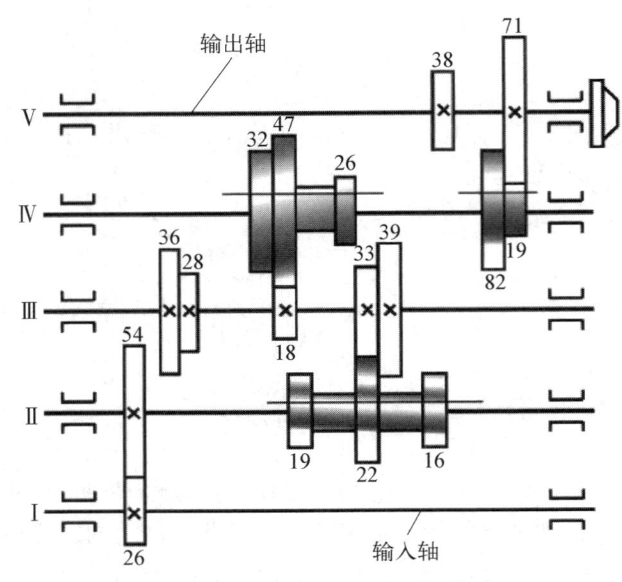

图 6－10　滑移齿轮变速机构

由图 6－10 分析可得相邻两轴之间的传动路线及传动比数目。Ⅰ轴和Ⅱ轴之间只有 54/26 一种传动比；Ⅱ轴和Ⅲ轴之间有 36/19、33/22、39/16 三种；Ⅲ轴和Ⅳ轴之间有 32/28、47/18、26/39 三种；Ⅳ轴和Ⅴ轴之间有 38/82 和 71/19 两种。故Ⅱ轴和Ⅴ轴之间总共可以得到 3×3×2＝18 中传动比。即可以得到 18 种不同的转速。

(2) 塔齿轮变速机构。由滑移齿轮和一组宝塔式的固定齿轮组组成，如图 6－11 所示。

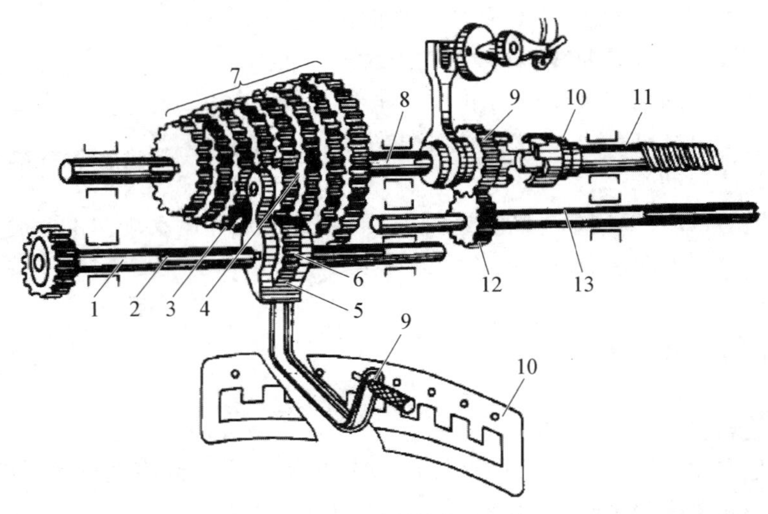

图 6－11　塔齿轮变速机构

1—主动轴；2—导向键；3—中间齿轮支架；4—中间齿轮；5—拨叉；6—滑移齿轮；7—塔齿轮；8—从动轴；9、10—离合器；11—丝杠；12—光杆齿轮；13—光杆在从动轴 8 上 8 个排成塔形的固定齿轮组成塔齿轮 7，主动轴 1 上的滑移齿轮 6 和拨叉 5 沿导向键 2 可在轴上滑动，并通过中间齿轮 4 可在塔齿轮中任意一个齿轮啮合，从而将主动轴的运动传递给从动轴。机构的传动比与塔齿轮的齿数成正比，因此很容易由塔齿轮的齿数实现传动比等差数列的变速机构。常应用在转速不高，但需要多种转速的场合，如卧式车床进给箱中的基本螺距机构。

(3) 倍增速变速机构。由固定齿轮、空套齿轮和滑移齿轮组成。通过滑移齿轮的移动，改变啮合的空套齿轮数，改变传动比变速，如图 6-12 所示。

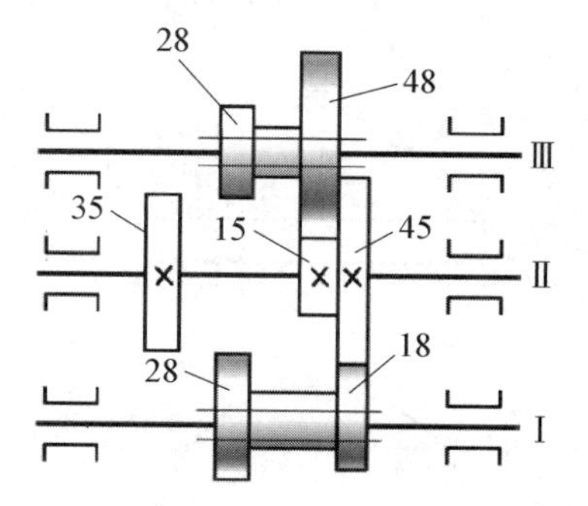

图 6-12　倍增速变速机构

分析图 6-12，共有 4 条传动路线，第一条：28—35、35—28；第二条：18—45、35—28；第三条：28—35、15—48；第四条：18—45、15—48，分别求传动比为

$$i_1=\frac{35\times 28}{28\times 35}=1$$

$$i_2=\frac{45\times 28}{18\times 35}=2$$

$$i_3=\frac{35\times 48}{28\times 15}=4$$

$$i_4=\frac{45\times 48}{18\times 15}=8$$

不难看出，得到的四个传动比是以倍数 2 递增的，形成等比数列，故把具有此特点的机构称为倍增变速机构。

(4) 拉键变速机构。由空套齿轮、固定齿轮和拉键组成。通过拉键位置变化，固定不同的空套齿轮啮合，改变传动比，如图 6-13 所示。该机构的结构紧凑，但拉键的刚度低，不能传递较大的转矩。

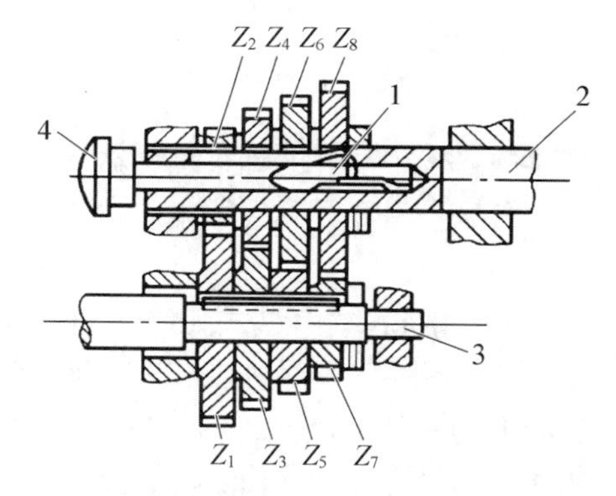

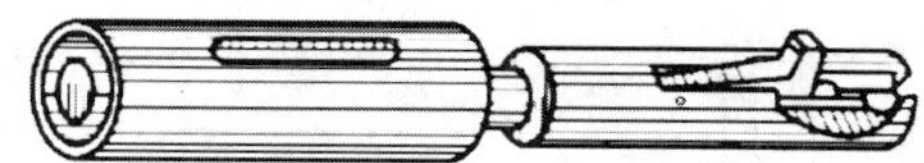

图 6-13　拉键变速机构

1—弹簧键；2—从动套筒轴；3—主动轴；4—手柄轴

图 6-13 中，齿轮 Z_1、Z_3、Z_5、Z_7 固定在主动轴 3 上；齿轮 Z_2、Z_4、Z_6、Z_8 空套在从动套筒轴 2 上，中间用垫圈分隔。插入套筒轴孔中的手柄轴 4 的前端设有弹簧键 1，可由套筒轴穿通的长槽中弹出，嵌入任一个空套齿轮的键槽中(图示位置键嵌入齿轮 Z_8 内孔的键槽)，从而可将主动轴的运动通过齿轮副和弹簧键传给从动轴。图示位置中，运动的传递是通过齿轮 Z_7 与 Z_8 实现的。此时空套齿轮 Z_2、Z_4、Z_6 因与齿轮 Z_1、Z_3、Z_5 啮合，所以也在转动，且转速各不相同，但他们的转动与从动轴的回转无关。

综上，有级变速机构变速可靠、传动比准确、机构紧凑，但传动不够平稳、变速有噪声、零件种类数量较多。

2) 无级变速机构

无级变速机构依靠摩擦传递转矩，适量地改变主动件和从动件的转动半径，使输出轴的转速在一定的范围内无级变化。无级变速机构主要分为滚子平盘式无级变速机构、锥轮-端面盘式无级变速机构、分离锥轮式无级变速机构。

(1) 滚子平盘式无级变速机构。

① 工作原理：如图 6－14 所示，主、从动轮靠接触处产生的摩擦力传动，传动比 $i = r_2/r_1$，由于 r_2 可在一定范围内任意改变，所以从动轴Ⅱ可以获得无级变速。

② 工作特点：结构简单，制造方便，但存在较大的相对滑动，磨损严重。

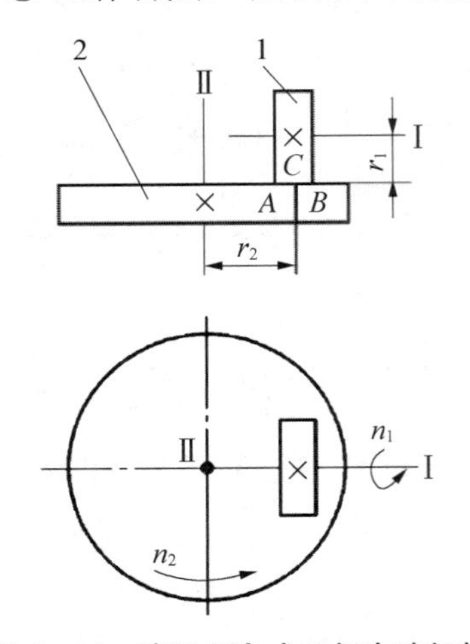

图 6－14　滚子平盘式无级变速机构

1—滚子；2—平盘

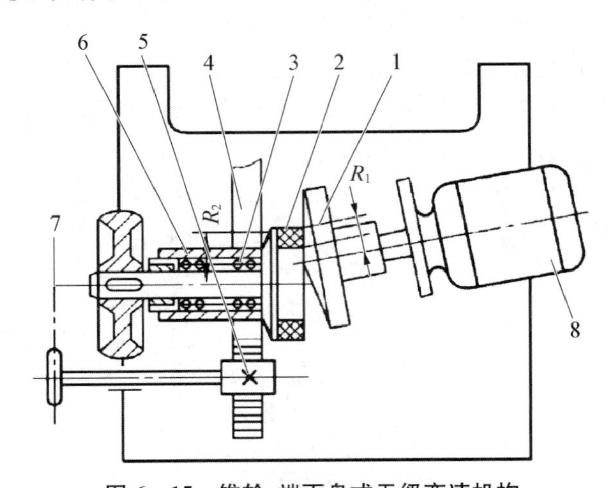

图 6－15　锥轮-端面盘式无级变速机构

1—锥轮；2—端面盘；3—弹簧；4—齿条；5—齿轮；6—支架；7—链条；8—电动机

(2) 锥轮-端面盘式无级变速机构。

① 工作原理：在如图 6－15 所示的锥轮-端面盘式无级变速机构中，锥轮 1 安装在轴线倾斜的电动机轴上，端面盘 2 安装在底板支架 5 上，转动齿轮 4 使固定在底板上的齿条 3 连同支架 5 移动，从而改变锥轮 1 与端面盘 2 的接触半径 R_1、R_2，获得不同的传动比，实现无级变速。

② 工作特点：传动平稳、噪声低，结构紧凑、变速范围大。

(3) 分离锥轮式无级变速机构。

① 工作原理：在如图 6－16 所示的分离锥轮式无级变速机构中，两对可滑移的锥轮 2、4 分别安装在主从动轴上，并用杠杆 3 连接，杠杆 3 以支架 6 为支点。两对锥轮间利用带传动。转动手轮，两个螺母反向移动（两段螺纹旋向相反），使杠杆 3 摆动，从而改变传动带 10 与锥轮 2、4 的接触半径，达到无级变速。

② 工作特点：运转平稳，变速较可靠。

综上所述，无级变速机构传动平稳、噪声小、零件种类数量少，但依靠摩擦传递转矩，易打滑、承载能力小，不能保证准确的传动比。

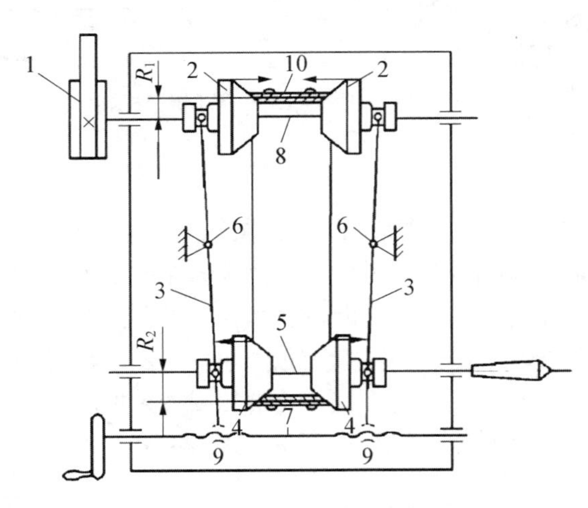

图 6－16　分离锥轮式无级变速机构

1—电动机；2、4—锥轮；3—杠杆；5—从动轴；6—支架；7—螺杆；8—主动轴；9—螺母；10—传动带

6.2.2　换向机构

换向机构是指在输入轴转向不变的条件下，可改变输出轴转向的机构。主要分为三星轮换向机构和离合器锥齿换向机构。

1）三星轮换向机构

三星轮换向机构由 4 个齿轮和三角形杠杆架组成，如图 6－17 所示。1、4 用键装在位置固定的轴上，并可与轴一起转动，2 和 3 两齿轮空套在三角形杠杆架的轴上，杠杆架通过搬动手柄可绕齿轮 4 轴心转动。在图 6－17(a)中，齿轮 1 通过齿轮 3 带动齿轮 4，使齿轮 4 按一定方向旋转，齿轮 2 空转。若手柄向下搬动[见图 6－17(b)]，这时 1 和 3 两齿轮脱开啮合，1 和 2 进入啮合，这样齿轮 1 通过齿轮 2 和 3 而带动齿轮 4，由于多了一个中间齿轮 2，当齿轮 1 的旋转方向不变，齿轮在 4 的旋转方向就改变了。

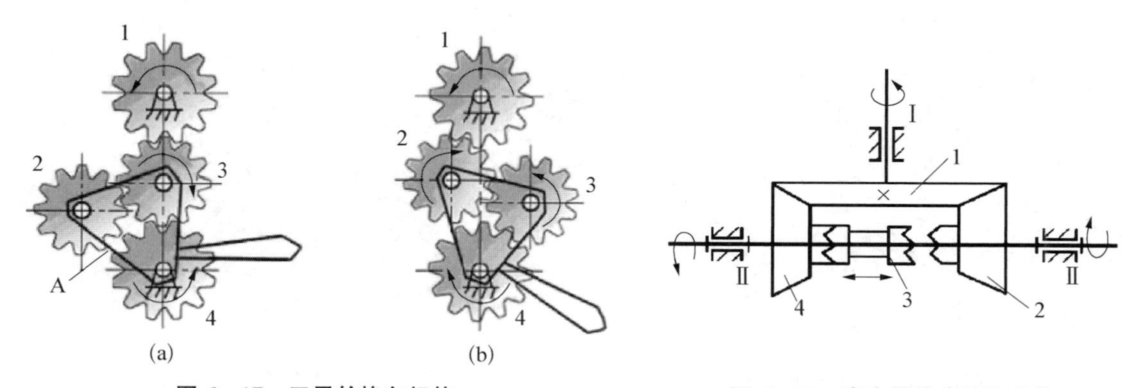

图 6－17　三星轮换向机构

1—主动齿轮；2、3—惰轮；4—从动齿轮

图 6－18　离合器锥齿换向机构

1—主动锥齿轮；2、4—从动锥齿轮；3—离合器

2）离合器锥齿换向机构

两个端面带有爪形齿的圆锥齿轮 2 和 4 空套在水平轴上，这两个圆锥齿轮能与同轴上可滑移的双向爪型离合器 3 啮合或分离，双向爪型离合器 3 和水平轴用键联接。另一个圆锥齿轮 1 固定在垂直轴上。当圆锥齿轮 1 旋转时，带动水平轴上两个圆锥齿轮 2 和 4，这两个齿轮同时以相反的方向在轴上空转。如果双向离合器向左移动，与左面圆锥齿轮 4 上的端面爪形齿啮合，那么运动由左面的圆锥齿轮 4 通过双向离合器传给水平轴；若双向离合器向右移动，与圆锥齿轮 2 端面爪形齿啮合，那么运动将由圆锥齿轮 2 通过双向离合器传给水平轴，且旋转方向相反。

6.3　槽轮机构及其他新型机构

6.3.1　槽轮机构

1）槽轮机构的工作原理

槽轮机构又称马耳他机构，它是由槽轮、装有圆销的拨盘和机架组成的步进运动机构。如图 6－19 所示，它由带圆销 A 的主动拨盘 1、具有径向槽的从动槽轮 2 和机架组成。拨盘做匀速转动时，驱动槽轮做时转时停的单向间歇运动。当拨盘上圆销 A 未进入槽轮径向槽时，由于槽轮的内凹锁止弧 β 被拨盘的外凸圆弧 α 卡住，故槽轮静止。图示位置是圆销 A 刚开始进入槽轮径向槽时的情况，这时锁止弧刚被松开，因此槽轮受圆销 A 的驱动开始沿顺时针方向转动；当圆销 A 离开径向槽时，槽轮的下一个内凹锁止槽又被拨盘的外锁止槽卡住，致使槽轮静止，直到圆销 A 在进入槽轮另一径向槽时，两者又重复上述的运动循环。

槽轮机构有两种基本型式：一是外啮合槽轮机构，如图 6-19 所示；二是内啮合槽轮机构，如图 6-20 所示。

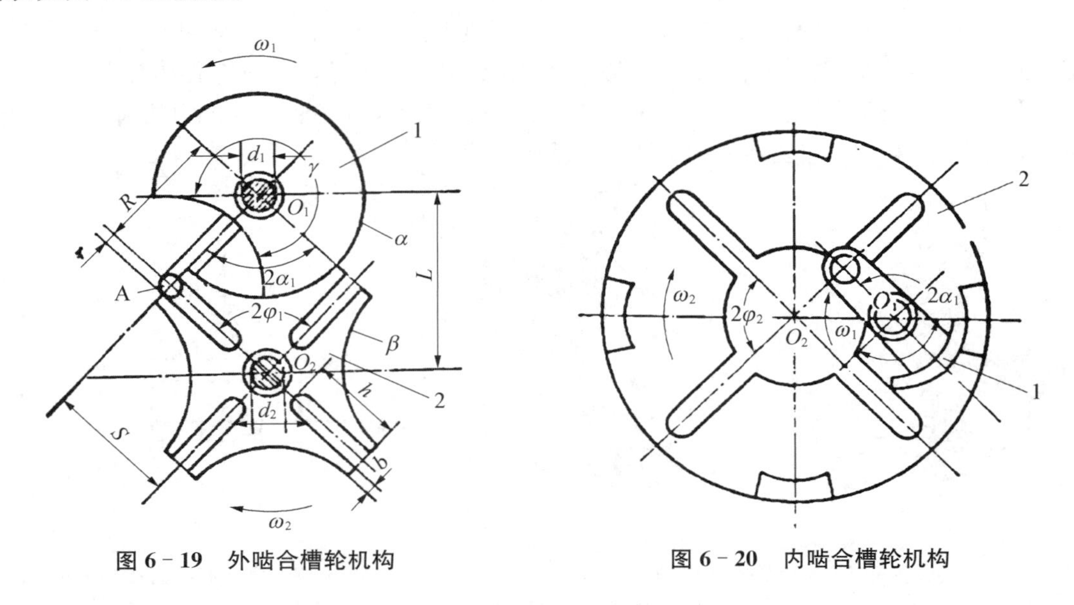

图 6-19　外啮合槽轮机构　　　图 6-20　内啮合槽轮机构

槽轮机构是一种间歇机构，其应用比较广泛，图 6-21 为槽轮机构在电影放音机和转位机构中的应用。

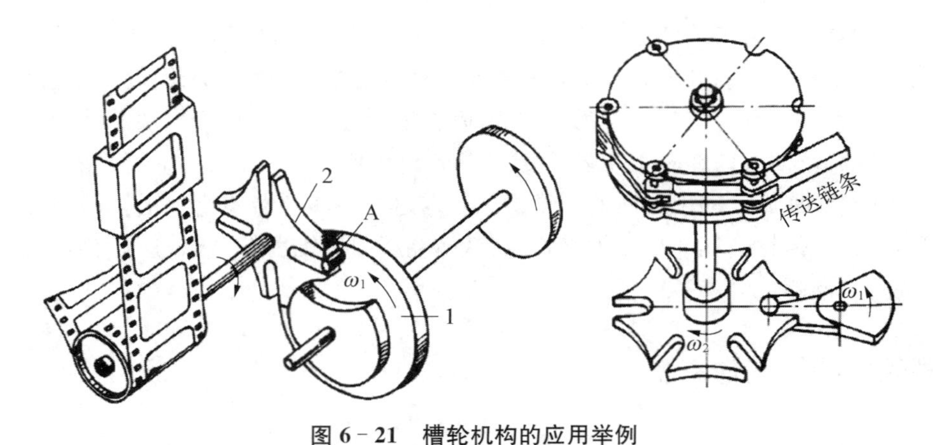

图 6-21　槽轮机构的应用举例

(a) 电影放映机的间歇卷片机构；(b) 间歇转位机构

2) 槽轮机构的主要参数

槽轮机构的主要参数是槽数 z 和拨盘圆销数 K，如图 6-19 所示。为了使槽轮 2 在开始和终止转动时的瞬时角速度为零，以避免圆销 A 与槽轮发生撞击，圆销进入或脱出径向槽的瞬时，径向槽的中线应与圆销中心相切，即 O_2A 应与 O_1A 垂直。设 z 为均匀分布的径向槽数，当槽轮 2 转过 $2\varphi_2=2\pi/z$ 弧度时，拨盘 1 相应转过的转角为

$$2\alpha_1=\pi-2\varphi_2=\pi-\frac{2\pi}{z} \tag{6-4}$$

在一个运动循环内，槽轮 2 的运动时间 t' 与主动拨盘转一周的总时间 t 之比，称为槽轮机构的运动系数，用 τ 表示。槽轮停止时间 t'' 与主动拨盘转一周的总时间 t 之比，称为槽轮的静止系数，用 τ'' 表示。当拨盘匀速转动时，时间之比可用槽轮与拨盘相应的转角之比来表示。如图 6-19 所示，只有一个圆销的槽轮机构，t'、t''、t 分别对应于拨盘的转角为 $2\alpha_1$、$(2\pi-2\alpha_1)$、2π。因此，该槽轮机构的运动系数和静止系数分别为

$$\tau=\frac{t'}{t}=\frac{2\alpha_1}{2\pi}=\frac{\pi-\frac{2\pi}{z}}{2\pi}=\frac{z-2}{2z}=\frac{1}{2}-\frac{1}{z} \tag{6-5}$$

$$\tau=\frac{t''}{t}=\frac{t-t'}{t}=1-\tau=\frac{z+2}{2z}=\frac{1}{2}+\frac{1}{z} \tag{6-6}$$

为保证槽轮运动，其运动系数应大于零。由式(6-5)可知，槽轮的径向槽数 z 应等于或大于 3。由式(6-5)还可以看出，这种槽轮机构的运动系数 τ 恒小于 0.5，即槽轮的运动时间 t' 总小于静止时间 t''。

欲使槽轮机构的运动系数 τ 大于 0.5，可在拨盘上装数个圆销。设拨盘上均匀分布的圆销数为 K，当拨盘转一整周时，槽轮将被拨动 K 次。因此，槽轮的运动时间为单圆销时的 K 倍，即：

$$\tau=\frac{K(z-2)}{2z} \tag{6-7}$$

运动系数 τ 还应当小于 1（$\tau=1$ 表示槽轮 2 与拨盘 1 一样做连续转动，不能实现间歇运动），故由上式得

$$\frac{K(z-2)}{2z}<1$$

即

$$K<\frac{2z}{z-2} \tag{6-8}$$

由上式可知，当 $z=3$ 时，圆销的数目可为 1～5，当 $z=4$ 或 5 时，圆销数目可为 1～3，而当 $z>6$ 时，圆销的数目为 1 或 2。从提高生产效率观点看，希望槽数 z 小些为好，因为此时 τ 也相应减小，槽轮静止时间（一般为工作行程时间）增大，故可提高生产效率。但从动力特性考虑，槽数 z 适当增大较好，因为此时槽轮角速度减小，可减小震动和冲击，有利于机构正常工作。但槽数 $z>9$ 的槽轮机构比较少见。因为槽数过多，则槽轮机构尺寸较大，且转动时惯性力矩也增大。另外，由式(6-6)可知，当 $z>9$ 时，槽数虽增加，运动系数 τ 的变化却

不大，故 z 常取为 4～8。

6.3.2 棘轮机构

1）棘轮机构的分类

常用的棘轮机构可分为齿轮式与摩擦式两类。齿轮式棘轮机构按啮合方式，可分为外啮合棘轮机构（见图 6-22）和内啮合棘轮机构（见图 6-23）；按照棘轮的运动可分为单向式棘轮机构和双向式棘轮机构（见图 6-24）。单向式棘轮机构的特点是有一个驱动棘爪，摇杆正向摆动时棘爪驱动棘轮沿同一方向转过某一角度，摇杆反向摆动时，棘轮静止。双向式棘轮机构有两个驱动棘爪，当主动件做往复摆动时，两个棘爪交替带动棘轮沿同一方向做间歇运动。

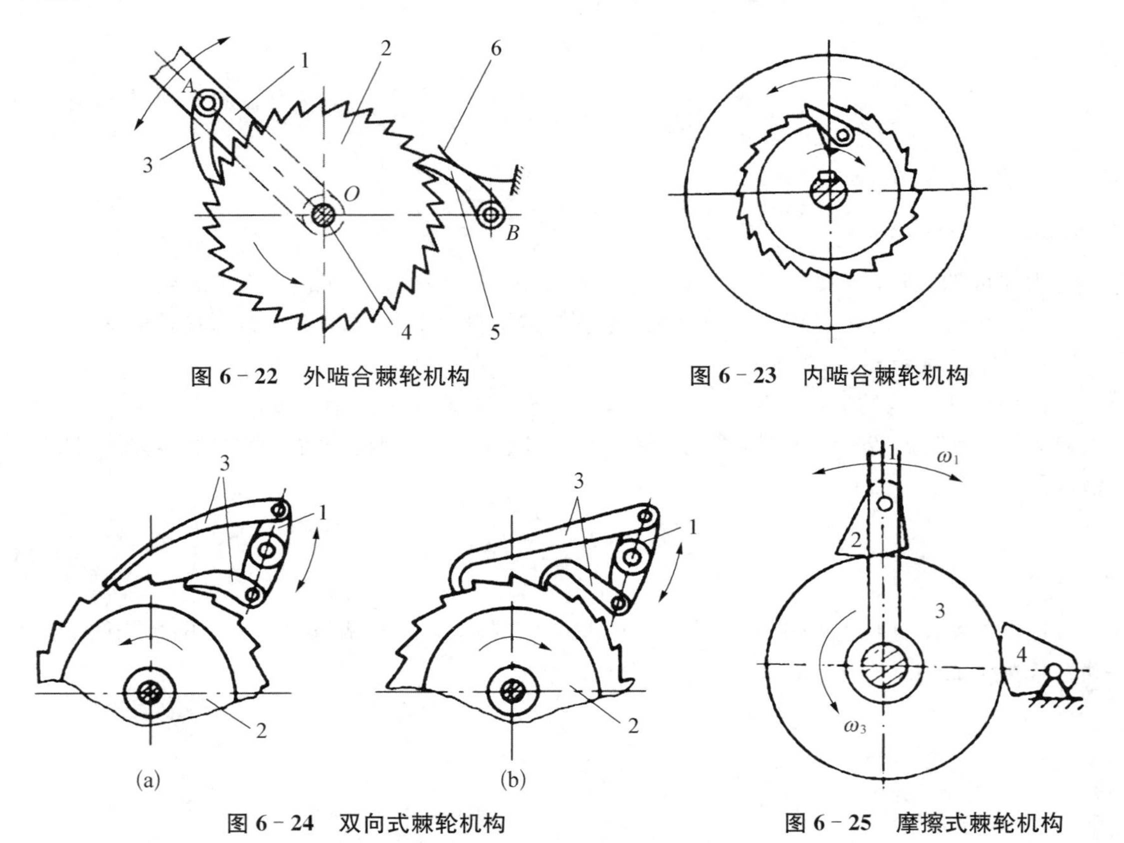

图 6-22　外啮合棘轮机构

图 6-23　内啮合棘轮机构

图 6-24　双向式棘轮机构

图 6-25　摩擦式棘轮机构

现以外啮合棘轮机构说明去工作原理，如图 6-22 所示的外啮合棘轮机构，它由摆杆 1、棘轮 2、棘爪 3、轴 4、止回爪 5 和机架 6 组成。通常以摆杆为主动件、棘轮为从动件。当摆杆 1 连同棘爪 3 逆时针转动时，棘爪进入棘轮的相应齿槽，并推动棘轮转过相应的角度；当摆杆顺时针转动时，棘爪在棘轮齿顶上滑过。为了防止棘轮跟随摆杆反转，设置止回爪 5。这样，摆杆不断地做往复摆动，棘轮便得到单向的间歇运动。

图 6-25 为摩擦式棘轮机构，当摆杆 1 做逆时针转动时，利用楔块 2 与摩擦轮 3 之间的摩擦产生自锁，从而带动摩擦轮 3 和摆杆一起转动；当摆杆做顺时针转动时，楔块 2 与摩擦轮 3 之间产生滑动。这时由于楔块 4 的自锁作用能阻止摩擦轮反转。这样，在摆杆不断做

往复运动时，摩擦轮 3 便做单向的间歇运动。

2）棘爪工作条件

如图 6-26 所示，为使棘爪受力最小，应使棘轮齿顶 A 和棘爪的转动中心 O_2 的连线垂直于棘轮半径 O_1A，即 $\angle O_1AO_2 = 90°$。轮齿对棘爪的作用力有：正压力 F_n 和摩擦力 F_μ。F_n 可分为圆周力 F_t（通过棘爪的转动中心 O_2）和径向力 F_r。可见，力 F_r 有使棘爪落到齿根的倾向，而摩擦力 F_μ 阻止棘爪落向齿根，为了保证棘爪机构正常工作，必须使棘爪顺利落到齿根而又不至于与齿脱开，这就要求轮齿工作面相对棘轮半径朝齿体内偏斜一角度 φ，φ 称为棘齿的偏斜角。

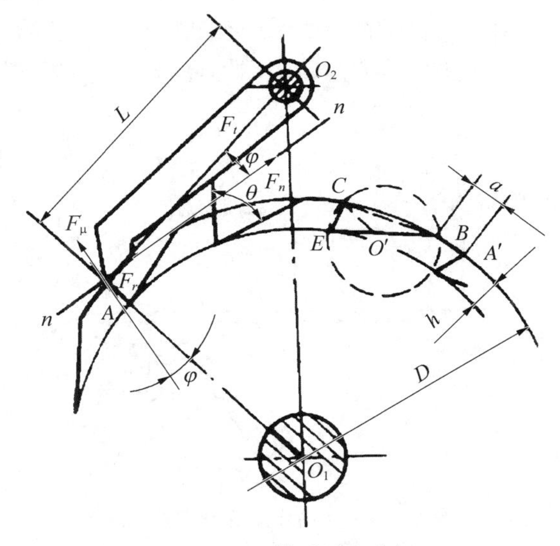

图 6-26　棘爪受力分析

偏斜角 φ 的大小由下列关系求出：

$$F_rL > F_\mu L\cos\varphi \tag{6-9}$$

因为

$$F_r = \mu F_n = F_n\sin\varphi \tag{6-10}$$

有

$$\frac{\sin\varphi}{\cos\varphi} > \mu$$

$$\tan\varphi > \tan\rho \tag{6-11}$$

即

$$\varphi > \rho \tag{6-12}$$

式中，ρ 为齿与爪间的摩擦角，$\rho = \arctan\mu$。当 $\mu = 0.2$ 时，$\rho \approx 11.5°$。为安全起见，通常取 $\varphi = 20°$。

选定齿数 z 和按强度要求确定模数 m 后，棘轮棘爪的主要几何尺寸可按以下经验公式计算：

顶圆直径	$D = mz$
齿高	$h = 0.75\ \mathrm{m}$
齿顶厚	$a = m$
齿槽夹角	$\theta = 60°$ 或 $50°$
棘爪长度	$L = 2\pi m$

其他结构尺寸可参阅《机械设计手册》。

3）棘轮机构的使用特点

（1）棘轮机构结构简单，容易制造，常用作防止转动件反转的附加保险机构。

(2) 棘轮的转角和动停时间比可调，常用于机构工况经常改变的场合。

由于棘轮是在动棘爪的突然撞击下启动的，在接触瞬间，理论上是刚性冲击。故棘轮机构只能用于低速的间歇运动场合，如图 6－27 和图 6－28 所示。

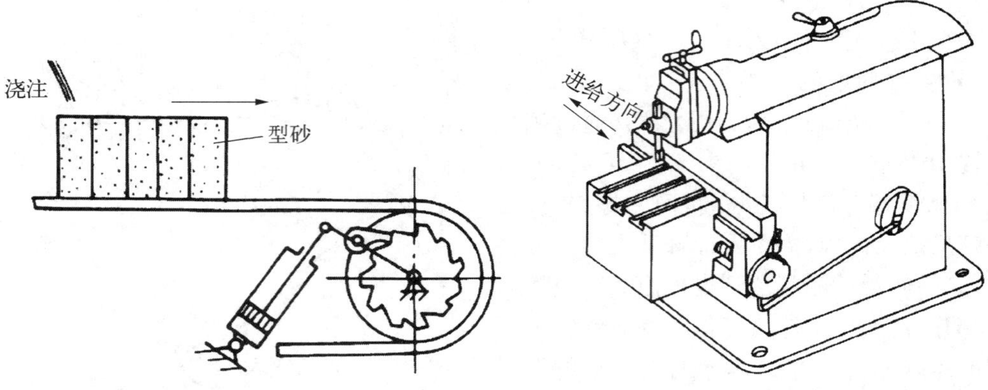

图 6－27　自动线上的浇注输送装置　　图 6－28　牛头刨床的横向进给机构

6.3.3　不完全齿轮机构

图 6－29 为不完全齿轮机构。这种机构的主动轮 1 为只有一个齿或几个齿的不完全齿轮，从动轮 2 可以是普通的完整齿轮，也可以由正常齿和带锁住弧的厚齿彼此相间的组成。当主动轮 1 的有齿部分作用时，从动轮 2 就转动；当主动轮 1 的无齿圆弧部分作用时，从动轮停止不动，因而当主动轮连续转动时，从动轮获得时转时停的间歇运动。为了防止从动轮在停歇期间游动，两轮轮缘上各装有锁住弧。

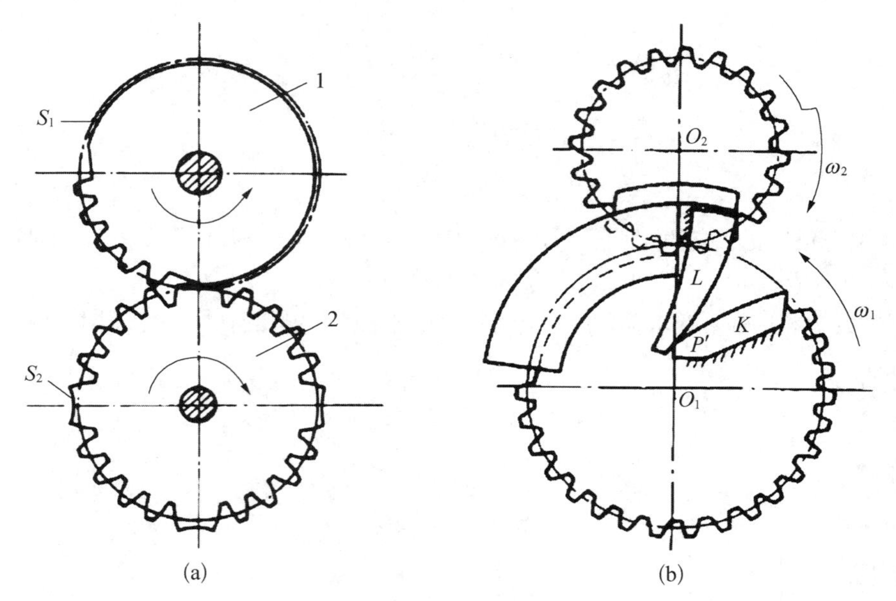

图 6－29　不完全齿轮机构

当主动轮匀速转动时，这种机构的从动轮在运动期间也保持匀速转动，但是当从动轮由停歇而突然到达某一转速，以及由某一转速突然停止时都会像等速运动规律的凸轮机构那样产生刚性冲击。因此，对于转速较高的不完全齿轮机构，可在两轮的端面分别装上瞬心线附加杆 L 和 K[见图 6-29(b)]，使从动件的角速度由零逐渐增加到某一数值从而避免冲击。

不完全齿轮机构有外啮合（见图 6-29）和内啮合（见图 6-30）两种型式，一般用外啮合型式。

与其他间歇运动机构相比，不完全齿轮机构结构简单，制造方便，从动轮的运动时间和静止时间的比例不受机构结构的限制。缺点是从动轮在转动开始和终止时，角速度有突变，冲击较大，故一般只适用于低速或轻载场合。

不完全齿轮机构常用于多工位自动机和半自动机工作台的间歇转位及某些间歇进给机构中。

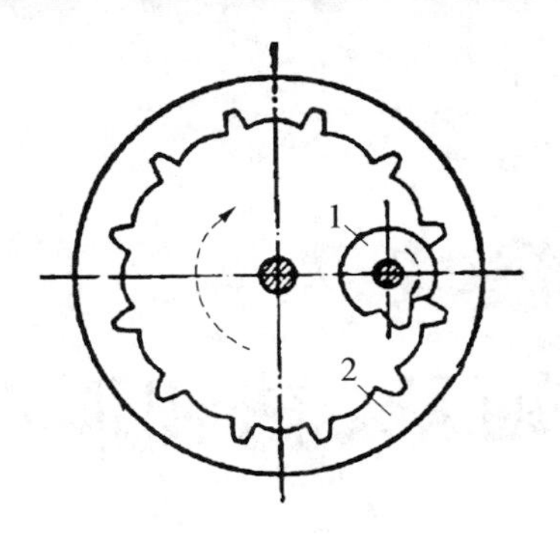

图 6-30
内啮合不完全齿轮机构

习题

1. 填空题

（1）凸轮机构按凸轮形状可以分为：________、________、________。

（2）变速机构是在输入轴转速不变的情况下，使输出轴获得不同转速的传动装置。主要分为________和________。

（3）常用的有级变速机构有____。

（4）槽轮机构有两种基本型式：一种是________槽轮机构，另一种是________槽轮机构。

（5）常用的棘轮机构可分为________与________两类。

2. 简答题

（1）简述凸轮机构的优点。

（2）简述变速机构的应用。

（3）简述换向机构的应用。

（4）简述槽轮机构的应用。

（5）简述棘轮机构的应用。

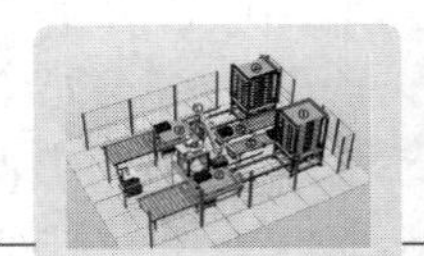

模块 7 轴承、轴和联接

工业机器人常用的动力装置电动机在传递运动和转矩时，最重要的零件之一就是轴，它用来支持旋转机械零件和传递转矩。与轴配合使用的一系列零部件统称为轴系零部件，本模块将对轴系零、部件——轴、轴承、联接进行详细介绍。

7.1 轴承

7.1.1 轴承的分类

轴承是用于确定旋转轴与其他零件相对运动位置，起支撑或导向作用的零部件。轴承有两种作用：一是支撑轴及轴上零件，并保持轴的旋转精度；二是减少转轴与支承之间的摩擦和磨损。

根据轴承中摩擦性质的不同，可把轴承分为滑动摩擦轴承（简称滑动轴承）和滚动摩擦轴承（简称滚动轴承）两大类。滚动轴承由于摩擦系数小，起动阻力小，而且它已标准化，选用、润滑、维护都很方便，因此在一般机器中应用较广。但由于滑动轴承本身具有一些独特的优点，使得它在某些不能、不便或使用滚动轴承没有优势的场合，如工作转速特高、特大冲击与振动、径向空间尺寸受到限制或必须刨分安装（如曲轴的轴承），以及需要在水或腐蚀性介质中工作等条件下，仍占有重要地位。因此滑动轴承在轧钢机、汽轮机、内燃机、铁路机车及车辆、金属切削机床、航空发动机附件、雷达、卫星通信地面站、天文望远镜以及各种仪表中应用颇为广泛。

滑动轴承的类型很多，按其承受载荷方向的不同，可分为径向滑动轴承（向心滑动轴承，承受径向载荷）和止推轴承（推力滑动轴承，承受轴向载荷）。根据其滑动表面间润滑状态的不同，可分为液体润滑轴承、不完全液体润滑轴承（指滑动表面间处于边界润滑或混合润滑状态）和无润滑轴承（指工作时不加润滑剂）。根据液体润滑轴承机理不同，又可分为液体动力润滑轴承（简称液体动压轴承）和液体静压润滑轴承（简称液体静压轴承）。

7.1.2 滑动轴承

1）向心滑动轴承

图 7－1 为剖分式轴承，它主要由轴承盖 2、轴承座 1、剖分轴瓦 3 和连接螺栓 4 等组成。轴承中直接支撑轴颈的是轴瓦。为了安装时容易对心，在轴承盖与轴承座的中分面上做出

阶梯型的榫口。轴承盖应当适度压紧轴瓦，使轴瓦不能在轴承孔中转动。轴承盖上制有螺纹孔，以便安装油杯或油管。

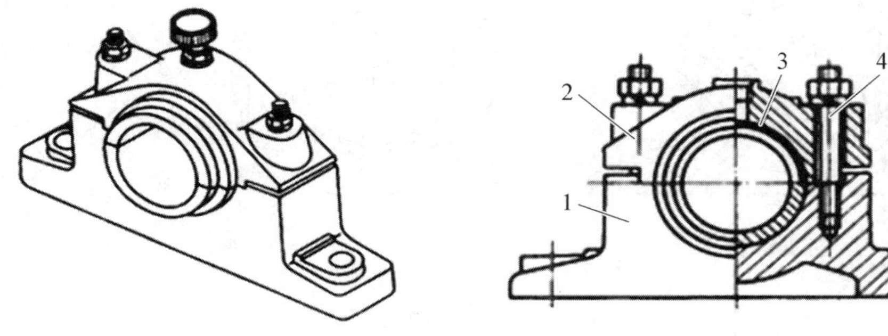

图 7-1　剖分式轴承

1—轴承座；2—轴承盖；3—轴瓦；4—连接螺栓

向心滑动轴承的类型很多，如还有轴承间隙可调节的滑动轴承、轴瓦外表面为球面的自位轴承和整体式轴承等，可参阅有关手册。

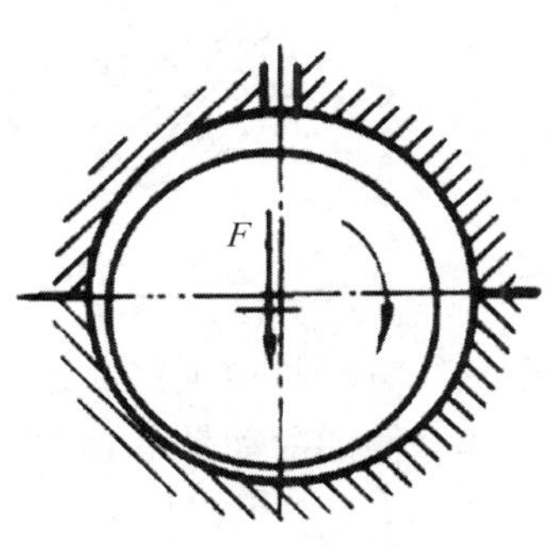

图 7-2　进油口开在非承载区

轴瓦是滑动轴承中的重要零件。如图 7-2 所示，向心滑动轴承的轴瓦内孔为圆柱形。若载荷方向向下，则下轴瓦为承载区，上轴瓦为非承载区。润滑油应由非承载区引入，所以在顶部开进油孔。在轴瓦内表面，以进油口为中心沿纵向、斜向或横向开有油沟，以利于润滑油均匀分布在整个轴颈上。油沟的形式很多，如图 7-3 所示。一般油沟与轴瓦端面保持一定距离，以防止漏油。

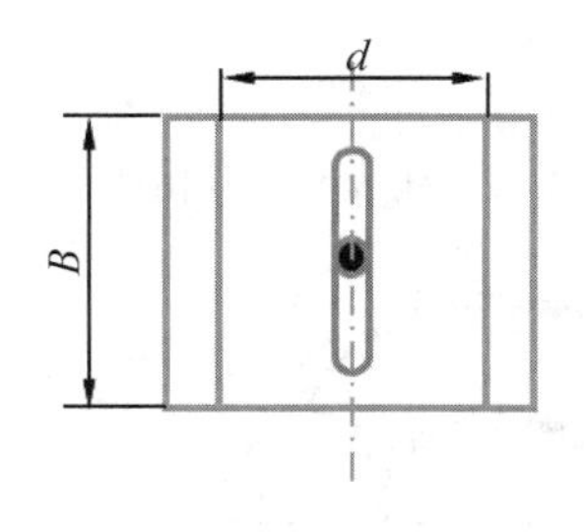

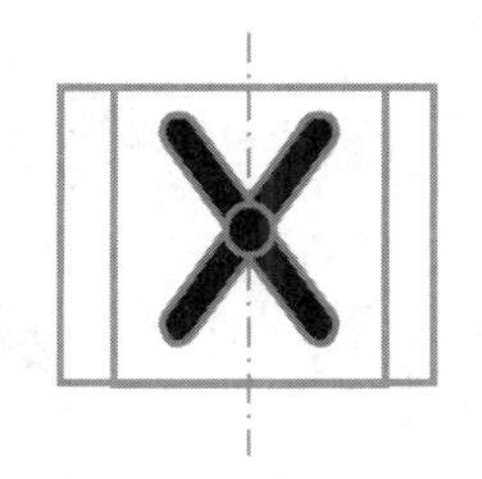
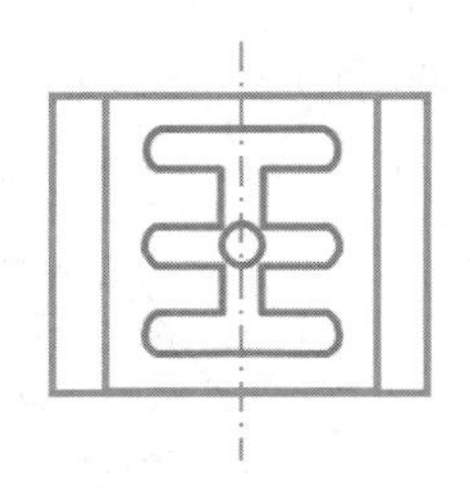

图 7-3　油沟的形式

当载荷垂直向下或略有偏斜时，轴承的中分面常为水平方向。若载荷方向有较大偏斜时，则轴承的中分面也斜着布置（通常倾斜 45°），使中分平面垂直于或接近垂直于载荷，如图 7-4 所示。

图 7-5 为润滑油从两侧导入的结构，常用于大型的液体润滑的滑动轴承中。一侧油进入后被旋转着的轴颈带入楔形间隙中形成动压油膜，另一侧油进入后覆盖在轴颈上半部，起着冷却作用，最后油从轴承的两端泄出。如图 7-6 所示的轴瓦两侧面镗有油室，这种结构可以使润滑油顺利地进入轴瓦与轴颈的间隙。

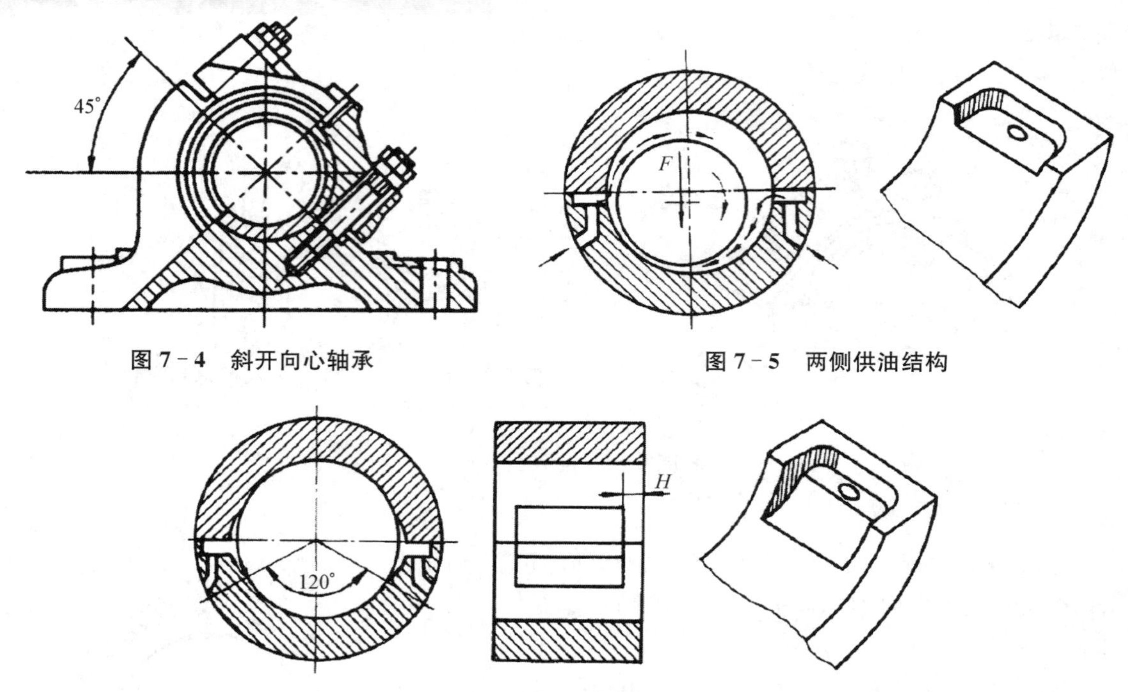

图 7-4　斜开向心轴承　　　　图 7-5　两侧供油结构

图 7-6　轴瓦两侧开设油室

轴瓦宽度与轴颈直径之比 B/d 称为宽径比，它是向心滑动轴承中的重要参数之一。对于液体摩擦的滑动轴承，常取 $B/d=0.5\sim1$；对于非液体摩擦的滑动轴承，常取 $B/d=0.8\sim1.5$，有时可以更大些。

2）推力滑动轴承

轴所受的轴向力 F 应采用推力轴承来承受。止推面可以利用轴的端面，也可在轴的中段做出凸肩或装上推力圆盘。

平行平面之间是不能形成动压油膜的，因此须沿轴承止推面按若干块扇形面积开出楔形。图 7-7(a)为固定式推力轴承，其楔形的倾斜角固定不变，在楔形顶部留出平台，用来承

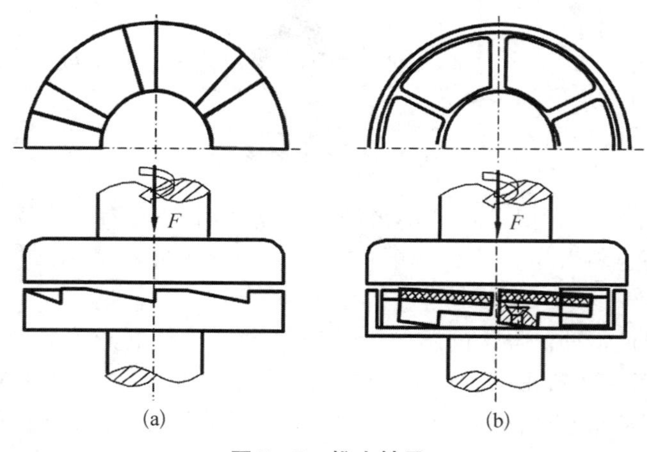

图 7-7　推力轴承

受停车后的轴向载荷。图 7－7(b)为可倾式推力轴承，其扇形块的倾斜角能随载荷、转速的改变而自行调整，因此性能更为优越。

7.1.3　滚动轴承

1）滚动轴承的基本结构

滚动轴承一般是由内圈、外圈、滚动体和保持架组成的，如图 7－8 所示。内圈装在轴上，外圈装在机座或零件的轴承孔内。内外圈上有滚道，当内外圈相对旋转时，滚动体将沿着滚道滚动。保持架的作用是把滚动体均匀地隔开。

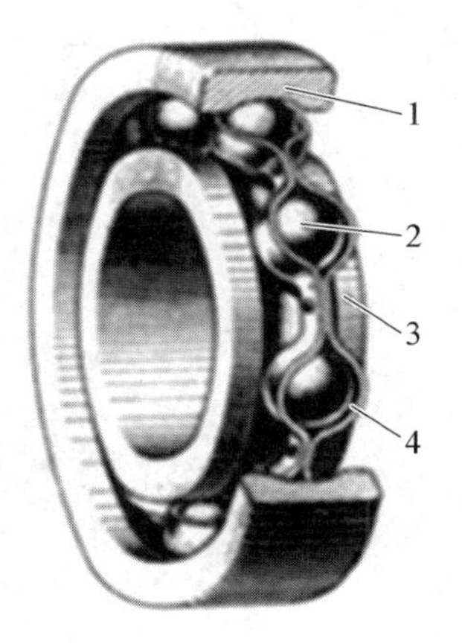

图 7－8　滚动轴承的构造

1—外圈；2—滚动体；
3—内圈；4—保持架

滚动体与内外圈的材料应具有高的硬度和解除疲劳强度、良好的耐磨性和冲击韧性。一般用含铬合金钢制造，经热处理后硬度可达 61～65 HRC，工作表面须经磨削和抛光。保持架一般用低碳钢板冲压制成，高速轴承的保持架多采用有色金属或塑料。

与滑动轴承相比，滚动轴承具有摩擦阻力小、起动灵敏、效率高、润滑简便和易于互换等优点，所以获得广泛应用。它的缺点是抗冲击能力较差，高速时出现噪声，工作寿命也不及液体摩擦的滑动轴承。

滚动轴承已经标准化，并由轴承厂大批生产。设计人员的任务主要是熟悉标准、正确选用。

2）滚动轴承的基本类型和特点

滚动轴承通常按其承受载荷的方向（或接触角）和滚动体的形状分类。

滚动体与外圈接触处的法线与垂直于轴承轴心线的平面之间的夹角称为公称接触角，简称接触角。接触角是滚动轴承的一个主要参数，轴承的受力分析和承载能力等都与接触角有关。接触角越大，轴承承受轴向载荷的能力也越大。表 7－1 列出了各类轴承的公称接触角。

表 7－1　各类轴承的公称接触角

轴承种类	向心轴承		推力轴承	
	径向接触	角接触	角接触	轴向接触
公称接触角 α	$\alpha=0°$	$0°<\alpha\leqslant 45°$	$45°<\alpha<90°$	$\alpha=90°$
图例（以球轴承为例）				

按照承受载荷的方向或公称接触角的不同，滚动轴承可分为：① 向心轴承，主要用于承受径向载荷，其工程接触角 α 从 0°到 45°；② 推力轴承，主要用于承受轴向载荷，其公称接触角 α 从大于 45°到 90°。

按照滚动体形状，可分为球轴承[见图 7－9(a)]和滚子轴承。滚子又分为圆柱滚子[见

图 7-9(b)]、圆锥滚子[见图 7-9(c)]、球面滚子[见图 7-9(d)]和滚针[见图 7-9(e)]等。

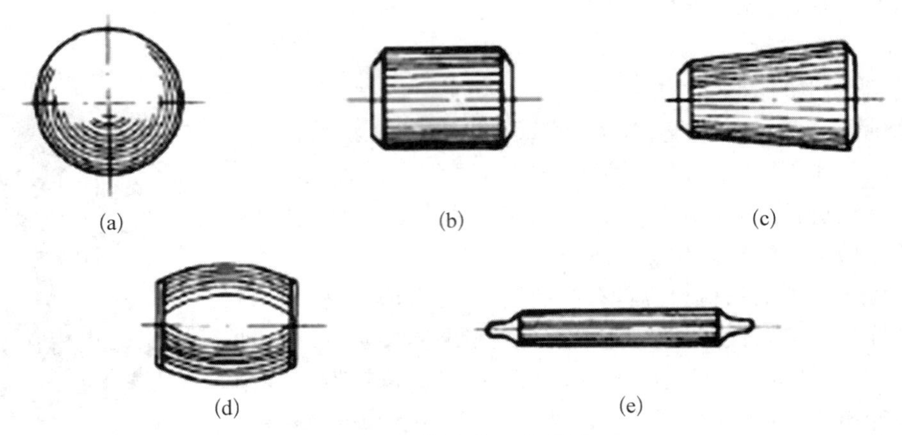

图 7-9　滚子轴承的类型

我国机械工业中常用滚动轴承的类型和特性,如表 7-2 所示。

由于结构的不同,各类轴承的使用性能也不相同。

(1) 承载能力。同样外形尺寸下,滚子轴承的承载能力为球轴承的 1.5～3 倍。所以,在载荷较大或有冲击载荷时宜采用滚子轴承。当轴承内径 $d \leqslant 20$ mm 时,滚子轴承和球轴承的承载能力已相差不多,而球轴承的价格一般低于滚子轴承,故可优先选用球轴承。

角接触轴承可以同时承受径向载荷和轴向载荷。角接触向心轴承 ($0° < \alpha < 45°$) 以承受径向载荷为主;角接触推力轴承 ($45° < \alpha < 90°$) 以承受轴向载荷为主。轴间接触 ($\alpha = 90°$) 推力轴承只能承受轴向载荷。径向接触 ($\alpha = 0°$) 向心轴承,当以滚子为滚动体时,只能承受径向载荷;当以球为滚动体时,因内外滚道为较深的沟槽,除主要承受径向载荷外,也能承受一定量的双向轴向载荷。深沟球轴承机构简单,价格便宜,应用最广泛。

(2) 极限转速。滚动轴承转速过高会使摩擦面间产生高温,润滑失效,从而导致滚动体回火或胶合破坏。

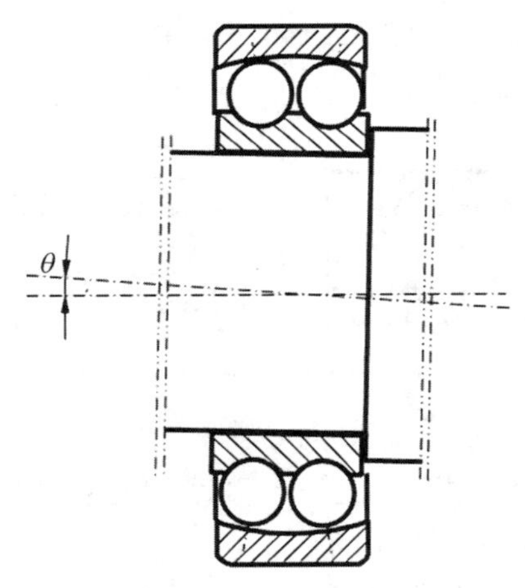

图 7-10　调心轴承

滚动轴承在一定载荷和润滑条件下,允许的最高转速称为极限转速,其具体数值见相关手册。各类轴承极限转速的比较,如表 7-2 所示。

如果轴承极限转速不能满足要求,可采取提高轴承精度、适当加大间隙、改善润滑和冷却条件等措施,提高极限转速。

(3) 角偏差。轴承由于安装误差或轴的变形等都会引起内外圈中心线发生相对倾斜。其倾斜角 θ 称为角偏差(见图 7-10),角偏差较大时会影响轴承正常运转,故在这种场合应采用调心轴承。调心轴承(见图 7-10)的外圈滚道表面是球面,能自动补偿两滚道轴心线的角偏差,从而保证轴承正常工作。滚针轴承对轴线偏斜最为敏感，应尽可能避免在轴线有偏斜的情况下使用。各类轴承的允许角偏差如表 7-2 所示。

表 7-2 滚动轴承的类型和特性

轴承名称、类型及代号	结构简图	承载方向	极限转速	允许角偏差	主要特性和应用
调心球轴承 10000			中	2°～3°	主要承受径向载荷，同时也能承受少量轴向载荷。因为外滚道表面是以轴承中点为中心的球面，故能调心
调心滚子轴承 20000C			低	0.5°～2° 比 10 000 小	能承受很大的径向载荷和少量轴向载荷。承载能力大，具有调心性能
圆锥滚子轴承 30000			中	2°	能同时承受较大的径向、轴向联合载荷。因线性接触，承载能力大，内外圈可分离，装拆方便，成对使用
推力球轴承 50000		单向	低	不允许	只能承受轴向载荷，且作用线必须与轴线重合。分为单、双向两种。高速时，因滚动体离心力大，球与保持架摩擦发热严重，寿命较低，可用于轴向载荷大、转速不高之处
推力球轴承 50000		双向	低	不允许	只能承受轴向载荷，且作用线必须与轴线重合。分为单、双向两种。高速时，因滚动体离心力大，球与保持架摩擦发热严重，寿命较低，可用于轴向载荷大、转速不高之处

（续表）

轴承名称、类型及代号	结构简图	承载方向	极限转速	允许角偏差	主要特性和应用
深沟球轴承 60000	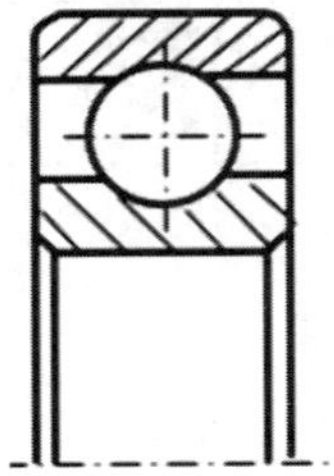		高	8°～16°	能同时承受较大的径向、轴向联合载荷。因线性接触，承载能力大，内外圈可分离，装拆方便，称对使用
角接触球轴承 70000C（$\alpha=15°$） 70000AC（$\alpha=25°$） 70000B（$\alpha=40°$）	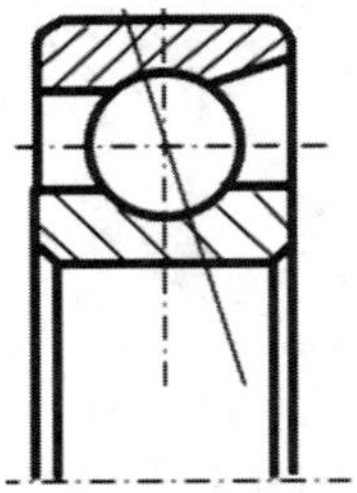	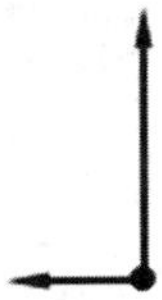	较高	2°～10°	能同时承受较大的径向、轴向联合载荷。α 大，承载能力越大，有三种规格。称对使用
推力圆柱滚子轴承 80000	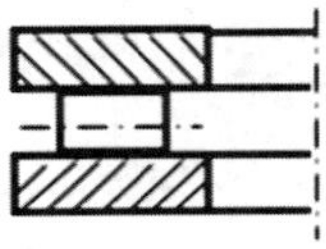		低	不允许	能承受很大的单向轴向载荷
圆柱滚子轴承 N0000	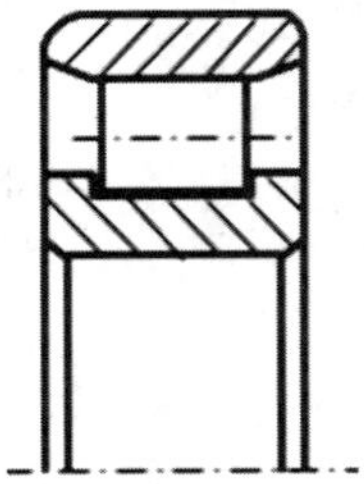		较高	2°～4°	能承受较大的径向。因线性接触，内外圈只允许有小的相对偏转。除 U 结构外，还有内圈无挡边（NU）、外圈单挡边（NF）、内圈单挡边（NJ）等型式
滚针轴承 （a）NA0000 （b）NA0000	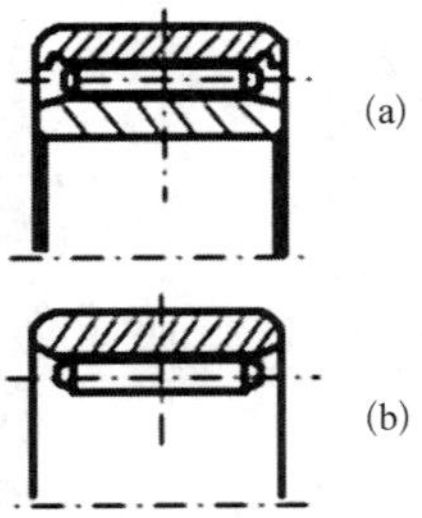 (a) (b)		低	不允许	只能承受径向载荷。承载能力大，径向尺寸特小。一般无保持架，因而滚针间有摩擦，极限转速低

3）滚动轴承的代号

滚动轴承的类型很多，而各类轴承又有不同的结构、尺寸、公差等级和技术要求，为便于组织生产和选用，规定了滚动轴承的代号。我国滚动轴承的代号由基本代号、前置代号和后置代号构成，其排列顺序如表 7－3 所示。

表 7-3　滚动轴承代号的排列顺序

<table>
<tr><td>前置代号□</td><td colspan="5">基本代号</td><td colspan="5">后置代号(□或加×)</td></tr>
<tr><td rowspan="3">轴承分部件代号</td><td>×(□)</td><td>×</td><td>×</td><td>×</td><td>×</td><td rowspan="3">内部结构代号</td><td rowspan="3">密封与防尘结构代号</td><td rowspan="3">保持架及其材料代号</td><td rowspan="3">公差等级代号</td><td rowspan="3">游隙代号</td></tr>
<tr><td rowspan="2">类型代号</td><td colspan="2">尺寸系列代号</td><td colspan="2" rowspan="2">内径尺寸系列代号</td></tr>
<tr><td>宽(高)度系列代号</td><td>直径系列代号</td></tr>
</table>

注：□—字母；×—数字。

(1) 基本代号：表示轴承的基本类型、结构和尺寸，是轴承代号的基础。按国家标准生产的滚动轴承的基本代号，由轴承类型代号、尺寸系列代号和内径尺寸系列代号构成(见表 7-3)。

基本代号左起第一位为类型代号，用数字或字母表示，如表 7-2 第一列。若代号为“0”(双列角接触球轴承)则可省略。

尺寸系列代号由轴承的宽(高)度系列代号(基本代号左起第二位)和直径系列代号(基本代号左起第三位)组合而成。向心轴承和推力轴承的常用尺寸系列代号如表 7-4 所示。

图 7-11 为内径相同、直径系列不同的四种轴承的对比，外廓尺寸大则承载能力强。

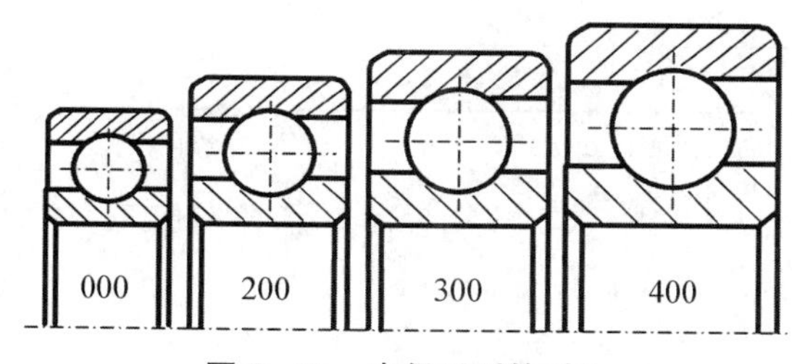

图 7-11　直径系列的对比

内径代号(基本代号左起第四、五位数字)表示轴承公称内径尺寸，按表 7-5 的规定标注。

表 7-4　尺寸系列代号

代　号	7	8	9	0	1	2	3	4	5	6
宽度系列	—	特窄	—	窄	正常	宽	特宽			
直径系列	超特轻	超轻		特轻		轻	中	重	—	

注：① 宽度系列代号为零时可略去(但 2、3 类轴承除外)；有时宽度代号为 1、2 也被省略。
② 特轻、轻、中、重以及窄、正常、宽等称呼为旧标准中的相应称呼。

表 7-5　尺寸系列代号

内径尺寸系列代号	00	01	02	03	04～99
轴承的内径尺寸/mm	10	12	15	17	数字×5

注：内径小于 10 和大于 495 的轴承的内径尺寸系列代号另有规定。

(2) 前置代号：用字母表示成套轴承的分部分。前置代号及其含义可参阅《机械设计手册》。

(3) 后置代号：用字母(或加数字)表示，置于基本代号右边，并与基本代号空半个汉字距离或用符号“—”“/”分隔。轴承后置代号排列顺序如表 7-3 所示。

内部结构代号如表 7-6 所示。如角接触球轴承等随其不同公称接触角而标注不同代号。公差等级代号如表 7-7 所示。

表 7-6 轴承内部结构常用代号

轴承类型	代号	含义	示例
角接触球轴承	B	$\alpha = 40°$	7210B
	C	$\alpha = 15°$	7005C
	AC	$\alpha = 25°$	7210AC
圆锥滚子轴承	B	接触角 α 加大	32310B
	E	加强型	N207E

表 7-7 公差等级代号

代号	省略	/P6	/P6x	/P5	/P4	/P2
公差等级符合标准规定	0 级	6 级	6x 级	5 级	4 级	2 级
示例	6203	6203/P6	30210/P6x	6203/P5	6203/P4	6203/P2

注：公差等级中 0 级为普通级，向右依次增高，2 级最高。P6x 适用于 2、3 类轴承。

游隙代号：C1、C2、C0、C3、C4、C5 分别表示轴承径向游隙，游隙量依次由小到大。C0 为基本组游隙，常被优先采用，在轴承代号中可不标出。

例 试说明滚动轴承代号 62203 和 7312AC/P62 的含义。

解：(1) 6—深沟球轴承(见表 7-2)，22—轻宽系列(见表 7-4)，03—内径 $d = 17$ mm (见表 7-5)。

(2) 7—角接触球轴承(见表 7-2)，(0) 3—中窄系列(见表 7-4)，12—内径 $d = 60$ mm (见表 7-5)

AC—接触角 $\alpha = 25°$，/P6—6 级公差，2—第 2 组游隙 C2，当游隙与公差同时表示时，符号 C 可省略。

5) 滚动轴承类型的选择

选用轴承时，首先是选择轴承类型。如前所述，我国常用的标准轴承的基本特点已在表中说明，下面归纳正确选择轴承类型时所应考虑的主要因素。

(1) 轴承的载荷。轴承所受载荷的大小、方向和性质，是选择轴承类型的主要依据。

根据载荷的大小选择轴承类型时，由于滚子轴承中主要元件间是线接触，宜用于承受较大的载荷，承载后的变形也较小。而球轴承中则主要为点接触，宜用于承受较轻的或中等的载荷，故在载荷较小时，应优先选用球轴承。

根据载荷的方向选择轴承类型时，对于纯轴向载荷，一般选用推力轴承。较小的纯轴向载荷可选用推力球轴承;较大的纯轴向载荷可选用推力滚子轴承。对于纯径向载荷,一般选用深沟球轴承、圆柱滚子轴承或滚针轴承。当轴承在承受径向载荷 F_r 的同时,还有不大的轴向载荷 F_a 时,可选用深沟球轴承或接触角不大的角接触球轴承或圆锥滚子轴承;当轴向载荷较大时,可选用接触角较大的角接触球轴承或圆锥滚子轴承,或者选用向心轴承和推力轴承组合在一起的结构,分别承担径向载荷和轴向载荷。

(2) 轴承的转速。在一般转速下,转速的高低对类型的选择不产生什么影响,只有在转速较高时,才会有比较显著的影响。轴承样本中列入了各种类型、各种尺寸轴承的极限转速 $n_{\lim}$ 值。这个转速是指载荷不太大(当量动载荷 $P \leqslant 0.1C$, C 为基本额定动载荷),冷却条件正常,且为 0 级公差轴承时的最大允许转速。但是,由于极限转速主要是受工作时温升的限制,因此,不能认为样本中的极限转速是一个绝对不可超越的界限。从工作转速对轴承的要求看,可以确定以下几点:

① 球轴承与滚子轴承相比较,有较高的极限转速,故在高速时应优先选用球轴承。

② 在内径相同的条件下,外径越小,则滚动体就越小,运转时滚动体加在外圈滚道上的离心惯性力也就越小,因而也就更适于在高速的转速下工作。故在高速时,宜选用同一直径系列中外径较小的轴承。外径较大的轴承,宜用于低速重载的场合。若用一个外径较小的轴承而承载能力达不到要求时,可再并装一个相同的轴承,或者考虑采用宽系列的轴承。

③ 保持架的材料与结构对轴承转速影响极大。实体保持架比冲压保持架允许高一些的转速,青铜实体保持架允许更高的转速。

④ 推力轴承的极限转速均很低。当工作转速高时,若轴向载荷不是十分大,可以采用角接触球轴承承受纯轴向力。

⑤ 若工作转速略超过样本中规定的极限转速,可以用提高轴承的公差等级,或者适当地加大轴承的径向游隙,选用循环润滑或油雾润滑,加强对循环油的冷却等措施来改善轴承的高速性能。若工作转速超过极限转速较多,应选用特制的高速滚动轴承。

(3) 轴承的调心性能。当轴的中心线与轴承座中心线不重合面有角度误差时,或因轴受力而弯曲或倾斜时,会造成轴承的内外圈轴线发生偏斜。这时,应采用有一定调心性能的调心轴承或带座外球面球轴承。这类轴承在轴与轴承座孔的轴线有不大的相对偏斜时仍能正常工作。

圆柱滚子轴承和滚针轴承对轴承的偏斜最为敏感,这类轴承在偏斜状态下的承载能力可能低于球轴承。因此在轴的刚度和轴承座孔的支撑刚度较低时,应尽量避免使用这类轴承。

(4) 轴承的安装和拆卸。便于装拆,也是在选择轴承类型时应考虑的一个因素。在轴承座没有剖分面而必须沿轴向安装和拆卸轴承部件时,应优先选用内外圈可分离的轴承(如 N0000、NA0000、30000 等)。当轴承在长轴上安装时,为了便于装拆,可以选用其内圈孔为 1∶12 的圆锥孔(用以安装在紧定衬套上)的轴承。

此外,轴承类型的选择还应考虑轴承装置整体设计的要求,如轴承的配置使用要求、游动要求等。

6) 滚动轴承的组合结构

为保证轴承在机器中正常工作,除合理选择轴承类型、尺寸外,还应正确进行轴承的组合设计。处理好轴承与其周围零件之间的关系。也就是要解决轴承的轴向位置固定,轴承与其他零件的配合、间隙调整、装拆和润滑密封等一系列问题。

(1) 轴承的固定。轴承的固定有两种方式。

① 两端固定。如图 7-12(a)所示,使轴的两个支点中每一个支点都限制轴的单向移动,两个支点合起来就限制了轴的双向移动,这种固定方式称为两端固定,它适用于工作温度变化不大的短轴,考虑到轴因受热而伸长,在轴承盖与外圈端面之间应留出热补偿间隙 c,$c=0.2\sim0.3$ mm[见图 7-12(b)]。

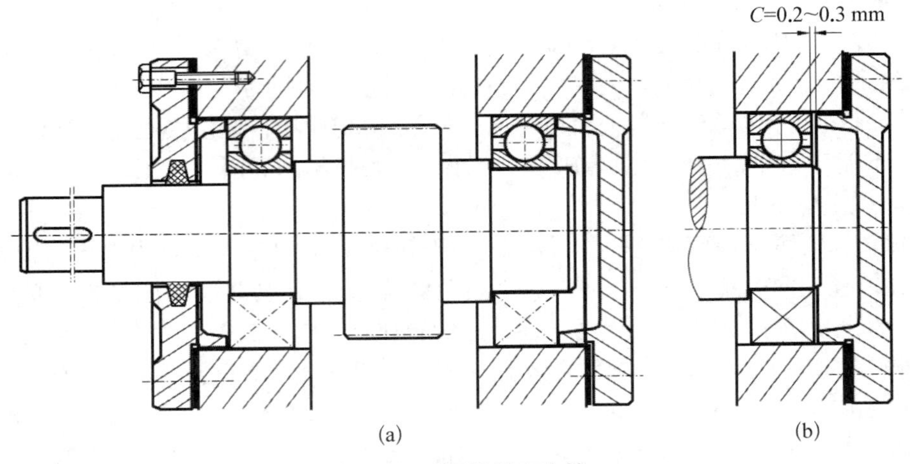

图 7-12 两端固定支撑

② 一端固定、一端游动。这种固定方式是在两个支点中使一个支点双向固定以承受轴向力,另一个支点则可作轴向游动(见图 7-13)。可作轴向游动的支点称为游动支点,显然它不能承受轴向载荷。

选用深沟球轴承作为游动支点时,应在轴承外圈与端盖间留适当间隙[见图 7-13(a)];选用圆柱滚子轴承时,则轴承外圈应作双向固定[见图 7-13(b)],以免内外圈同时移动,造成过大错位。这种固定方式,适用于温度变化较大的长轴。

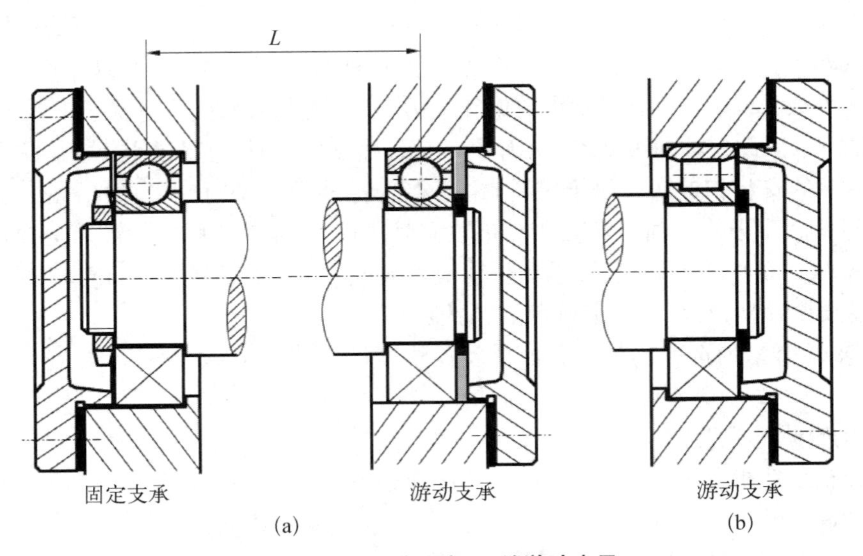

图 7-13 一端固定、一端游动支承

（2）轴承组合的调整。

① 轴承间隙的调整。轴承间隙的调整方法有：一是靠加减轴承盖与机座间垫片厚度进行调整[见图7－14(a)]；二是利用螺钉1通过轴承外圈压盖3移动外圈位置进行调整[见图7－14(b)]，调整之后，用螺母2锁紧放松。

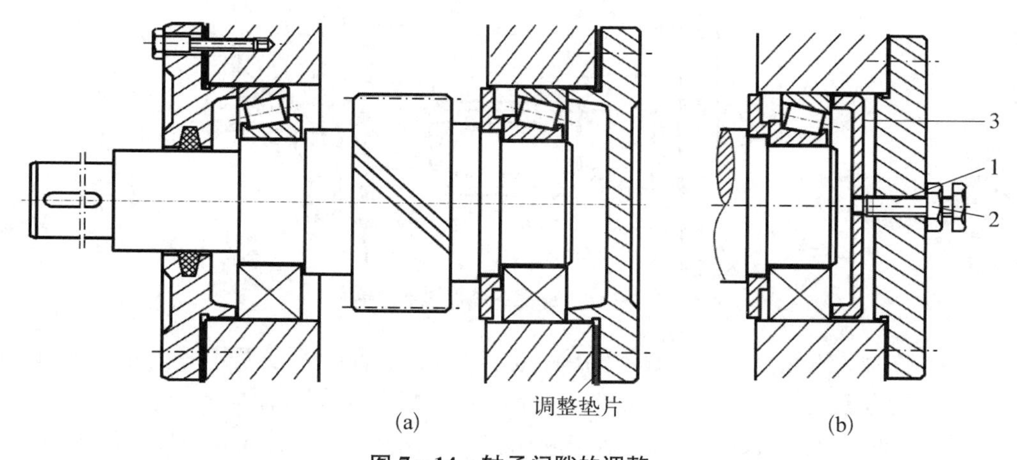

图7－14　轴承间隙的调整

1—螺钉；2—螺母；3—轴承外圈压盖

② 轴承的预紧。对某些可调游隙式轴承，在安装时给予一定的轴向压紧力(预紧力)，使内外圈产生相对位移而消除游隙，并在套圈和滚动体接触处产生弹性预变形，借此提高轴的旋转精度和刚度，这种方法称为轴承的预紧。预紧力可以利用金属垫片[见图7－15(a)]或磨窄套圈[见图7－15(b)]等方法获得。

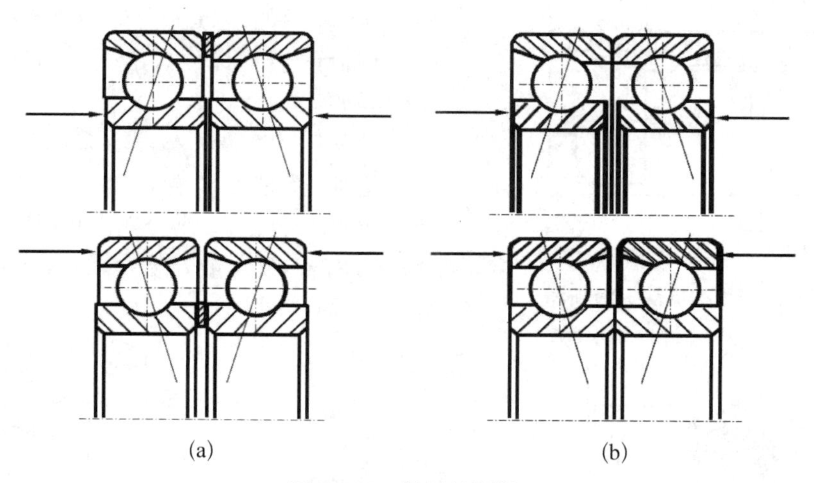

图7－15　轴承的预紧

③ 轴承组合位置的调整。轴承组合位置调整的目的，是使轴上的零件(如齿轮、带轮等)具有准确的工作位置。如锥齿轮传动，要求两个节锥顶点相重合，方能保证正确啮合；又如蜗杆传动，则要求蜗轮中间平面通过蜗杆的轴线等。图7－16为锥齿轮轴承组合位置的调整，套杯与机座间的垫片1用来调整锥齿轮轴的轴向位置，而垫片2则用来调整轴承游隙。

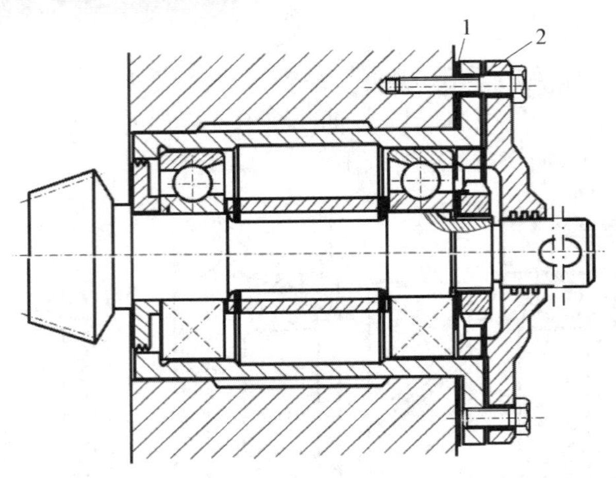

图 7－16 轴承组合位置的调整

（3）滚动轴承的配合。由于滚动轴承是标准件，为了便于互换及适应大量生产，轴承内圈孔与轴的配合采用基孔制，轴承外圈与轴承座孔的配合则采用基轴制。

选择配合时，应考虑载荷的方向、大小和性质，以及轴承类型、转速和使用条件等因素。当外载荷方向不变时，转动套圈应比固定套圈配合紧一些。一般情况下是内圈随轴一起转动，外圈固定不转，故内圈与轴常取具有过盈的过渡配合，如轴的公差采用 k6、m6；外圈与座孔常取较松的过渡配合，如座孔的公差采用 H7、J7 或 Js7。当轴承作游动支撑时，外圈与座孔应取保证有间隙的配合，如座孔公差采用 G7。

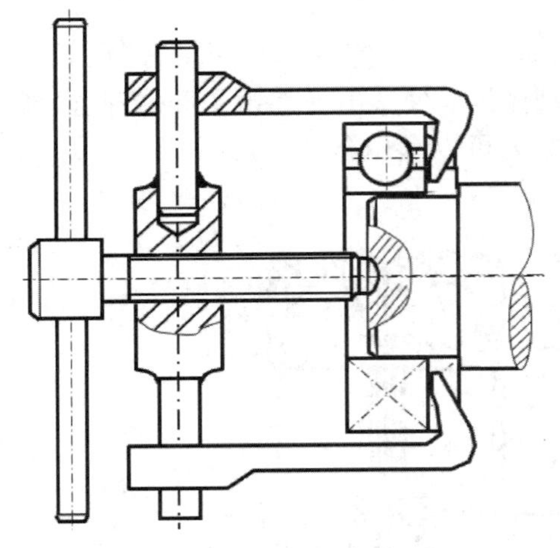

图 7－17 用钩爪器拆卸轴承

（4）轴承的装拆。设计轴承组合时，应考虑有利于轴承装拆，以便在装拆过程中不致损坏轴承和其他零件。

如图 7－17 所示，若轴肩高度大于轴承内圈外径时，就难以放置拆卸工具的钩头。对外圈拆卸要求也是如此，应留出拆卸高度 h_1［见图 7－18(a)(b)］或在壳体上做出能放置拆卸螺钉的螺孔［见图 7－18(c)］。

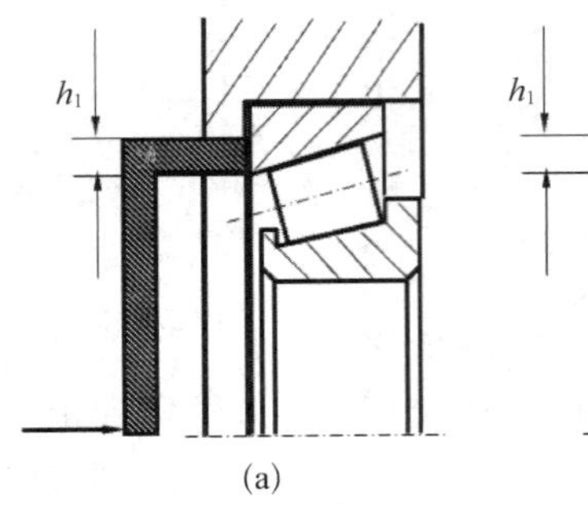

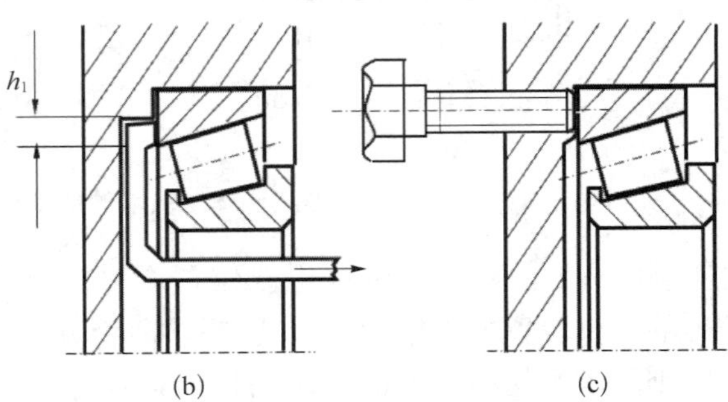

图 7－18 拆卸高度和拆卸螺孔

7）滚动轴承的润滑和密封

润滑和密封，对滚动轴承的使用寿命具有重要意义。

润滑的主要目的是减小摩擦与减轻磨损。滚动接触部位能形成油膜，还有吸收振动、降低工作温度和噪声等作用。

密封的目的是防止灰尘、水分等进入轴承，并阻止润滑剂的流失。

（1）滚动轴承的润滑。滚动轴的润滑剂可以是润滑脂、润滑油或固体润滑剂。一般情况下，滚动轴承采用润滑脂润滑，但在轴承附近已经具有润滑油源时（如变速箱体内本来就有润滑齿轮的油），也可采用润滑油润滑。具体选择可按速度因数 dn 值来定。d 代表轴承内径，mm；n 代表轴承套圈的转速，r/min，dn 值间接地反映了轴颈的圆周速度，当 $dn < (1.5 \sim 2) \times 10^5$ mm · r/min 时，一般滚动轴承可采用润滑脂润滑，超过这一范围宜采用润滑油润滑。

脂润滑因润滑脂不易流失，故便于密封和维护，且一次充填润滑脂可运转较长时间。油润滑的优点是比脂润滑摩擦阻力小，并能散热，主要用于高速或工作温度较高的轴承。

如图 7－19 所示，润滑油的黏度可按轴承的速度因数 dn 和工作温度 T 来确定。油量不宜过多，如果采用浸油润滑，则油面高度应不超过最低滚动体的中心，以免产生过大的搅油损耗和热量。高速轴承通常采用喷油或喷雾方法润滑。

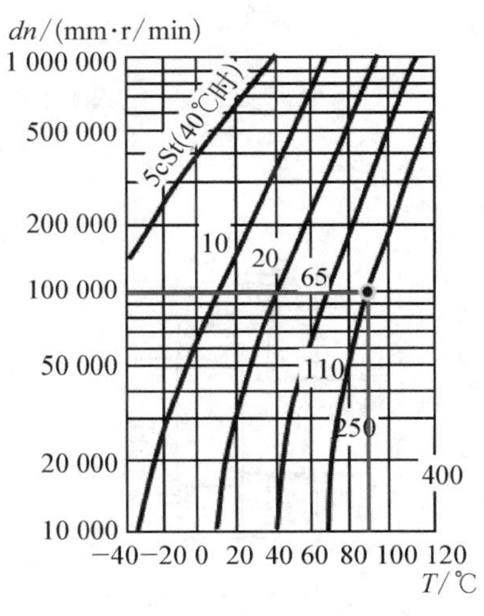

图 7－19　润滑油黏度的选择

（2）滚动轴承的密封。滚动轴承密封方法的选择与润滑的种类、工作环境、温度、密封表面的圆周速度有关。密封方法可分两大类：接触式密封和非接触式密封。它们的密封型式、适用范围和性能如表 7－8 所示。

表 7－8　常用的滚动轴承密封型式

密封类型	图　　例	适用场合	说　　明
接触式密封	毛毡圈密封	脂润滑，要求环境清洁，轴颈圆周轴速度 $v < 4 \sim 5$ m/s，工作温度不超过 90℃	矩形断面的毛毡圈被安装在梯形槽内，它对轴产生一定的压力而起到密封作用

（续表）

密封类型	图　例	适用场合	说　明
接触式密封	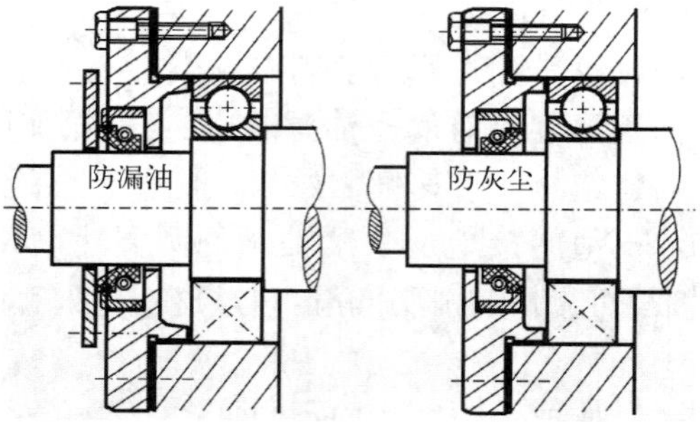 防漏油 防灰尘 (a)　(b) 密封圈密封	脂或油润滑，轴颈圆周轴速度 $v<7$ m/s，工作温度：－40～100℃	密封圈用皮革、塑料或耐油橡胶制成，有的具有金属骨架，有的没有，制成标准件。图(a)密封唇朝里，目的是防漏油。图(b)密封唇朝外，主要目的是防灰尘、杂质
非接触式密封	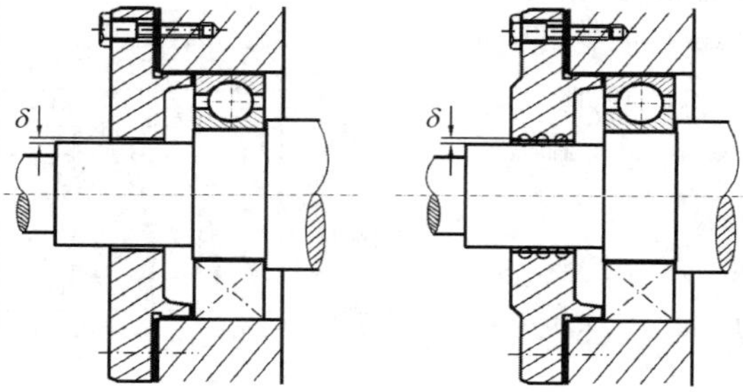 δ　δ (a)　(b) 间隙封圈	脂润滑，要求环境干燥清洁	靠轴与端盖之间的细小环形间隙密封，间隙愈小愈长，效果愈好，间隙 δ 取0.1～0.3 mm
	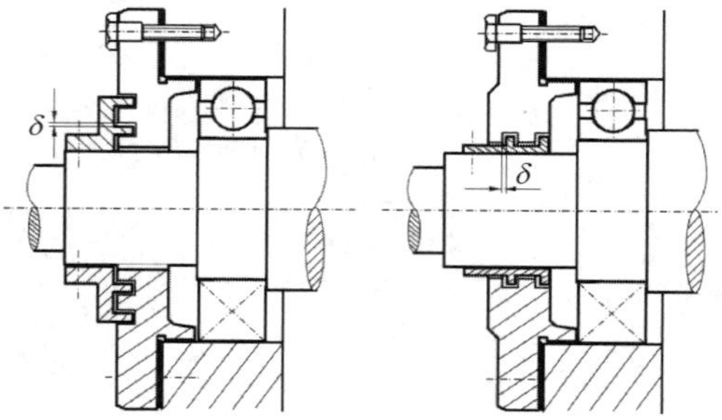 δ　δ (a)　(b) 迷宫式封圈	脂润滑或油润滑，工作温度不高于密封用脂的滴点。密封效果可靠	将旋转件与静止件之间的间隙做成迷宫形式，并在间隙中充填润滑油或润滑脂以加强密封效果。分为径向和轴向两种结构。图(a)为径向曲路，径向间隙 δ 为0.1～0.2 mm；图(b)为轴向曲路，因考虑到轴受热后会变长，间隙取 $\delta=1.5\sim2$ mm

（续表）

密封类型	图　　例	适用场合	说　　明
组合密封	毛毡加迷宫密封	适用于脂润滑或油润滑，密封效果可靠	也可以把多种密封形式组合在一起。这是组合密封的一种型式——毛毡加迷宫，可充分发挥各自的优点，提高密封效果。组合密封的方式很多，不一一列举

7.2 轴

7.2.1 轴的分类和轴的常用材料

1）轴的分类

轴是机器中的重要零件之一，用来支持旋转的机械零件和传递转矩。根据承受载荷的不同，轴可分为转轴、传动轴和心轴三种。转轴既传递转矩又承受弯矩，如齿轮减速器中的轴（见图7-20）；传动轴只传递转矩而不承受弯矩或弯矩很小，如汽车的传动轴（见图7-21）；心轴则只承受弯矩而不传递转矩，如铁路车辆的轴（见图7-22）、自行车的前轴（见图7-23）。

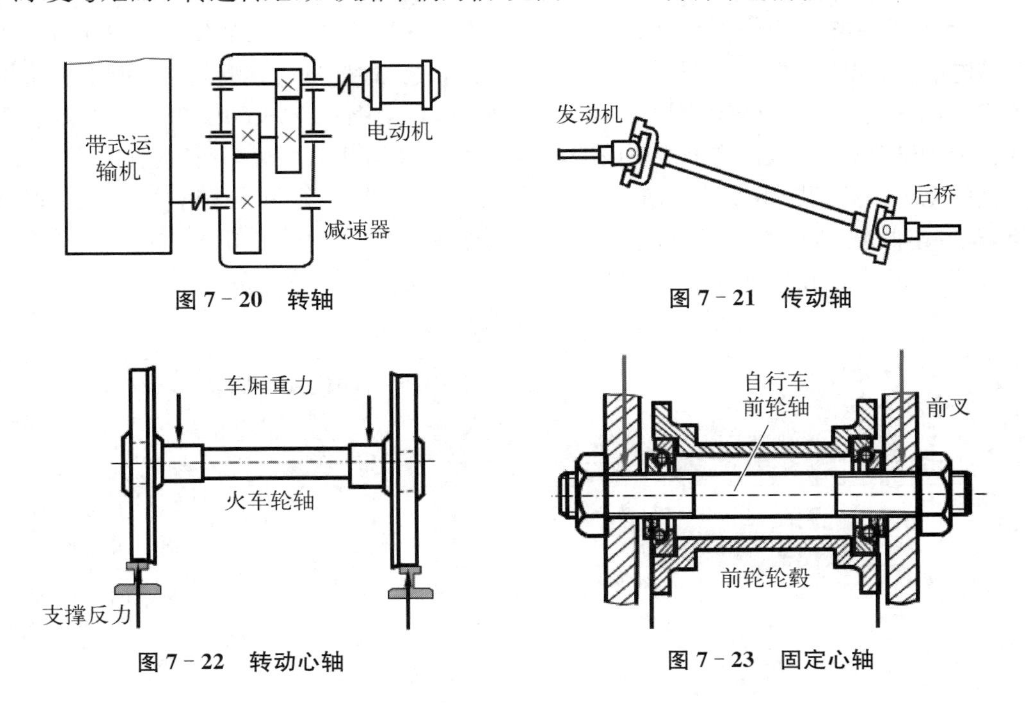

图7-20　转轴

图7-21　传动轴

图7-22　转动心轴

图7-23　固定心轴

按轴线的形状分类，轴可分为：直轴（见图 7－20～图 7－23）、曲轴（见图 7－24）和挠性钢丝轴（见图 7－25）。曲轴常用于往复式机械中。挠性钢丝轴是由几层紧贴在一起的钢丝层构成，可以把转矩和旋转运动灵活地传到任何位置，常用于振捣器等设备中。

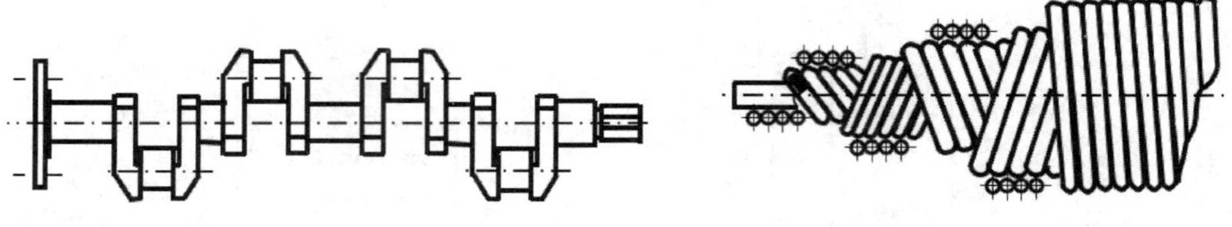

图 7－24　曲轴　　**图 7－25　挠性钢丝轴**

轴的设计，主要是根据工作要求并考虑制造工艺等因素，选用合适的材料，进行结构设计，经过强度和刚度计算，定出轴的结构形状和尺寸，必要时还要考虑振动稳定性。

2）轴的材料

轴工作时多为转轴，产生的应力多为变应力。其失效形式为疲劳损坏，如轴颈过渡磨损、轴变形过大。轴的材料通常选用对应力敏感性低、加工工艺性能好的材料，如采用碳素钢和合金钢。

（1）碳素钢。35、45、50 等优质碳素结构钢因具有较高的综合力学性能，应用较多，其中以 45 号钢用得最为广泛。为了改善其力学性能，应进行正火或调质处理。不重要或受力较小的轴，则可采用 Q235、Q275 等碳素结构钢。

（2）合金钢。合金钢具有较高的力学性能与较好的热处理性能，但对应力集中比较敏感，且价格较贵，多用于对强度和耐磨性有特殊要求的轴。如滑动轴承的高速轴，常用 20Cr、20CrMnTi 等低碳合金结构钢，经渗碳淬火后可提高轴颈耐磨性；汽轮发电机转子轴在高温、高速和重载条件下工作，必须具有良好的高温力学性能，常采用 40CrNi、38CrMoAlA 等合金结构钢。值得注意的是，钢材的种类和热处理对其弹性模量的影响甚小，因此，欲采用合金钢或通过热处理来提高轴的刚度并无实效。此外，合金钢对应力集中的敏感性较高，因此设计合金钢轴时，更应从结构上避免或减小应力集中，并减小其表面粗糙度。

轴的毛坯一般用圆钢或锻件，有时也用铸钢或球墨铸铁。如用球墨铸铁制造曲轴、凸轮轴，具有成本低廉、吸振性较好、对应力集中的敏感性较低、强度较好等优点。

表 7－9 列出了几种轴的常用材料及其主要力学性能。

表 7－9　几种轴的常用材料及其主要力学性能

材料	热处理	毛坯直径/mm	硬度/HBS	强度极限 σ_B	屈服极限 σs	弯曲疲劳极限 σ_{-1}	应用说明
				MP			
Q235				400	240	170	用于不重要及受载荷不大的轴
35	正火	≤100	149～187	520	270	250	有好的塑性和适当的强度，可做一般曲轴、转轴等

（续表）

材料	热处理	毛坯直径/mm	硬度/HBS	强度极限 σ_B	屈服极限 σ_S	弯曲疲劳极限 σ_{-1}	应用说明
				MP			
45	正火	≤100	170～217	600	300	275	用于较重要的轴，应用最为广泛
45	调质	≤200	217～255	650	360	300	
40Cr	调质	25		1 000	800	500	用于载荷较大，而无很大冲击的重要轴
		≤100	241～286	750	550	350	
		＞100～300	241～266	700	550	340	
40MnB	调质	25		1 000	800	485	性能接近于 40Cr，用于重要的轴
		≤200	241～286	750	500	335	
35CrMo	调质	≤100	207～269	750	550	390	用于重载荷的轴
20Cr	渗碳淬火回火	≤60	渗碳 56～62 HRC	650	400	280	用于要求强度、韧性及耐磨性均较高的轴

7.2.2　轴的结构设计

轴的结构设计就是使轴的各部分具有合理的形状和尺寸。其主要要求：① 轴应便于加工，轴上零件要易于装拆（制造安装要求）；② 轴和轴上零件要有准确的工作位置（定位）；③ 各零件要牢固而可靠地相对固定（固定）；④ 改善受力状况，减小应力集中和提高疲劳强度。

下面逐项讨论这些要求，并结合如图 7－26 所示的单级齿轮减速器的高速轴加以说明。

1）制造安装要求

为便于轴上零件的装拆，常将轴做成阶梯形。对于一般剖分式箱体中的轴，它的直径从轴端逐渐向中间增大。如图 7－26 所示，可依次将齿轮、套筒、左端滚动轴承、轴承盖和联轴器从轴的左端装拆，另一滚动轴承从右端装拆。为使轴上零件易于安装，轴端及各轴段的端部应有倒角。

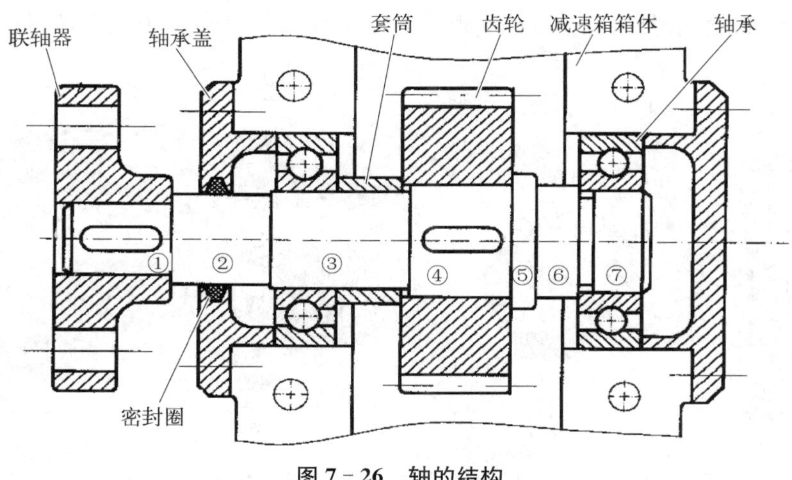

图 7－26　轴的结构

轴上磨削的轴端，应有砂轮越程槽（见图 7 - 26 中⑥与⑦的交界处）；车制螺纹的轴端，应有退刀槽。

在满足使用要求的情况下，轴的形状和尺寸应力求简单，以便于加工。

2）轴上零件的定位

安装在轴上的零件，必须有确定的轴向定位。阶梯轴上截面变化处称为轴肩，可起轴向定位作用。在图 7 - 26 中，④、⑤间的轴肩是齿轮在轴上定位；①、②间的轴肩使联轴器定位；⑥、⑦间的轴肩使右端滚动轴承定位。

有些零件依靠套筒定位，如图 7 - 26 所示的左端滚动轴承。

3）轴上零件的固定

轴上零件的轴向固定，常采用轴肩、套筒、螺母或轴端挡圈（又称压板）等形式。在图 7 - 26 中，齿轮能实现轴向双向固定。齿轮受轴向力时，向右是通过④、⑤间的轴肩，并由⑥、⑦间的轴肩顶在滚动轴承内圈上；向左侧通过套筒顶在滚动轴承内圈上。无法采用套筒或套筒太长时，可采用圆螺母加以固定（见图 7 - 27），由于切制了螺纹，轴的疲劳强度下降，该固定方式定位可靠，装拆方便，可承受较大的轴向力，常用于轴的中部和端部。

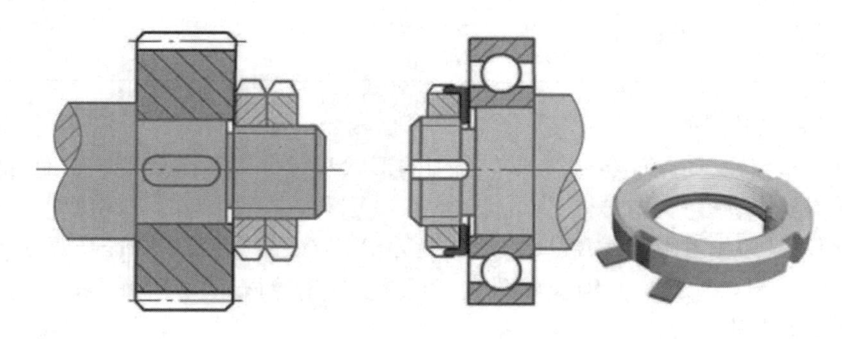

图 7 - 27　圆螺母固定

图 7 - 28 是弹性挡圈的一种型式，其结构简单紧凑，只能承受很小的轴向力，常用于固定滚动轴承等的轴向定位。图 7 - 29 是轴端压板固定，可承受剧烈振动和冲击，用于轴端零件的固定。图 7 - 30 为紧定螺钉固定，可承受很小的轴向力，适用于轴向力很小，转速低的场合。

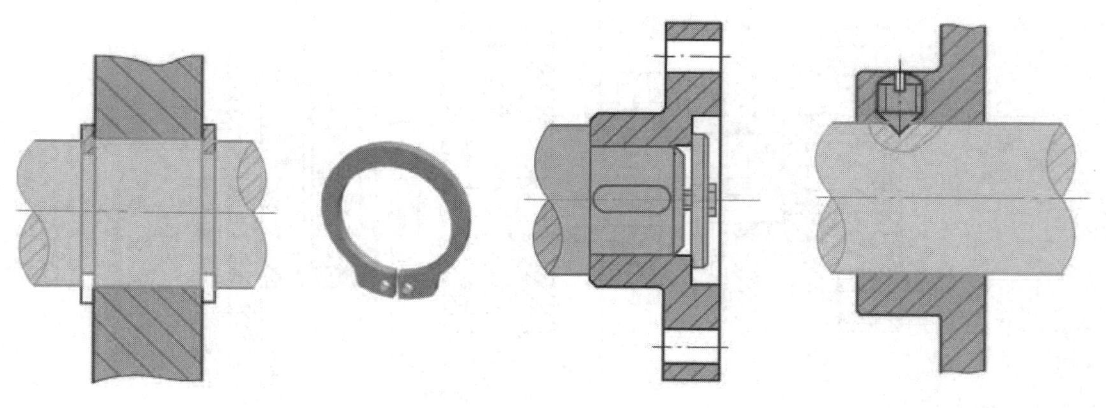

图 7 - 28　弹性挡圈固定　　**图 7 - 29　轴端压板固定**　　**图 7 - 30　紧定螺钉固定**

为了保证轴上零件紧靠定位面(轴肩),轴肩的圆角半径 r 必须小于相配零件的倒角 C 或圆角半径 R,轴肩高 h 必须大于 C 或 R,如图 7-31 所示。

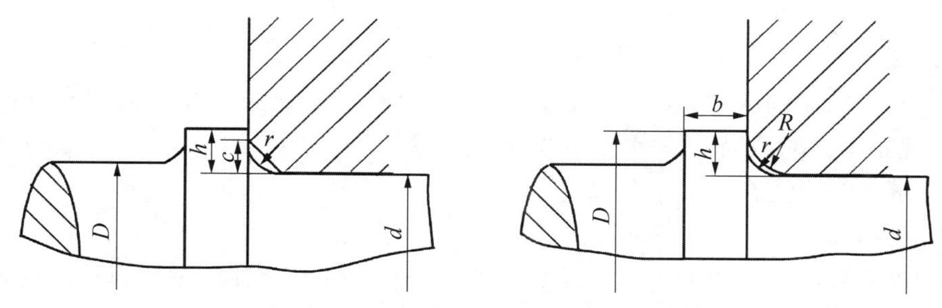

图 7-31　轴肩圆角与相配零件的倒角或圆角

为了传递运动和转矩,防止轴上零件与轴做相对转动,轴和轴上零件必须可靠地沿周向固定(连接)。常用的周向固定方法有销、键、花键、过盈配合和型面连接等,其中以键和花键连接应用最广,如图 7-32 所示。

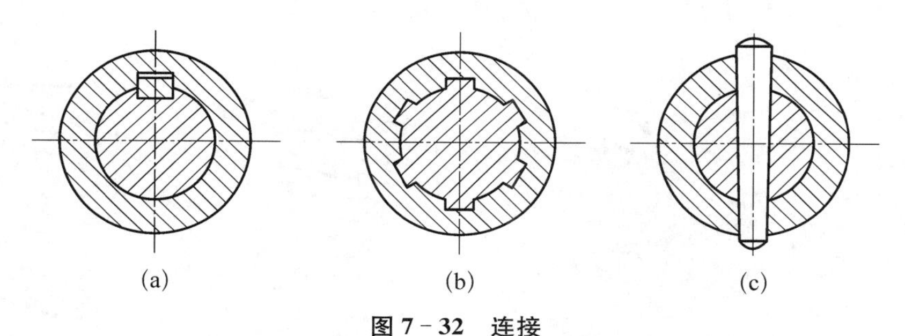

图 7-32　连接

(a) 键联接;(b) 花键联接;(c) 销钉联接

4) 各轴段直径和长度的确定

各轴段所需的直径与轴上的载荷大小有关。凡有配合要求的轴端,应尽量采用标准直径。如图 7-26 所示,轴上装配标准件(滚动轴承、联轴器、密封圈等)的轴段(①、②、③、⑦),其直径必须符合标准件的直径系列值。与一般零件(齿轮和带轮)相配合的轴段直径和零件毂孔直径相同,采用标准尺寸。不与零件配合的轴段(⑤、⑥),其值不用取标准值。套筒的内径,应与相配的轴径相同并采用过渡配合。

采用套筒、螺母、轴端挡圈做轴向固定时,应把装零件的轴段长度做得比零件轮毂短 2～3 mm,以确保套筒、螺母或轴端挡圈能靠紧零件端面。

5) 轴的结构工艺性

为便于轴上零件的装拆,一般轴都做成从轴端逐渐向中间增大的阶梯状。装零件的轴端应有倒角,需要磨削的轴端有砂轮越程槽,车螺纹的轴端应有退刀槽。轴上所有键槽应沿轴的同一母线布置,减少加工装夹次数。为了便于轴上零件的装配和去除毛刺,轴及轴肩端部一般均应制出 45°的倒角。过盈配合轴段的装入端常加工出半锥角为 30°的导向锥面。为便于加工,应使轴上直径相近处的圆角、倒角、键槽、退刀槽和越程槽等尺寸一致。

7.3 螺纹联接与螺旋传动

螺纹连接和螺旋传动都是利用螺纹零件工作，但两者的工作性质不同，在技术要求上也有差别。前者作为紧固件用，要求保证连接强度（有时还要求紧密性）；后者则作为传动件用，要求保证螺旋副的传动精度、效率和磨损寿命等。

7.3.1 螺纹的代号

1）螺纹的形成

一动点在一圆柱体的表面上，一边绕轴线等速旋转，同时沿轴向做等速移动的轨迹称为螺旋线。一平面图形沿螺旋线运动，运动时保持该图形通过圆柱体的轴线，即得到螺纹，如图 7－33 所示。按照平面图形的形状，螺纹分为三角形螺纹、梯形螺纹和锯齿形螺纹等。按照螺旋线的旋向，螺纹分为左旋螺纹和右旋螺纹。机械制造中一般采用右旋螺纹，有特殊要求时，才采用左旋螺纹。按照螺旋线的数目，螺纹还分为单线螺纹和等距排列的多线螺纹（见图 7－34）。为了制造方便，螺纹的线数一般不超过 4。

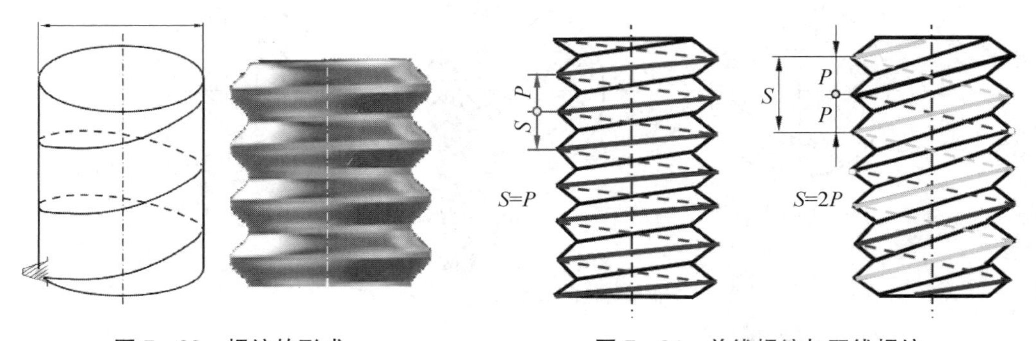

图 7－33 螺纹的形成　　**图 7－34 单线螺纹与双线螺纹**

2）螺纹的主要几何参数

按照母体形状，螺纹分为圆柱螺纹和圆锥螺纹。现以圆柱螺纹为例，说明螺纹的主要几何参数，如图 7－35 所示。

（1）大径（d，D）与外螺纹牙顶（或内螺纹牙底）相切的假想圆柱或圆锥的直径。

（2）小径（d_1，D_1）与外螺纹牙底（或内螺纹牙顶）相切的假想圆柱或圆锥的直径。

（3）中径（d_2，D_2）是指一个假想圆柱或圆锥的直径，该圆柱或圆锥的素线通过牙型上沟槽和凸起宽度相等的地方。

（4）公称直径一般指螺纹大径的基本尺寸。

（5）螺距 P：相邻两牙在中径线上对应两点间的轴向距离。

（6）导程 S：$S=nP$ 同一条螺旋线上的相邻两牙在中径线上对应两点间的轴向距 P。

（7）螺纹升角 ψ：中径 d_2 圆柱上，螺旋线的切线与垂直于螺纹轴线的平面的夹角。

$$\tan\Psi=\frac{nP}{\pi d_2}$$

(8) 牙型角 α：轴向截面内螺纹牙型相邻两侧边的夹角。牙型侧边与螺纹轴线的垂线间的夹角。

(9) 接触高度 h：内外螺纹旋合后，接触面的径向高度。

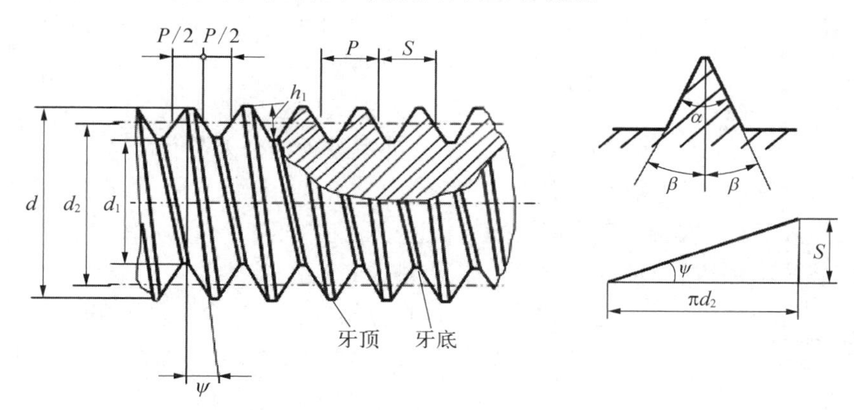

图 7-35　圆柱螺纹的主要几何参数

3) 螺纹的代号标注

(1) 普通螺纹代号标注基本要求：

① 普通螺纹同一公称直径可以有多种螺距，其中螺距最大的为粗牙螺纹，其余的为细牙螺纹。细牙螺纹的每一个公称直径对应数个螺距，因此必须标出螺距值，而粗牙螺纹不标注螺距值。

② 右旋螺纹不标注旋向代号，左旋螺纹则用 LH 表示。

③ 旋合长度有长旋合长度 L、中等旋合长度 N 和短旋合长度 S 三种，中等旋合长度 N 不标注。旋合长度是指两个相互旋合的螺纹，沿轴线方向相互结合的长度，所对应的具体数值可根据公称直径和螺距在有关标准中查到。

④ 公差带代号中，前者为中径公差带代号，后者为顶径公差带代号，两者一致时，则只标注一个公差带代号。内螺纹用大写字母，外螺纹用小写字母。

⑤ 内、外螺纹配合的公差带代号中，前者为内螺纹公差带代号，后者为外螺纹公差带代号，中间用“/”分开。

(2) 螺纹代号标注示例。普通螺纹(M)如图 7-36 所示，普通螺纹分为粗牙和细牙两种，它们的代号相同。一般连接都用粗牙螺纹。

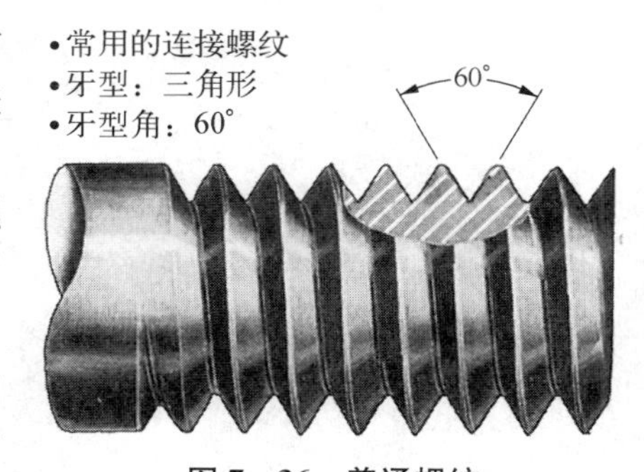

图 7-36　普通螺纹

例如：M24　　M：粗牙普通螺纹；24：公称直径

M24×1.5　　M：细牙普通螺纹；24：公称直径；1.5：螺距

M24×1.5LH—L　　LH：左旋；L：长旋合长度

M24×1.5LH—6H 7H　　6H：内螺纹中径公差带代号；7H：内螺纹顶径公差带代号

M24×1.5LH—6H　　6H：内螺纹中径和顶径公差带代号

内外螺纹配合标注示例：

M24×1.5LH—6H/7g　　6H：内螺纹中径和顶径公差带代号
　　7g：外螺纹中径和顶径公差带代号

M24×1.5LH—6H 8H/7g 8g　　6H：内螺纹中径公差带代号
　　8H：内螺纹顶径公差带代号
　　7g：外螺纹中径公差带代号
　　8g：外螺纹顶径公差带代号

(3) 梯形螺纹代号标注基本要求：

① 单线螺纹只标注螺距，多线螺纹同时标注螺距和导程。

② 右旋螺纹不标注旋向代号，左旋螺纹则用 LH 表示。

图 7-37　梯形螺纹

③ 旋合长度有长旋合长度 L 和中等旋合长度 N 两种，中等旋合长度不标注。旋合长度的具体数值可根据公称直径和螺距在有关标准中查到。

④ 公差带代号中，螺纹只标注中径公差带代号。内螺纹用大写字母，外螺纹用小写字母。

⑤ 内、外螺纹配合的公差带代号中，前者为内螺纹公差带代号，后者为外螺纹公差带代号，中间用"/"分开。

(4) 梯形螺纹(Tr)标注示例(见图 7-37)。

例如：

Tr40×14(P7)LH—7H—L　　Tr：梯形螺纹
　　40：公称直径
　　14：导称
　　P7：螺距
　　LH：左旋
　　7H：中径公差带代号
　　L：长旋合长度

内、外螺纹配合标注示例：

Tr24×5LH—7H/7e　　Tr：梯形螺纹
　　24：公称直径
　　5：螺距
　　LH：左旋
　　7H：内螺纹公差带代号
　　7e：外螺纹公差带代号

7.3.2　螺纹联接的类型和应用

螺纹联接有四种基本类型。

1) 螺栓联接

螺栓联接的结构特点是被连接件的孔中不切制螺纹(见图 7-38)，装拆方便。图 7-38(a)

为普通螺栓联接，螺栓与孔间有间隙。这种连接的优点是加工简便，成本低，故应用最广。图 7－38(b)为铰制孔用螺栓联接，其螺杆外径与螺栓孔(由高精度铰刀加工而成)的内径具有同一基本尺寸，并常采用过渡配合。它适用于承受垂直于螺栓轴线的横向载荷。

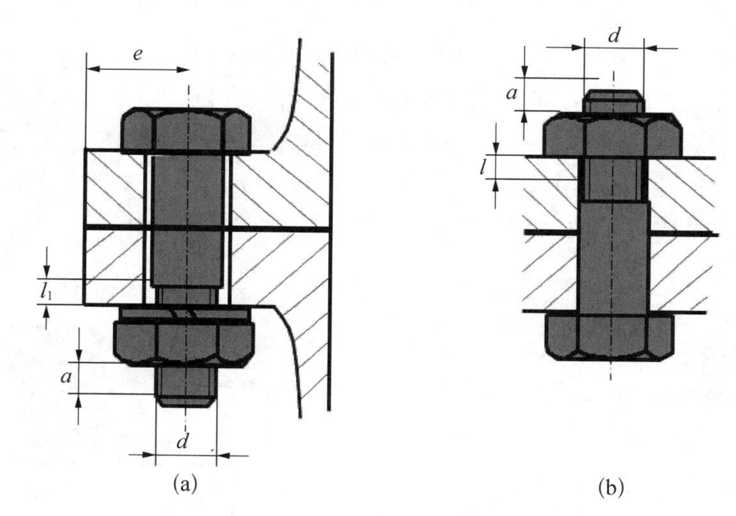

图 7－38　螺栓联接

螺纹余留长度 l_1；静载荷 $l_1 \geqslant (0.3 \sim 0.5)d$；变载荷 $l_1 \geqslant 0.75d$；冲击载荷或弯曲载荷 $l_1 \geqslant d$；铰制孔用螺栓 $l_1 \approx d$；螺纹伸出长度 $a = (0.2 \sim 0.3)d$；螺栓轴线到被连接件边缘的距离 $e = d + (3 \sim 6)$mm

2）螺钉联接

螺钉直接旋入被连接件的螺纹孔中，省去了螺母[见图 7－39(a)]，因此结构上比较简单。但这种连接不宜经常装拆，以免被连接件的螺纹被磨损而使连接失效。

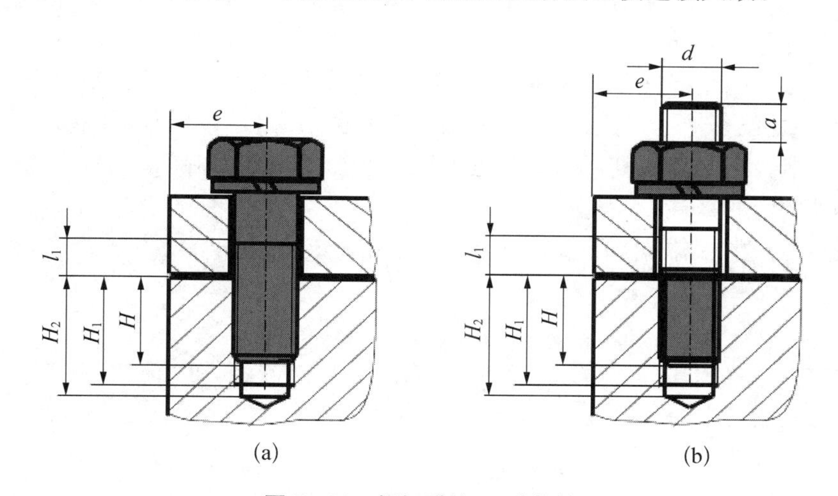

图 7－39　螺钉联接、双头螺柱

(a) 螺钉联接；(b) 双头螺柱

参数 l_1、e、a 与螺栓相同；座端拧入深度 H，当螺孔材料为：钢或青铜，$H = d$；铸铁，$H = (1.25 \sim 1.5)d$；铝合金，$H = (1.5 \sim 2.5)d$；螺纹孔深度，$H_1 = H + (2 \sim 2.5)d$；钻孔深度 $H_2 = H_1 + (0.5 \sim 1)d$

3）双头螺柱联接

双头螺柱多用于较厚的被连接件或为了结构紧凑而采用盲孔的连接[见图 7－39(b)]。双头螺柱连接允许多次装拆而不损坏被连接零件。

4）紧定螺钉联接

紧定螺钉连接(见图 7－40)常用来固定两零件的相对位置，并可传递不大的力或转矩。螺钉除作为联接和紧定用外，还可以用于调整零件位置，如机器、仪器的调节螺钉。

除上述四种基本螺纹联接型式外，还有一些特殊结构和联接。例如专门用于将机座或机架固定在地基上的地脚螺栓联接，如图 7－41 所示；装在机器或大型零部件的顶盖或外壳上便于起吊用的吊环螺钉联接，用于工装设备中的 T 型槽螺栓联接。

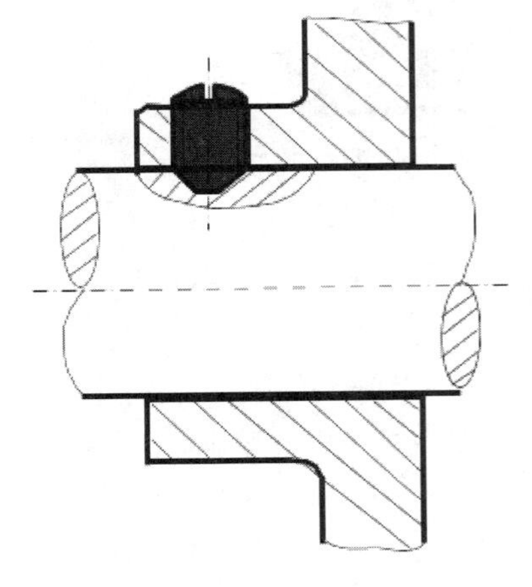

图 7－40　紧定螺钉联接

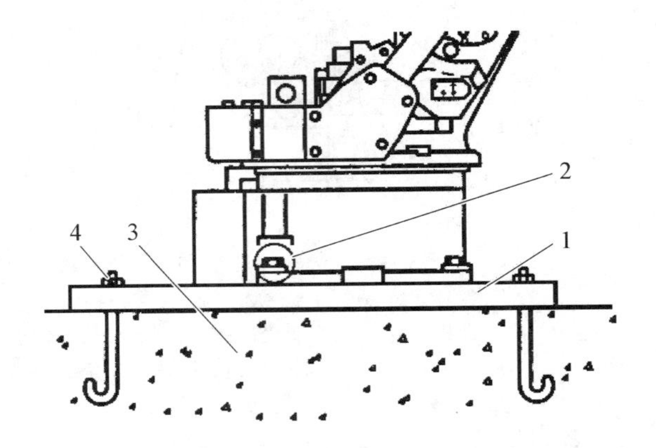

图 7－41　工业机器人基座固定在基座上

1—过渡板；2—过渡板连接；3—地基；4—地脚螺栓

7.3.3　螺纹联接的防松

连接用三角形螺纹都具有自锁性，在静载荷和工作温度变化不大时，不会自动松脱。但在冲击、振动和变载条件下，预紧力可能在某一瞬时会消失，连接仍有可能松动而失效。高温下的螺栓联接，由于温度变形差异等，也可能发生松脱现象(如高压锅)，因此设计时必须考虑防松，即防止相对转动。

螺纹联接防松的根本问题在于防止螺旋副相对转动。防松的方法很多，常用方法如表 7－10 所示。

表 7－10　常用的防松方法

防松方法		结构形式	特点和应用
利用附加摩擦力防松	弹簧垫圈		弹簧垫圈材料为弹簧钢，装配后垫圈被压平，其反弹力能使螺纹间保持压紧力和摩擦力

（续表）

防松方法		结构形式	特点和应用
利用附加摩擦力防松	对顶螺母	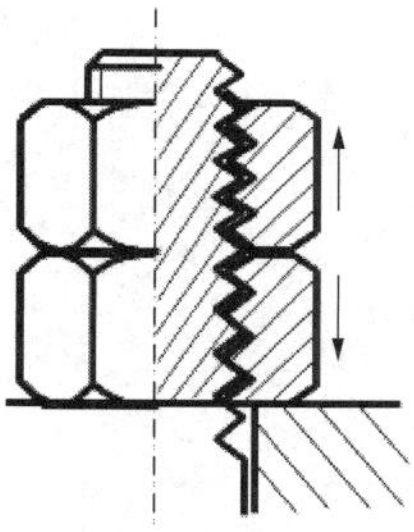	利用两螺母的对顶作用使螺栓始终受到附加的拉力和附加的摩擦力。结构简单，可用于低速重载场合
	尼龙圈锁紧螺母	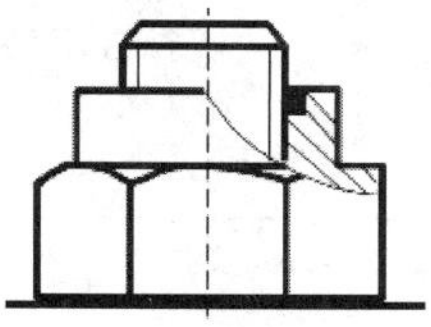	螺母中嵌有尼龙圈，拧上后尼龙圈内孔被胀大，推紧螺栓
采用专门防松元件防松	开口销与六角开槽螺母	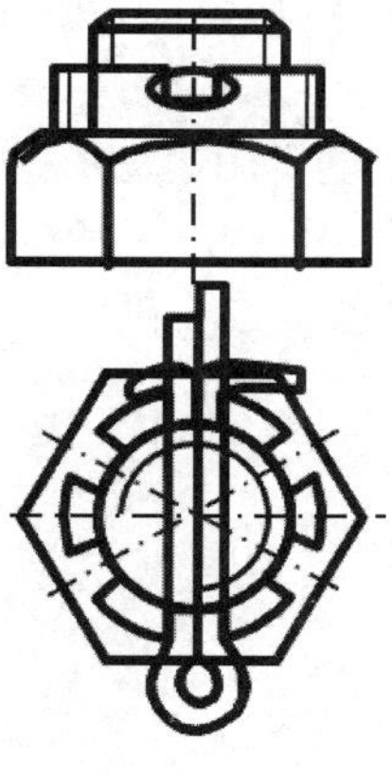	槽形螺母拧紧后，用开口销穿过螺栓尾部小孔和螺母的槽，也可以用普通螺母拧紧后再配钻开口销
	圆螺母用止动垫圈	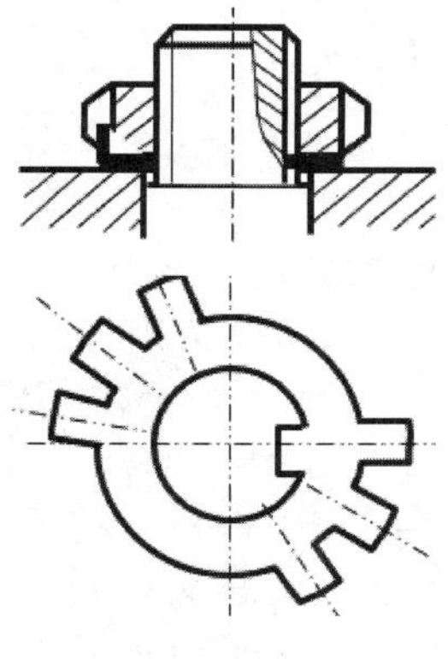	使垫片内翅嵌入螺栓（轴）的槽内，拧紧螺母后将垫片外翅之一折嵌于螺母的一个槽内

（续表）

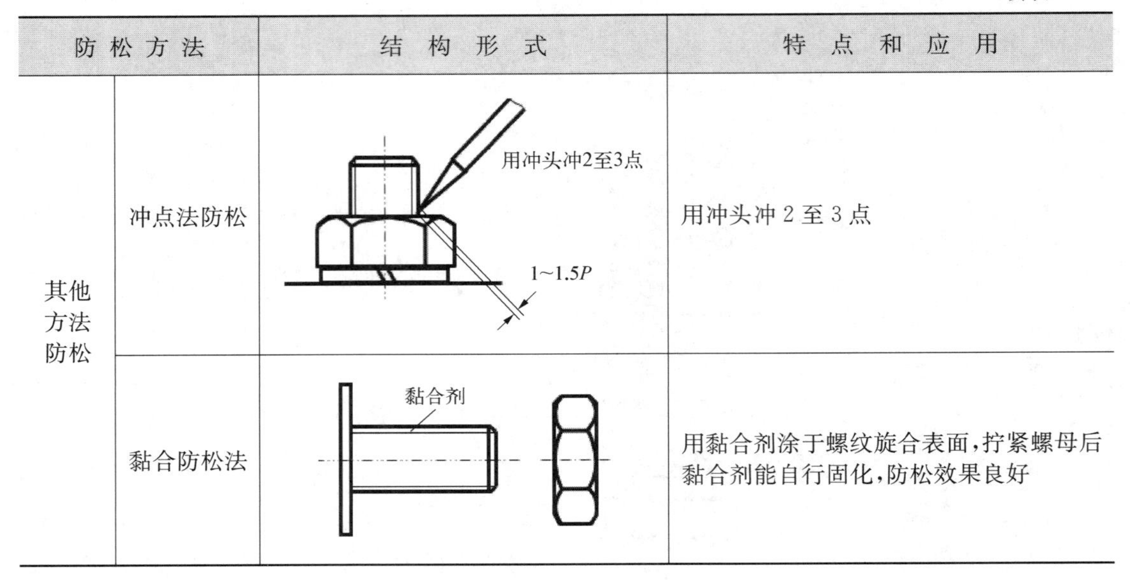

防松方法		结构形式	特点和应用
其他方法防松	冲点法防松	用冲头冲2至3点 1~1.5P	用冲头冲 2 至 3 点
	黏合防松法	黏合剂	用黏合剂涂于螺纹旋合表面，拧紧螺母后黏合剂能自行固化，防松效果良好

7.3.4 螺旋传动与滚珠丝杠

1）螺旋传动的类型

螺旋传动是利用螺杆和螺母组成的螺旋副来实现传动要求的。它主要用于将回转运动转变为直线运动，同时传递运动和动力。

根据螺杆和螺母的相对运动关系，螺旋传动的常用运动形式主要有以下两种：图 7－42(a)是螺杆转动，螺母移动，多用于机床的进给机构中；图 7－42(b)是螺母固定，螺杆转动并移动，多用于螺旋起重器(千斤顶，见图 7－43)或螺旋压力机中。

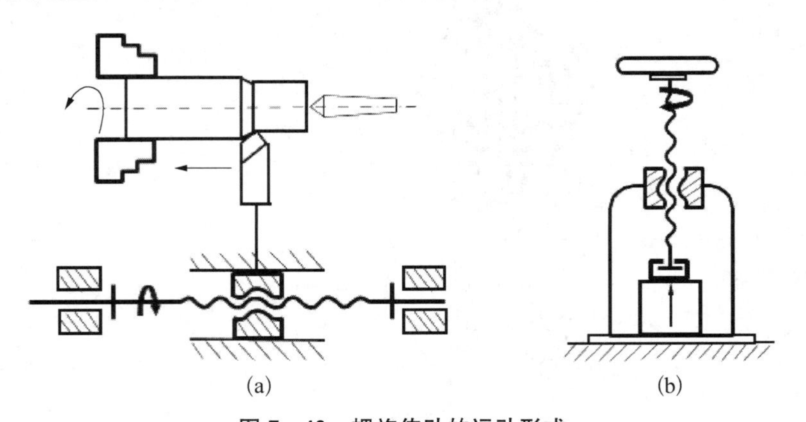

(a)　(b)

图 7－42　螺旋传动的运动形式

(a) 机床的进给丝杠；(b) 压力机

螺旋传动按其用途不同，可分为三种类型。

(1) 传动螺旋。它以传递动力为主，要求以较小的转矩产生较大的轴向推力，用以克服工作阻力，如各种起重或加压装置的螺旋。这种传力螺旋主要是承受很大的轴向力，一般为间歇性工作，每次的工作时间较短，工作速度也不高，而且通常需要有自锁能力。如图 7－43

所示的千斤顶。

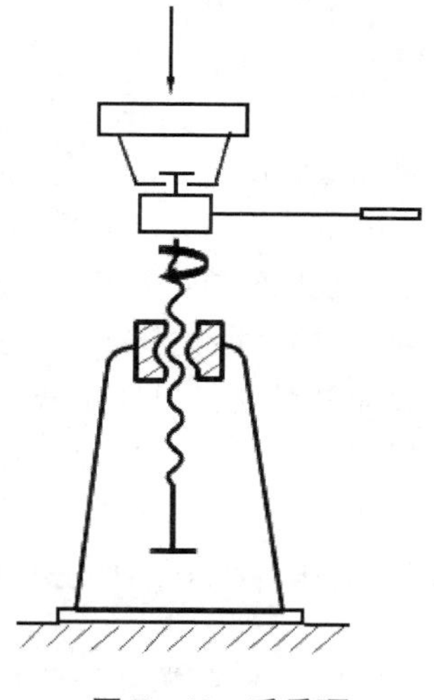
图 7－43　千斤顶

(2) 传导螺旋。它以传递运动为主，有时也承受较大的轴向载荷，如机床进给机构的螺旋等。传导螺旋常需在较长的时间内连续工作，工作速度较高，因此要求具有较高的传动精度。

(3) 调整螺旋。它用以调整、固定零件的相对位置，如机床、仪器及测试装置中的微调机构的螺旋。调整螺旋不经常转动，一般在空载下调整。

螺旋传动按其螺旋副的摩擦性质不同，又可分为互动螺旋(滑动摩擦)、滚动螺旋(滚动摩擦)和静压螺旋(流体摩擦)。滑动螺旋结构简单，便于制造，易于自锁，但其主要缺点是摩擦阻力大、传动效率低(一般为 30%～40%)、磨损快、传动精度低等。相反，滚动螺旋和静压螺旋的摩擦阻力小，传动效率高(一般为 90%以上)，但结构复杂，特别是静压螺旋还需要供油系统。因此，只有在高精度、高效率的重要传动中才宜采用，如数控、精密机床、测试装置或自动控制系统中的螺旋传动等。

2) 滚珠丝杠

用滚动体在螺纹工作面间实现滚动摩擦的螺旋传动，又称滚珠丝杠传动。滚动体通常为滚珠，也有用滚子的。滚动螺旋传动的摩擦系数、效率、磨损、寿命、抗爬行性能、传动精度和轴向刚度等虽比静压螺旋传动稍差，但远比滑动螺旋传动好。滚动螺旋传动的效率一般在 90%以上。它不自锁，具有传动的可逆性；但结构复杂，制造精度要求高，抗冲击性能差。它已广泛应用于机床、飞机、船舶和汽车等要求高精度或高效率的场合。

滚珠丝杠的工作原理和特点：

在丝杠和螺母上都有半圆弧形的螺旋槽，当它们套装在一起时便形成了滚珠的螺旋滚道。螺母上有滚珠回路管道，当丝杠旋转时，滚珠在滚道内既自转又沿滚道循环传动，滚珠丝杠常用的循环方式有两种，滚珠在循环过程中有时与丝杠脱离接触的称为外循环，始终与丝杠保持接触的称为内循环，如图 7－44 所示。

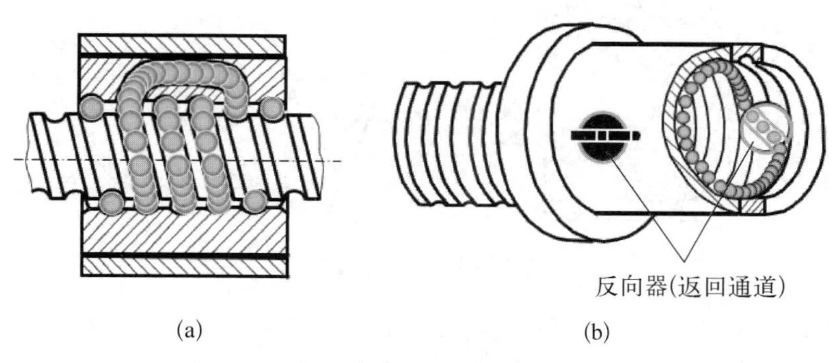

图 7－44　滚珠丝杠

(a) 外循环；(b) 内循环

外循环的导路为一导管，将螺母中几圈滚珠连成一个封闭循环。内循环用反向器，一个螺母上通常有 2～4 个反向器，将螺母中滚珠分别连成 2～4 个封闭循环，每圈滚珠只在本圈内运动。外循环的螺母加工方便，但径向尺寸较大。为提高传动精度和轴向刚度，除采用滚珠与螺纹选配外，常用各种调整方法以实现预紧。

在 JB/T 3162—1991 中，将滚动螺旋传动称为滚珠丝杆副。该标准规定，滚珠丝杆副分为定位滚珠丝杆副(称 P 类)和传动滚珠丝杆副(称 T 类)。前者是通过旋转角度和导程控制轴向位移量的滚珠丝杆副，后者是与旋转角度无关用于传递动力的滚珠丝杆副。在螺旋和螺母之间设有封闭的循环滚道，其间充以滚珠，这样就使螺旋面的滑动摩擦成为滚动摩擦。

7.4 键联接和销联接

7.4.1 键联接和销联接的类型及应用

键联接、销联接与螺纹联接都是可拆联接，即当拆开联接时，无需破坏或损伤联接中的任何零件。

键是一种标准零件，通常用来实现轴与轮毂之间的周向固定以传递转矩，有的还能实现轴上零件的轴向固定或轴向滑动的导向。键联接的主要类型有：平键联接、半圆键联接、楔键联接和切向键联接。

(1) 平键联接。图 7-45 为普通平键联接的结构型式。键的两侧面是工作面，工作时，靠键同键槽侧面的挤压来传递转矩。键的上表面和轮毂的键槽底面间则留有间隙。平键联接具有结构简单、装拆方便、对中性较好等优点，因而得到广泛应用。这种键联接不能承受轴向力，因而对轴上的零件不能起到轴向固定的作用。根据用途不同，平键分为普通平键、薄型平键、导向平键和滑键四种。其中普通平键和薄型平键用于静联接，导向平键混合滑键用于动联接。

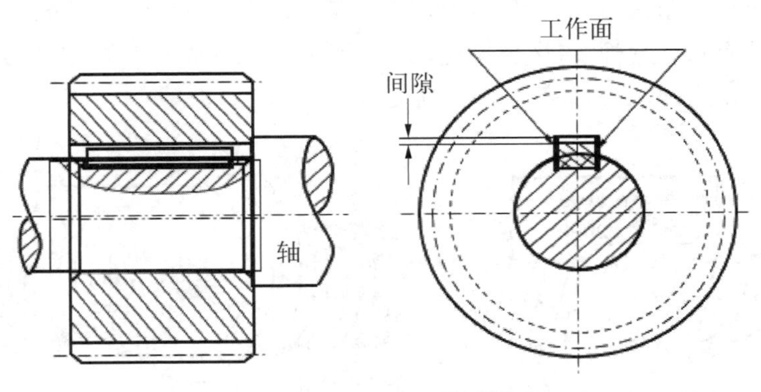

图 7-45 普通平键联接

普通平键的端部形状可以制成圆头(A 型)、方头(B 型)或单圆头(C 型)。圆头键宜放在轴上键槽铣刀铣出的键槽中，键在槽中轴向固定良好。但是键的头部侧面与轮毂上的键槽并不接触，因而键的圆头部分不能充分利用，而且轴上键槽端部的应力集中较大。方头键是放在用盘形铣刀铣出的键槽中，因而避免了上述缺点，但对于尺寸大的键，宜用紧定螺钉固定在轴上的键槽中，以防松动。单圆头键常用于轴端与毂类零件的联接。

薄型平键与普通平键的主要区别是键的高度约为普通平键的 60%～70%，也分圆头、平头和单圆头三种型式，但传递转矩的能力较低，常用于薄壁结构、空心轴及一些径向尺寸受限的场合。

当被联接的毂类零件在工作过程中必须在轴上做轴向移动时（如变速箱中的滑移齿轮），则须采用导向平键或滑键。导向平键（见图 7－46）是一种较长的平键，用螺钉固定在轴上的键槽中，为了便于拆卸，键上制有起键螺钉，以便拧入螺钉使键退出键槽。轴上的传动零件则可沿键做轴向滑动。当零件需滑移的距离较大时，因所需导向平键的长度过大，制造困难，故宜采用滑键（见图 7－47）。滑键固定在轮毂上，轮毂带动滑键在轴上的键槽中做轴向滑移。这样，只需在轴上铣出较长的键槽，而键可做得较短。

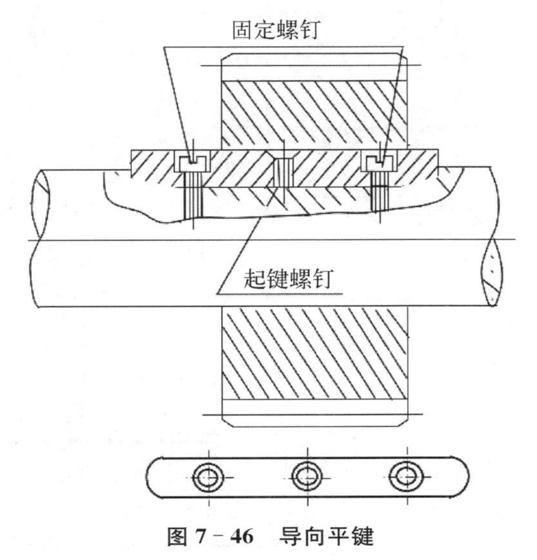

图 7－46　导向平键

(a)

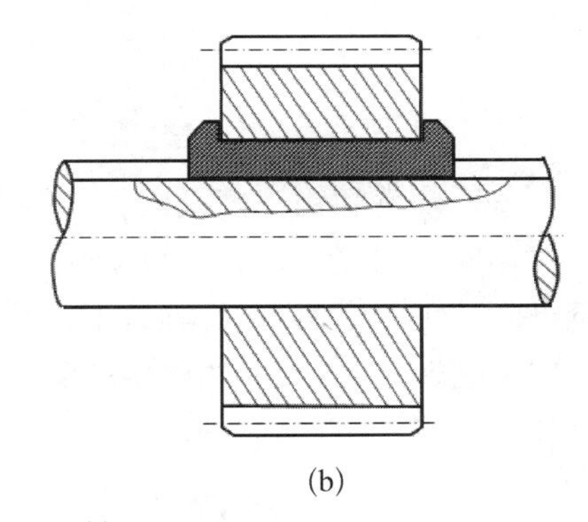

(b)

图 7－47　滑键

(a) 单圆勾头滑键；(b) 双勾头滑键

(2) 半圆键联接。半圆键也是以两侧面为工作面（见图 7－48），它与平键一样具有定心较好的优点。半圆键能在轴槽中摆动以适应毂槽底面，装配方便。它的缺点是轴上键槽较深，对轴的削弱较大，只适用于轻载联接。

锥形轴端采用半圆键联接在工艺上较为方便，如图 7－48(b)所示。

(3) 楔键联接和切向键联接。楔键的上下面是工作面（见图 7－49），键的上表面有 1∶100 的斜度，轮毂槽的底面也有 1∶100 的斜度，把楔键打入轴和崮槽内时，其工作面上产生很大的 F_n。工作时，主要靠摩擦力 fF_n（f 为接触面间的摩擦系数）传递转矩 T，并能承受单方向的轴向力。

由于楔键打入时，迫使轴和轮毂产生偏心 e，因此楔键仅定心精度不高、载荷平稳和低速的联接。

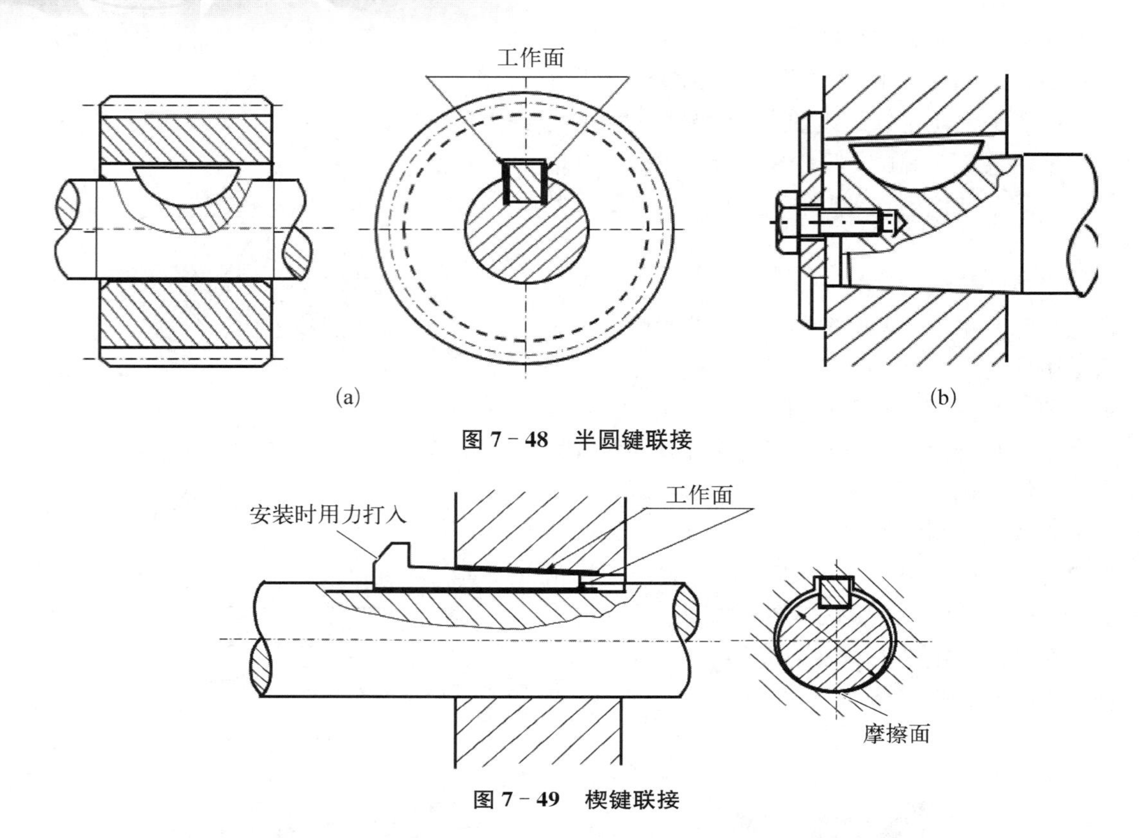

图 7-48　半圆键联接

图 7-49　楔键联接

楔键分为普通楔键和钩头楔键两种。钩头楔键的钩头是为了拆键用的。此外，在重型机械中常采用切向键联接，如图 7-50 所示。切向键是由一对楔键组成[见图 7-50(a)]，装配时将两键楔紧。键的窄面是工作面，工作面上的压力沿轴的切线方向作用，能传递很大的转矩。当双向传递转矩时，需要两对切向键并分布成 120°～130°[见图 7-50(b)]。

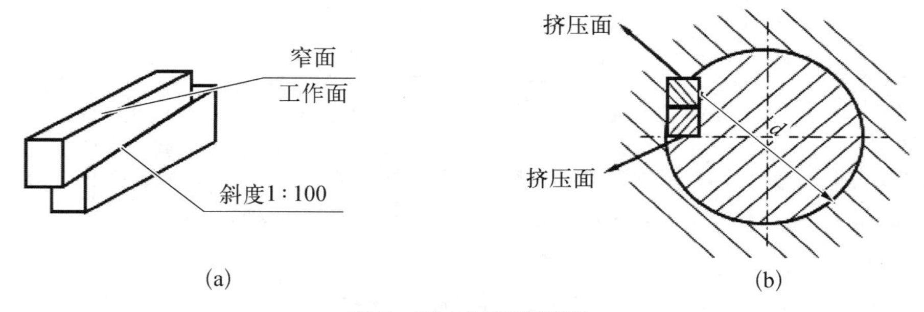

图 7-50　切向键联接

(4) 花键联接。轴和轮毂孔周向均匀分布的多个键齿构成的连接称为花键联接。齿的侧面是工作面。由于是多齿传递载荷，所以花键联接比平键联接具有承载能力高、对轴削弱程度小(齿浅、应力集中小)、定心好和导向性能好等优点。它适用于定心精度要求高、载荷大或经常滑移的连接。花键联接按其齿型不同，可分为一般常用的矩形花键[见图 7-51(a)]和强度高的渐开线花键[见图 7-51(b)]。

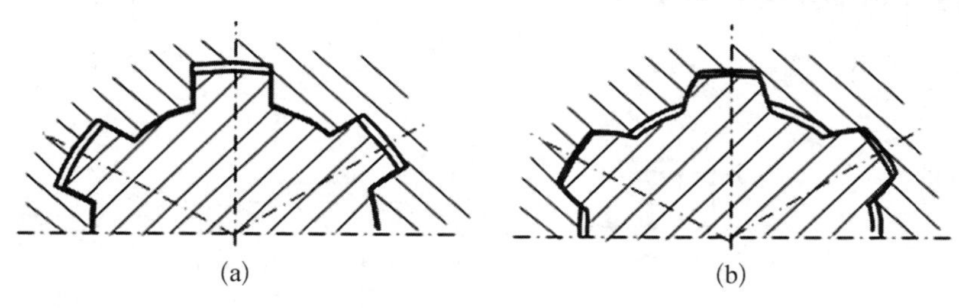

图 7－51　花键联接

2）销联接的类型及应用

销的主要作用是固定零件之间的相对位置，并可传递不大的载荷。按照其用途可以分为：① 定位销[见图 7－52(a)]，用来固定零件之间的相对位置，它是组合加工和装配时的重要辅助零件。通常不受载荷或只受很小的载荷，数目一般不少于 2 个。② 联接销[见图 7－52(b)]，用来实现两零件之间的联接，可用来传递不大的载荷，常用于轻载或非动力传输结构。③ 安全销[见图 7－52(c)]，作为安全装置中的过载剪切元件。安全销在过载时被剪断，因此，销的直径应按剪切条件确定。为了确保安全销被剪断而不提前发生挤压破坏，通常可在安全销上加一个销套。

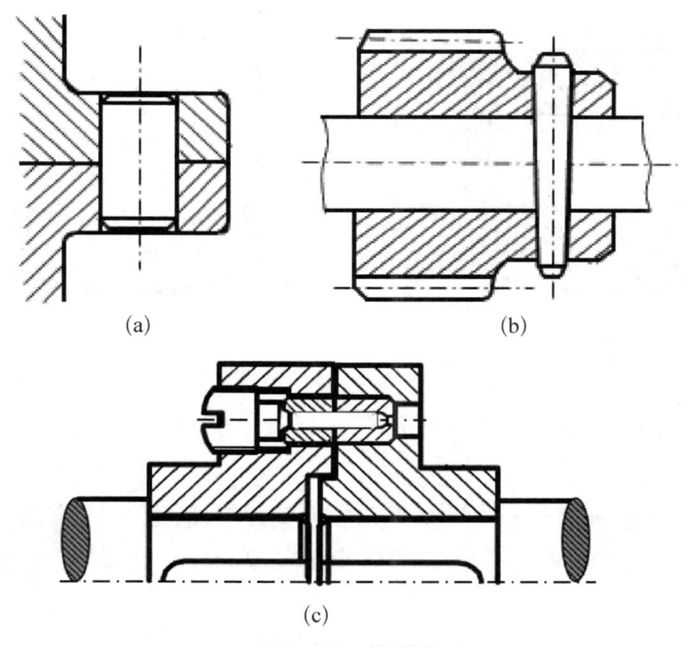

图 7－52　销联接

销按照形状还可以分为：① 圆柱销[见图 7－52(a)]，为过盈配合，经多次拆装后，定位精度会降低。有 u8、m6、h8、h11 四种直径偏差可供选择，以满足不同要求。② 圆锥销[见图 7－52(b)]，有 1∶50 的锥度，可反复多次拆装。图 7－53(a)是大端具有外螺纹的圆锥销，便于拆卸，可用于盲孔；图 7－53(b)是小端带外螺纹的圆锥销，可用螺母锁紧，适用于有冲击的场合。图 7－54(a)是带槽圆柱销，销上有三条压制的纵向沟槽，图 7－54(b)是放大的俯视图，外轮廓表示打入销孔前的形状，内轮廓表示打入后变形的结果，这使销与孔壁压紧，不易松动，能承受振动和变载荷，使用这种销连接时，不铰孔，可多次装拆。

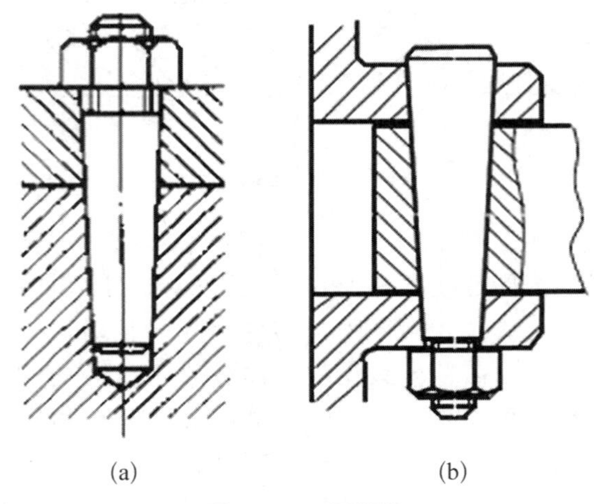

图 7-53　圆锥销

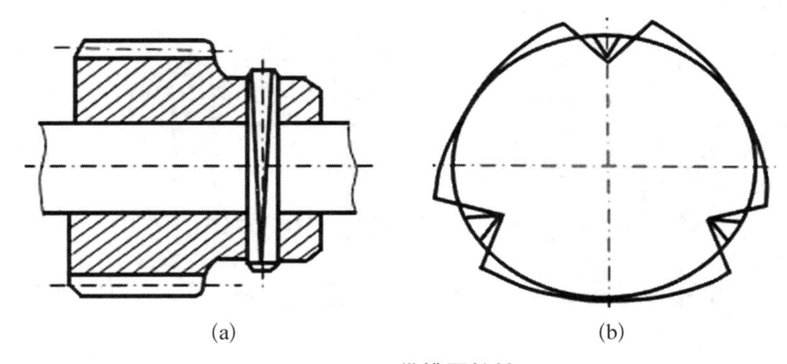

图 7-54　带槽圆柱销

7.4.2　键联接的强度校核

1）平键

键的材料采用强度极限σ_B不小于 600 MPa 的碳素钢，通常用 45 钢。键的截面尺寸应按轴径 d 从键的标准中查取；键的长度 L 可略小于轮毂长度，从标准中查取。必要时应进行强度校核。

平键联接的主要失效形式是工作面的压溃和磨损（对于动连接）。除非有严重过载，一般不会出现键的剪断（沿 $a-a$ 面剪断），如图 7-55 所示。

设载荷为均匀分布，由图 7-55 可得平键联接的挤压强度条件为

$$\sigma_P=\frac{4T}{dhl}\leqslant[\sigma_P]$$

对于导向平键联接（动联接），计算依据是磨损，应限制压强。即

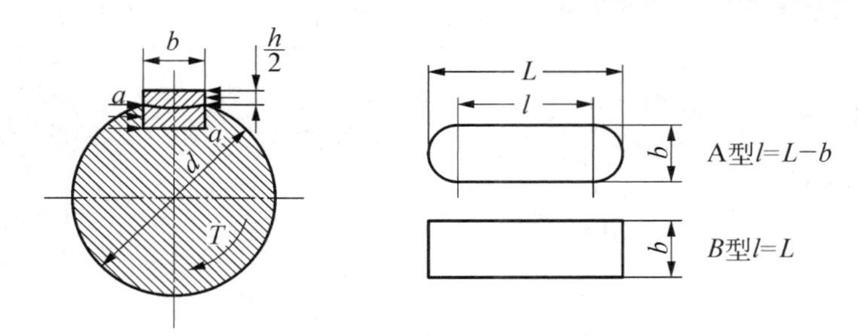

图 7-55　平键联接受力情况分析

$$p=\frac{4T}{dhl}\leqslant[p]$$

式中，T 为转矩，N · mm；d 为轴径；h 为键的高度；l 为键的工作长度，mm；$[\sigma_P]$为许用挤压应力；$[p]$为许用压强，MPa(见表 7-11)。

表 7-11　联接件的许用挤压应力和许用压强(MPa)

许 用 值	轮毂材料	载荷性质		
		静　荷	轻微冲击	冲　击
$[\sigma_P]$	钢	125～150	100～120	60～90
	铸铁	70～80	50～60	30～45
$[p]$	钢	50	40	30

注：在键联接的组成零件(轴、键、轮毂)中，轮毂材料较弱。

2) 花键

花键联接可以做成静联接，也可以做成动联接，一般中验算挤压强度和耐磨性。以矩形花键为例，由国标可查得大径 D、小径 d、键宽 B 和齿数 z，设各齿压力的合力作用在平均半径 r_m处，载荷不均匀系数 $K=0.7\sim0.8$，则联接所能传递的扭矩。

静联接　　$T=Kzhl'r_m[\sigma_p]$

动联接　　$T=Kzhl'r_m[p]$

式中，l'为齿的接触长度；h 为齿面工作高度，mm；$[\sigma_p]$为许用挤压应力；$[p]$为许用压强，MPa。

对于矩形花键，$h=\frac{D-d}{2}-2C$，$r_m=\frac{D+d}{4}$，此外 C 为齿顶的倒圆半径。

花键联接的零件多用强度极限不低于 600 MPa 的钢料制造，多数需热处理，特别是在载荷下频繁移动的花键齿，应通过热处理获得足够的硬度以抗磨损。花键联接的许用挤压应力和许用压强可由表 7-12 查取。

表 7－12　花键联接的许用挤压应力[σ_p]和许用压强[p](MPa)

联接工作方式	使用和制造情况	[σ_p]或[p]	
		齿面未经热处理	齿面经过热处理
静联接[σ_p]	不良	35～50	40～70
	中等	60～100	100～140
	良好	80～120	120～200
动联接[p]	不良	15～20	20～35
	中等	20～30	30～60
	良好	25～40	40～70
动联接[p] (在载荷下移动)	不良	—	3～10
	中等	—	5～15
	良好	—	10～20

注：使用和制造情况不良是指受变载，有双向冲击、振动频率高和振幅大、润滑不好(对动联接)、材料硬度不高和精度不高等。

7.5　联轴器、离合器和制动器

联轴器和离合器是机械传动中常用的部件。他们主要用来连接轴与轴(或联接轴与其他回转零件)，以传递运动与转矩；有时也可用作安全装置。制动器是用来降低轴的运动速度或使其停止运转的部件。

7.5.1　联轴器

联轴器是把不同部件的两根轴连接成一体，以传递运动和转矩的机械传动装置。由于制造、安装的误差，机器运转时零件受载变形，基础下沉，回转零件的不平衡，温度的变化和轴承的磨损等，都会使两轴线的位置发生偏移，不能严格保持对中。轴线的各种可能偏移如图 7－56 所示。

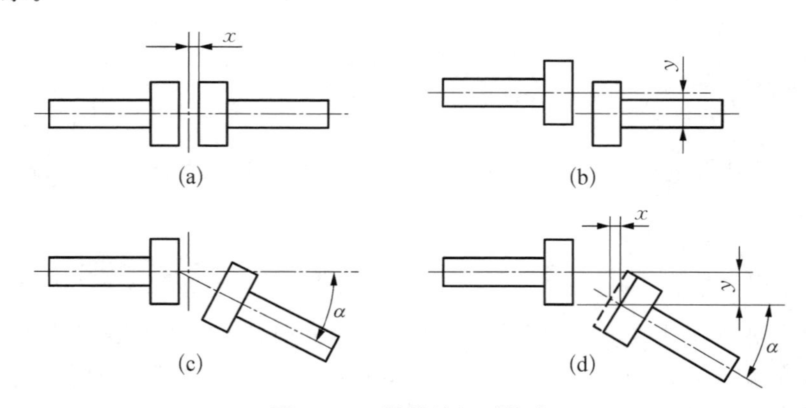

图 7－56　轴线的相对偏移

(a) 轴向位移 x；(b) 径向位移 y；(c) 偏角位移 α；(d) 综合位移 x、y、α

联轴器的种类很多，按被连接两轴的相对位置是否有补偿能力，联轴器分为固定式和可移式两种。固定式联轴器用在两轴轴线严格对中，并在工作时不允许两轴有相对位移的场合。可移式联轴器允许两轴线有一定的安装误差，并能补偿被连接两轴的相对位移和相对偏斜。可移式联轴器按补偿位移的方法不同，分为两类：利用联轴器工作零件之间的间隙和结构特性来补偿的称为刚性可移式联轴器；利用联轴器中弹性元件的变形来补偿的称为弹性可移式联轴器。弹性可移式联轴器简称为弹性联轴器，刚性可移式联轴器和固定式联轴器统称为刚性联轴器。

1）固定式联轴器

（1）凸缘联轴器。固定式联轴器有套筒式、夹壳式和凸缘式等，其中应用最广的是凸缘联轴器，如图 7－57 所示，凸缘联轴器结构简单，使用方便，可传递较大转矩。凸缘联轴器由两个带凸缘的半联轴器分别用键与两轴连接，并用螺栓将两个半联轴器组成一体。图 7－57(a) 中两个半联轴器采用普通螺栓联接，螺栓与螺栓孔间有间隙，依靠联轴器两圆盘接触面间的摩擦传递转矩，用凸肩和凹槽对中；图 7－57(b) 中两个半联轴器是采用铰制孔螺栓联接，用铰制孔螺栓对中，靠螺栓承受剪切和挤压来传递转矩，因而传递的转矩较大，但要铰孔，加工复杂。

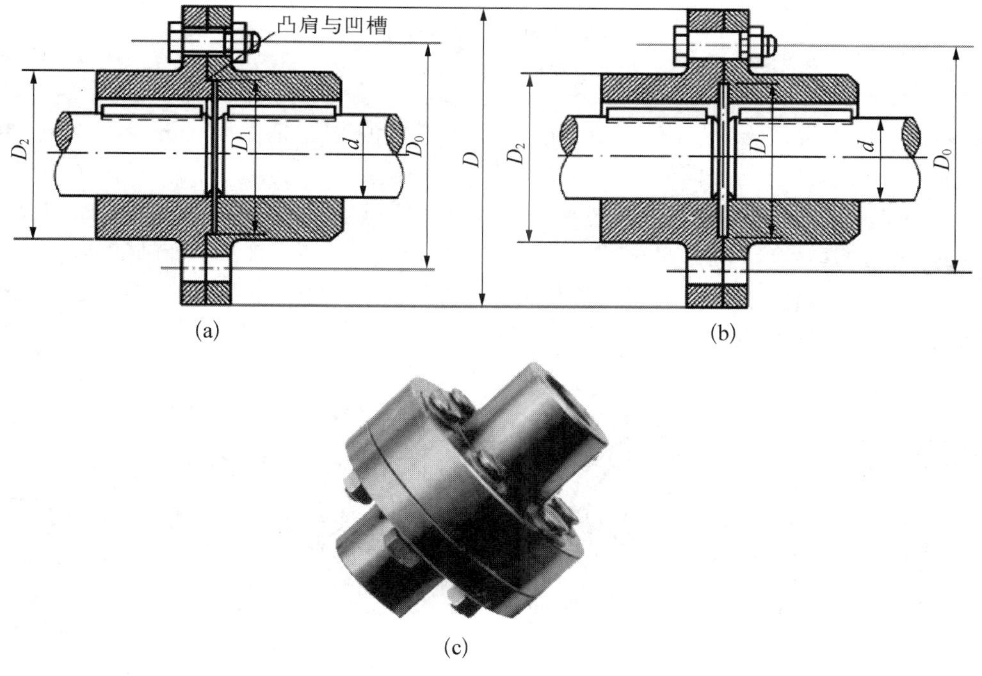

图 7－57　凸缘联轴器

(a) 用凸肩和凹槽对中；(b) 用铰制孔以螺栓对中；(c) 实物

（2）夹壳联轴器。夹壳联轴器是用两个半圆筒形的夹壳通过拧紧螺栓产生的预紧力使夹壳与两轴连接，从而形成一体。它靠夹壳与轴之间的摩擦力来传递转矩，如图 7－58 所示。由于采用剖分结构，因此其拆装方便，不需沿轴向移动两轴，但这种联轴器平衡困难，故主要用于低速、工作平稳的场合。

图 7-58　夹壳联轴器

(3) 套筒联轴器。套筒联轴器是用键或销钉将套筒与两轴连接起来,以传递转矩。该联轴器结构简单,加工容易,径向尺寸小,但装拆时需要一轴做轴向移动。一般用于两轴直径小、同轴度要求较高、载荷不大、工作平稳的场合,如图 7-59 所示。

2) 刚性可移式联轴器

刚性可移式联轴器可补偿被联接两轴的相对位移量,但无弹性元件,不能缓冲和减震。所以只用于低速、轻载的场合。

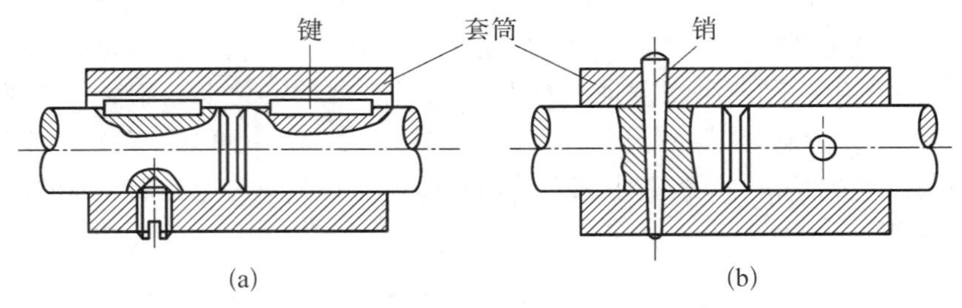

图 7-59　套筒联轴器

(a) 键联接;(b) 销联接

(1) 十字滑块联轴器。如图 7-60 所示,十字滑块联轴器是由两个开有凹槽的半联轴器 1、3 和一个两面都有凸出榫的中间滑块 2(浮动盘)组成的。浮动盘的两凸榫互相垂直并分别嵌在两半联轴器的凹槽中,凸榫可在半联轴器的凹槽中滑动,利用其相对滑动来补偿两轴之间的偏移。其所允许的偏角位移 $\alpha \leqslant 30'$ 和径向位移 $y \leqslant 0.04d$(d 为轴的直径)。为避免过快磨损及产生过大的离心力,轴的转速不可过高。为了减少磨损、提高寿命和效率,在榫与榫间需定期施加润滑剂。

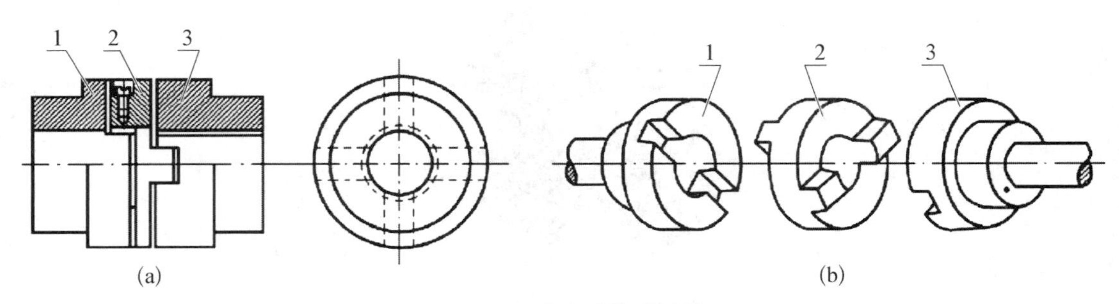

图 7-60　十字滑块联轴器

(2) 齿式联轴器。如图 7-61(a)所示,这种联轴器由两个带有内齿及凸缘的外套筒 3 和两个带有外齿的内套筒 1 所组成。两个内套筒 1 分别用键与两轴联接,两个外套筒 3 用螺栓 5 联成一体,依靠内外齿相啮合以传递转矩。由于外齿的齿顶制成椭球面,且保证与内齿啮合后具有适当的顶隙和侧隙,故在传动时,套筒 1 可有轴向和径向位移以及角位移[见图 7-61(b)]。又为了减少磨损,可由油孔 4 注入润滑油,并在套筒 1 和 3 之间装有密封

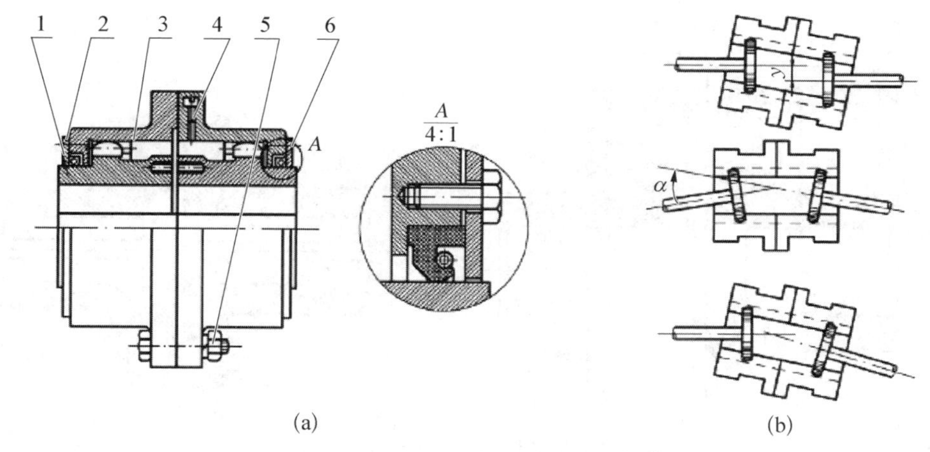

图 7－61　齿式联轴器

圈 6,以防止润滑油泄露。

(3) 万向联轴器。万向联轴器由两个叉形接头 1、3 与一个十字元件 2 组成,如图 7－62 所示。十字元件与两个叉形接头分别组成活动铰链,两叉形半联轴器均能绕十字形元件的轴线转动,从而使联轴器两轴的轴线夹角达 40°～45°。但其夹角过大时效率显著降低。

万向联轴器单个使用时,当主动轴以等角速度转动时,从动轴做变角速转动,因而引起附加动载荷。为避免这种现象,常将万向联轴器成对使用,如图 7－63 所示,构成双万向联轴器。双万向联轴器安装时必须满足:① 主动轴、从动轴与中间轴的夹角必须相等;② 中间轴两端的叉形平面必须位于同一平面内。

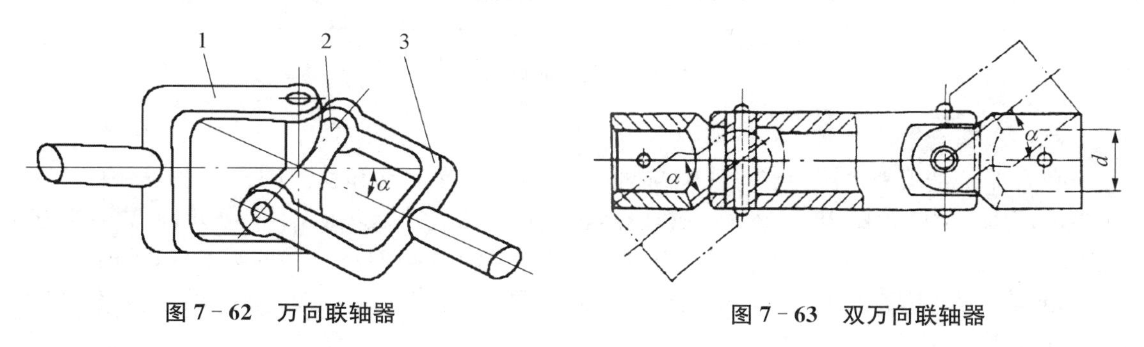

图 7－62　万向联轴器　　**图 7－63　双万向联轴器**

3) 弹性联轴器

(1) 弹性套柱销联轴器。弹性套柱销联轴器的构造与凸缘联轴器相似,只是用套有弹性套的柱销代替了联接螺栓,如图 7－64 所示。弹性套的变形可以补偿两轴的径向位移,并且具有缓冲和吸震作用。允许轴向位移为 2～7.5 mm;径向位移为 0.2～0.7 mm,偏角位移为 30′～1°30′。

(2) 弹性柱销联轴器。弹性柱销联轴器是用尼龙柱销将两个半联轴器联结起来的,如图 7－65 所示。这种联轴器结构简单,维修安装方便,具有吸震和补偿轴向位移及微量径向位移和角位移的能力。其允许径向位移为 0.1～0.25 mm。弹性柱销与弹性套柱销联轴器均可用于经常正反转、启动频繁、转速较高的场合。

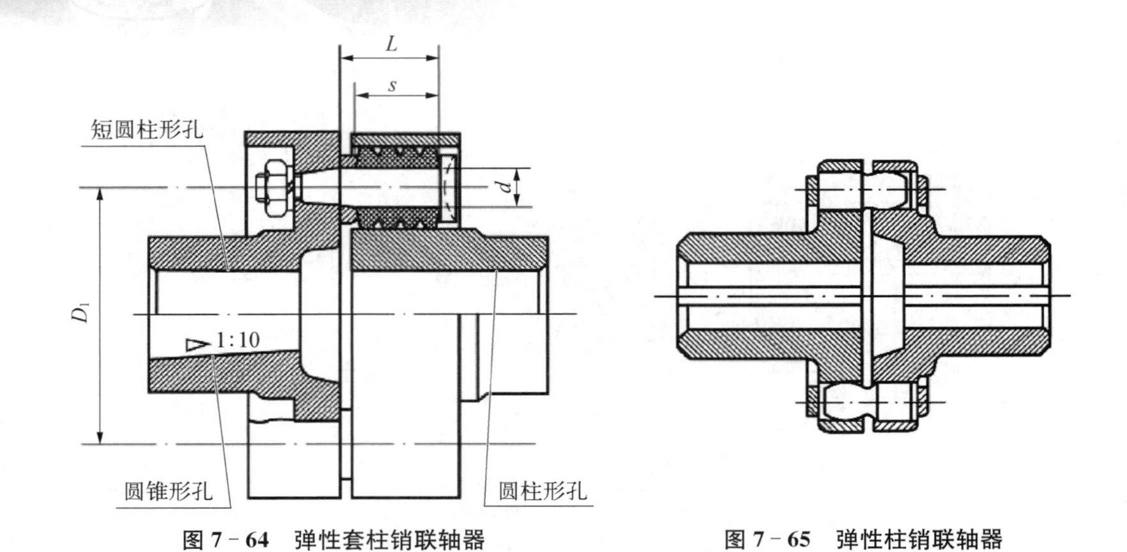

图 7-64　弹性套柱销联轴器　　　　图 7-65　弹性柱销联轴器

(3) 轮胎联轴器

轮胎联轴器是由橡胶或橡胶织物制成轮胎形的弹性元件,用压板与螺栓压紧在两半联轴器之间,如图 7-66 所示。

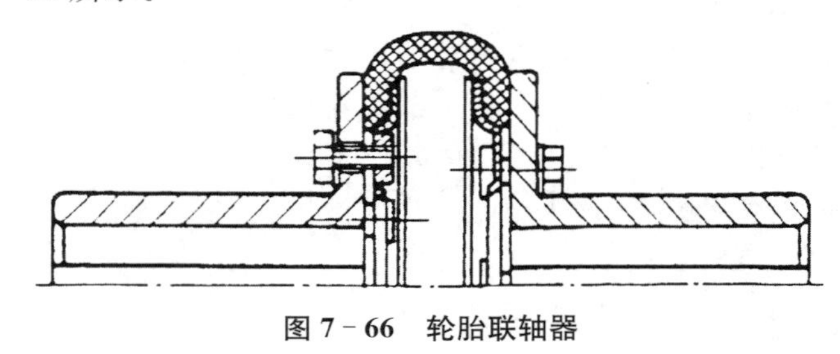

图 7-66　轮胎联轴器

7.5.2　离合器

离合器也是用来连接轴与轴或轴与回转零件,以传递运动和动力的机械装置。它与联轴器的区别是:联轴器连接的两轴在机器运转过程中始终一起转动,不能分开;而离合器连接的两轴在工作过程中可以方便地分开或连接在一起。所以对离合器的基本要求是:工作可靠,接合、分离迅速而平稳;操纵灵活,调节和修理方便;结构简单,重量轻,尺寸小;有良好的散热能力和耐磨性。

按工作原理的不同,离合器可分为啮合式及摩擦式两类。

1) 啮合式离合器

啮合式离合器利用接合元件的啮合来传递转矩,其主要特点是:结构简单,外廓尺寸小,能传递较大的转矩,可保证主、从动轴同步传动;但啮合元件为刚性啮合,有冲击。因此,这种离合器一般仅能在停车或低速下接合。

牙嵌离合器是一种啮合式离合器,如图 7-67 所示。两个半离合器 1、3 的接合端面带牙,半离合器 1 用平键与主动轴联接,另一半离合器 3 与从动轴用导向平键(或花键)联接,并用滑环 4 使 3 在从动轴上做轴向移动,实现 1、3 的接合和分离。对中环 2 用来保证两轴同心,保持牙的工作面受载均匀。

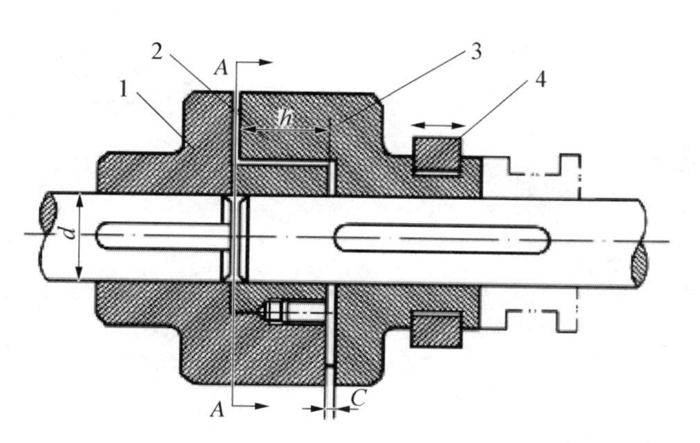

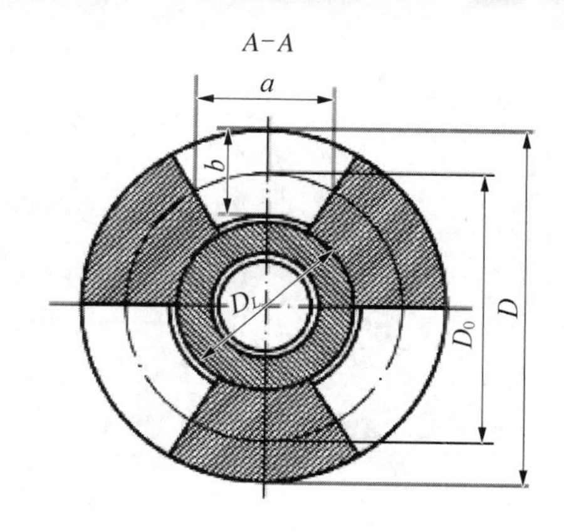

图 7-67　牙嵌离合器

2）摩擦式离合器

摩擦式离合器利用接合元件工作表面的摩擦力来传递转矩，其主要特点是：接合平稳，可在任何转速下离合；但不能保持主、从动轴严格同步，接合时会产生摩擦热和磨损。

摩擦离合器按摩擦面的多少分为单盘式和多片式摩擦离合器。图 7-68 为单片式摩擦离合器。在主动轴 1 和从动轴 2 上，分别安装摩擦盘 3 和 4，操纵环 5 可以使摩擦盘 4 沿轴 2 移动。接合时以力 F_Q将盘 4 压在盘 3 上，主动轴上的转矩即由两盘接触面间产生的摩擦力矩传到从动轴上。设摩擦力的合力作用在平均半径 R 的圆周上，则可传递的最大转矩为

$$T_{\max}=F_{Q}fR$$

式中，f 为摩擦系数。

图 7-69 为多片式摩擦离合器。由两组摩擦盘组成：一组外摩擦盘 5[见图 7-70(a)]以其外插入主动轴 1 上的外鼓轮 2 内缘的纵向槽中，盘的孔壁则不与任何零件接触，故盘 5 可与轴 1 一起转动，并可在轴向力推动下沿轴向移动；另一组内摩擦盘 6[见图 7-70(b)]以其孔壁凹槽与从动轴 3 上的套筒 4 的凸齿相配合，而盘的外缘不与任何零件接触，故盘 6 可与轴 3 一起转动，也可在轴向力推动下做轴向移动。另外在套筒 4 上开有三个纵向槽，其中安置可绕销轴转动的曲臂压杆 8；当滑环 7 向左移动时，曲臂压杆 8 通过压板 9 将所有内、外摩擦盘紧压在调节螺母 10 上，离合器即进入结合状态。螺母 10 可调节摩擦盘之间的压力。内摩擦盘也可做成蝶形[见图 7-70(c)]，当承压时，可被压平而与外盘贴紧；松脱时，由于内盘的弹力作用可以迅速与外盘分离。

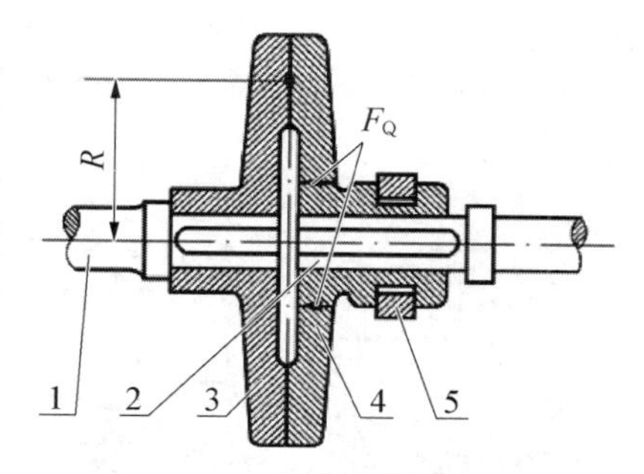

图 7-68　单片式摩擦离合器

3）安全离合器

安全离合器是具有过载保护作用的离合器。当传递转矩超过一定数值后，主、从动轴能自动分离，从而保护机器中的重要零件不致损坏。图 7-71 为牙嵌式安全离合器，它和牙嵌离合器很相似，只是牙的倾斜角 α 较大。当传递转矩超过限定值时，接合牙上的轴向力将克

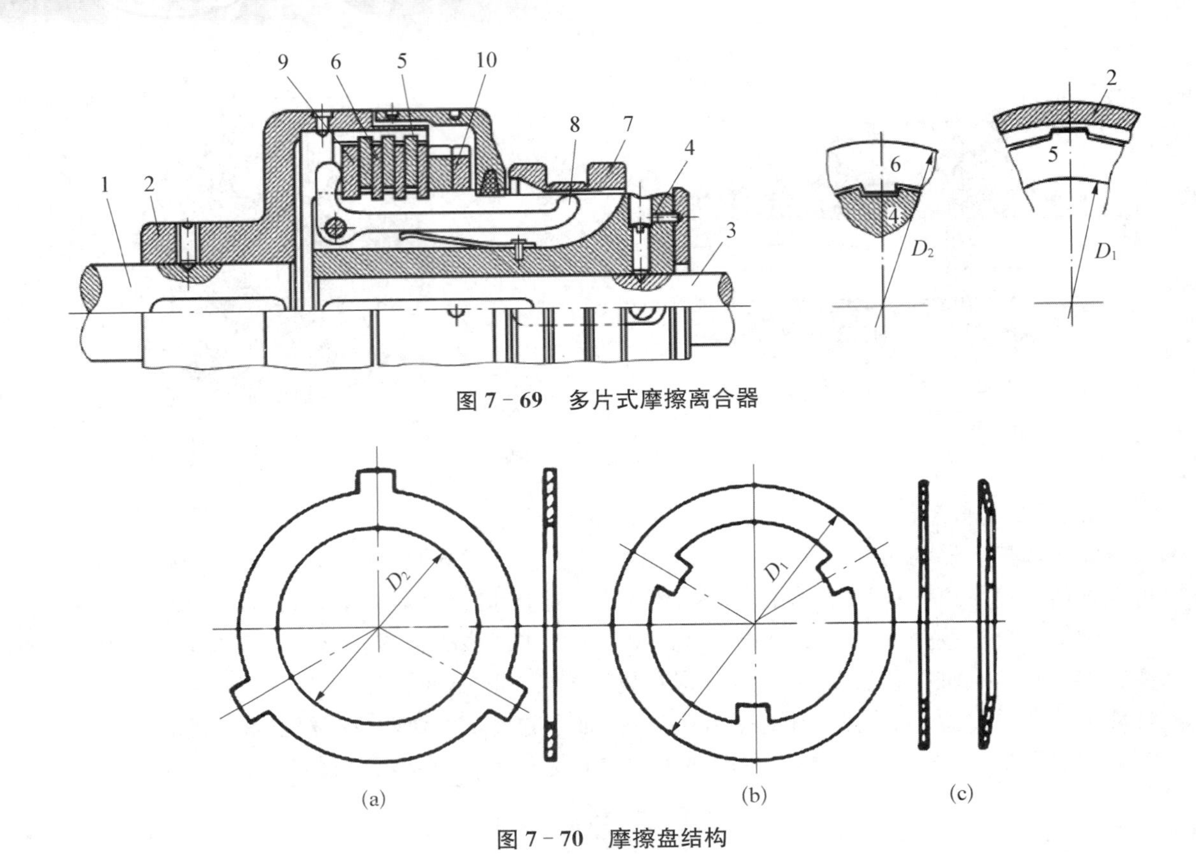

图 7-69　多片式摩擦离合器

图 7-70　摩擦盘结构

服弹簧推力和摩擦阻力而使离合器分离。可利用螺母调节弹簧推力的大小来控制传递转矩的大小。图 7-72 为摩擦式安全离合器。

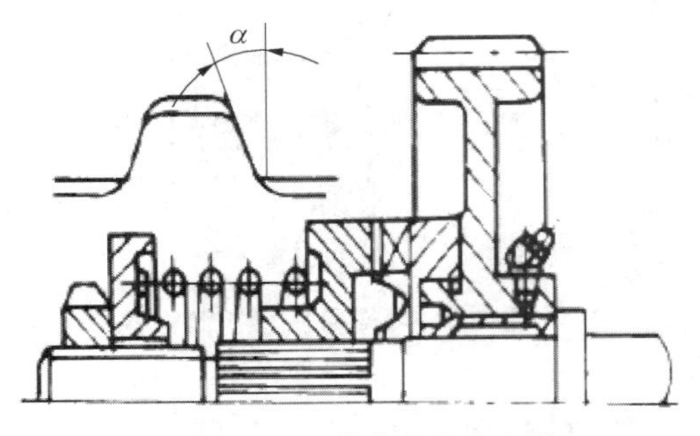

图 7-71　牙嵌式安全离合器

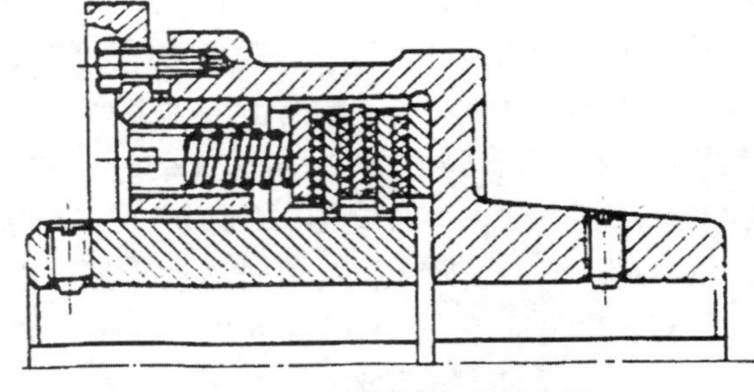

图 7-72　摩擦式安全离合器

4) 定向离合器

定向离合器只能按一个方向传递转矩,反方向时则能自动分离。

图 7-73 为滚柱式定向离合器。它由星轮 1、外圈 2、滚柱 3 和弹簧顶杆 4 等组成。滚柱数目一般为 3～8 个,每个滚柱都被弹簧顶杆以不大的推力向前推进而处于半楔紧状态。当星轮 1 为主动件并做顺时针回转时,滚柱受到摩擦力的作用将被楔紧在槽内,带动外圈 2 与星轮一起回转,离合器处于接合状态;反之,当星轮反向回转时,滚柱在摩擦力作用下被推到

楔形槽较宽的空间，离合器处于分离状态。若星轮与外圈同时做顺时针回转，当外圈转速大于星轮转速，则离合器处于分离状态，星轮与外圈互不相干，各以自己的转速转动；当外圈转速小于星轮转速，则离合器处于接合状态，因此又称为超越离合器。

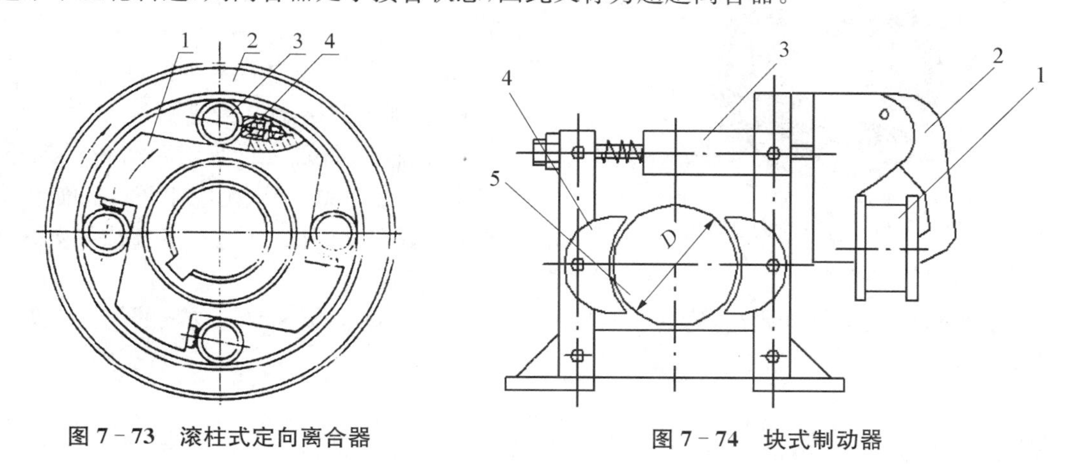

图 7－73　滚柱式定向离合器　　　图 7－74　块式制动器

7.5.3　制动器

制动器是用来降低轴的运动速度或使其停止运转的部件。它是利用摩擦力矩来消耗机器运动部件的动能，从而实现制动。制动器按照制动零件的结构特征分，有带式、块式、盘式、内胀蹄式等形式的制动器；按照机构不工作时制动零件所处的状态分，有常闭形式和常开形式两种制动器。

1）块式制动器

如图 7－74 所示的块式制动器，它是借助瓦块与制动轮间的摩擦力来制动。通电时，励磁线圈 1 吸住衔铁 2，再通过一套杠杆使瓦块 4 松开，机器便能自由运转。当需要制动时，则切断电流，励磁线圈释放衔铁 2，依靠弹簧力并通过杠杆使瓦块 4 抱紧制动轮 5。制动器也可以安排在通电时起制动作用，但为安全起见，应安排在断电时起制动作用。

2）带式制动器

图 7－75 为带式制动器。当杠杆上作用外力 F 后，制动带 2 收紧且抱住制动轮 1，靠带与轮间的摩擦力达到制动目的。这种制动器结构简单、紧凑。

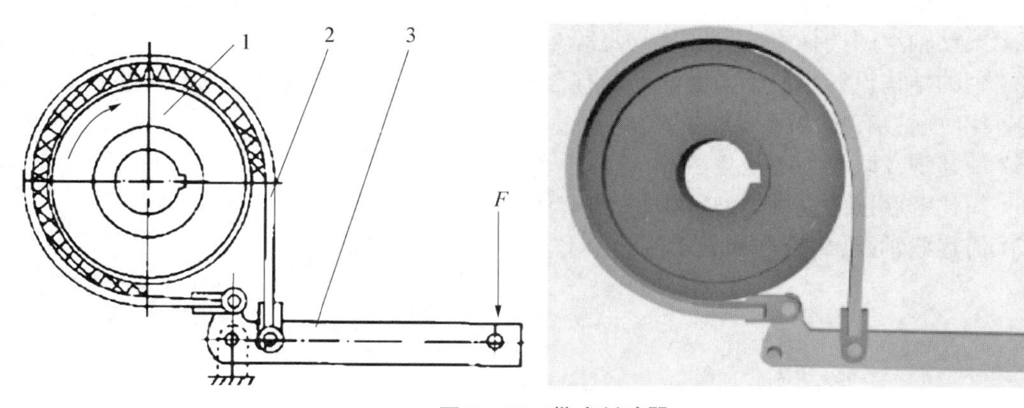

图 7－75　带式制动器

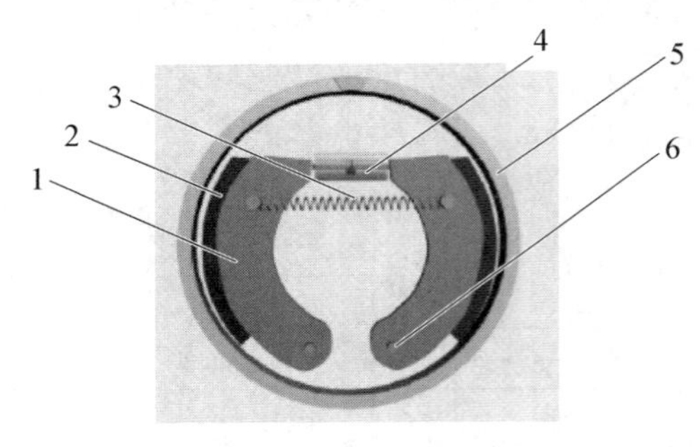

图 7 - 76　内张蹄式制动器

3）内张蹄式制动器

图 7 - 76 为内张蹄式制动器，图中制动鼓 5 与车轮相连，制动蹄 1 外包摩擦片 2，其一端由支架销 6 与机架铰接，另一端与卧式油缸 4 的活塞相连，并用拉簧 3 使左右两个制动蹄拉紧，使摩擦片不与制动鼓接触。当进行制动时，给油缸 4 供油，油缸两端的活塞使制动蹄左右张开，靠摩擦片制动制动鼓。当结束制动时，油缸 4 中的油返回，两制动蹄由拉簧向内拉紧，不再制动。

内张蹄式制动器结构紧凑，容易密封以保护摩擦面，常用于安装空间受限的场合。如各种车辆的制动。

习题

1. 填空题

（1）根据轴承中摩擦性质的不同，可把轴承分为________和________两大类。
（2）向心轴承主要承受________载荷。
（3）推力轴承主要承受________载荷。
（4）滚动轴承一般是由________、________、________和________组成。
（5）滚动轴承代号 6208 中，6 指________，2 指________，08 指________。
（6）轴承代号 7208AC 中的 AC 代表________。
（7）根据承受载荷的不同，轴可分为________、________和________三种。
（8）M24 表示的含义：________________________________。
（9）普通螺纹的牙型角为________度。
（10）螺旋传动按其用途不同，可分为________、________、________三种类型。

2. 简答题

（1）常用滚动轴承的密封形式有哪些？
（2）滚动轴承的选择主要考虑哪些要素？
（3）轴的结构设计是使轴的各部分具有合理的形状和尺寸，其设计要求有哪些？
（4）螺纹联接有哪四种基本类型？
（5）简述螺纹联接的防松方法。
（6）简述键联接的主要类型有哪些，各有什么特点。
（7）简述联轴器、离合器和制动器的作用。

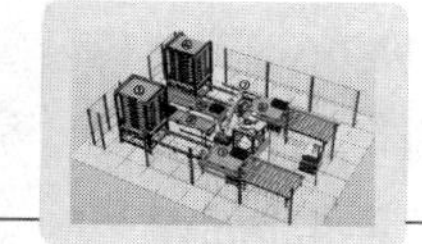

模块 8
末端执行器

工业机器人机械系统是机器人所有动作和功能的载体和基础,其设计结果直接决定机器人工作性能的好坏。工业机器人不同于其他自动化设备,在设计上具有较大的灵活性,通常根据使用要求来决定工业机器人本体和末端执行器的结构形式。本模块重点对机器人机械系统的共性问题(如电动机布置方案、关节布置特点)和不同应用场景下的末端执行器结构形式进行介绍和总结。

8.1 工业机器人各关节设计

工业机器人机械部分主要由四大部分构成:机身(即立柱)、臂部、腕部、手部。此外,工业机器人必须有一个便于安装的基础件,即机器人的机座,机座往往与机身做成一体。基座必须具有足够的刚度和稳定性,主要有固定式和移动式两种。采用移动式基座可以扩大机器人的工作范围。基座可以安装在小车或导轨上。图 8-1 为一个具有小车行走机构的工业机器人。图 8-2 为一个采用过顶安装方式的具有导轨行走机构的工业机器人。

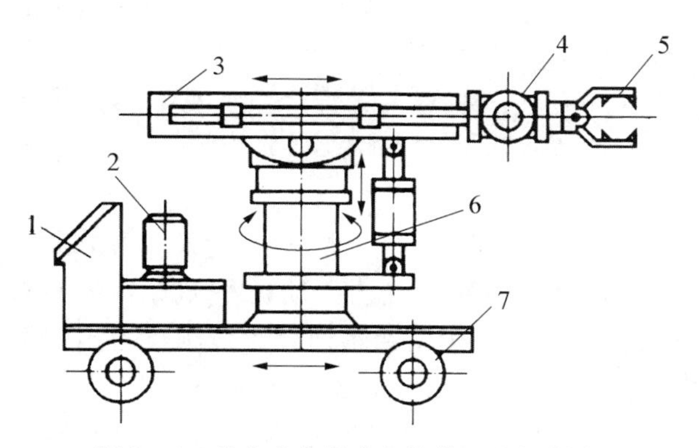

图 8-1 具有小车行走机构的工业机器人

1—控制部件;2—驱动部件;3—臂部;
4—腕部;5—手部;6—机身;7—行走机构

图 8-2 导轨式移动工业机器人

8.1.1 机身设计

机身和臂部相连，机身支撑臂部，臂部又支撑腕部和手部。机身一般用于实现升降、回转和仰俯等运动，常有 1～3 个自由度。

1）机身的典型结构

机身结构一般由机器人总体设计确定。圆柱坐标型机器人的回转与升降这两个自由度归属于机身；球（极）坐标型机器人的回转与俯仰这两个自由度归属于机身；关节坐标型机器人的腰部回转自由度归属于机身；直角坐标型机器人的升降或水平移动自由度有时也归属于机身。

（1）关节型机身的典型结构。关节型机器人机身只有一个回转自由度，即腰部的回转运动。腰部要支撑整个机身绕基座进行旋转，在机器人六个关节中受力最大，也最复杂，既承受很大的轴向力、径向力，又承受倾覆力矩。按照驱动电动机旋转轴线与减速器旋转轴线是否在一条线上，腰部关节电动机有同轴式与偏置式两种布置方案，如图 8－3 所示。

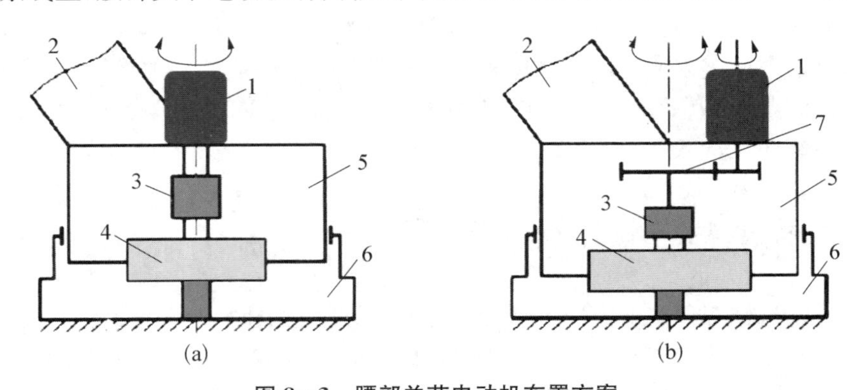

图 8－3 腰部关节电动机布置方案

(a) 同轴式；(b) 偏置式

1—驱动电机；2—大臂；3—联轴器；4—减速器；5—腰部；6—基座；7—齿轮

腰部驱动电动机多采用立式倒置安装。在图 8－3(a)中，驱动电动机 1 的输出轴与减速器的输入轴通过联轴器 3 相连，减速器 4 输出轴法兰与基座 6 相连并固定，这样减速器 4 的外壳将旋转，带动安装在减速器机壳上的腰部 5 绕基座 6 做旋转运动。

在图 8－3(b)中，从重力平衡的角度考虑，电动机 1 与机器人大臂 2 相对安装，电动机 1 通过一对外啮合齿轮 7 做一级减速，把运动传递给减速器 4，工作原理与如图 8－3(a)所示结构相同。

如图 8－3(a)的同轴式布置方案多用于小型机器人，而图 8－3(b)的偏置式布置方案多用于中、大型机器人。腰关节多采用高刚性和高精度的 RV 减速器传动，RV 减速器内部有一对径向止推球轴承可承受机器人的倾覆力矩，能够满足在无基座轴承时抗倾覆力矩的要求，故可取消基座轴承。机器人腰部回转精度靠 RV 减速器的回转精度保证。

对于中、大型机器人，为方便走线，常采用中空型 RV 减速器，其典型使用案例如图 8－4 所示。电动机 1 的轴齿轮与 RV 减速器输入端的中空齿轮 3 相啮合，实现一级减速；RV 减速器 4 的输出轴固定在基座 5 上，减速器的外壳旋转实现二级减速，带动安装于其上的机身做旋转运动。

(2) 液压(气压)驱动的机身典型结构。圆柱坐标型机器人机身具有回转与升降两个自由度,升降运动通常采用油缸来实现,回转运动可采用以下几种驱动方案来实现。

① 采用摆动油缸驱动,升降油缸在下,回转油缸在上。因摆动油缸安置在升降活塞杆的上方,故升降油缸的活塞杆的尺寸要加大。

② 采用摆动油缸驱动,回转油缸在下,升降油缸在上,相比之下,回转油缸的驱动力矩要设计得大一些。

③ 采用链条链轮传动机构。链条链轮传动可将链条的直线运动变为链轮的回转运动,它的回转角度可大于360°。图8-5(a)为采用单杆活塞气缸驱动链条链轮传动机构实现机身回转运动的原理图。此外,也有用双杆活塞气缸驱动链条链轮回转的,如图8-5(b)所示。

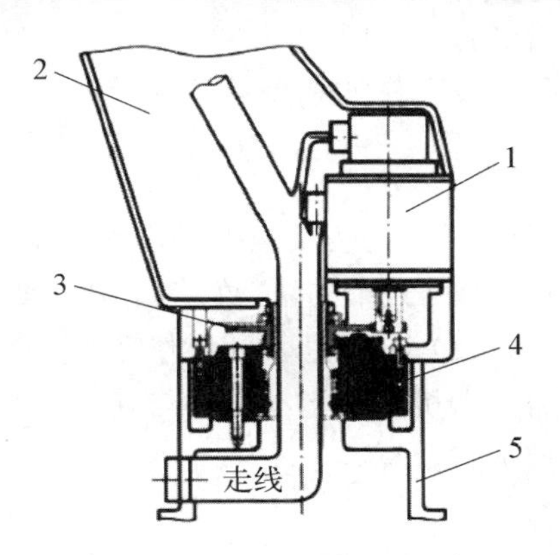

图8-4　腰部使用中空RV减速器驱动

1—驱动电机;2—大臂;3—中空齿轮;4—RV减速器;5—基座

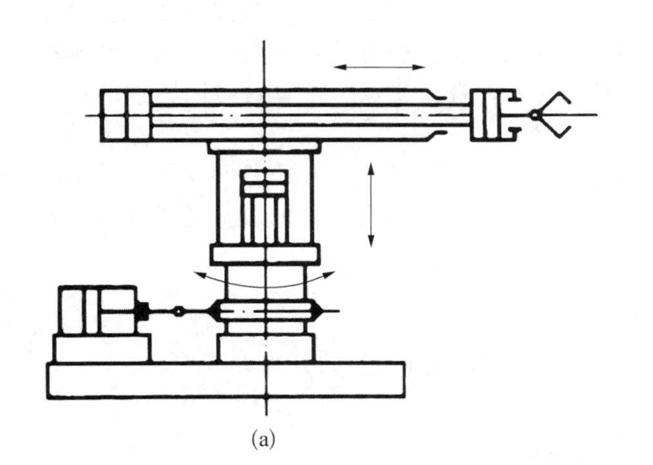
(a)

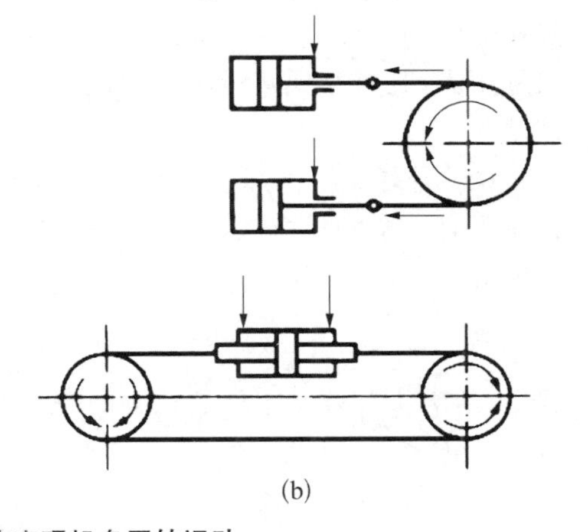
(b)

图8-5　利用链条链轮传动机构实现机身回转运动

球(极)坐标型机身具有回转与俯仰两个自由度,回转运动的实现方式与圆柱坐标型机身相同,而俯仰运动一般采用液压(气压)缸与连杆机构来实现。手臂俯仰运动用的液压缸位于手臂的下方,其活塞杆和手臂用铰链连接,缸体采用尾部耳环或中部销轴等方式与机身连接,如图8-6所示。此外,有时也采用无杆活塞缸驱动齿条齿轮或四连杆机构实现手臂的俯仰运动。

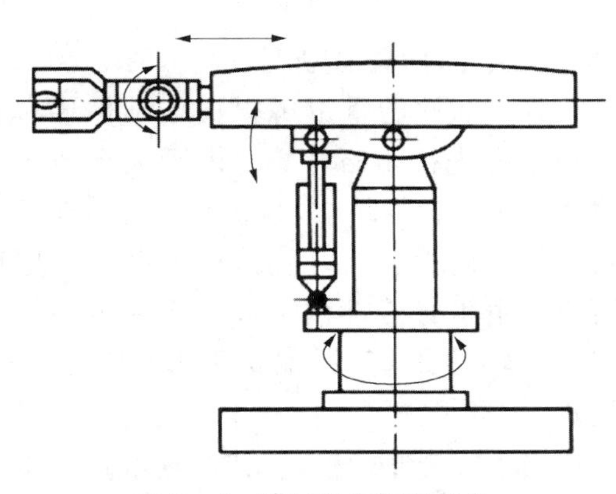

图8-6　球(极)坐标型机身

2) 机身驱动力与力矩的计算

(1) 竖直升降运动驱动力的计算。机身

做竖直运动时，除需克服摩擦力之外，还要克服其上运动部件的重量和其支撑的手臂、手腕、手部及工件的总重量及升降运动的全部部件惯性力，故其驱动力 F_q 可按下式计算：

$$F_q = F_m + F_g \pm G$$

式中，F_m 为各支承处的摩擦力（N）；F_g 为启动时的总惯性力（N）；G 为运动部件的总重量（N）。式中的正、负号，上升时取为正，下降时取为负。

（2）回转运动驱动力矩的计算。回转运动的驱动力矩只包括两项：回转部件的摩擦总力矩和机身上运动部件与其支撑的手臂、手腕、手部及工件的总惯性力矩，故驱动力矩 M_q 可按下式计算：

$$M_q = M_m + M_g$$

式中，M_m 为总摩擦阻力矩（N·m）；M_g 为各回转运动部件的总惯性力矩（N·m），且

$$M_g = J_0 \frac{\Delta\omega}{\Delta t}$$

式中，$\Delta\omega$ 为升速或制动过程中的角速度增量（rad/s）；Δt 为回转运动升速过程或制动过程经历的时间（s）；J_0 为全部回转零部件对机身回转轴的转动惯量（kg·m^2）。如果零件轮廓尺寸不大，其重心到回转轴的距离较远，一般可将零件视为质点来计算它对回转轴的转动惯量。

（3）升降立柱下降不卡死（不自锁）的条件计算。机器人手臂在零部件与工件总重量的作用下有一个偏重力矩。所谓偏重力矩，是指臂部全部零部件与工件的总重量对机身回转轴的静力矩，其计算式为

$$M = GL$$

式中，G 为零部件及工件的总重量（N）；L 为偏重力臂，其大小按下式计算，即

$$L = \frac{\sum G_i L_i}{\sum G_i}$$

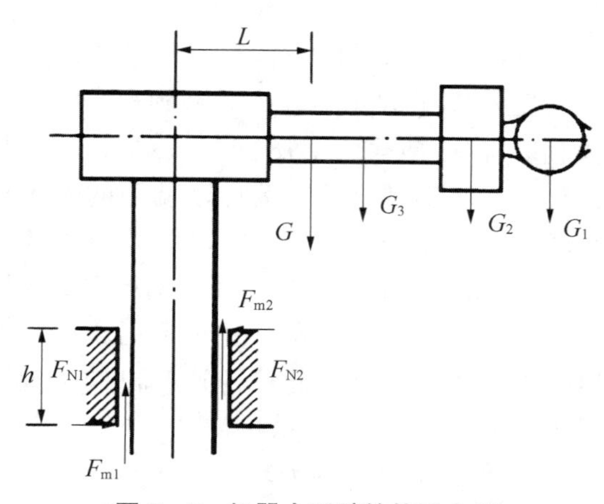

图 8-7　机器人手臂的偏重力矩

式中，G_i 为零部件及工件的重量（N）；L_i 为零部件及工件的重心到机身回转轴的距离（m）。

各零部件的重量可根据其结构形状和材料密度进行粗略计算。由于大多数零件采用对称形状的结构，其重心位置就在几何截面的几何中心上，因此，根据静力学原理可求出由手臂零部件工件结构的重心至机身立柱轴的距离，即偏重力臂，如图 8-7 所示。

当手臂悬伸行程最大时，其偏重力矩最大，故偏重力矩应按悬伸行程最大且握重最

大时计算。

机器人手臂立柱支撑导向套中有阻止手臂倾斜的力矩，显然偏重力矩对升降运动的灵活性有很大影响。偏重力矩过大，会使支撑导向套与立柱之间的摩擦力过大，从而造成卡死现象的出现，此时必须增大升降驱动力，因此，会导致相应的驱动及传动装置的结构庞大。如果依靠自重下降，则立柱可能卡死在导向套内而不能做下降运动，这就是自锁。故必须根据偏重力矩的大小确定立柱导向套的长短。根据升降立柱的平衡条件可知：

$$F_{N1}h = GL$$

所以

$$F_{N1} = F_{N2} = G\frac{L}{h}$$

要使升降立柱在导套内自由下降，臂部总重量 G 必须大于导套与立柱之间的摩擦力 F_{m1}、F_{m2}之和，因此，升降立柱依靠自重下降而不引起卡死的条件为

$$G > F_{m1} + F_{m2} = 2F_{N1}f = 2\frac{L}{h}Gf$$

即

$$h > 2fL$$

式中，h 为导套的长度(m)；f 为导套与立柱之间的摩擦因数，$f = 0.015 \sim 0.1$，一般取较大值；L 为偏重力臂(m)。

若立柱升降都是依靠驱动力进行的，则不存在立柱自锁(卡死)条件。

3) 设计机身时要注意的问题

工业机器人要完成特定的任务，如抓、放工件等，需要有一定的灵活性和准确性。机身需支撑机器人的臂部、手部及所握持物体的重量，因此，设计机身时应注意几个方面的问题。

(1) 机身要有足够的刚度、强度和稳定性。

(2) 运动要灵活，用于实现升降运动的导向套长度不宜过短，以避免发生卡死现象。

(3) 驱动方式要适宜。

(4) 结构布置要合理。

8.1.2　臂部设计

工业机器人的臂部由大臂、小臂(或多臂)所组成，一般具有两个自由度，可以是伸缩、回转、俯仰或升降。臂部总重量较大，受力一般较复杂。在运动时，直接承受腕部、手部和工件(或工具)的静、动载荷，尤其在高速运动时，将产生较大的惯性力(或惯性力矩)，引起冲击，影响定位的准确性。臂部是工业机器人的主要执行部件，其作用是支撑手部和腕部，并改变手部的空间位置。

臂部运动部分零件的重量直接影响着臂部结构的刚度和强度，工业机器人的臂部一般与控制系统和驱动系统一起安装在机身(即机座)上，机身可以是固定式的，也可以是移动式的。

1) 臂部设计的基本要求

臂部的结构形式必须根据机器人的运动形式、抓取动作自由度、运动精度等因素来确

定。同时，设计时必须考虑到手臂的受力情况、液压（气压）缸及导向装置的布置、内部管路与手腕的连接形式等因素。因此，设计臂部时一般要注意四个方面的要求。

（1）手臂应具有足够的承载能力和刚度。手臂在工作中相当于一个悬臂梁，如果刚度差，会引起其在垂直面内的弯曲变形和侧向扭转变形，从而导致臂部产生颤动，影响手臂在工作中允许承受的载荷大小、运动的平稳性、运动速度和定位精度等，以致无法工作。为防止臂部在运动过程中产生过大的变形，手臂的截面形状要合理选择。由材料力学知识可知，工字形截面构件的弯曲刚度一般比圆截面构件的大，空心轴的弯曲刚度和扭转刚度都比实心轴的大得多，所以常用工字钢和槽钢做支承板，用钢管做臂杆及导向杆。

（2）导向性要好。为了使手臂在直线移动过程中不致发生相对转动，以保证手部的方向正确，应设置导向装置或设计方形、花键等形式的臂杆。导向装置的具体结构形式一般应根据载荷大小、手臂长度、行程以及手臂的安装形式等因素来决定。导轨的长度不宜小于其间距的两倍，以保证导向性良好。

（3）重量和转动惯量要小。为提高机器人的运动速度，要尽量减轻臂部运动部分的重量，以减小整个手臂对回转轴的转动惯量。另外，应注意减小偏重力矩，偏重力矩过大，易使臂部在升降时发生卡死或爬行现象，因此应注意减小偏重力矩。

通过以下方法可以减小或消除偏重力矩：① 尽量减轻臂部运动部分的重量；② 使臂部的重心与立柱中心尽量靠近；③ 采取配重。

（4）运动要平稳、定位精度要高。运动平稳性和重复定位精度是衡量机器人性能的重要指标，影响这些指标的主要因素：① 惯性冲击；② 定位方法；③ 结构刚度；④ 控制及驱动系统等。

臂部运动速度越高，由惯性力引起的定位前的冲击就越大，不仅会使运动不平稳，而且会使定位精度不高。因此，除了要力求臂部结构紧凑、重量轻外，还要采取一定的缓冲措施。

工业机器人常用的缓冲装置有弹性缓冲元件、液压（气压）缸端部缓冲装置、缓冲回路和液压缓冲器等。按照它们在机器人或在机械手结构中设置位置的不同，可以分为内部缓冲装置和外部缓冲装置两类。在驱动系统内设置的缓冲部件属于内部缓冲装置，液压（气压）缸端部节流缓冲环节与缓冲回路均属于此类。弹性缓冲部件和液压缓冲器一般设置在驱动系统之外，故属于外部缓冲装置。内部缓冲装置具有结构简单、紧凑等优点，但其安装位置受到限制；外部缓冲装置具有安装简便、灵活、容易调整等优点，但其体积较大。

2）关节型机器人臂部的典型结构

关节型机器人的臂部由大臂和小臂组成，大臂与机身相连的关节称为肩关节，大臂和小臂相连的关节称为肘关节。

（1）肩关节电动机布置。肩关节要承受大臂、小臂、手部的重量和载荷，受到很大的力矩作用，也同时承受来自平衡装置的弯矩，应具有较高的运动精度和刚度，多采用高刚度的RV减速器传动。按照电动机旋转轴线与减速器旋转轴线是否在一条线上，肩、肘关节电动机布置方案也可分为同轴式与偏置式两种。

图 8－8 为肩关节电动机布置方案，电动机和减速器均安装在机身上。图 8－8(a)中电动机 1 与减速器 2 同轴相连，减速器 2 输出轴带动大臂 3 实现旋转运动，多用于小型机器人；图 8－8(b)中电动机轴 1 与减速器 2 轴偏置相连，电动机通过一对外啮合齿轮 5 做一级

减速，把运动传递给减速器 2，减速器输出轴带动大臂 3 实现旋转运动，多用于中、大型机器人。图 8－8(c)为偏置式布置肩关节的实物。

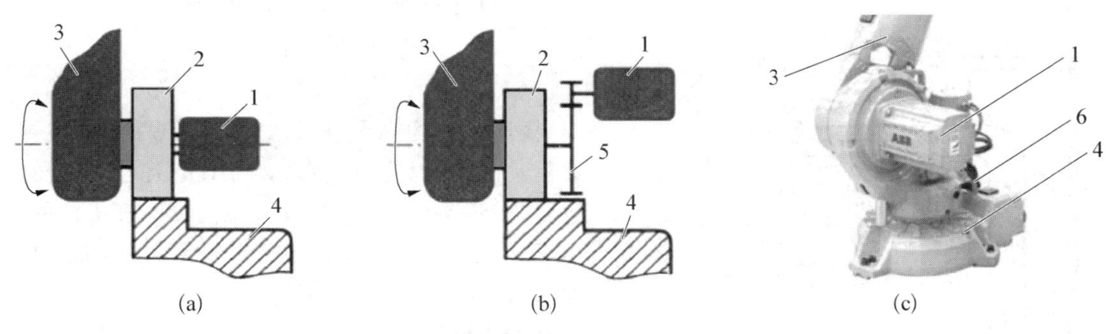

图 8－8　肩关节电动机布置方案

(a) 同轴式；(b) 偏置式；(c) 偏置式布置肩关节实物

1—肩关节电动机；2—减速器；3—大臂；4—机身；5—齿轮；6—腰关节电动机

(2) 肘关节电动机布置。肘关节要承受小臂、手部的重量和载荷，受到很大的力矩作用。肘关节也应具有较高的运动精度和刚度，多采用高刚度的 RV 减速器传动。按照电动机旋转轴线与减速器旋转轴线是否在一条线上，肘关节电动机布置方案也可分为同轴式与偏置式两种。

图 8－9 为肘关节电动机布置方案，电动机和减速器均安装在小臂上。图 8－9(a)中电动机 1 与减速器 3 同轴相连，减速器 3 的输出轴固定在大臂 4 上端，减速器 3 的外壳旋转带动小臂 2 做上下摆动，该方案多用于小型机器人；图 8－9(b)中电动机 1 与减速器 3 偏置相连，电动机 1 通过一对外啮合齿轮 5 做一级减速，把运动传递给减速器 3。由于减速器 3 输出轴固定于大臂 4 上，所以外壳将旋转，带动安装于其上的小臂 2 做相对于大臂 4 的俯仰运动。该方案多用于中、大型机器人。图 8－9(c)为偏置式布置肘关节的实物。

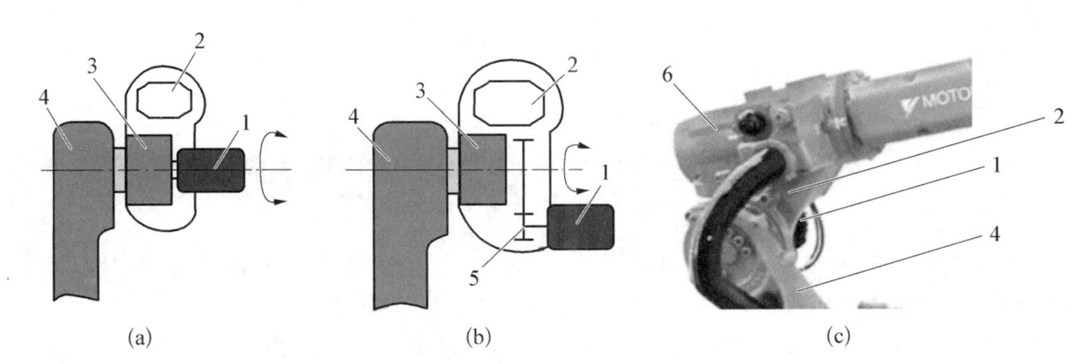

图 8－9　肘关节电动机布置方案

(a) 同轴式；(b) 偏置式；(c) 偏置式布置肘关节实物

1—肘关节电动机；2—小臂；3—减速器；4—大臂；5—齿轮；6—手腕关节电动机

对于中、大型机器人，为方便走线，肘关节也常采用中空型 RV 减速器，其典型使用案例如图 8－10 所示。电动机 1 的轴齿轮与 RV 减速器 4 输入端的中空齿轮 3 相啮合，实现一级

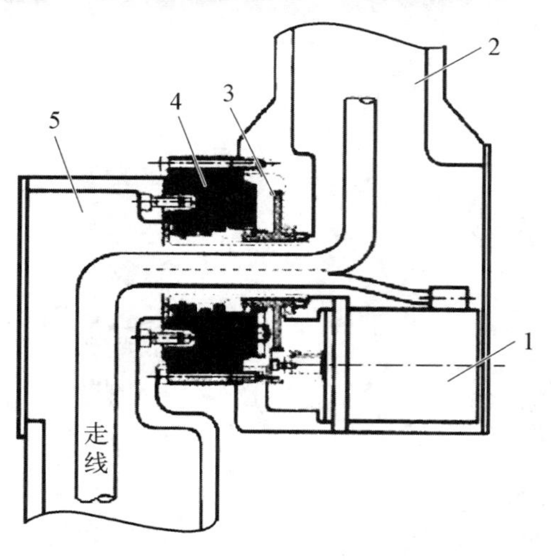

图 8－10　肘关节使用中空 RV 减速器驱动案例

1—驱动电动机；2—小臂；3—中空齿轮；4—RV 减速器；5—大臂上端

减速，减速器 4 的输出轴固定在大臂 5 的上端，减速器的外壳旋转实现二级减速，带动安装于其上的小臂 2 相对大臂 5 做俯仰运动。

3）液压（气压）驱动的臂部典型结构

（1）手臂直线运动机构。机器人手臂的伸缩、横向移动均属于直线运动。实现手臂往复直线运动的机构形式比较多，常用的有液压（气压）缸、齿轮齿条机构、丝杠螺母机构及连杆机构等。由于液压（气压）缸的体积小、重量轻，因而在机器人的手臂结构中应用比较多。

在手臂的伸缩运动中，为了使手臂移动的距离和速度按定值增加，可以采用齿轮齿条传动式增倍机构。图 8－11 为采用气压传动的齿轮齿条式增倍机构的手臂结构。活塞杆 3 左移时，与活塞杆 3 相连接的齿轮 2 也左移，并使运动齿条 1 一起左移；由于齿轮 2 与固定齿条 4 相啮合，因而齿轮 2 在移动的同时，又在固定齿条 4 上滚动，并将此运动传给运动齿条 1，从而使运动齿条 1 又向左移动一距离。因手臂固连于运动齿条 1 上，所以手臂的行程和速度均为活塞杆 3 的两倍。

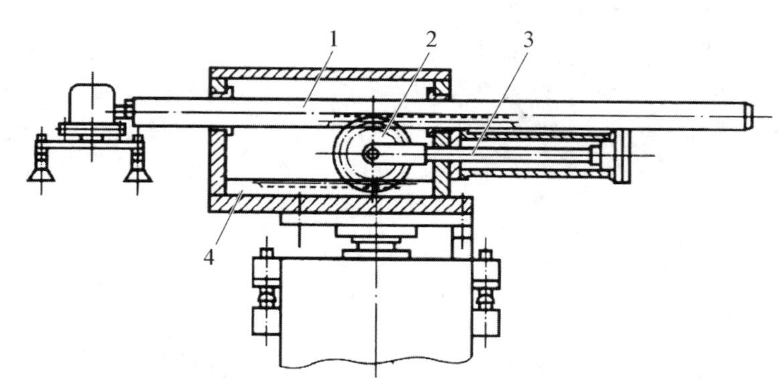

图 8－11　采用气压传动的齿轮齿条式增倍机构的手臂结构

1—运动齿条；2—齿轮；3—活塞杆；4—固定齿条

（2）手臂回转运动机构。实现机器人手臂回转运动的机构形式多种多样，常用的有叶片式回转缸、齿轮传动机构、链轮传动机构、活塞缸和连杆机构等。

图 8－12 为利用齿轮齿条液压缸实现手臂回转运动的机构。压力油分别进入液压缸两腔，推动齿条活塞往复移动，与齿条啮合的齿轮即做往复回转运动。齿轮与手臂固连，从而实现手臂的回转运动。

图 8－13 为采用活塞油缸和连杆机构的一种双臂机器人手臂的结构。手臂的上、下摆动由铰接活塞油缸和连杆机构来实现。当液压缸 3 的两腔通压力油时，连杆 2（即活塞杆）带动曲柄手臂 1 绕轴心 O 做 90°的上下摆动。手臂下摆到水平位置时，其水平和竖直方向的定

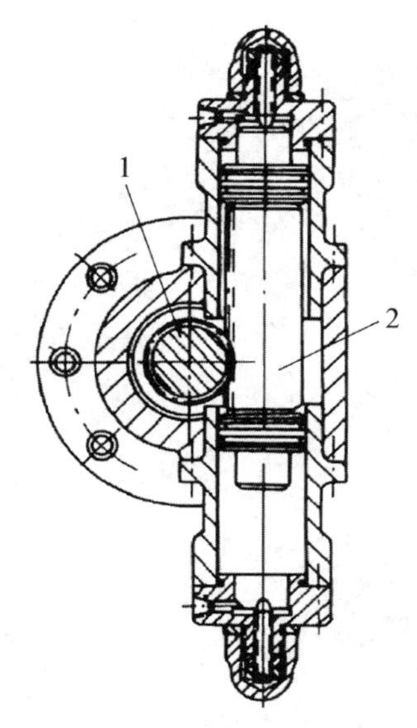

图 8-12　利用齿轮齿条液压缸实现手臂回转运动的机构

1—齿轮；2—齿条活塞

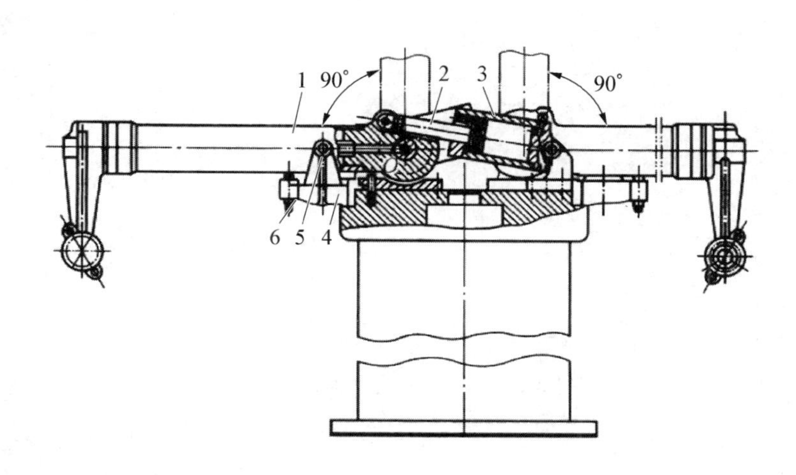

图 8-13　双臂机器人手臂的结构

1—手臂；2—活塞杆；3—液压缸；4—支承架；5、6—定位螺钉

位由支架 4 上的定位螺钉 6 和 5 来调节。此手臂结构具有传动结构简单、紧凑和轻巧的特定。

8.1.3　腕部设计

1）腕部的作用与自由度

工业机器人的腕部是连接手部与臂部的部件，起支撑手部的作用。机器人一般要具有六个自由度才能使手部（末端操作器）达到目标位置和处于期望的姿态，腕部的自由度主要用来实现所期望的姿态。

为了使手部能处于空间任意方向，要求腕部能实现绕空间三个坐标轴 x、y、z 的转动，即具有回转、俯仰和偏转三个自由度，如图 8-14 所示。通常把手腕的回转称为 roll，用 R 表示；把手腕的俯仰称为 pitch，用 P 表示；把手腕的偏转称为 yaw，用 Y 表示。

2）手腕的分类

手腕按自由度数目可分为单自由度手腕、二自由度手腕、三自由度手腕等。

（1）单自由度手腕。单自由度手腕如图 8-15 所示。其中，图(a)为一种回转(roll)关节，它使手臂纵轴线和手腕关节轴线构成共轴线形式，这种 R 关节旋转角度大，可达到 360°以上；图(b)、(c)为一种弯曲(bend)关节，也称 B 关节，关节轴线与前、后两个连接件的轴线相垂直。这种 B 关节因为受到结构上的干涉，旋转角度小，方向角大大受限。图(d)为移动(translate)关节，也称为 T 关节。

（2）二自由度手腕。二自由度手腕如图 8-16 所示。二自由度手腕可以是由一个 B 关节和一个 R 关节组成的 BR 手腕[见图 8-16(a)]，也可以是由两个 B 关节组成的 BB 手腕[见图 8-16(b)]。但是，不能是由两个 R 关节组成 RR 手腕，因为两个 R 关节共轴线，所以退化了一个自由度，实际只构成单自由度手腕[见图 8-16(c)]。二自由度手腕中最常用的是 BR 手腕。

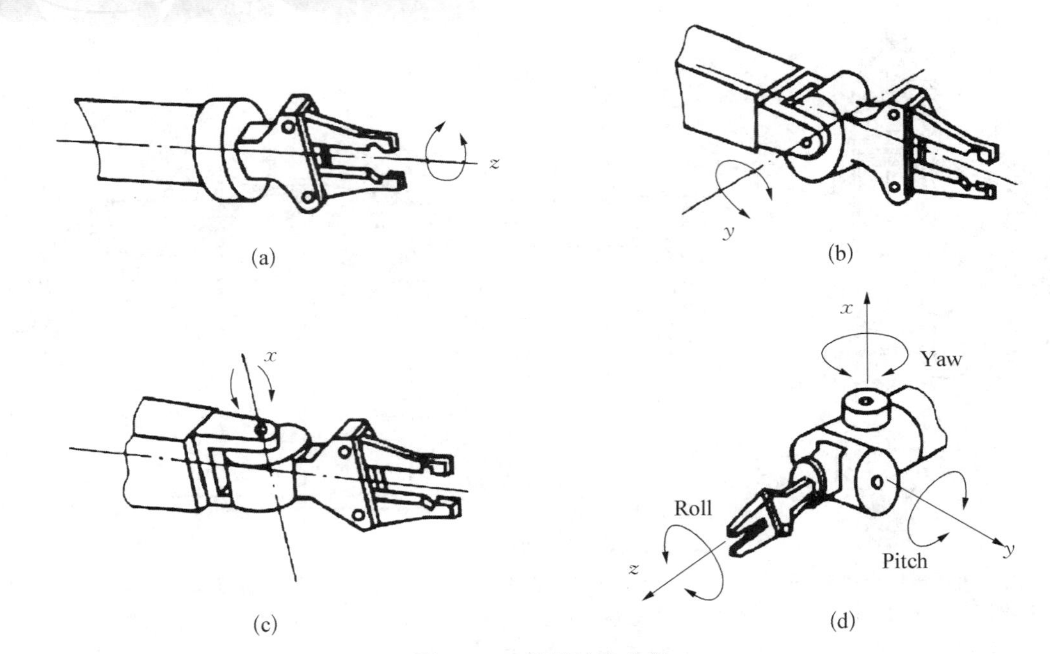

图 8-14　腕部的自由度

(a) 手腕的回转；(b) 手腕的俯仰；(c) 手腕的偏转；(d) 腰部的三个自由度

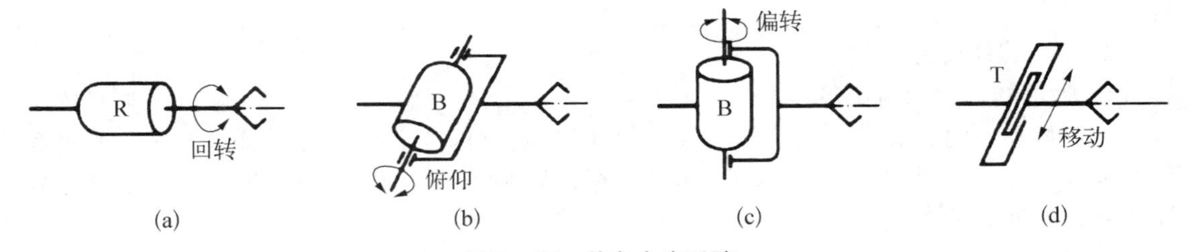

图 8-15　单自由度手腕

(a) R 关节；(b)、(c) B 关节；(d) T 关节

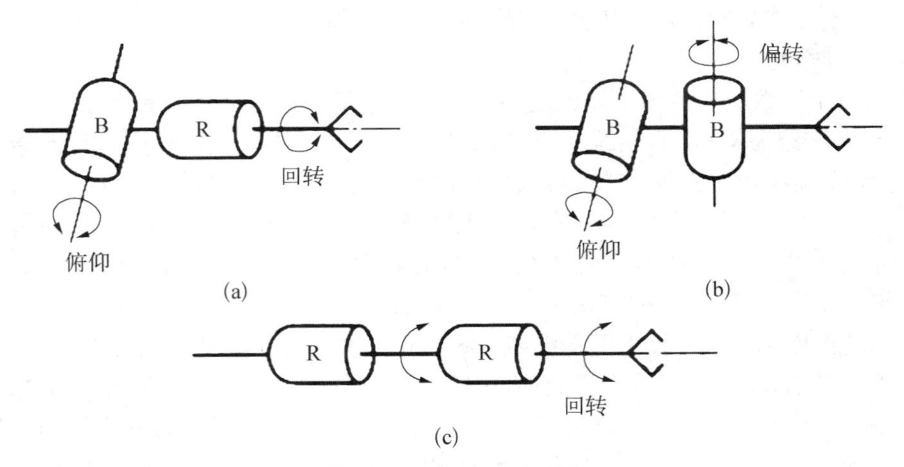

图 8-16　二自由度手腕

(a) BR 手腕；(b) BB 手腕；(c) RR 手腕

(3) 三自由度手腕。三自由度手腕可以是由 B 关节和 R 关节组成的多种形式的手腕，但在实际应用中，常用的只有 BBR、RRR、BRR 和 RBR 四种形式的手腕，如图 8-17 所示。PUMA 262 机器人的手腕采用的是 RRR 结构形式，MOTOMAN SV3 机器人的手腕采用的是 RBR 结构形式。

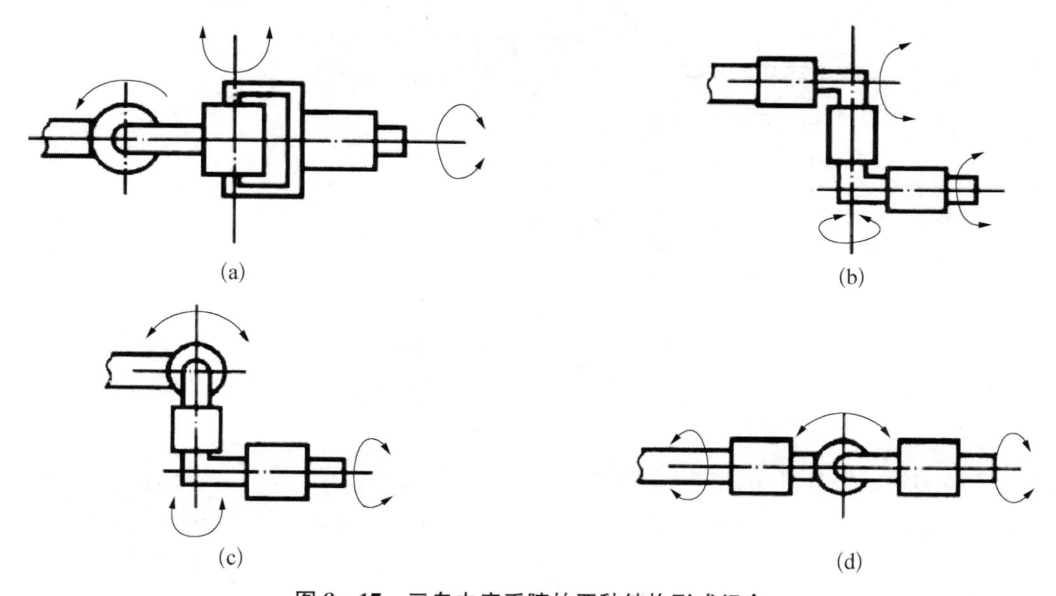

图 8-17　三自由度手腕的四种结构形式组合

(a) BBR 手腕；(b) RRR 手腕；(c) BRR 手腕；(d) RBR 手腕

RRR 结构形式的手腕主要用于喷涂作业；RBR 结构形式的手腕具有三条轴线相交于一点的结构特点，又称欧拉手腕，运动学的求解简单，是一种主流的机器人手腕结构。

3) 手腕关节的典型结构

(1) RBR 手腕的典型结构。由前述内容可知，RBR 手腕是关节型机器人主流手腕结构，具有三个自由度，分别称为小臂旋转关节(R 轴)、手腕摆动关节(B 轴)和手腕旋转关节(T 轴)。对于小负载机器人，手腕三个关节电动机一般布置在机器人小臂内部；对于中、大负载电动机，手腕三个关节电动机一般布置在机器人小臂的末端，以尽量减轻小臂重力的不平衡。

电动机内藏于小臂内的典型结构：

① R 轴的典型结构：为了实现小臂的旋转运动，小臂在结构上要做成前、后两段，其前段可以相对后段实现旋转运动。图 8-18 为 R 轴的典型结构，小臂分为后段 2 和前段 5 两段。前段 5 用一对圆锥滚子轴承 4 支撑于后段 2 内。R 轴驱动电动机 1 尽量靠近小臂末端布置，并超过肘关节的旋转中心。R 轴驱动电动机 1 做旋转运动，通过谐波齿轮减速器 3 减速，其输出轴转盘带动小臂前段 5 旋转，实现小臂的旋转运动。B 轴驱动电动机 6 和 T 轴驱动电动机 7 内置于小臂前段 5 内。

② B 轴的典型结构：图 8-19 为 B 轴和 T 轴的典型结构，B 轴和 T 轴驱动电动机均沿小臂 1 轴线方向布置。B 轴驱动电动机 11 输出的旋转运动，通过锥齿轮 10 改变方向后，由

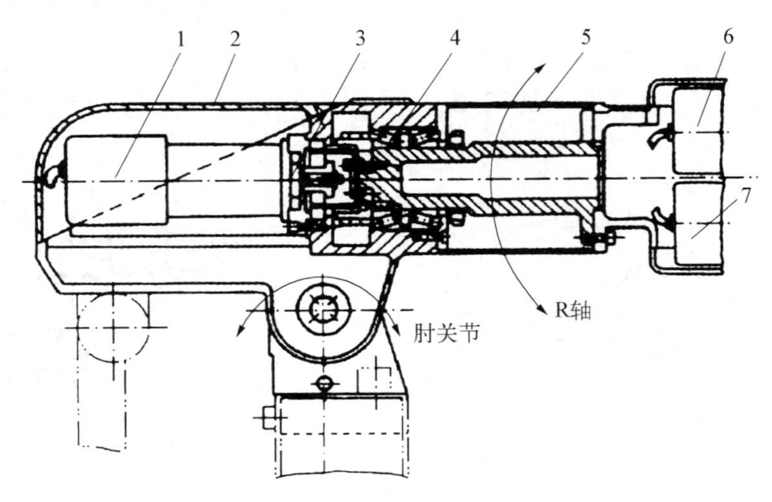

图 8-18　R 轴的典型结构

1—R 轴驱动电动机；2—小臂后段；3—谐波减速器；4—轴承；5—小臂前段；
6—B 轴驱动电动机；7—T 轴驱动电动机

同步带 9 传递给谐波齿轮减速器 8。谐波齿轮减速器 8 的输出轴固定，减速器壳体旋转，带动安装于其上的手腕摆动，实现 B 轴运动。锥齿轮轴和 B 轴分别由向心球轴承支撑。

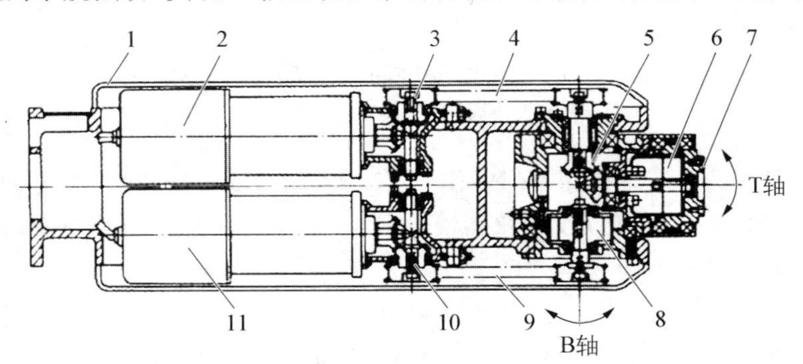

图 8-19　B 轴和 T 轴的典型结构

1—小臂前段；2—T 轴驱动电动机；3、5、10—锥齿轮；4、9—同步带；
6、8—谐波齿轮减速器；7—T 轴法兰盘；11—B 轴驱动电动机

③ T 轴的典型结构：T 轴的运动传递与 B 轴相似。如图 8-19 所示，T 轴驱动电动机 2 输出的旋转运动，通过锥齿轮 3 改变旋转方向后，由同步带 4 传递给锥齿轮 5，再次改变旋转方向后传递给谐波齿轮减速器 6，谐波齿轮减速器 6 的输出轴直接带动手腕旋转，实现 T 轴运动。T 轴由一对圆锥滚子轴承支撑在手腕体内，T 轴法兰盘 7 连接末端操作器。

在实际应用中，B 轴、T 轴驱动电动机也可以垂直于小臂轴线内置，电动机的输出轴直接与带轮相连，可以省去一对改变方向的锥齿轮。T 轴电动机如果体积允许，也可直接与减速器相连，省去中间的传动链，使结构大大简化。

电动机置于小臂末端的典型结构：

对于中、大型负载机器人，小臂和电动机的重量也较重，考虑到重力平衡问题，手腕三轴

驱动电动机应尽量靠近小臂的末端布置，并超过肘关节旋转中心。图 8－20 为一手腕三轴驱动电动机后置的典型传动原理，三轴驱动电动机内置于小臂的后段 1 内。R 轴驱动电动机 D4 通过中空型 RV 减速器 R4，直接带动小臂前段 2 相对于后段旋转，实现 R 轴的旋转运动；B 轴驱动电动机 D5 通过两端带齿轮的薄壁套筒 3，将运动传递给 RV 减速器 R5，减速器 R5 轴带动手腕摆动，实现 B 轴的旋转运动；T 轴驱动电动机 D6 通过实心细长轴 4 和一对锥齿轮，再通过带传动装置和一对锥齿轮，将运动传递给 RV 减速器 R6，减速器 R6 的输出轴直接带动手腕法兰盘 6 转动，实现 T 轴的旋转运动。

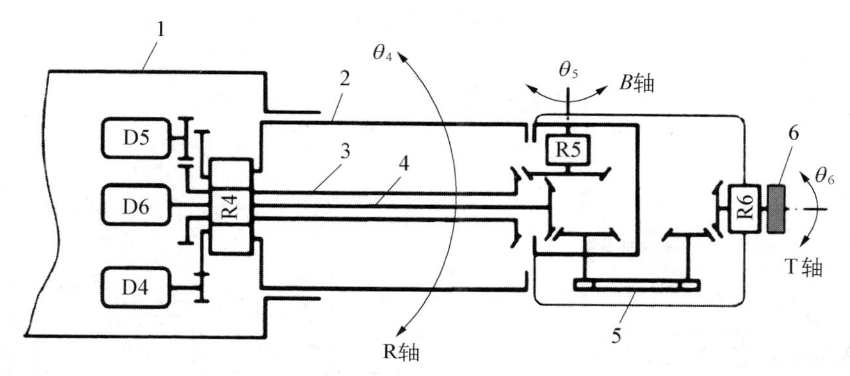

图 8－20　手腕三轴驱动电动机后置的典型传动原理

1—小臂后段；2—小臂前段；3—薄壁套筒；4—细长轴；5—同步带；6—法兰盘

（2）RRR 手腕的典型结构。RRR 手腕的三个关节轴线不相交于一点，与 RBR 手腕相比，其优点是三个关节均可实现 360°的旋转，周转、灵活性和空间作业范围都得以增大。由于其手腕灵活性强，特别适合于进行复杂曲面及狭小空间内的喷涂作业，能够高效、高质量地完成涂装任务。RRR 手腕按其相邻关节轴线夹角又可以分为正交型手腕（相邻轴线夹角 90°）和偏交型手腕两种，如图 8－21 所示。

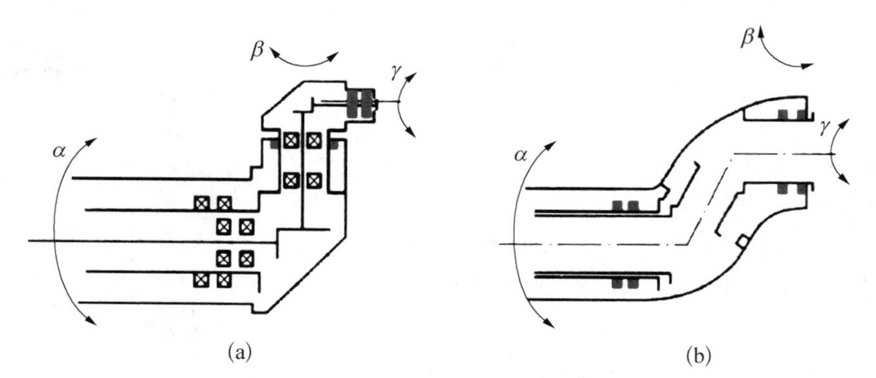

图 8－21　RRR 手腕的常用结构原理

（a）正交型；（b）偏交型

在实际喷涂作用中，需要接入气路、液路、电路等管线，若这些管线悬于机器人手臂外部，容易造成管线与和喷涂对象之间的干涉，附着在管线上涂料的滴落也会对喷涂产品质量和生产安全造成影响。针对涂装工艺的特殊要求，中空结构的 RRR 手腕得到了广泛应用。

安装中空手腕后，各种管线就可以从机器人手腕内部穿过与喷枪连接，使机器人变得整洁且易于维护。由于偏交 RRR 手腕中的管路弯曲角度较小，非相互垂直，不容易堵塞甚至折断管道，因而具有中空结构的偏交 RRR 手腕最适合于喷涂机器人。

图 8－22 为中空偏交型 RRR 手腕的内部结构，置于小臂内部的三只驱动电动机的动力，通过细小轴传递到腕部，再通过空心套筒驱动腕部的三个关节旋转。

(3) 液压(气压)驱动的手腕典型结构。如果采用液压(气压)传动，选用摆动油(气)缸或液压(气压)马达来实现旋转运动，将驱动元件直接装在手腕上，可以使结构十分紧凑。图 8－23 为 Moog 公司的一种采用液压直接驱动的 BBR 手腕，设计紧凑巧妙。其中 M_1、M_2、M_3 是液压马达，直接驱动实现手腕的偏转、俯仰和回转三个自由度的轴。这种直接驱动手腕性能好坏的关键在于能否选到尺寸小、重量轻而驱动力矩大、驱动特性好的摆动油缸或液压马达。

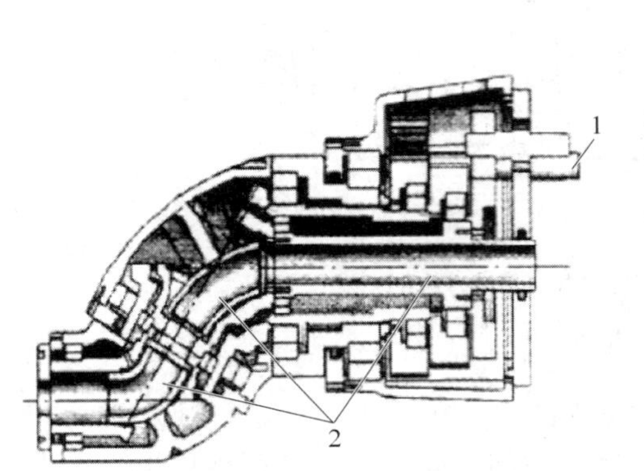

图 8－22　中空偏交型 RRR 手腕内部结构

1—传动轴；2—空心套筒

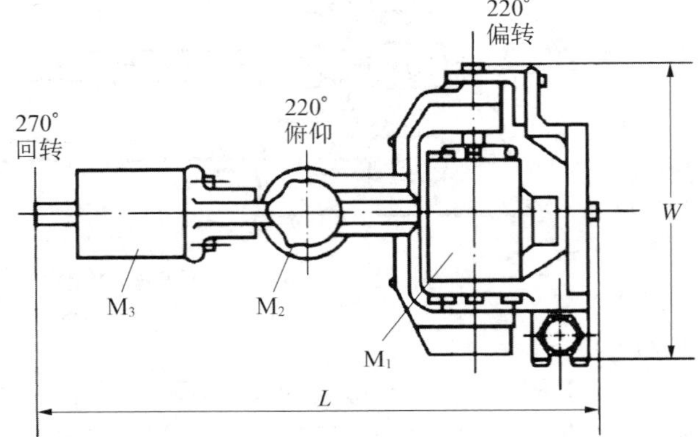

图 8－23　液压直接驱动的 BBR 手腕

8.1.4　六自由度关节型机器人的关节布置与机构特点

目前，各大工业机器人厂商提供的通用型六自由度关节型机器人的机械结构，从外观上看大同小异，相差不大。从本质上讲，关节布置和机身、臂部、手腕结构基本一致，如图 8－24 所示。

(1) 从关节所起的作用来看：J_1、J_2 和 J_3 前三个关节(轴)称为机器人的定位关节，决定机器人手腕在空中的位置和作业范围；J_4、J_5 和 J_6 后三个关节(轴)称为机器人的定向关节，决定机器人手腕在空中的方向和姿态。

(2) 从关节旋转的形式来看：J_1、J_4 和 J_6 三个关节绕中心轴做旋转运动，动作角度较大；J_2、J_3 和 J_5 三个关节绕中心轴摆动，动作角度较小。

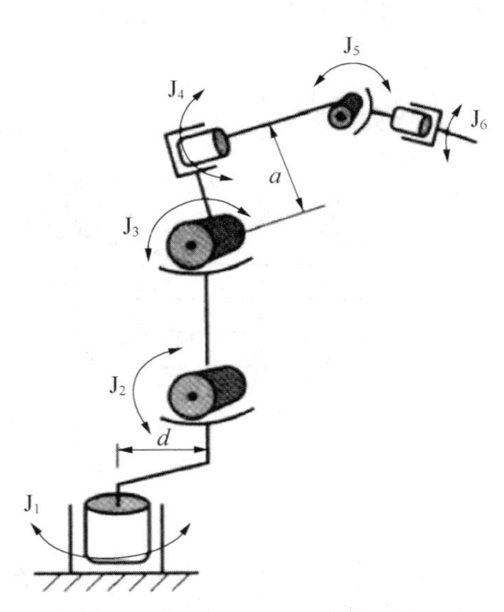

图 8－24　六自由度关节型机器人的关节布置与结构特点

(3) 从关节布置特点上看：J_2 关节轴线前置，

偏移量为 d，从而扩大了机器人向前的灵活性和作业范围；为了减小运动惯量，J_4 关节电动机要尽量向后放置，所以 J_3 和 J_4 关节轴线在空中呈十字垂直交叉，相距量为 a；为了运动学求解计算方便，J_4、J_5 和 J_6 三个关节轴线相交于一点，形成 RBR 手腕结构。

（4）从电动机布置位置来看：对于小型机器人，J_1、J_2 和 J_3 前三个关节电动机轴线与减速器轴线通常同轴，J_4、J_5 和 J_6 后三个关节电动机内藏于小臂内部；对于中、大型机器人，J_1、J_2 和 J_3 前三个关节电动机轴线与减速器轴线通常偏置，中间通过一级外啮合齿轮传递运动。而 J_4、J_5 和 J_6 后三个关节电动机后置于小臂末端，从而可减小运动惯量。

8.2 工业机器人末端执行器的设计

工业机器人的末端执行器（手部）是指安装于机器人手臂末端，直接作用于工作对象的装置。工业机器人所要完成的各种操作，最终都必须通过手部来得以实现；同时手部的结构、重量，又有着直接的、显著的影响。

8.2.1 手部的分类和特点

1）手部的分类

由于手部要完成的作业任务繁多，手部的类型也多种多样。根据其用途，手部可分为手爪和工具两大类。手爪具有一定的通用性，它的主要功能是抓住工件、握持工件、释放工件。工具用于进行某种作业。

根据其夹持原理，手部又可分为机械钳爪式和吸附式两大类。其中吸附式手部还可分为磁力吸附式和真空吸附式两类。吸附式手部机构的功能超出了人手的功能范围。在实际应用中，也有少数特殊形式的手部。

2）手部的特点

工业机器人的手部是安装在工业机器人手腕上直接抓握工件或执行作业的部件。

（1）手部与手腕相连处可拆卸。手部与手腕有机械接口，也可能有电、气、液接头，当工业机器人作业对象不同时，可以方便地拆卸和更换手部。

（2）手部是工业机器人的末端操作器。它可以像人手那样具有手指，也可以不具备手指；可以是类人的手爪，也可以是进行专业作业的工具，如装在机器人手腕上的喷漆枪、焊具等，如图 8－25 所示。

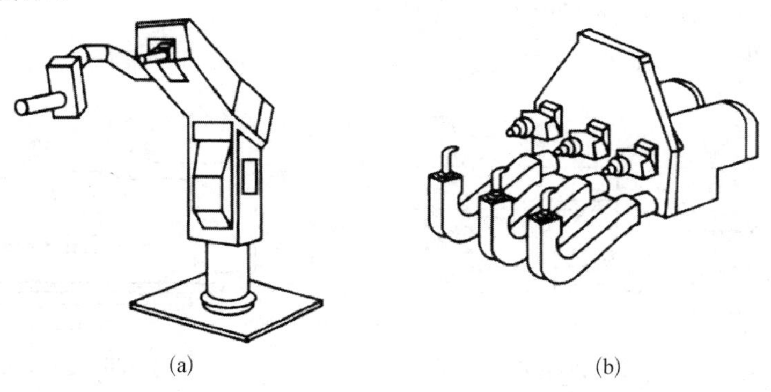

(a)　　(b)

图 8－25　喷漆枪、焊具

(a) 喷漆枪；(b) 焊具

(3) 手部的通用性比较差。工业机器人的手部通常是专用的装置,一种手爪往往只能抓握一种工件或几种在形状、尺寸、重量等方面相近似的工件,只能执行一种作业任务。

(4) 手部是一个独立的部件,假如把手腕归属于臂部,那么,工业机器人机械系统的三大件就是机身、臂部和手部。手部是决定整个工业机器人作业完成好坏、作业柔性好坏的关键部件之一。

8.2.2 常用手部的设计

1) 机械钳爪式手部结构

机械钳爪式手部按夹取的方式,可分为内撑式和外夹式两种,分别如图 8-26 与图 8-27 所示。两者的区别在于夹持工件的部位不同,手爪动作的方向相反。

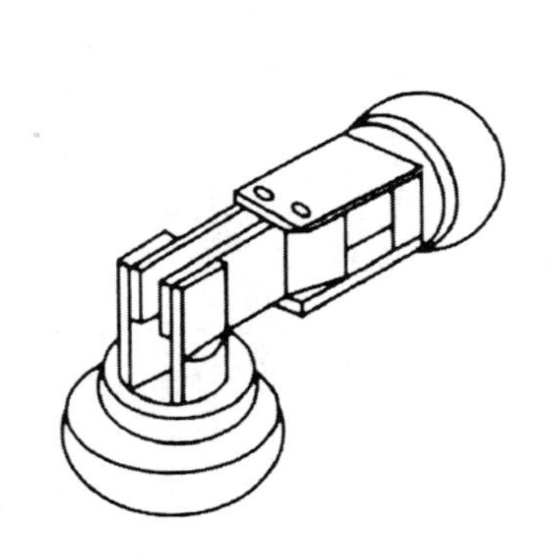

图 8-26 内撑钳爪式手部的夹取方式

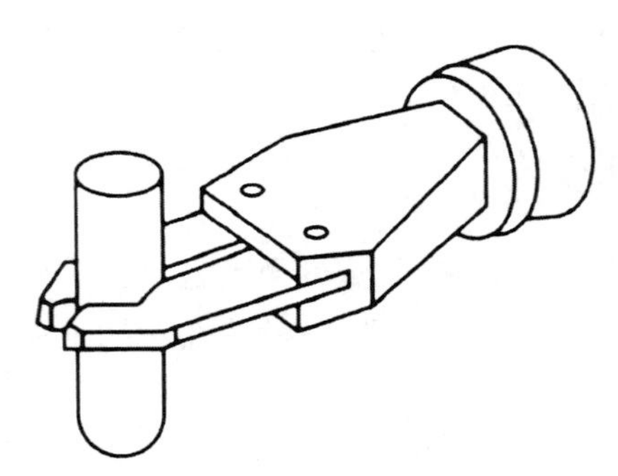

图 8-27 外夹钳爪式手部的夹取方式

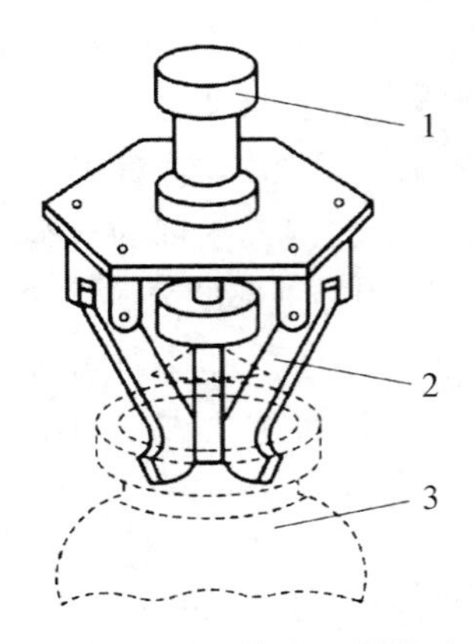

图 8-28 内撑式三指钳爪

1—手指驱动电磁铁;2—钳爪;3—工件

由于采用两爪内撑式手部夹持时不易达到稳定,工业机器人多用内撑式三指钳爪来夹持工件,如图 8-28 所示。

按机械结构特征、外观与功能来区分,钳爪式手部还有多种结构形式,下面介绍几种不同形式的手部机构。

(1) 齿轮齿条移动式手爪,如图 8-29 所示。

(2) 重力式钳爪,如图 8-30 所示。

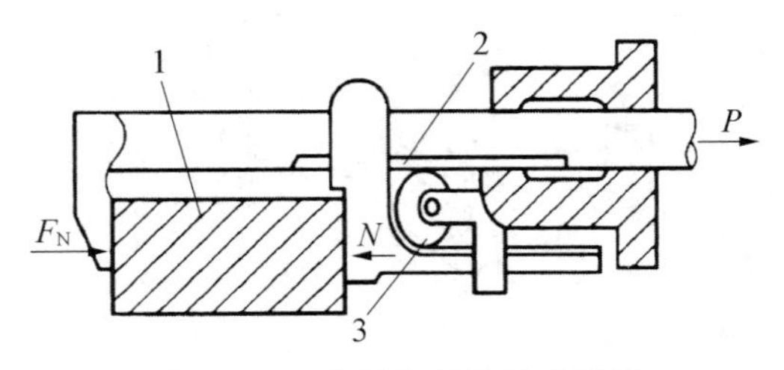

图 8-29 齿轮齿条移动式手爪

1—工件;2—齿条;3—齿轮

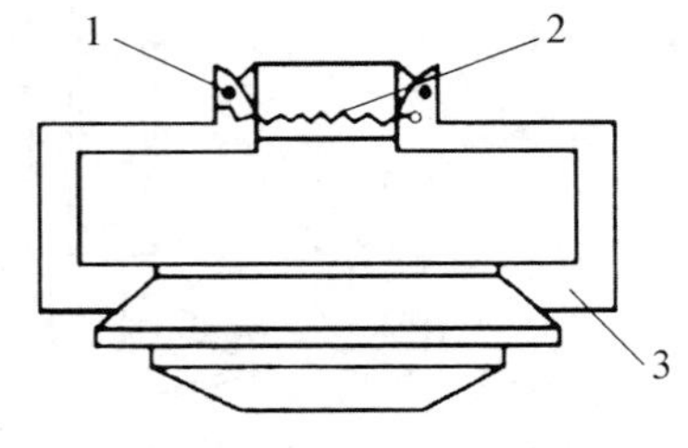

图 8-30 重力式钳爪

1—销;2—弹簧;3—钳爪

(3) 平行连杆式钳爪，如图8-31所示。

(4) 拨杆杠杆式钳爪，如图8-32所示。

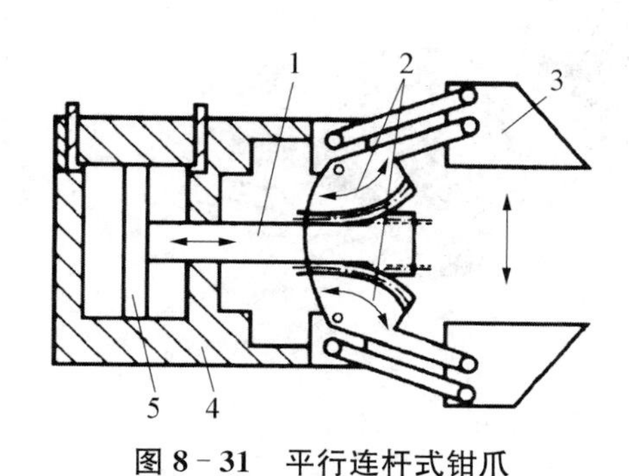

图8-31　平行连杆式钳爪

1—齿条；2—扇形齿轮；3—钳爪；4—气(油)缸；5—活塞

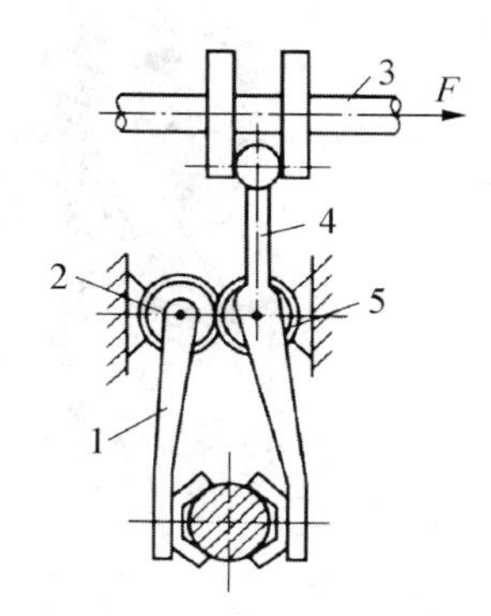

图8-32　拨杆杠杆式钳爪

1—钳爪；2、5—齿轮；3—驱动杆；4—拨杆

(5) 自动调整式钳爪，如图8-33所示。自动调整式钳爪的调整范围在0～10 mm，适用于抓取多种规格的工件，当更换产品时可更换V形钳爪。

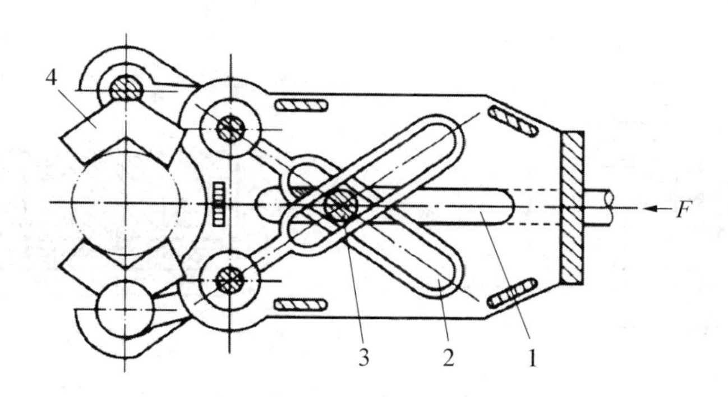

图8-33　自动调整式钳爪

1—推杆；2—滑槽；3—轴销；4—V形钳爪

(6) 特殊形式手指，机器人手爪和手腕中形式最完美的是模仿人手的多指灵巧手，如图8-34所示。多指灵巧手有多个手指，每个手指有三个回转关节，每一个关节的自由度都是独立控制的，因此，几乎人手指能完成的复杂动作如拧螺钉、弹钢琴、做礼仪手势等它都能完成。在手部配置有触觉、力觉、视觉、温度传感器，可使多指灵巧手更趋于完美。多指灵巧手的应用前景十分广泛，可在各种极限环境下完成人无法实现的操作，如在核工业领域内，在宇宙空间，在高温、高压、高真空环境下作业等。

2) 吸附式手部结构

吸附式手部即为吸盘，主要有磁力吸附式和真空吸附式两种。

(1) 磁力吸附式。磁力吸盘是在手部装上电磁铁，通过磁场吸力把工件吸住，有电磁吸盘和永磁吸盘两种。

图8-35(a)为电磁吸盘，其工作原理：当线圈1通电后，在铁芯2内外产生磁场，磁力线经过铁芯、空气隙和衔铁3被磁化并形成回路，衔铁受到电磁吸力的作用被牢牢吸住。实

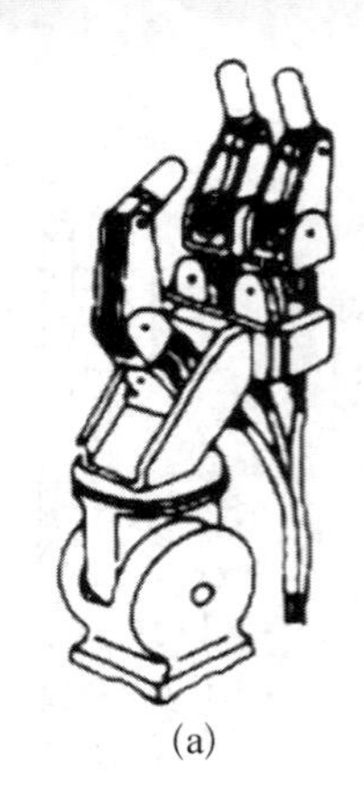

(a)

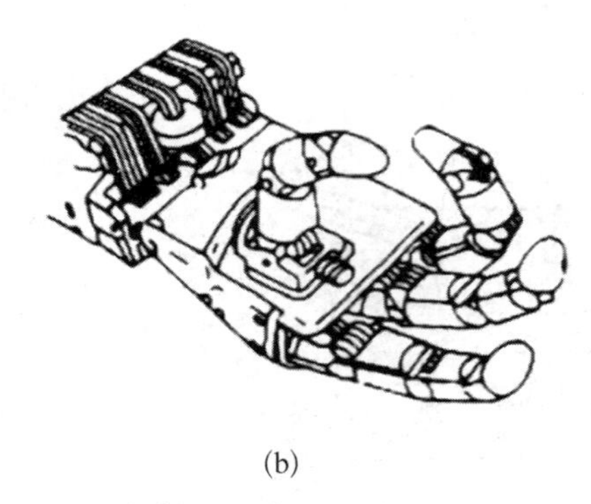

(b)

图 8-34　多指灵巧手

(a) 三指；(b) 四指

际使用时，往往采用如图 8-35(b)所示的盘式电磁铁。衔铁是固定的，在衔铁内用隔磁材料将磁力线切断，当衔铁接触由铁磁材料制成的工件时，工件将被磁化，形成磁力线回路并受到电磁吸力而被吸住。一旦断电，电磁吸力即消失，工件因此被松开。若采用永久磁铁作为吸盘，则必须强制性取下工件。

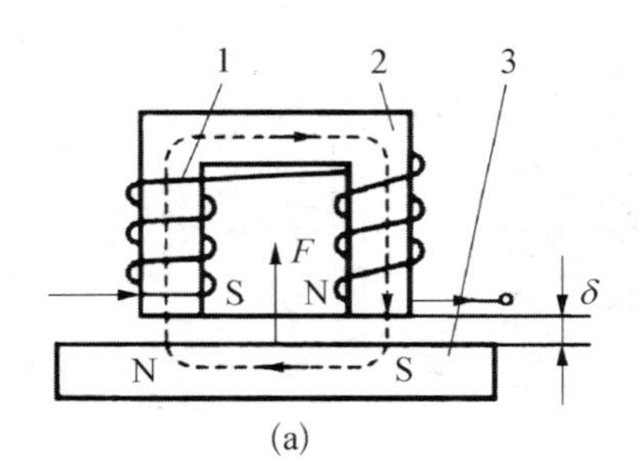

(a)

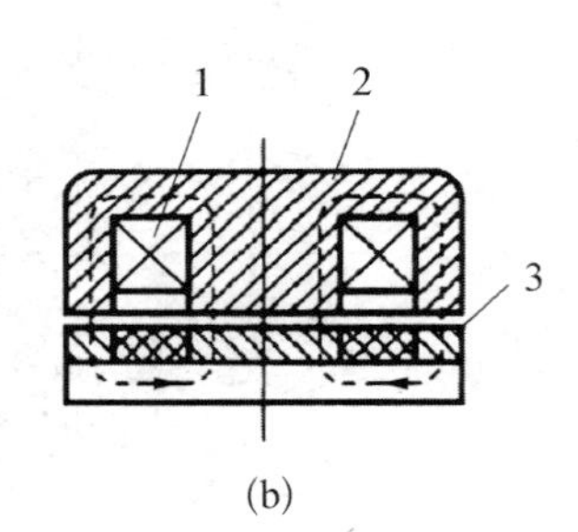

(b)

图 8-35　电磁吸盘的工作原理与盘式电磁铁

(a) 电磁吸盘的工作原理；(b) 盘式电磁铁

1—线圈；2—铁芯；3—衔铁

磁力吸盘只能吸住由铁磁材料制成的工件，吸不住采用非铁磁质金属和非金属材料制成的工件。磁力吸盘的缺点是被吸取过的工件上会有剩磁，且吸盘上常会吸附一些铁屑，致使其不能可靠地吸住工件。磁力吸盘只适用于工件对磁性要求不高或有剩磁也无妨的场合。对于不准有剩磁的工件，如钟表零件及仪表零件，不能选用磁力吸盘。所以，磁力吸盘的应用有一定的局限性，在工业机器人中使用较少。

磁力吸盘的设计计算主要是电磁吸盘中电磁铁吸力的计算，其中包括铁芯截面积、线圈导线直径、线圈匝数等参数的设计。此外，还要根据实际应用环境选择工作情况系数和安全系数。

(2) 真空吸附式。真空吸附式手部主要用于搬运体积大、重量轻(如冰箱壳体、汽车壳体等)、易碎(如玻璃、磁盘等)、体积微小(不易抓取)的物体，在工业自动化生产中得到了广泛的应用。一个典型的真空吸附式手部系统由真空源、控制阀、真空吸盘及辅件组成。下面介绍真空吸附式手部系统设计的关键问题。

① 真空源的选择。真空源是真空系统的“心脏”部分，可分为真空泵与真空发生器两大类。

真空泵是比较常用的真空源，长期以来广泛地应用于工业和生活的各个方面。真空泵的结构和工作原理与空气压缩机相似，不同的是真空泵的进气口是负压，排气口是大气压。真空吸附系统一般对真空度要求不高，属低真空范围，主要使用各种类型的机械式真空泵。

真空发生器是一种新型的真空源，它以压缩空气为动力源，利用气体在文丘里管中流动、喷射出的高速气体对周围气体的卷吸作用来产生真空。真空发生器的工作原理与图形符号如图 8－36 所示。真空发生器本身无运动部件、不发热、结构简单、价格便宜，因此，在某些应用场合有代替真空泵的趋势。

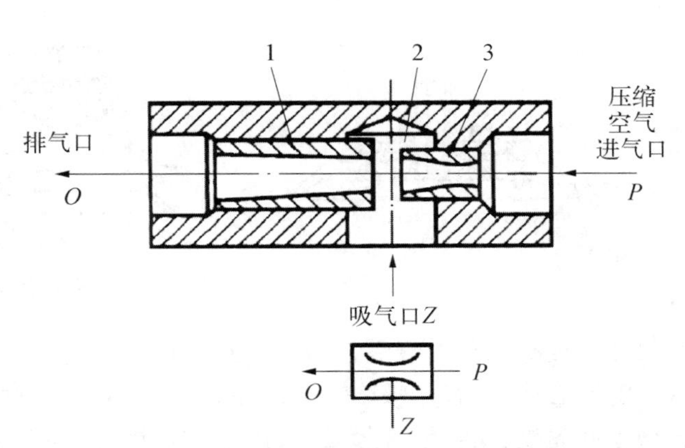

图 8－36　真空发生器的工作原理与图形符号

1—接收管；2—混合室；3—喷射管

对于一个确定的真空吸附系统，应从以下方面考虑真空源的选择：如果有压缩空气源，选用真空发生器，这样可以不增加新的动力源，从而可简化设备结构；对于真空连续工作的场合，优先选用真空泵，对于真空间歇工作的场合，可选用真空发生器；对于易燃、易爆、多尘埃的恶劣工作环境，优先选用真空发生器。

② 吸盘的结构。真空吸盘按结构可分为普通型与特殊型两大类。

普通型吸盘一般用来吸附表面光滑平整的工件，如玻璃、瓷砖、钢板等。吸盘的材料有丁腈橡胶、硅橡胶、聚氨酯、氟橡胶等。要根据工作环境对吸盘耐油、耐水、耐腐、耐热、耐寒等性能的要求，选择合适的材料。普通吸盘橡胶部分的形状一般为碗状，但异形的也可使用，这要视工件的形状而定。吸盘的形状可为长方形、圆形和圆弧形等。

常用的几种普通型吸盘的结构如图 8－37 所示。图(a)为普通型直进气吸盘，靠头部的螺纹可直接与真空发生器的吸气口相连，使吸盘与真空发生器成为一体，结构非常紧凑。图(b)为普通型侧向进气吸盘，其中弹簧用来缓冲吸盘部件的运动惯性，可减小对工件的撞击力。图(c)为带支撑楔的吸盘，这种吸盘结构稳定，变形量小，并能在竖直吸吊物体时产生更大的摩擦力。图(d)为采用金属骨架，由橡胶压制而成的碟形大直径吸盘，吸盘作用面采用双重密封结构面，大径面为轻吮吸启动面，小径面为吸牢有效作用面。柔软的轻吮吸启动使得吸着动作特别轻柔，不伤工件，且易于吸附。图(e)为波纹形吸盘，其可利用波纹的变形来补偿高度的变化，往往用于吸附工件高度变化的场合。图(f)为球铰式吸盘，吸盘可自由转动，以适应工件吸附表面的倾斜，转动范围可达 30°～50°，吸盘体上的抽吸孔通过贯穿球节的孔，与安装在球节端部的吸盘相通。

特殊型吸盘是为了满足特殊应用场合而专门设计的，图 8－38 为两种特殊型吸盘的结构。图(a)为吸附有孔工件的吸盘。当工件表面有孔时，普遍型吸盘不能形成密封容腔，工作的可靠性得不到保证。吸附有孔工件吸盘的环形腔室为真空吸附腔，与抽吸口相通，工件

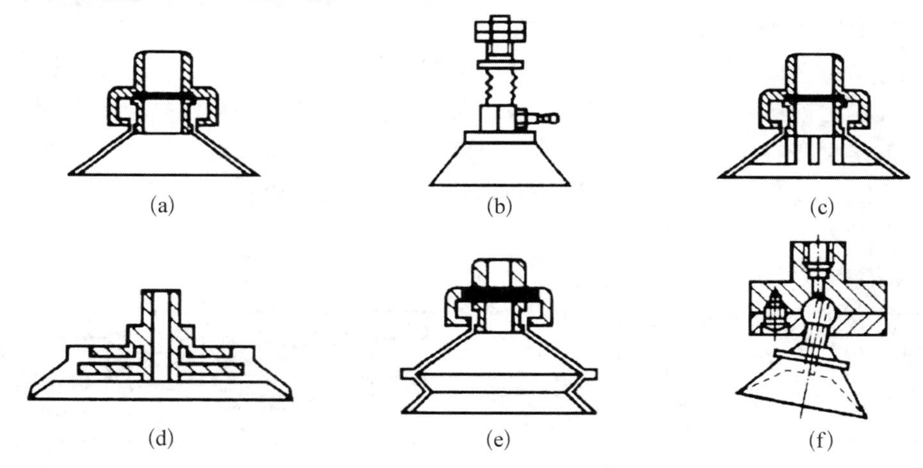

图 8-37 几种普通型吸盘的结构

上的孔与真空吸附区靠吸盘中的环形区隔开。为了获得良好的密封性，所用的吸盘材料具有一定的柔性，以利于吸附表面的贴合。图(b)为吸附可挠性轻型工件的吸盘。对于可挠性轻型工件如纸、聚乙烯薄膜等，采用普通吸盘时，由于吸盘接触面积大，这类轻、软、薄工件沿吸盘边缘易皱褶，出现许多狭小缝隙，从而会降低真空腔的密封性。而采用该结构形式的吸盘，可很好地解决工件起皱问题。其材料可选用铜或铝。

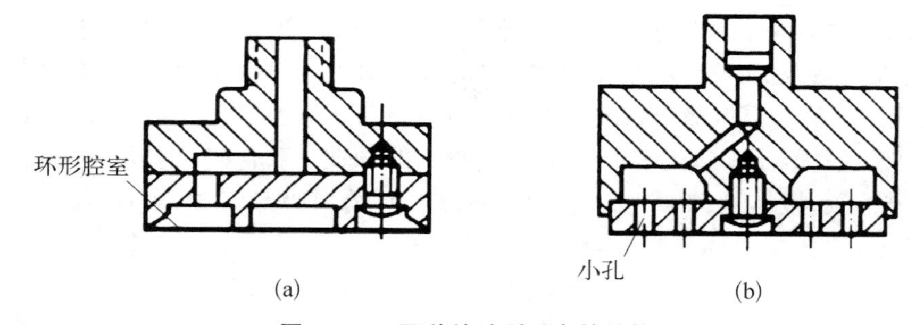

图 8-38 两种特殊型吸盘的结构

(a) 吸附有孔工件的吸盘；(b) 吸附可挠性轻型工件的吸盘

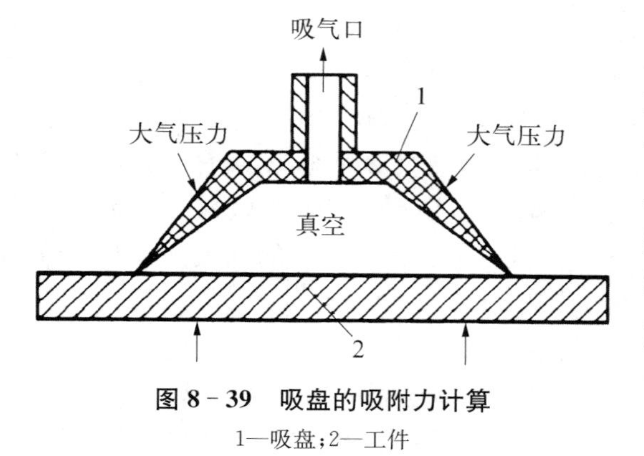

图 8-39 吸盘的吸附力计算

1—吸盘；2—工件

③ 吸盘的吸附能力。真空吸附技术以大气压为作用力，通过真空源抽出一定量的气体分子，使吸盘与工件形成的密闭容积内压力降低，从而使吸盘的内外形成压力差(见图 8-39)。在这个压力差的作用下，吸盘被压向工件，从而把工件吸起。吸盘所产生的吸附力为

$$F_w = \frac{pA}{f} \times 1.778 \times 10^{-4}$$

式中，F_w 为吸附力(N)；p 为吸盘内真空度(Pa)；A 为吸盘的有效吸附面积(m^2)；f 为安全系数。

通常，吸盘的有效吸附面积取为吸盘面积的 80%左右，真空度取为真空泵产生的最大值的 90%左右。安全系数随使用条件而异，水平吸附时取 $f \geqslant 4$，竖直吸附时取了 $f \geqslant 8$。在确定安全系数时，除上述条件外，还应考虑以下因素：工件吸附表面的粗糙度；工件表面是否有油分附着；工件移动的加速度；工件重心与吸附力作用线是否重合；工件的材料。可根据实际情况再增加 1～2 倍。

8.2.3　设计示例

1）设计要求

夹持一批控制柜放入包装纸壳或木箱中，如图 8－40 所示。控制柜尺寸、重量的参数如表 8－1 所示。

图 8－40　控制柜放入纸壳中效果图

表 8－1　控 制 柜 参 数

机房类型	控制柜规格/kW	柜体尺寸 $(W\times D\times H)/mm^3$ 含电阻箱	电阻箱尺寸 $(W\times D\times H)/mm^3$	夹持面尺寸 $(L\times H)/mm^3$	柜体重量/kg	纸壳/木箱尺寸 $(L\times W\times H)/mm^3$
有机房柜	2.2—15	430×220×970	220×330×195	220×775	31	纸壳 1 090×550×110
	30—37	510×275×1 320	280×420×265	275×1 055	67	纸壳 1 430×6 100×110
无机房柜	2.2—15	400×243×1 720	无	243×1 720	30	木箱 1 840×520×310

2）设计(选型)步骤

(1) 根据工件的形状和工作环境选择气爪的类型，如图 8－41 所示。

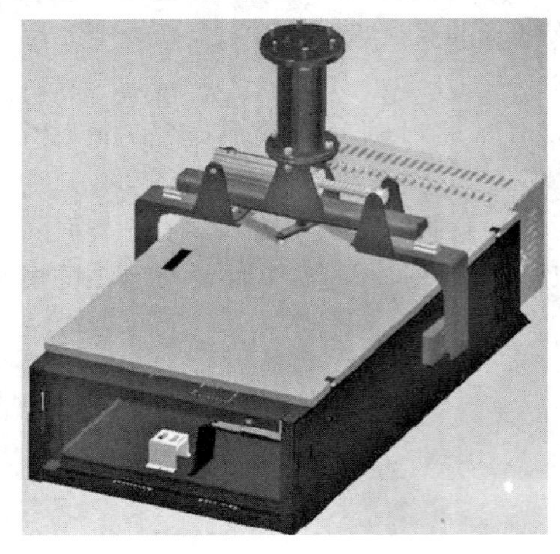

图 8-41　手抓

图 8-42　SMC 宽型气爪 MHL2 系列气缸

(2) 根据有关负载、使用空气压力及作用方向确定气爪缸径。根据工件和手爪的大小(尽量不要使用满行程工作)确定气爪行程。

该搬运工件只做水平和迟滞移动,静摩擦力只需大于工件重量即可。本批控制柜最大质量为 67 kg,静摩擦力必须大于 670 N。查阅气动元件技术资料选择合适气动元件。本例选择 SMC 宽型气爪 MHL2 系列气缸如图 8-42 所示。

选型时通过 SMC 官方网站找到气动元件技术资料(见图 8-43)。

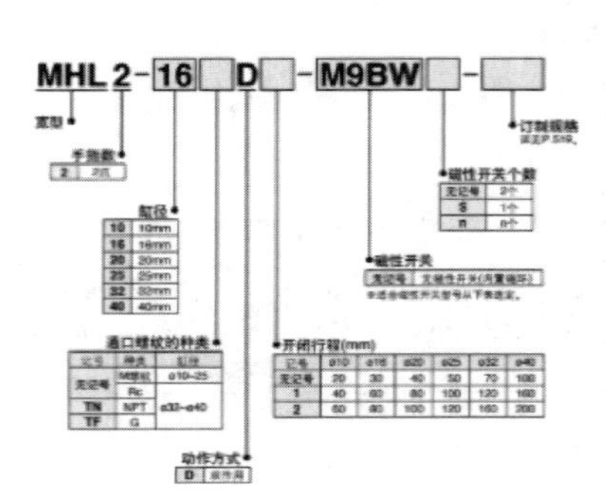

规格

缸径mm	10	16	20	25	32	40
使用流体	空气					
动作方式	双作用					
使用压力MPa	0.15~0.6	0.1~0.6				
环境温度及使用流体温度	−10~60°C					
重复精度	±0.1					
给油	不给油					
注) 有效夹持力 N 压力0.5MPa时	14	45	74	131	228	396

注) 气缸内径为ø10,ø16,ø20,ø25时夹持位置为40mm，气缸内径为ø32,ø40时夹持位置为80mm。

型号／行程表

型号	缸径 mm	最高使用频率 c.p.m	开闭行程mm (L2-L1)	闭时宽mm (L1)	开时宽mm (L2)	质量 g
MHL2-10D	10	60	20	56	76	280
MHL2-10D1		40	40	78	118	345
MHL2-10D2			60	96	156	425
MHL2-16D	16	60	30	68	98	585
MHL2-16D1		40	60	110	170	795
MHL2-16D2			80	130	210	935
MHL2-20D	20	60	40	82	122	1025
MHL2-20D1		40	80	142	222	1495
MHL2-20D2			100	162	262	1690
MHL2-25D	25	60	50	100	150	1690
MHL2-25D1		40	100	182	282	2560
MHL2-25D2			120	200	320	2775
MHL2-32D	32	30	70	150	220	2905
MHL2-32D1		20	120	198	318	3820
MHL2-32D2			160	242	402	4655
MHL2-40D	40	30	100	188	288	5270
MHL2-40D1		20	160	246	406	6830
MHL2-40D2			200	286	486	7905

注) 开宽和闭宽是指夹持工件外径时的值。

图 8-43　参数查阅

(3) 根据气爪特点选择气爪系列，根据气爪系列进行安装，选定缓冲形式，选定磁控开关，选定气缸配件，进行适当结构设计及布置完成气动手爪的设计，本例中选用了 3 个气缸对力进行分配，因气缸行程无法满足要求，对结构进行了扩展，使其可以满足工件尺寸要求，如图 8－44 所示。

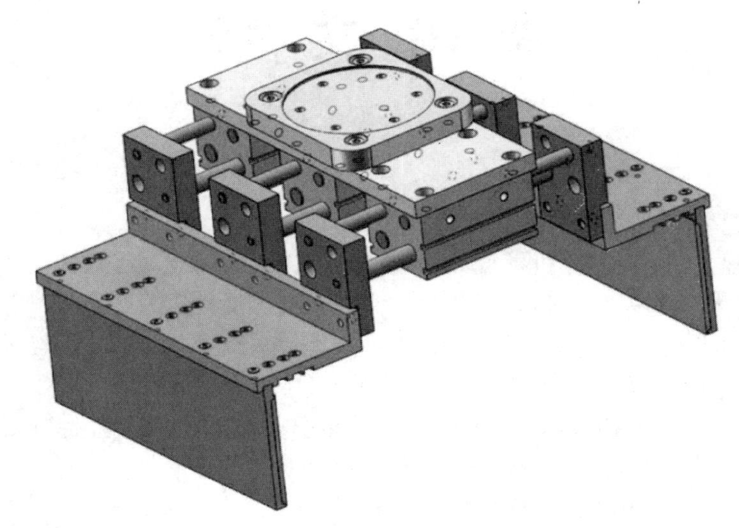

图 8－44　气动手爪

习题

1. 填空题

(1) 关节型机器人机身只有一个回转自由度，即________的回转运动。

(2) 按照驱动电动机旋转轴线与减速器旋转轴线是否在一条线上，腰部关节电动机的配置方案有________与________两种方式。

(3) 腰部驱动电动机多采用________安装。

(4) 对于中、大型机器人，为方便走线，常采用________减速器。

(5) 关节型机器人的臂部由大臂和小臂组成，大臂与机身相连的关节称为________，大臂和小臂相连的关节称为________。

2. 简单题

(1) 简述臂部设计的基本要求。

(2) 简述肩关节与肘关节电机的布置方式。

(3) 机身设计要注意什么？

(4) 简述六自由度关节型机器人的电动机布置方案。

(5) 机器人手腕的旋转自由度一般应如何布置？

(6) 工业机器人手部的特点是什么？

(7) 真空吸附系统的设计内容包括哪几个方面？

(8) 手爪的开合为什么常用气压驱动？

参 考 文 献

［1］ 濮良贵，纪名刚.机械设计[M].北京：高等教育出版社，2006.
［2］ 杨可桢，程光蕴，李仲生.机械设计基础[M].北京：高等教育出版社，2006.
［3］ 乔世民.机械制造基础[M].3版.北京：高等教育出版社，2014.
［4］ 刘品，刘丽华.互换性与测量技术基础[M].哈尔滨：哈尔滨工业大学出版社，2001.
［5］ 陈于萍.互换性与测量技术基础[M].北京：机械工业出版社，2001.
［6］ 全国产品尺寸和几何技术规范标准化技术委员会.中国机械工业标准汇编：极限与配合卷[M].2版.北京：中国标准出版社，2002.
［7］ 全国滚动轴承标准化技术委员会.中国机械工业标准汇编：滚动轴承卷(上)[M].北京：中国标准出版社，2004.
［8］ 中国机械工程学会带传动技术委员会.中国机械工业标准汇编：带传动卷[M].北京：中国标准出版社，1998.
［9］ 全国机器轴与附件标准化技术委员会.中国机械工业标准汇编：联轴器卷[M].2版.北京：中国标准出版社，2003.
［10］ 全国螺纹标准化技术委员会.中国机械工业标准汇编：螺纹卷[M].2版.北京：中国标准出版社，2002.
［11］ 全国链传动标准化技术委员会.中国机械工业标准汇编：链传动卷[M].2版.北京：中国标准出版社，2003.
［12］ 马文倩，晁林.机器人设计与制作[M].北京：北京理工大学出版社，2016.
［13］ 郭洪红.工业机器人技术[M].3版.西安：西安电子科技大学出版社，2016.
［14］ 宋伟刚.机器人技术基础[M].北京：冶金工业出版社，2015.
［15］ 蒋刚，龚迪琛，蔡勇，等.工业机器人[M].成都：西南交通大学出版社，2011.
［16］ 机械设计手册编委会.机电一体化系统设计[M].北京：机械工业出版社，2007.
［17］ 梁景凯，盖玉先.机电一体化技术与系统[M].北京：机械工业出版社，2007.
［18］ 吴振彪，王正家.工业机器人(第2版)[M].武汉：华中科技大学出版社，2006.
［19］ 李瑞峰.工业机器人设计与应用[M].哈尔滨：哈尔滨工业大学出版社，2017.

后　　记

“加快推动新一代信息技术与制造技术融合发展，把智能制造作为两化深度融合的主攻方向；着力发展智能装备和智能产品，推进生产过程智能化；培育新型生产方式，全面提升企业研发、生产、管理和服务的智能化水平。”智能制造日益成为未来制造业发展的重大趋势和核心内容，是加快我国经济发展方式转变，促进工业向中高端迈进、建设制造强国的重要举措，也是新常态下打造新的国际竞争优势的必然选择。

智能制造的发展将实现生产流程的纵向集成化，上中下游之间的界限会更加模糊，生产过程会充分利用端到端的数字化集成，人将不仅是技术与产品之间的中介，更多地成为价值网络的节点，成为生产过程的中心。在未来的智能工厂中，标准化、重复工作的单一技能工种势必会被逐渐取代，而智能设备和智能制造系统的维护维修以及相关的研发工种则有了更高需求。也就是说，我们的智能制造职业教育所要培养的不是生产线的“螺丝钉”，而是跨学科、跨专业的高端复合型技能人才和高端复合型管理技能人才！智能制造时代下的职业教育发展面临大量机遇与挑战。

秉承以上理念，作为上海交通大学旗下的上市公司——上海新南洋股份有限公司联合上海交通大学出版社，充分利用上海交通大学资源，与国内高职示范院校的优秀老师共同编写“智能制造”系列丛书。诚然，智能制造的相关技术不可能通过编写几本“智能制造”教材来完全体现，经过我们编委组的讨论，优先推出这几本，未来几年，我们将陆续推出更多的相关书籍。因为在本书中尝试一些跨学科内容的整合，不完善难免，如果这些丛书的出版，能够为高等职业技术院校提供参考价值，我们就心满意足。

路漫漫其修远兮。中国的智能制造尽管处在迅速发展之中，但要实现“中国制造 2025”的伟大目标，势必还需要我们进一步上下求索。抛砖可以引玉，我们希望本丛书的出版能够给我国智能制造职业教育的发展提供些许参考，也希望更多的同行能够投身于此，为我国智能制造的发展添砖加瓦！